光谱及成像技术在农业中的应用

何　勇　刘　飞　李晓丽　邵咏妮　著

科　学　出　版　社

北　京

内 容 简 介

本书系统地介绍了光谱技术及光谱成像技术，并在讲清基本知识和基本原理的基础上，分析了国内外研究的最新成果，重点展示了光谱技术与光谱成像技术在农业上应用的成果。本书是多个国家高技术研究发展计划（863计划）项目、国家科技支撑计划项目研究成果的展现，实现了理论与应用的统一。本书共包含三大篇内容，其中基础篇介绍了光谱技术及光谱成像技术的发展历史、光谱分析基础、光谱分析仪器等；方法篇涉及对光谱及图像信息的预处理、数据的压缩、特征变量提取、聚类分析、回归分析等的介绍；应用篇展示了光谱及成像技术在土壤–环境信息、农作物信息、农产品和食品品质检测中的应用实例。

本书可供高校本科生和研究生阅读，也可作为广大专业技术人员的自学参考书。

图书在版编目（CIP）数据

光谱及成像技术在农业中的应用／何勇等著. —北京：科学出版社，2016.1

(现代农业高新技术丛书)

ISBN 978-7-03-046556-6

I.①光… Ⅱ.①何… Ⅲ. ①光谱–成像系统–应用–农业工程–研究 Ⅳ. ①S123

中国版本图书馆CIP数据核字(2015)第288717号

责任编辑：王海光 李 迪 / 责任校对：郑金红

责任印制：赵 博 / 封面设计：北京图阅盛世文化传媒有限公司

科学出版社 出版

北京东黄城根北街16号

邮政编码：100717

http://www.sciencep.com

北京厚诚则铭印刷科技有限公司印刷

科学出版社发行 各地新华书店经销

*

2016年1月第 一 版 开本：787×1092 1/16

2024年6月第六次印刷 印张：18 1/4

字数：412 000

定价：98.00元

(如有印装质量问题，我社负责调换)

前　言

现代光谱技术与成像技术是 20 世纪中叶发展起来的一项高新技术。随着光学、电子、计算机数据处理技术及化学计量学方法的不断进步，光谱分析技术与成像技术的准确性和普适性迅速提高，光谱分析仪器应用日益普及，其非接触、自动与快速多组分测定的优点不断为人们所认识。

目前国内外已出版了多本有关光谱或图像方面的专著，这些书籍大都偏重基本理论的介绍，但是针对农业领域，缺少一本综合相关基础知识、方法和应用的论著。本书为了弥补这方面的空白，将理论与实际应用相结合。本书共包含三大篇内容，其中基础篇介绍了光谱技术及光谱成像技术的发展历史、光谱分析基础、光谱分析仪器等；方法篇涉及对光谱及图像信息的预处理、数据的压缩、特征变量提取、聚类分析、回归分析等的介绍；应用篇展示了光谱及成像技术在土壤–环境信息、农作物信息、农产品和食品品质检测中的应用实例。本书涵盖内容全面，综合了光谱技术与成像技术、数据处理方法论并提供了相关程序，能使初学者快速入门，同时也为读者了解这一领域的发展方向及动态等提供参考。

与现有专著相比，本书更突出理论与实际相结合，本书的大部分内容是我们研究团队在多个国家高技术研究发展计划（863 计划）项目、国家科技支撑计划项目、国家自然科学基金项目及省部级科研项目资助下取得的研究成果，涉及的领域包括土壤–环境信息的检测、农作物信息检测、农产品和食品品质的检测等，这些技术、处理方法等不仅为光谱及成像技术在农业方面提供了快速、无损的检测，也可以为农业领域之外的其他非食用产品的检测提供参考，具有较强的实用性。

本书是团队 10 多年研究成果的积累，由浙江大学何勇、刘飞、李晓丽、邵咏妮共同编著，其中何勇、刘飞担任主编。团队教师裘正军、鲍一丹、冯雷、方慧、聂鹏程、岑海燕对本书的撰写给予了大力的帮助和支持，团队的研究生张初、孔汶汶、余克强、赵艳茹、刘子毅、朱红艳、孙婵骏、周莉萍、陈欣欣等参与了本书的撰写、修改和统稿工作，对他们付出的辛勤劳动表示衷心的感谢！

鉴于光谱技术与成像技术发展迅速，其涉及的知识点和应用领域日益广泛，以及作者掌握知识面的限制，书中内容难免有不足之处，敬请专家和读者批评指正，以便本书再版时修正，对诸位读者的关心和支持表示感谢。

著　者
2015 年 7 月于浙江大学紫金港

目　　录

方 法 篇

应 用 篇

基 础 篇

第1章 概　　述

光谱及光谱成像技术以物质与光的相互作用为基础，涉及光谱形成机理、光谱分析仪器、光谱信息传输理论、信号处理与信息挖掘、光谱图像处理、土壤-作物-农产品波谱特性等研究领域，是当前农业领域中重要的无损检测技术手段。

本章将概述光谱及光谱成像技术在农业领域中的发展历程，指出其存在的问题并对它们的应用前景进行展望。

1.1 光谱技术在农业中的应用

20 世纪 30 年代，红外光谱分析技术作为一种方便、快速、准确的分析手段，得到了大众的广泛认可，当时的研究主要侧重于对分子结构的理论性探究。红外光谱区域中的近红外光谱是由分子的倍频、合频叠加而产生的吸收带，叠加的信号很难被分离提取出来；而红外光谱区域中的中红外光谱是由分子的基频振动组成的光谱，其吸收带多而窄，吸收强度大，有显著的吸收特性，易于对光谱做出合理的解析。因此，当时的研究主要是针对中红外区域的基频吸收波段进行光谱解析。

20 世纪 50 年代，Norris 在美国农业部的支持下，率先用近红外光谱分析技术对农产品的成分进行定量检测。他主要是针对近红外光谱的吸收特性和散射特性，探究合理的统计分析方法来揭示光谱中的信息，其中多元线性回归法用于提取近红外光谱中的物质成分信息，建立相应的定标模型方面效果十分显著，这为后来近红外光谱理论体系的系统形成奠定了重要的基础。

20 世纪 60 年代，Norris 及其研究小组对光谱学方法进行了大量的论证，其中最大的成果就是得到了谷物和植物叶子的反射吸收光谱，为近红外光谱技术的发展运用提供了极大的便利（席志勇和王凤花，2012）。在此期间，Norris 还研制出了世界上第一台近红外光谱扫描仪，充分展示了用多元线性回归分析方法提取光谱中物质成分信息的优势。60 年代中期，近红外光谱分析的弱点逐渐暴露，较差的抗干扰性、较低的灵敏度，加上当时的技术又相对落后，无法克服上述不足，导致该技术的研究应用停滞不前。

20 世纪 70 年代，研究发现生物中普遍存在的水分在近红外区具有很强的吸收特性，对物质中其他成分的光谱分析造成了极大的干扰，因此，急需建立相关光谱的定标分析方法。利用多元线性回归方法建立定标模型的近红外光谱分析仪，因其效果令人满意，在农业领域中得到了广泛的应用，其中包括 Norris 团队设计完成的应用于烟草和草料成分定量分析的近红外光谱仪。与此同时，激光技术的飞速发展，使新型激光不断地被应用于拉曼光谱中作为激发光源，专家相继研发出了一些新的拉曼技术及其与其他分析方法的联用技术。70 年代后期，计算机和核磁共振无论在理论还是技术上都得到了进一步的完善，核磁共振技术开始逐渐应用于农业领域。

20 世纪 80 年代，在近红外光谱解析中开始引入化学计量学方法，不仅使得多个回归变量在特定的组合下能够更好地建立光谱数据与化学检测指标值之间的联系，而且能够去除光谱采集过程中环境噪声和无关信息的干扰。直到此时，近红外分析技术才真正实现了定标理论与实践的统一，使得近红外分析技术与化学计量学同步发展。

20 世纪 90 年代至今，一方面，光纤技术开始在近红外光谱仪上得到应用，现场光谱技术随之应运而生。另一方面，运用化学计量学方法的计算机软件技术蓬勃发展，在近红外光谱数据的处理上得到了很好的应用，使近红外光谱分析技术在农业在线分析领域有着举足轻重的地位，进而使近红外光谱技术进入了快速发展时期。

1.1.1 光谱技术在土壤检测中的应用

土壤是大部分植物生长的基质，它给植物带来了成长过程中所必需的水分和营养，是整个生态系统中重要的物质和能量交换场所。土壤和植物间进行着频繁的物质交换，彼此之间相互影响，从而可以看出土壤是植物生长的一个重要影响因子，通过控制土壤的诸多可变因素可以影响植物的长势和最终的产量。土壤中的有机质含有多种常见的有机物官能团，如酚羟基、羧基、胺基、醚基等，因此，在近红外区可以看到土壤有机质的特征指纹，可以用此来辨别不同的物质（宋韬等，2009；蒋璐璐等，2010；韩瑞珍等，2010；岑益郎等，2011；Vašát et al.，2014）。近红外光谱不仅可以分析土壤的有机质成分，还可以辨别土壤中的矿物质成分（宋海燕和何勇，2008；袁石林等，2009；Shao et al.，2011）及分析土壤的质地（Vohland et al.，2014）。近红外光谱技术在土壤检测方面拥有着巨大的潜力。不过，值得注意的是，土壤颗粒的大小对光谱会造成一定的影响，过小的粒径会引起光的散射、改变光程，导致样本光谱特性的改变（杨雪红，2010），而之前的光谱数据预处理虽然对这一现象有所改善，但并不能将之完全消除。因此，在用近红外光谱检测土壤特性时，需考虑颗粒大小的均一性以确保检测的准确度。

1.1.2 光谱技术在农作物检测中的应用

种子是农业生产的源泉，是最重要的农业生产资料。种子质量的好坏不仅关系着农作物品质的优劣，而且对农产品产量起着决定性的影响，其中，种子质量的主要评价指标之一是种子活力，它决定着种子的萌发率及出苗期间的活性（戴子云等，2013）。种子在老化的过程中，内部组成成分的种类和含量都会发生明显的变化，而近红外光谱区的波段为 780～2500nm，主要是由含氢基团的倍频和合频组成，正好可以用来检测种子内的化学组成，通过观察图谱的变化来反演成分的改变（Li et al.，2008a；奚如春等，2013）。此外，种子的内部结构和外部形态特征也能在红外光谱中得到表征，因此，可以用来检测种子的活力及鉴别种子的品种（Li et al.，2008b）。

作物的长势信息可以用来判断作物营养素是否缺乏、调控作物的生长、预测作物的产量。目前，作物长势信息的采集技术主要有以下两个方面：①通过采集作物不同生长时期的遥感影像来探索作物的节律特征（姚云军等，2008）；②以划分的区域为单位，近距离直接观测作物的植株高度、根茎分布、水分胁迫、营养素胁迫（Bao et al.，

2012a；Shao and He，2013）等生理信息，以此来分析作物的长势。通过采集的光谱数据反演出与作物生长相关的指标，实现对作物生长信息的评估（刘飞等，2009a；洪霞等，2010）。

作物的病虫草害对农业生产造成了巨大的产量和经济损失，因此，对健康植株的监测及染病植株的早期快速检测是可持续农业发展的关键。目前，模式识别技术和计算机图像处理技术是用来快速采集病虫草害信息的主要手段。一般将诊断目标锁定为植株的花、果实、茎、叶、根等形态特征信息（Xing and Guyer，2008），采集其灰度图像、彩色图像、光谱图像或遥感图像作为识别对象，然后用形状特征分析法、纹理特征分析法或光谱特征分析法来进行分析，实现对病虫草害的检测。

植被的反射光谱在可见光范围内主要受叶绿素、类胡萝卜素等植被色素及叶片覆盖度（Okin et al.，2013）的影响；在近红外区主要受组成成分、生物量、叶片结构等的影响。因此，可以利用可见光及近红外波段范围内的数据对卫星植被指数进行时空变化分析并定量地计算，将植被指数与农学参数建立定量的关系，预报作物的产量。目前用遥感来估算产量主要有两种途径：一种是利用一定生长时期内作物的光谱植被指数与其相对应的产量直接建立回归模型来估算产量，这种方法相对较简单，需要较丰富的经验；另一种是间接估算，首先利用植被指数估算出冠层截获的叶面积指数或光合有效辐射量，然后将此作为作物生长模型的输入，从而间接地估计产量。遥感在水稻（薛利红等，2005）、小麦（杨智等，2008）、玉米（姚玉霞等，2013）和棉花（Zhuang et al.，2011）等主要农作物产量的估算上已经取得了很大的进展。

1.1.3 光谱技术在农产品检测中的应用

农产品营养成分含量与种类的多少，是人们评价产品质量的重要指标。此外，对农产品营养成分进行研究，对揭示物质生产规律、合理利用土地等均有重要意义。农产品中的营养成分，如糖、淀粉、氨基酸、蛋白质、脂肪、水分等均含有带氢基团，而近红外光谱主要检测的就是分子中含氢官能团 C—H、N—H、O—H、S—H 等振动的倍频和合频的吸收，通过判别作物中这些官能团在近红外的吸收特点，不仅可以用来检测农产品中营养成分的种类和含量（高居荣等，2009；姚建松等，2009；刘飞等，2009b；Shao et al.，2009；Liu et al.，2011a），还可以对其他各种农副产品（蔬菜、食品、饲料、烟叶）的品质进行分析（周子立等，2009；曹芳等，2009；李晓丽等，2010；施佳慧等，2011；Liu et al.，2011b；Yu et al.，2012）。

农药是目前经济、方便、有效地防治农作物病虫草害的主要手段，在农业生产过程中发挥着巨大的作用。然而，农药的不合理使用对农产品的质量安全构成威胁（Liu et al.，2011c；Bao et al.，2012b；Liu et al.，2012）。在中红外波段范围内，蔬菜中的各类色素对农药的特征吸收基本没有干扰，因此，可以利用中红外光谱法，快速直接地检测作物上的农药残留（王兆守等，2008）。近年来，借助分子振动谱来识别物质的拉曼光谱也逐渐被应用于农药残留的检测，不同的农药有着不同的分子结构，因而其振动谱也会不同，所以拉曼光谱可以作为农药分子的特性指纹，以此来区分农药的品种。

1.1.4 存在问题与应用展望

近年来，随着光谱学、计算机技术和化学计量学的快速发展，光谱技术凭借其独特的优势，已经在地面、空中、太空 3 个层面构建其应用平台，实现了对作物长势评估、营养诊断、产量估计、品质检测等应用（陆婉珍，2007）。但是在实际应用过程中仍存在着一些问题亟待解决。

1. 消除光谱采集的诸多影响因子

在农作物信息采集的过程中，对光谱数据产生的重大影响主要来自两个方面：一方面是采集仪器本身稳定性和精确性的影响；另一方面是采集过程中，除目标信息外，外界环境信息或其他信息的干扰。

数据在采集过程中，要求光谱仪器的各项数据指标保持一致，不能有显著的波动，要长期保持稳定，以此来确保数据的准确性。然而光谱仪在长期的使用过程中，任何一个光学参数的调试或光路系统中任何一个光学部件的替换都会使光学性能发生改变，最终导致模型的失效，因此，光谱仪器的维护是一大难点。此外，现有的高光谱技术的光谱分辨率已经达到了纳米级，可以很好地与地面实际测到的参数值进行比拟，但其应用主要集中在对个体作物生长状况的研究，对作物群体的研究较少，因此其应用范围有待进一步的拓展。

在对作物进行光谱采集的时候，往往针对的是某一指标的检测，但是采集到的信息涵盖了与作物相关的其他各种信息。因此，要在所采集的信息中筛选出与目标参数密切相关的光谱信息，剔除掉影响因素的干扰。而往往干扰因素和目标参数的光谱信息是部分叠加重合的，这为有效信息的提取增加了难度。虽然随着化学计量学的发展，各种光谱预处理方法应运而生，在无关信息和噪声去除方面得到了很好的应用，但是，在光谱采集过程中如何控制若干影响变量及如何完善光谱的预处理仍有待进一步的探究。

2. 提高光谱模型的准确性和适用性

在光谱模型的建立过程中，要采用标准或公认的方法对样品的理化信息进行测定，然后将采集到的光谱数据与相对应的化学检测值之间建立联系，因此，理化指标检测的准确性会直接影响定标模型最终得到的测量结果的准确度。而在实际的操作过程中，理化检测所用试剂繁多，操作步骤复杂，还需要对样品进行处理，期间的测量误差不可避免，所以进一步提高对样品理化检测分析的准确度以提高光谱数据与理化值之间的相关性，也是光谱建模中的一大难点。

一个优良的模型是在样品资源丰富的基础上建立的，但是当前的光谱模型一般基于少量数据，对其进行线性或非线性的拟合，所建立的模型其适用条件有一定的局限性。当检测外来样本时，还需重新建模，耗费大量的人力物力，增加了工作的强度。而在实际的农业生产中，参数条件又是复杂多变的，因此，还需对目前所建立的模型不断地进行扩充，以期得到一种通用的方法，使模型具有普适性。

今后，随着现代科学技术的不断发展，精准农业研究的不断深入，尤其是现代计算机技术、航空技术和摄影技术三位一体化的不断提高，加之与遥感（RS）、全球定位系统（GPS）和地理信息系统（GIS）相结合，作物的灾害监控、长势预测等模型得到不断完善，在农业生产中，光谱技术必将具有更广阔的应用前景。

1.2 光谱成像技术在农业中的应用

光谱成像技术是由光谱技术和成像技术两门学科组成，这两门学科是传统光电技术的两个重要分支。在20世纪70年代以前，它们还是相对独立的领域，但是都已经取得了长足的发展，并且广泛应用于生活中的各个方面。而这两个领域的融合即光谱成像技术的迅速崛起是基于遥感的出现。

图像是对客观对象的一种表达，它包含了被描述对象在空间、时间上的相关信息。近几十年，成像技术在图像的时间分辨率和空间分辨率方面都有显著的提高。例如，扫描隧道显微镜的空间分辨率已达10^{-11}m，高速摄影技术的时间分辨率达10^{-11}s（肖松山等，2003）。成像技术关注的是图像空间分辨率和时间分辨率，而光谱技术关注的则是光谱分辨率。图像空间和时间分辨率的不断提高也势必带动对光谱分辨率的研究。

光谱分析在现代科技领域中也逐渐赢得了科学家的青睐，它具有一系列明显优点：分析简便快速、灵敏度较高、准确性好等（肖松山等，2003）。但是，如同其他分析技术一样，光谱分析技术也遇到了自身的挑战。一般光谱仪采集的是样本的总体信息，因此，适合于像液体或者气体这样的均质性样本。但当样本是固体时，其非均质性可能会使结果出现较大的误差。因此，现今的分析不仅仅是要给出样本的定性定量结果，同时还要给出空间信息。要解决这些问题，最有效的方法便是结合图像的信息，即光谱成像技术（Garini et al.，2006）。

光谱成像技术可以解释为利用多个光谱通道捕获、处理、显示和理解或解释图像的技术，是集成像与光谱探测为一体的光学遥感技术。将光谱领域和成像领域相结合的意义是非常重大的，成像部分可以获取样本的图像信息，以高空间分辨率采集其空间特性；而光谱部分则把样本的辐射分离成不同波长的谱辐射，追求高光谱分辨率，尽力达到图谱合一，从而实现对样本进行更加深入的分析（蒋月娟和李全臣，2000）。光谱成像技术的出现是成像技术和光谱技术不断发展的必然结果，也是为了追求更好的检测结果的新手段。

光谱成像技术概念的形成是在20世纪70年代末80年代初，科学家在研究地表物质光谱特征的基础上，进一步实现了连续的窄波段成像，由此诞生了将光谱和图像融合的光谱成像技术，并于1983年第一次绘制出了高光谱分辨率图像，当时采用的仪器是航空成像光谱仪（AIS-1），AIS-1的出现标志着第一代高光谱分辨率传感器正式面世。

光谱成像技术按照光谱波段数量和光谱分辨率可以分为多光谱成像技术、高光谱成像技术和超光谱成像技术。而按照电磁波谱的范围来分，早期光谱仪一般局限于可见和近红外波段。虽然这些仪器也可以获得较好的结果，但是由于受工作波段的限制，在应用上的局限性很大。随着红外探测器的发展，红外多光谱成像技术的潜力被逐渐挖掘出来。它包括短波红外（波长为1.0～2.4μm）和热红外（波长为8～12μm）（张海峰，2004）。随后又出现了波段位于微波和红外之间的太赫兹电磁波。第一个太赫兹成像系统是基于电光太赫兹时域光谱技术由Hu在1995年得到的，并且随着激光技术的兴起，拉曼成像技术也应运而生。此外，在医学领域广泛应用的核磁共振成像技术是在 1972 年由 Lauterbur 首次提出的。而 X 射线是一种能量很高的电磁辐射，其成像技术在工业和医学上也有大量的应用。

我国的光谱成像研究工作从 20 世纪 90 年代起步。研究较多的是 0.4～2.5μm 光谱区域，在高光谱成像技术方面的跟踪和探索也比较及时。中国科学院上海技术物理研究所首先在实用型模块化光谱成像仪 OMIS 上使用平面光栅结合线列探测器通过光机扫描式在可见近红外到长波红外波段获取了 128 个通道的光谱图像数据。2002 年，“神州三号”飞船发射时，携带了中国科学院上海技术物理研究所研制的中分辨率成像光谱仪，这一举措使中国成为了世界上第二个拥有航天载成像光谱仪的国家（第一个将航天载成像光谱仪送上太空的是美国，时间是在 1999 年）。除此之外，我国还成功研制了热红外多光谱扫描仪（TIMS）、红光细分光谱扫描仪（FIMS）、71 波段的模块化航空成像光谱仪（MAIS）、19 波段多光谱扫描仪（AMSS）及推扫式成像光谱仪（PHI）等（王建宇等，2011；袁迎辉和林子瑜，2007）。

光谱成像技术虽然是一门相对较新的技术，但是由于前人已经积累了扎实的光谱和成像方面的知识，因此使得光谱成像技术在近几年取得了快速的发展，已经应用于化学、物理学、生物学、农业、医学、军事等多个领域，具体包括城市规划、污染监测、土壤信息检测、农作物信息检测、癌细胞识别及军事侦察等。

现代农业，特别是在西方发达国家，已经逐渐从农耕时代过渡到精细农业时代。管理者需要及时有效地测定农作物有关生理信息，然后根据作物的需要，采取必要的措施，如灌溉、施肥、杀虫和锄草等。这种根据田间变异来确定最合适的管理决策就是作者所说的精细农业，这也是今后农业发展的必然趋势，因为它能有效地减少浪费，增加产量，保护农业资源和环境质量。而农作物这些空间细节分布的信息是非成像光谱仪所不能测定的。光谱成像数据具有光谱波段多、波段连续、图谱合一等特点，能够提供更为丰富的地表信息。将这些农作物或者土壤信息与遥感技术相结合，必然能够有效地改进农作物的管理水平，在提高产量的同时，也能对品质做出准确的预测（汪懋华，1999）。

1.2.1 光谱成像技术在土壤检测中的应用

可见–近红外光谱检测土壤特性一经使用即迅速获得推广，因其不仅可以分析土壤的有机质成分，还可以辨别土壤中的矿物质成分及分析土壤的质地，且检测速度远远快于传统方法。高光谱遥感技术凭借其极高的光谱分辨率开始应用于土壤的检测中。采用遥感技术对土壤进行定性及定量的研究开始于 20 世纪 60 年代，土壤中的多种成分在太阳反射光谱范围内有特征吸收，因此可以利用成分与吸收光谱两者之间的关系预测土壤成分。成像光谱遥感的发展，使得快速且大范围地获取土壤物理和化学信息成为可能。对土壤成分检测的相关应用报道如下。①土壤水分的检测：一般随着土壤水分的增加其反射率会降低，因此可以用来估算土壤水分含量，大面积地检测土地退化和干旱情况（周正明，2013；张娟，2012；魏娜，2009）。②土壤养分的检测：包括有机碳、有机质、总氮、pH 及其他一些磷、钾、钙等微量营养元素的检测（Lu et al.，2013；Gomez et al.，2008；李云和杨海清，2014；宋韬，2010）。③土壤电导率：土壤盐渍化程度高的地方，土壤电导率也随之升高。因此，通过测量土壤的电导率可以预测土壤盐碱化程度（彭杰等，2014）。④土壤环境信息：综合获取农田信息空间分布特性有利于精确灌溉、精确施肥和精确播种（杨爱洁等，2011；裘正军等，2006；方慧等，2003）。总的来说，在实验室环境下的光谱成像数据的获取分析或者野外便携式光谱仪测量的使用，以及近些年来高光谱成像仪在无人机及低空遥感中的应用，都为将来高空遥感大面积绘制土壤资源制图、土壤地球化学制图等打下了坚实的基础。由于影响土壤养分和环境信息的因素是多种多样的，因此高光谱遥感技术应用于大面积的土壤检测还在进一步的研究和完善中。

1.2.2 光谱成像技术在农作物检测中的应用

快速检测与分析农作物的信息是精细农业的关键和核心问题。光谱成像技术在农作物方面的应用如下。①农作物养分信息检测：植物营养的光谱诊断是基于植物信息的光谱特性。通过采集农作物叶片或冠层的图像及光谱信息来预测作物的养分含量和分布，包括氮、磷、钾、叶绿素含量及一些微量元素等的研究（刘飞等，2009c；张卫正等，2013；Gong et al.，2013；Zhang et al.，2013）。②农作物生理信息检测：包括酶类、氨基酸类、抗氧化指标等，是植物不同生长状态的重要参数和指标（方慧等，2012；谢传奇等，2012）。③作物形态信息检测：包括作物地上和地下部分在三维空间内的分布方式及作物内部细胞的形态特征，为分析和预测植物生长发育情况打下基础。张建锋等（2012）基于核磁共振成像技术实现了根系的无损检测。夏益华等（2015）基于拉曼成像技术对碱处理前后的稻秸内部的细胞结构进行了对比研究。④病虫害诊断分析：通过对图谱信息的分析可以预测病虫害的发生。与检测农作物长势的原理相类似，病虫害的出现同样会引起叶片或者冠层的颜色、形状、结构等变化，因此，利用光谱成像技术可以对农作物病害进行检测（Yusuf et al.，2011；冯雷等，2012a，2012b，2012c；孔汶汶等，2013；谢传奇等，2013）。在更早期时，当病害还没有呈现在植物表面时，可以利用拉曼显微成像技术对植物细胞壁的形态变化进行研究（李晓丽等，2014）。光谱成像技术还可对虫害情况进行快速检测（Zhao et al.，2012；吴达科等，2007；孙红等，2010；许章华等，2013；韩瑞珍，2014；余俊霖，2014）。

北京昌平小汤山的"国家精准农业研究示范基地"实验田，于2005年6月12日，第一次利用地物光谱仪高空监测小麦条锈病，并获得初步的成功。

1.2.3 光谱成像技术在农产品检测中的应用

在农产品安全监测方面，光谱成像技术也起到了至关重要的作用。光谱成像技术应用于农产品品质无损检测研究于20世纪90年代末才在国外发展起来，而我国近几年才开始关注。然而，研究结果已经表明该技术在农产品品质无损检测中具有巨大潜力（曹芳等，2011）。随着对农产品产量需求的不断增加及对外观美化程度的不断提高，添加抗生素、色素和激素等在农产品的生产中已成为常用的手段。而为了防止病虫害，又会不同程度地使用农药。这些添加剂的过度使用，使得农产品中残留物超标，直接影响了消费者食用安全，严重时甚至直接导致其死亡。近年来随着食品安全问题的频频曝光，引起了政府的高度重视，同时大众对食品安全的问题也越来越关注。研究表明，农产品品质与安全性检测中应用基于高光谱图像技术的机器视觉系统是一个重要的发展趋势。高光谱图像技术能检测农产品综合品质，包括内在品质、外在品质和食用安全性，结合机器视觉、核磁共振、生物传感器和电子鼻等新技术可以建立农产品无损检测监控体系（张建锋等，2012）。高光谱成像技术一方面可利用可见光区域图像来检测农产品的一些外在品质，如污染、损伤和缺陷等（Lin et al.，2012a；2012b）；另一方面又可利用近红外区域图像来检测农产品内部的品质，包括糖度、维生素、溃烂情况等。此外，紫外光区域的成像还可以用来检测农产品的食用安全性（王雷等，2009）。所以，通过提取农产品的高光谱图像中各检测项目所对应的特征波长，可对农产品的综合品质与食用安全性进行全面、快速的检测。农产品的品质检测主要包括：水果、蔬菜的检测与分级（叶旭君等，2010；Wang et al.，2012；高俊峰等，2013），肉类产品的检测与分级，经济作物的检测与分级，谷物籽粒的检测与分级等（Govender et al.，2007；陈守满，2011）。

1.2.4 存在问题与应用展望

过去的30年研究与应用实践表明，光谱成像技术具有广阔的应用前景其技术方法与手段日臻完善，应用深度和广度不断拓展。未来的光谱成像技术将在应用需求的牵引下继续向前，它将为分析领域提供更加丰富有力的手段，为人类社会的发展贡献更大的力量。简单来说，未来光谱成像技术的发展方向包括以下几个方面。

1）提高空间分辨率和光谱分辨率

高分辨率包括空间分辨率和光谱分辨率，永远是光谱成像技术追求的目标，也是光谱成像技术发展的必然趋势。新型传感器研发水平的不断提高就是为了获得更加精准化的遥感数据，并且不同的研究对象对分辨率的要求是不同的，但是目前的光谱成像技术的分辨率指标远远不能满足应用需求（王建宇等，2011）。

2）增大光谱覆盖范围

早期较为成熟的光谱成像系统主要在太阳反射光谱为0.4～2.5μm区域工作。从目前的机载高光谱成像仪应用情况来看，热红外超光谱成像仪具有极强的观测能力，紫外超光谱成像仪也具有特殊用途。因此，未来全波段的超光谱成像仪也是光谱成像技术的发展趋势之一（王建宇等，2011）。

3）建立光谱信息的自动化处理及图像融合系统

光谱成像数据的信息处理包括从数据中提取并恢复信息的全部过程，面对各种应用需求，这显然是一个很大的难题。国内目前缺乏自主开发的软件，使用较多的是国外相关光谱软件配套的处理系统，并且处理的遥感数据多数也是来源于国外卫星。因此，目前急需开发的软件或系统有：能够实时分析的处理系统，针对性的专题信息智能化软件，兼有数据处理和图像分析功能的集成化软件（马玲等，2006）。

4）拓展光谱成像技术和其他学科的交叉

目前各学科的技术水平和光谱成像仪本身的特点，使得光谱成像系统的空间分辨率和光谱分辨率是有限的。模式识别技术结合光谱成像数据，小到可以识别虫害目标，大到可以识别军事目标，对识别目标的生存构成威胁，这是光谱成像技术和模式识别的综合应用，将高质量的光谱图像数据定量化，与类似如高分辨率的全色相机、多光谱成像仪相结合，可以更好地发挥光谱成像仪的优势。

1.3 小 结

本章主要介绍了光谱及光谱成像技术在农业中的应用情况。首先分别介绍了光谱及光谱成像技术在农业应用中的发展历史，然后从土壤、农作物、农产品 3 个方面对其应用情况进行展开讨论，最后总结归纳了光谱及光谱成像技术现有的问题，并对其发展做了进一步的展望。

参 考 文 献

曹芳，吴迪，何勇，等. 2009. 基于可见–近红外反射光谱技术的葡萄品种鉴别方法的研究. 光学学报, (2): 537-540.
曹芳，吴迪，郑金土，等. 2011. 基于可见–近红外光谱和多光谱成像技术的梨损伤检测研究. 光谱学与光谱分析, (4): 920-923.
岑益郎，宋韬，何勇，等. 2011. 基于可见/近红外漫反射光谱的土壤有机质含量估算方法研究. 浙江大学学报(农业与生命科学版), (3): 300-306.
陈守满. 2011. 高光谱图像与农产品品质无损检测研究进展. 安康学院学报, 23(6): 1-6.
戴子云，梁小红，张利娟，等. 2013. 近红外光谱技术的结缕草种子发芽率研究. 光谱学与光谱分析, 33(10): 2642-2645.
方慧，邵永华，何勇. 2003. 基于掌上电脑的农田信息空间分析系统的研究. 浙江农业大学学报, 29(6): 679-683.
方慧，邹强，何勇，等. 2012. 基于高光谱的番茄叶片过氧化物酶活力测定. 光谱学与光谱分析, 32(8): 2228-2233.
冯雷，陈双双，冯斌，等. 2012a. 大豆豆荚炭疽病严重度的光谱检测. 农业机械学报, (8): 175-179, 192.
冯雷，陈双双，冯斌，等. 2012b. 基于光谱技术的大豆豆荚炭疽病早期鉴别方法. 农业工程学报, (1): 139-144.
冯雷，张德荣，陈双双，等. 2012c. 基于高光谱成像技术的茄子叶片灰霉病早期检测. 浙江大学学报(农业与生命科学版), (3): 311-317.
高居荣，樊广华，李圣福，等. 2009. 近红外光谱技术分析小麦品质的应用研究. 实验技术与管理, 26(3): 42-44.
高俊峰，章海亮，孔汶汶，等. 2013. 应用高光谱成像技术对打蜡苹果无损鉴别研究. 光谱学与光谱分析, (7): 1922-1926.
韩瑞珍. 2014. 基于机器视觉的农田害虫快速检测与识别的研究. 杭州: 浙江大学: 博士研究生学位论文.
韩瑞珍，宋韬，何勇. 2010. 基于可见/近红外光谱的土壤有机质含量预测. 中国科学: 信息科学, (S1): 111-116.
洪霞，江洪，余树全. 2010. 高光谱遥感在精准农业生产中的应用. 安徽农业科学, 38(1): 529-531.
蒋璐璐，张瑜，王艳艳，等. 2010. 基于光谱技术的土壤养分快速测试方法研究. 浙江大学学报(农业与生命科学版), (4): 445-450.
蒋月娟，李全臣. 2000. 成像光谱技术的新发展. 光电子技术与信息, 13(4): 26-29.
孔汶汶，虞佳佳，刘飞，等. 2013. 基于高光谱成像技术的番茄茎秆灰霉病早期诊断研究. 光谱学与光谱分析, (3): 733-736.
李晓丽，程术希，何勇. 2010. 基于漫反射光谱的初制绿茶含水率无损检测方法. 农业工程学报, (5): 195-201.
李晓丽，罗榴彬，胡小倩，等. 2014. 基于共聚焦显微拉曼光谱揭示炭疽病侵染下茶叶细胞壁变化的研究. 光谱学与光谱分析, 34(6): 1571-1576.
李云，杨海清. 2014. 多光谱图像技术在土壤酸碱度检测中的应用. 红外, 35(3): 43-48.

刘飞，王莉，何勇，等. 2009a. 基于可见/近红外光谱技术的黄瓜叶片 SPAD 值检测. 红外与毫米波学报, (4): 272-276.

刘飞，王莉，何勇. 2009c. 应用多光谱图像技术获取黄瓜叶片含氮量及叶面积指数. 光学学报, (6): 1616-1620.

刘飞，张帆，方慧，等. 2009b. 连续投影算法在油菜叶片氨基酸总量无损检测中的应用. 光谱学与光谱分析, (11): 3079-3083.

陆婉珍. 2007. 现代近红外光谱分析技术. 第 2 版. 北京：中国石化出版社.

马玲，崔德琪，王瑞，等. 2006. 成像光谱技术的研究与发展. 光学技术, 32(S1): 573-580.

彭杰，王家强，向红英，等. 2014. 土壤含盐量与电导率的高光谱反演精度对比研究. 光谱学与光谱分析, 4(2): 510-514.

裘正军，宋海燕，何勇，等. 2006. 基于虚拟仪器的农田信息采集与处理系统. 浙江大学学报(工学版), 40(11): 1931-1936.

施佳慧，陈自力，邵咏妮，等. 2011. 可见/近红外光谱分析技术快速鉴别航天育种番茄. 光谱学与光谱分析, (2): 387-389.

宋海燕，何勇. 2008. 近红外光谱法分析土壤中磷、钾含量及pH值的研究. 山西农业大学学报(自然科学版), (3): 275-278.

宋韬. 2010. 基于光谱分析和数字图像处理技术的土壤信息检测研究. 杭州：浙江大学：硕士研究生学位论文.

宋韬，鲍一丹，何勇. 2009. 利用光谱数据快速检测土壤含水量的方法研究. 光谱学与光谱分析, (3): 675-677.

孙红，李民赞，周志艳，等. 2010. 基于光谱技术的水稻稻纵卷叶螟受害区域检测. 光谱学与光谱分析, 30(4): 1080-1083.

汪懋华. 1999. "精细农业"发展与工程技术创新. 农业工程学报, 15(1): 1-8.

王建宇，舒嵘，刘银年. 2011. 成像光谱技术导论. 北京：科学出版社.

王雷，晓艳，董有尔，等. 2009. 高光谱图像技术在农产品检测中的应用进展. 应用光学, 30(4): 639-645.

王兆守，刘丽花，邵宗泽，等. 2008. 农药残留检测新方法研究进展. 化工进展, 27(9): 1370-1389.

魏娜. 2009. 土壤含水量高光谱遥感监测方法研究. 北京：中国农业科学院.

吴达科，马承伟，杜尚丰. 2007. 斑潜蝇虫害叶片受害程度对其近红外反射光谱的影响. 农业工程学报, 23(2): 156-159.

奚如春，钟燕梅，邓小梅，等. 2013. 基于近红外光谱的油茶种子含油量定标模型构建. 林业科学, 49(4): 1-6.

席志勇，王凤花. 2012. 谷物品质无损检测方法的研究进展. 食品工业科技, (15): 394-396.

夏益华，罗榴彬，李晓丽，等. 2015. 共聚焦显微拉曼光谱研究碱处理对稻秸发酵制沼气的影响. 光谱学与光谱分析, 35(3): 657-662.

肖松山，范世福，李昀，等. 2003. 光谱成像技术进展. 现代仪器, (5): 5-8.

谢传奇，冯雷，冯斌，等. 2012. 茄子灰霉病叶片过氧化氢酶活性与高光谱图像特征关联方法. 农业工程学报, 28(18): 177-184.

谢传奇，王佳悦，冯雷，等. 2013. 应用高光谱图像光谱和纹理特征的番茄早疫病早期检测研究. 光谱学与光谱分析, 33(6): 1603-1607.

许章华，刘健，余坤勇，等. 2013. 松毛虫危害马尾松光谱特征分析与等级检测. 光谱学与光谱分析, 33(2): 428-433.

薛利红，曹卫星，罗卫红. 2005. 基于冠层反射光谱的水稻产量预测模型. 遥感学报, 9(1): 100-105.

杨爱洁，沈焱鑫，金丹娜，等. 2011. 基于无线传感器网络的果园数字信息采集与管理系统. 农业工程, 1: 37-41.

杨雪红. 2010. 土壤粒径对土壤光谱特征的影响. 科技信息, 25: 390-391.

杨智，李映雪，徐德福，等. 2008. 冠层反射光谱与小麦产量及产量构成因素的定量关系. 中国农业气象, 29(3): 338-342.

姚建松，杨海清，何勇. 2009. 基于可见–近红外光谱技术的油菜叶片叶绿素含量无损检测研究. 浙江大学学报(农业与生命科学版), (4): 433-438.

姚玉霞，赵建华，刘晓彦，等. 2013. 基于遥感技术的玉米产量预测估产研究与实践. 农林科技, (3): 220.

姚云军，秦其明，张自力，等. 2008. 高光谱技术在农业遥感中的应用研究进展. 农业工程学报, 24(7): 301-306.

叶旭君，Sakai K，何勇. 2010. 基于机载高光谱成像的柑橘产量预测模型研究. 光谱学与光谱分析, (5): 1295-1300.

余俊霖. 2014. 昆虫实时捕捉、监测与死亡时间诊断的研究. 杭州: 浙江大学: 硕士研究生学位论文.
袁石林, 马天云, 宋韬, 等. 2009. 土壤中总氮与总磷含量的近红外光谱实时检测方法. 农业机械学报, (S1): 150-153.
袁迎辉, 林子瑜. 2007. 高光谱遥感技术综述. 中国水运, 7(8): 155-158.
詹嘉放. 2010. 信息技术在农业生产产前、产中和产后阶段的应用. 广东农业科学, (2): 231-234.
张海峰. 2004. 光谱成像技术发展概况. 绵阳: 第九届全国遥感遥测遥控学术研讨会论文集: 252-257.
张建锋, 何勇, 王南飞, 等. 2012. 基于核磁共振成像的农产品几何模型重构. 农业工程学报, (21): 215-220, 293.
张娟. 2012. FY-3a 卫星数据在青海省三江源区土壤水分监测中的应用. 青海草业, 21(2): 19-22.
张卫正, 徐武峰, 裘正军, 等. 2013. 基于多视角图像的植物叶片建模与曲面面积测量. 农业机械学报, (7): 229-234.
周正明. 2013. 遥感光谱指数反演土壤水分及干旱时空分布研究. 北京: 中国气象科学研究院.
周子立, 张瑜, 何勇, 等. 2009. 基于近红外光谱技术的大米品种快速鉴别方法. 农业工程学报, (8): 131-135.
Bao Y D, Kong W W, He Y, et al. 2012b. Quantitative analysis of total amino acid in barley leaves under herbicide stress using spectroscopic technology and chemometrics. Sensors, 12(10): 13393-13401.
Bao Y D, Kong W W, Liu F, et al. 2012a. Detection of glutamic acid in oilseed rape leaves using near infrared spectroscopy and the least squares-support vector machine. International Journal of Molecular Sciences, 13(11): 14106-14114.
Garini Y, Young I T, Namara G M. 2006. Spectral imaging: principles and applications. Cytometry Part A, 69(8): 735-747.
Gomez C, Viscarra Rossel RA, McBratney AB. 2008. Soil organic carbon predictionbyhyperspectral remote sensing and field via-NIR spectroscopy: an Australian case study. Geoderma, 146: 403-411.
Gong A P, Yu J L, He Y, et al. 2013. Citrus yield estimation based on images processed by an Android mobile phone. Biosystems Engineering, 115(2): 162-170.
Govender M, Chetty K, Bulcock H. 2007. A review of hyperspectral remote sensing and its application in vegetation and water resource studies. Water SA, 33(2): 145-151.
Li X L, He Y, Wu C Q. 2008a. Non-destructive discrimination of paddy seeds of different storage age based on Vis/NIR spectroscopy. Journal of Stored Products Research, 44(3): 264-268.
Li X L, He Y, Wu C Q. 2008b. Least square support vector machine analysis for the classification of paddy seeds by harvest year. Transactions of the ASABE, 51(5): 1793-1799.
Lin P, Chen Y M, Bao Y D, et al. 2012a. Image detection of rice fissures using biorthogonal B-spline wavelets in multi-resolution spaces. Food and Bioprocess Technology, 5(5): 2017-2024.
Lin P, Chen Y M, He Y. 2012b. Identification of broken rice kernels using image analysis techniques combined with velocity representation method. Food and Bioprocess Technology, 5(2): 796-802.
Liu F, He Y, Wang L, et al. 2011a. Detection of organic acids and pH of fruit vinegars using near-infrared spectroscopy and multivariate calibration. Food and Bioprocess Technology, 4(8): 1331-1340.
Liu F, Jin Z L L, Naeem M S, et al. 2011c. Applying near-infrared spectroscopy and chemometrics to determine total amino acids in herbicide-stressed oilseed rape leaves. Food and Bioprocess Technology, 4(7): 1314-1321.
Liu F, Kong W W, Tian T, et al. 2012. Estimation of acetolactatesynthase activity in *Brassica napus* under herbicide stress using near-infrared spectroscopy. Transactions of the ASABE, 55(4): 1631-1638.
Liu F, Yusuf B L, Zhong J L, et al. 2011b. Variety identification of rice vinegars using visible and near infrared spectroscopy and multivariate calibrations. International Journal of Food Properties, 14(6): 1264-1276.
Lu P, Wang L, Niu Z, et al. 2013. Prediction of soil properties using laboratory vis-NIR spectroscopy and Hyperion imagery. Journal of Geochemical Exploration, 132: 26-33.
Okin G S, Clarke K D, Lewis M M. 2013. Comparison of methods for estimation of absolute vegetation and soil fractional cover using MODIS normalized BRDF-adjusted reflectance data. Remote Sensing of Environment, 130(5): 266-279.
Shao Y N, He Y. 2011. Nitrogen, phosphorus, and potassium prediction in soils, using infrared spectroscopy. Soil Research, 49(2): 166-172.
Shao Y N, He Y. 2013. Visible/near infrared spectroscopy and chemometrics for the prediction of trace element (Fe and Zn) levels in rice leaf. Sensors, 13(2): 1872-1883.
Shao Y N, He Y, Bao Y D, et al. 2009. Near-infrared spectroscopy for classification of oranges and prediction of the sugar content. International Journal of Food Properties, 12(3): 644-658.

Vašát R, Kodešová R, Borůvka L, et al. 2014. Consideration of peak parameters derived from continuum-removed spectra to predict extractable nutrients in soils with visible and near-infrared diffuse reflectance spectroscopy (VNIR-DRS). Geoderma, 232-234: 208-218.

Vohland M, Ludwig M, Thiele-Bruhn S, et al. 2014. Determination of soil properties with visible to near-and mid-infrared spectroscopy: effects of spectral variable selection. Geoderma, 223-225: 88-96.

Wang S J, Liu K S, Yu X J, et al. 2012. Application of hybrid image features for fast and non-invasive classification of raisin. Journal of Food Engineering, 109(3): 531-537.

Xing J, Guyer D. 2008. Detecting internal insect infestation in tart cherry using transmittance spectroscopy. Postharvest Biology and Technology, 49(13): 411-416.

Yu X J, Liu K S, Wu D, et al. 2012. Raisin quality classification using least squares support vector machine (LSSVM) based on combined color and texture features. Food and Bioprocess Technology, 5(5): 1552-1563.

Yusuf B L, He Y. 2011. Application of hyperspectral imaging sensor to differentiate between the moisture and reflectance of healthy and infected tobacco leaves. African Journal of Agricultural Research, 6(29): 6267-6280.

Zhang X L, He Y. 2013. Rapid estimation of seed yield using hyperspectral images of oilseed rape leaves. Industrial Crops and Products, 42: 416-420.

Zhang X L, Liu F, He Y, et al. 2012. Application of hyperspectralimaging and chemometriccalibrations for variety discrimination of maize seeds. Sensors, 12(12): 17234-17246.

Zhao Y, He Y, Xu X. 2012. A novel algorithm for damage recognition on pest-infested oilseed rape leaves. Computers and Electronics in Agriculture, 89: 41-50.

Zhuang L, Wang J, Bai L, et al. 2011. Cotton yield estimation based on hyperspectral remote sensing in arid region of China. Transactions of the CSAE, 27(6): 176-181.

第2章　光谱分析基础

2.1　电磁辐射与波谱

2.1.1　光——电磁辐射基础

光是一种电磁波。光的传播可以理解为正弦波在电场和磁场两个正交面内波动前进。光具有波粒二象性，即波动性和微粒性，两个特性是相互统一的。

波动性——解释光与物质的相互作用而引起折射、衍射、干涉和散射等波动现象（褚小立，2011；邢梅霞和夏德强，2012）。电磁波不需要传播介质，在真空中的传播速度 c=2.979×10^{10}cm/s；波长（λ）是沿着电磁波传播方向，相邻两波同相位点间的距离，单位可以用米（m）、厘米（cm）、微米（μm）或纳米（nm）表示；频率（ν）表示单位时间内电磁场振动的次数，单位是赫兹（Hz 或 s^{-1}）；波数（σ）是指每单位长度内电磁波振动的数目，它与波长（λ）互为倒数。这些参数满足以下关系：

$$c=\lambda\nu,\ \ \sigma=1/\lambda \tag{2.1}$$

微粒性——表明电磁辐射是由大量不连续的以光速运动的粒子（光子）流组成（褚小立，2011；邢梅霞和夏德强，2012）。这种能量的最小单位为“光子”，每个光子的能量 E 与其频率 ν 及波长 λ 之间有如下关系：

$$E=h\nu=hc/\lambda=hc\sigma \tag{2.2}$$

式中，E 是光子的能量（eV），1eV=1.062×10^{-19}J；h 为普朗克常量 h=6.626×10^{-34}J·s。

将电磁波按其波长和频率的大小顺序排列起来即电磁波谱图，见图 2.1。

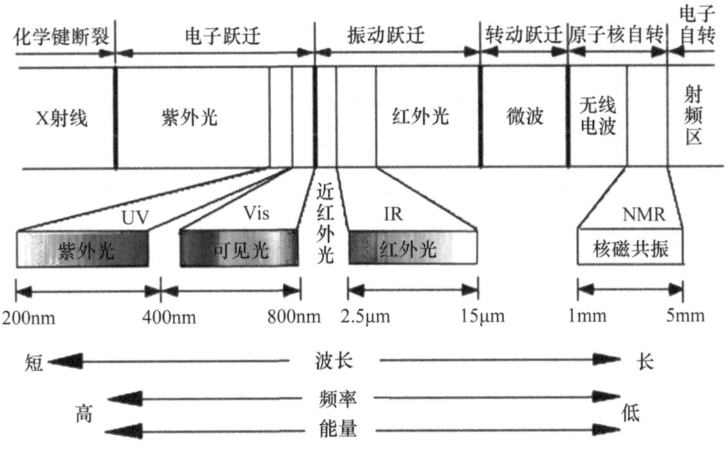

图 2.1　电磁波谱图（彩图可扫描封底二维码获取）

同时，表 2.1 列出了用于光谱分析的电磁波的一些参数性质（褚小立，2011；邢梅霞和夏德强，2012）。

表 2.1　电磁波的一些参数

光谱名称	波长	光子能量/eV	跃迁能级类型	光学分析方法
γ 射线	5×10^{-3}～0.14nm	$>2.5\times10^{5}$	核能级	γ 射线光谱法
X 射线	10^{-2}～10nm	2.5×10^{5}～1.2×10^{2}	内层（K 层、L 层）电子能级	X 射线光谱法
远紫外光	10～200nm	120～6.2		真空紫外光度法
近紫外光	200～380nm	6.2～3.1	价电子能级	紫外光度法
可见光	380～780nm	3.1～1.6		比色及可见光度法
近红外光	750～2500nm	1.6～0.5	分子振动能级	近红外光度法
中红外光	2.5～50μm	0.5～0.025		中红外光度法
远红外光	50～1000μm	2.5×10^{-2}～1.2×10^{-3}	分子转动能级	远红外光度法
微波	0.1～100cm	1.2×10^{-3}～4.1×10^{-6}		微波光谱法
无线电波	1～1000cm	$<4.1\times10^{-6}$	电子和核的自旋	核磁共振波谱法

根据电磁波谱的波长和能量大小，可将电磁波谱分为波谱、能谱和光谱（褚小立，2011），具体有关参数见表 2.2。

表 2.2　波谱、能谱与光谱的分类参数

波长和能量条件	特性	名称	分析方法	常见类型
$\lambda>1$mm、$E<10^{-3}$eV	波动性明显	波谱	波谱分析法	微波、无线电波
$\lambda<10$nm、$E>10^{2}$eV	粒子性明显	能谱	能谱分析法	γ 射线、X 射线
介于能谱和波谱之间	借助光学仪器获取	光谱	光谱分析法	紫外光、可见光、红外光谱

2.1.2　光与物质的相互作用

光的传播与物质的相互作用，主要表现在物质对光的反射、折射、吸收、散射、透射、发射、干涉、衍射和偏振等现象。

1. 光的反射

光的反射（图 2.2）是指光照射到两种不同介质的分界面时，部分光的传播方向改变后返回原来介质中的现象。根据介质界面的不同，可分为镜面反射[图 2.2（a）]和漫反射[图 2.2（b）]两种类型。当光照射到粗糙表面时，反射光向任意方向无规则地反射，这种反射就是漫反射。漫反射光来源于入射光线经过物质内部多次反射、散射、折射及吸收后得到的光，其携带有被照射物质内部的结构组成信息。

如果光从光密介质 n_1 射向光疏介质 n_2 时（其折射角大于入射角），当入射角逐渐增大到某一角度时，折射角也将增大至 90°，这时在光疏介质中将不产生折射光线，这就是全反射现象，见图 2.2（c）。产生全反射的条件是：光必须是从光密介质向光疏介质传播；入射角必须大于或等于产生全反射的临界角 θ_c（褚小立，2011）。

2. 光的折射和散射

光的折射是指当光从一种透明传播介质进入另一种透明介质时，光束前进的方向发生改变的现象（图 2.3）。光的折射是由于光在不同介质的传播速度不同而引起的某种介

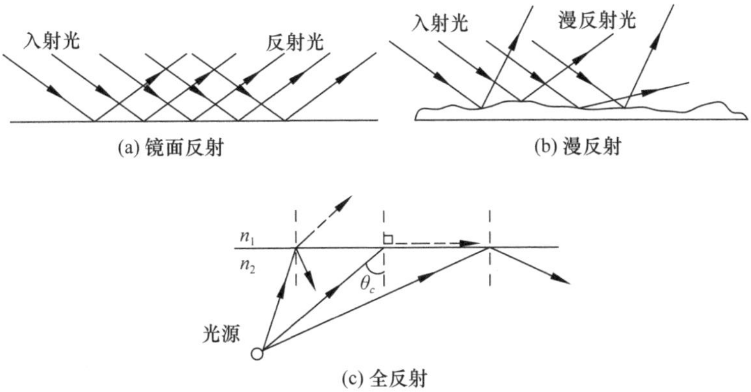

图 2.2　光的反射示意图（褚小立，2011）

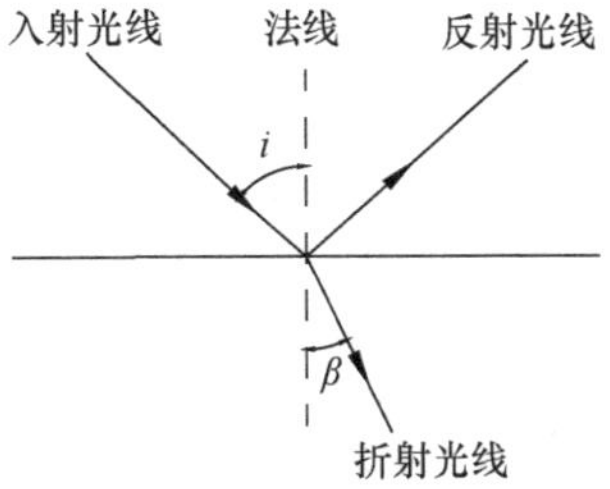

图 2.3　光的折射和反射示意图

质的折射率是光在真空中的速度 c 与在该介质中的速度 v 之比，也表示为入射角 i 的正弦值与折射角 β 正弦值的比值（$\sin i/\sin\beta$）。

光的散射是指光照射在不均匀介质上，部分光沿着其他方向传播的现象。根据散射起因的不同，可分为拉曼散射、瑞利散射、丁铎尔现象及康普顿散射等。

3. 光的透射、吸收和发射

光的透射：从微观上讲，当光通过透明介质时，介质内部微粒的外层价电子相对于原子核产生振动，它将光的能量瞬时地保留在微粒中；当物质返回其初始状态，微粒又将能量发射出来。在这个过程中，净能量并没有变化，也就是说光的频率没有改变，只是其传播速度比原来减慢，这就是光的透射现象。

光的吸收：光在传播中接触到某些物质时，物质会选择性地吸收某些频率的光，并使其强度削减，这就是物质对光的吸收现象。从微观上讲，光的能量被转移到物质内部的分子或原子中，使得物质内部的能量增加，即物质内部分子或原子由低能态上升到高能态，表现出来的就是被吸收的某些频率的光强减弱甚至消失。根据光的能量、吸收光谱的不同及吸收物质的粒子不同，可分为分子吸收和原子吸收。

光的发射：当受激物质（受电能、热能等作用）从高能态返回低能态的过程中，微粒将吸收的能量以光辐射的形式释放出去，这就是光的发射现象。光的发射主要分为分子发射、原子发射和 X 射线等。

4. 光的干涉、衍射和偏振

若干个振动方向、频率和相位相同（或者相位差恒定）的相干光波相互叠加，出现明暗相间的条纹，这就是光的干涉现象。光波绕过障碍物而偏离几何光学传播的现象，称为光的衍射，衍射现象是干涉的结果。

光波电场矢量方向振动的空间分布对于光的传播方向失去对称性的现象称为光的偏振，只有横波才能出现偏振现象（褚小立，2011）。光的干涉、衍射和偏振现象论证了光具有波动性的特征。

2.1.3 光谱分析方法及其分类

1. 光谱分析法

以建立在电磁辐射与物质相互作用（或发射的电磁辐射）的基础上的一类分析化学方法，被称为光学分析方法，它主要分为光谱分析法和非光谱分析法（褚小立，2011；刘崇华和黄宗平，2010）。表 2.3 列出了两者的主要区别。

表 2.3 光谱分析法与非光谱分析法的区别

名称	分析途径	方法	作用	主要方法类型
光谱分析法	检测物质内部发射量子化的能级之间的跃迁而产生的发射、吸收、散射的波长和强度	测量与物质作用后，光谱的波长和强度来进行定性和定量分析	鉴别和确定物质的化学组分及相对含量	见光谱分析法的分类中的具体类型
非光谱分析法	测量电磁辐射某些基本性质（折射、干涉、散射、衍射和偏振等）	观察电磁波的传播方向、速度或其他物理性质	论证电磁波的波动性，为光学仪器开发奠定基础	折射法、偏振法、光散射法（比浊法）、衍射法、旋光法和圆二色性法等

2. 光谱分析法的分类

光谱分析法的分类方法有多种，具体分类方法见表 2.4。

表 2.4 光谱分析法的分类结果

分类依据	分类结果	原理	表现形式	主要类型
能级跃迁的粒子种类	分子光谱分析法	分子中电子能级、振动和转动能级的变化	带光谱	紫外–可见分光光度法、红外光谱法、分子荧光光谱法、分子磷光光谱法、核磁共振波谱法、化学发光法
	原子光谱分析法	原子外层或内层的电子能级变化	线光谱	原子发射光谱法、原子吸收光谱法、原子荧光光谱法、X 射线荧光光谱法
电磁辐射与物质的相互作用	发射光谱分析法	测量原子或分子的特征发射光谱的波长和强度	线状、带状、连续光谱	原子发射光谱法、原子（分子、X 射线）荧光光谱法、分子磷光光谱法和化学发光法、γ 射线光谱法
	吸收光谱分析法	用被测物质对辐射吸收的波长和强度进行分析	连续、选择吸收光谱	原子吸收光谱法、Mossbauer（穆斯堡尔）光谱法、紫外–可见光谱法、红外光谱法、核磁共振波谱法
	散射光谱分析法	光子与物质分子发射能量交换产生新频率（拉曼位移）	丁铎尔现象、分子散射	拉曼光谱法

2.1.4　分子能级与分子光谱

1. 分子能级的产生

对于分子的运动分析，主要有分子转动、核间的相对位置变化引起的振动、整体平动和价电子运动。所以分子的能量 E 是由分子的转动能 E_r、振动能 E_z、平动能 E_p 和电子的运动能 E_d 组成，故 $E=E_r+E_z+E_p+E_d$。

由于价电子和原子核的质量相差甚大，同时其运动速度也有大的差别，故可以将两者的相互作用忽略，从力学上看两者的运动可以独立处理。在原子核的相对运动中，分子整体平动的平动能只是温度的函数，它对分子本身的核间运动及电子运动影响可以忽略，所以与分子光谱有关的能量变化可以看作分子的转动、振动和电子运动的能量变化（褚小立，2011）。分子的这 3 种运动都具有一定的能量，处于一定的能级。当物质受到电磁辐射激发时，会从一个能级转移到另一个能级，这个过程称为跃迁。能级的跃迁是不连续的，具有量子化的性质。当分子吸收了外来的辐射后，它的变化能量ΔE 为 3 种能量变化的和，即$\Delta E=\Delta E_z+\Delta E_r+\Delta E_d$。

物质对于不同波长的光线具有不同的吸收能力，同时也可以选择性地吸收某些能量，这相当于该分子的振动能变化、转动能变化及电子的运动能量变化的总和。分子的 E_d、E_z 和 E_r 在能级间隔数量级上有差别，分别为 $10^{14}\sim10^{15}\text{cm}^{-1}$、$10^{2}\sim10^{4}\text{cm}^{-1}$、$10^{0}\sim10^{2}\text{cm}^{-1}$。

2. 分子光谱的产生及分类

根据分子能级的数量差别，表 2.5 概述了分子光谱的产生和分类情况。

表 2.5　分子光谱的产生和分类形式

能量级	跃迁类型	光谱类型	图谱特征
接近电子的运动能 E_d 的紫外和可见光，能量在 $10^{14}\sim10^{15}\text{cm}^{-1}$	电子能级之间的跃迁，并伴随分子的振动和转动能级的变化	电子光谱	带状谱
接近分子的振动能 E_z 的中红外和近红外光，能量在 $10^{2}\sim10^{4}\text{cm}^{-1}$	只有分子振动能变化，并伴随转动能的变化	振动–转动光谱（振动光谱）	谱带形式
接近分子的转动能 E_r 的微波或远红外光，能量在 $10^{0}\sim10^{2}\text{cm}^{-1}$	只有分子转动能的变化	分子转动光谱	线光谱

2.1.5　光谱分析基本定律和原理

1. 光谱分析法的基本定律

光谱分析法的基本定律是 Lambert-Beer（朗伯-比尔）定律（Gordon，1989；邢梅霞和夏德强，2012），内容如下：当一束单色光照射在吸收介质（如溶液）时，吸收介质吸收了一部分光，光的强度就会减弱。吸收介质的吸光度越强，光强度减弱越明显。用公式（2.3）表示其间的关系：

$$\psi_t=\psi_r\times10^{-\alpha l\rho} \tag{2.3}$$

式中，ψ_t 为透射光强；ψ_r 为入射光强；α 为吸收系数（absorbance coefficient）；l 为光穿过的吸收介质的厚度；ρ为吸收介质的浓度。由公式（2.3）可得

$$\frac{\psi_t}{\psi_r}=10^{-\alpha l \rho} \tag{2.4}$$

通常将 ψ_t/ψ_r 的值称为透光率（transmittance，T），其表达意义是透射光强与入射光强的比值，由于该值小于 1，故用 T%（$100\psi_t/\psi_r$）表示，即百分透光率。为了方便，用透光率的负对数值（–lgT）表示吸收介质的吸光强度，称为吸光度（absorbance，A），于是有

$$A=-\lg \mathrm{T}=\lg\frac{1}{T}=2-\lg(T\%)\text{，}A=\alpha l \rho \tag{2.5}$$

根据公式（2.5）可得：吸光度与吸收介质的浓度及厚度呈正比。该定律又称为 Bouger-Beer 定律，当吸收介质的厚度固定不变时，称为 Beer 定律。

另外，吸收也具有加和性，当光穿过浓度为 ρ_a 的 m 介质和浓度为 ρ_b 的 n 介质时，得到的吸光度（A）为两物质吸光度之和，即 $A=A_m+A_n=\alpha_m l_m \rho_a+\alpha_n l_n \rho_b$。对于多重的吸收介质，其吸光度为各吸收介质的吸光度之和。

2. 光谱分析法的定性和定量分析

光谱分析原理是利用光谱分析方法结合化学分析的一些方法来确定被测物质成分、结构、含量和浓度等，基于此对物质进行定性和定量分析（刘崇华和黄宗平，2010）。对于这两种分析，表 2.6 总结了两种分析方法之间的差异。

表 2.6　定性分析和定量分析的差异

项目	定性分析	定量分析
依据	根据被测物质与光的相互作用	光谱的强度与待测分析物质含量之间
光谱特征	不同物质的微观原子结构展现出其独一无二的光谱响应特征	建立特定的光谱强度与待测分析物质浓度的线性关系
参考方法	把物质对应的光谱曲线和已知元素的标识谱线进行比较	一般是根据朗伯–比尔定律来定量分析
不同光谱分析方法	分子连续光谱：根据光谱曲线的形状、某些特征峰、波谷来进行定性分析	吸收光谱：由发射光谱被减弱的程度来求得待测物质的含量
	原子光谱：通常依据物质特征谱线来定性分析，判断是否为该元素	发射光谱：通常被分析的元素在样品中的浓度越大，辐射谱线的强度越大

2.2　原子分子振动分析

前面章节的内容介绍到了分子光谱的产生，是由电子能级之间的跃迁、分子的振动、转动能级的变化和分子振动能伴随转动能的变化等情况引起的。对于双原子的分子伸缩振动分析主要是以谐振子振动模型来解释的，该模型能够解释有关振动光谱的一些简单问题（张正行，2009）。多原子分子由于原子数目增多，组成分子的化学键和空间结构不同，其振动光谱比双原子分子要复杂，但是可以把它们的振动分解成许多简单的基平振

动，即简正振动。处理分子振动（只做谐振动）和转动的数学方法主要是建立以原子坐标表示分子的动能和势能的经典表达式，然后用这些表达式来获得振动、转动和平动的波动方程，另外还需要论述当用适当的坐标系时，整个波动方程能近似地分离为单独的平动、转动和振动方程（张允武等，1988；小威尔逊等，1985）。

2.2.1　微振动经典力学

在介绍微振动经典力学时，将分子的振动问题和转动问题分开处理。在处理分子振动时，常采用的广义坐标主要有：笛卡儿位移坐标、质权笛卡儿位移坐标、内坐标、内对称坐标和简正坐标等。

对于由 N 原子（一个原子有 3 个自由度）组成的分子有 $3N$ 个自由度，其可以在三维空间（x、y、z）内平动，又可以绕 3 条轴线转动，故在上面列出的坐标里便有 6 个坐标，它们并不是彼此独立的，必然存在联系它们的 6 个条件（张正行，2009）。而在定义转动坐标时恰好需要 6 个条件（对于非线性分子），其中的 3 个把转动坐标系的原点置于分子的质量中心，这保证了转动坐标系随分子而移动，其余的单个条件把坐标系拴在分子上，预示坐标系和分子可一起转动了。这些条件使得在运动坐标系处理的振动完全像分子不转动或不平动时的振动一样。使用在运动坐标系的 $3N$ 个笛卡儿坐标，结合 6 个条件就阻止了分子相对运动坐标系的平动和转动（小威尔逊等，1985）。

采用笛卡儿位移坐标时，如果一个原子 α 在运动坐标系中的坐标为 x_α、y_α、z_α，当其处于平衡位置（即分子静止）时的坐标为 a_α、b_α、c_α，由平衡位置算起的位移为

$$\Delta x_\alpha = x_\alpha - a_\alpha\text{，}\quad \Delta y_\alpha = y_\alpha - b_\alpha\text{，}\quad \Delta z_\alpha = z_\alpha - z_\alpha \tag{2.6}$$

由原点在质量中心的条件得出：

$$\begin{aligned}&\sum_{\alpha\to 1}^{N} m_\alpha x_\alpha = 0;\\&\sum_{\alpha\to 1}^{N} m_\alpha y_\alpha = 0;\\&\sum_{\alpha\to 1}^{N} m_\alpha z_\alpha = 0\end{aligned} \tag{2.7}$$

式中，m_α 为第 α 个原子的质量，对于 $x_\alpha=a_\alpha$、$y_\alpha=b_\alpha$、$z_\alpha=c_\alpha$ 时平衡构型也成立。所以下面的公式

$$\begin{aligned}&\sum_{\alpha\to 1}^{N} m_\alpha \Delta x_\alpha = 0;\\&\sum_{\alpha\to 1}^{N} m_\alpha \Delta y_\alpha = 0;\\&\sum_{\alpha\to 1}^{N} m_\alpha \Delta z_\alpha = 0\end{aligned} \tag{2.8}$$

也成立，这个条件可以使坐标轴随分子转动，当分子中的所有原子在振动中彼此都在相对运动时，就要考虑其随分子转动，这样可以指定没有相对于平动–转动坐标系的角动量，

其角动量在 x、y、z 轴的分量为

$$m_x = \sum_{\alpha \to 1}^{N} m_\alpha (y_\alpha \dot{z}_\alpha - z_\alpha \dot{y}_\alpha);$$
$$m_y = \sum_{\alpha \to 1}^{N} m_\alpha (z_\alpha \dot{x}_\alpha - x_\alpha \dot{z}_\alpha); \tag{2.9}$$
$$m_z = \sum_{\alpha \to 1}^{N} m_\alpha (x_\alpha \dot{y}_\alpha - y_\alpha \dot{x}_\alpha)$$

式中，$\dot{x}$、$\dot{y}$、$\dot{z}$ 表示其对时间的导数。实际上用来定义转动坐标系坐标轴的条件是

$$\sum_{\alpha \to 1}^{N} m_\alpha (b_\alpha \Delta z_\alpha - c_\alpha \Delta y_\alpha) = 0;$$
$$\sum_{\alpha \to 1}^{N} m_\alpha (c_\alpha \Delta x_\alpha - a_\alpha \Delta z_\alpha) = 0; \tag{2.10}$$
$$\sum_{\alpha \to 1}^{N} m_\alpha (a_\alpha \Delta y_\alpha - b_\alpha \Delta x_\alpha) = 0$$

满足了以上两个方程的 6 个条件的坐标系，就可以将振动问题和转动问题分开处理，这里主要讨论分子的振动情况。

因为经典力学获得的微振动问题的解比量子力学的解更容易想象一些，因此首先使用经典力学表示动能

$$T = \frac{1}{2} \sum_{\alpha \to 1}^{N} m_\alpha \left[\left(\frac{\mathrm{d}\Delta x_\alpha}{\mathrm{d}t} \right)^2 + \left(\frac{\mathrm{d}\Delta y_\alpha}{\mathrm{d}t} \right)^2 + \left(\frac{\mathrm{d}\Delta z_\alpha}{\mathrm{d}t} \right)^2 \right] \tag{2.11}$$

如果用一组新的坐标 q_1，q_2，…，q_{3N} 来代替坐标 Δx_1，Δy_1，…，Δz_N 是很方便的，这组新的坐标定义为：$q_1 = \sqrt{m_1}\Delta x_1$，$q_2 = \sqrt{m_1}\Delta y_1$，$q_3 = \sqrt{m_1}\Delta z_1$，$q_4 = \sqrt{m_2}\Delta x_2$，$q_5 = \sqrt{m_2}\Delta y_2$，$q_6 = \sqrt{m_2}\Delta z_2$，…，$q_{3N} = \sqrt{m_N}\Delta z_n$ 并称其为质权笛卡儿位移坐标（吴国祯，2001；小威尔逊等，1985）。以这些坐标的时间导数表示的动能为

$$T = \frac{1}{2} \sum_{\alpha \to 1}^{3N} \dot{q}_i^{\,2} \tag{2.12}$$

势能是位移的函数，因而也是关于 q 的某种函数。对于微小的位移值，势能（V）可以表示为位移 q_i 的幂级数：

$$V = V_0 + \sum_{i \to 1}^{3N} \left(\frac{\partial V}{\partial q_i} \right)_0 q_i + \frac{1}{2} \sum_{i,j \to 1}^{3N} \left(\frac{\partial^2 V}{\partial q_i \partial q_j} \right)_0 q_i q_j + \text{高次项} = V_0 + \sum_{i \to 1}^{N} f_i q_i + \frac{1}{2} \sum_{i,j \to 1}^{3N} f_{ij} q_i q_j + \text{高次项} \tag{2.13}$$

能量零点的选择要使平衡构型的势能为零，便可以消去 V_0。此外，当所有的 q 均为零时，所有的原子均在它们的平衡位置上（李权等，2003）。因此 q_i=0，i=1，2，3，…，$3N$ 能量必须为一极小值，所以：

$$\left(\frac{\partial V}{\partial q_i} \right)_0 = f_i = 0 \qquad i = 1, 2, 3, \cdots, 3N \tag{2.14}$$

对于足够小的振幅，高次项（q 的 3 次项、4 次项等）可以忽略，故有

$$V=\frac{1}{2}\sum_{i,j\to1}^{3N}f_{ij}q_iq_j \tag{2.15}$$

式中，f_{ij} 均为常数，为公式（2.16）给定的，$f_{ij}=f_{ji}$。

$$f_{ij}=\left(\frac{\partial^2 V}{\partial q_i\partial q_j}\right)_0 \tag{2.16}$$

根据牛顿运动方程可以写成下面的形式：

$$\frac{\mathrm{d}}{\mathrm{d}t}\frac{\partial T}{\partial q_j}+\frac{\partial V}{\partial q_j}=0 \qquad j=1,2,3,\cdots,3N \tag{2.17}$$

因为 T 仅是速度的函数，而 V 是坐标的函数，把公式（2.12）和公式（2.15）给出的 T 和 V 带入公式（2.17）可得到：

$$q_j+\sum_{j\to1}^{3N}f_{ij}q_j=0 \qquad j=1,2,3,\cdots,3N \tag{2.18}$$

这是一组 $3N$ 个二阶线性微分联立方程，其中一个可能的解为

$$q_i=A_i\cos(\sqrt{\lambda}t+\varepsilon) \tag{2.19}$$

式中，A_i、λ 和 ε 是适当的选择常数。如果把这个表达式代入微分方程，就会得到一组代数公式

$$\sum_{i\to1}^{3N}(f_{ij}-\delta_{ij})A_i=0 \qquad j=1,2,3,\cdots,3N \tag{2.20}$$

式中，δ_{ij} 是 *Kronecker*δ 的符号，在 $i=j$ 时，其值为 1，$i\neq j$ 时，其值为零。对于公式（2.20）是一组 $3N$ 个未知振幅 A_i 的齐次线性代数联立方程。该方程只对 λ 的特殊值才会有非零解；对所有其他的 λ 值，解是没有意义的，$A_i=0$，$i=1$，2，…，$3N$，相当于没有振动。λ 的特殊值满足久期方程的值（吴国祯，2001；小威尔逊等，1985）：

$$\begin{vmatrix} f_{11}-\lambda & f_{12} & f_{13} & \cdots & f_{1,3N} \\ f_{21} & f_{22}-\lambda & f_{23} & \cdots & f_{2,3N} \\ \vdots & \vdots & \vdots & & \vdots \\ f_{3N,1} & f_{3N,2} & f_{3N,3} & \cdots & f_{3N,3N}-\lambda \end{vmatrix}=0 \tag{2.21}$$

该行列式也是公式（2.20）的未知振幅 A_i 的系数。如果有个 λ 满足了方程（2.21）的方程，则未知 A_i 的系数就变成固定的了，就可能会有一个解为 A_{ik}，这样的一组方程不能唯一决定 A_{ik}。如果令 $A_{ik}=1$，能获得任意一组 A'_{ik}，用 l_{ik} 来表示其唯一的数学解，具有以下的数学关系：

$$l_{ik}=\frac{A'_{ik}}{\left[\sum_i\left(A'_{ik}\right)^2\right]^{\frac{1}{2}}} \tag{2.22}$$

注意到在公式（2.23）的意义上这些振幅是归一化的，

$$\sum_i l_{ik}^2=1 \tag{2.23}$$

在实际的物理问题中的解可以由公式（2.24）得到：

$$A_{ik} = \mathrm{K}_k l_{ik} \tag{2.24}$$

式中，K_k是常数，是由坐标 q_i 和速度 $\dot{q}_i$ 的初值所决定的。

2.2.2　振动简正模式

从方程（2.19）可以看到，每个原子都在其平衡位置附近以振幅为 $A_{ik}=\mathrm{K}_k l_{ik}$、频率为 $\sqrt{\lambda_k}/2\pi$、相位为 ε_k 做简单的谐振动。对于久期方程的一个给定的解 λ_k，每一个坐标运动的频率和相位是相同的，但是各个坐标的振幅可能并且常常是不同的。由于相位和频率相同，每个原子均同时经过它的平衡位置（韩慧仙，2004）。具有所有这些特征的振动模式称为振动的简正模式。它的频率称为分子的简正频率或基本频率。

同时从久期方程（2.21）的讨论可以看出，有 $3N$–6 个非零的 λ，所以有 $3N$–6 个振动模式和频率（非线性分子）。但是不一定所有的频率都不相同；久期方程的某些根可能不止一次出现。这样一些频率称为简并的。当一个简并的 λ 值带入公式（2.20）时，得到的方程组不足以唯一地确定 l_{ik} 值；满足方程组会有无穷组的 l_{ik} 解。如果 λ_k 是二重简并的，即出现两次，则只有两个独立的系数组 l_{ik}，所以这个频率便有两个独立的振动简正模式。在一些振动模式中，如果没有一种模式所代表的运动能由其他运动以振幅与相位的任意选择而叠加产生，那么这些振动模式就是独立的。需要指出的是，仅当两个原始的运动有相同的频率（即简并）时，振动的两个简正模式的和或差本身才是一个简正模式（吴国祯，2001；小威尔逊等，1985）。

若具有不同频率的两个振动模式叠加，则合成的运动就更为复杂，而且不是振动的一个简正模式。由于运动方程是线性微分方程，如具有任意不变系数的方程（2.19）所表示的类型得到的两个或多个解的和也是一个解。因此，其一般解可以表示为

$$q_i = \sum_{k \to 1}^{3N} l_{ik} K_k \cos(\sqrt{\lambda_k}\, t + \varepsilon_k) \tag{2.25}$$

它有 $6N$ 个任意常数，即振幅 K_k 和相位 ε_k。把 k 记为 1～$3N$（相当于有 $3N$ 组 l_{ik}），实则有 $3N$–6 个振动的简正模式。当运动的简正模式以任意的振幅 K_k 与任意的相位 ε_k 叠加时，公式（2.25）便是所得结果的数学表示方法。

2.2.3　简正坐标

为了进行分子振动的量子力学处理，需要引入一组新的坐标 Q_k，k=1，2，…，$3N$，这个坐标称为简正坐标（吴国祯，2001；小威尔逊等，1985）。它是用质权笛卡儿坐标 q_i 通过下列线性方程定义的：

$$Q_k = \sum_{i \to 1}^{3N} l''_{ki} q_i \quad k=1,\ 2,\ 3,\ \cdots,\ 3N \tag{2.26}$$

式中，l''_{ki} 是这样来选择的，即使得以新坐标表示的动能和势能具有以下形式：

$$T = \frac{1}{2}\sum_{k \to 1}^{3N} \dot{Q}_k^2\,,\quad V = \frac{1}{2}\sum_{k \to 1}^{3N} \lambda'_k Q_k^2 \tag{2.27}$$

也就是说，以简正坐标表示的势能没有交叉的乘积，仅有 Q 的平方项，而动能仍是原来的形式。现在论证 l''_{ki} 与之前的 l_{ki} 的关联，以及 λ'_k 和简正频率 λ 的关联（i、j 表示 q 坐标，k、l 表示 Q 坐标）。

线性变换是指用来联结如同 Q 和 q 的两组量的一组线性代数方程。若已知给定原来坐标的数值，则由公式（2.28）经过线性变换便可得到新坐标 Q 的数值：

$$q_i = \sum_{k\to 1}^{3N} l'_{ik} Q_k \qquad i = 1, 2, 3, \cdots, 3N \tag{2.28}$$

当 Q 已知时，便给出 q 的数值，因而称为变换（2.28）的逆变换。将公式（2.28）代入公式（2.26），或者反之将公式（2.26）代入公式（2.28）可以得到：

$$\sum_{k\to 1}^{3N} l''_{ki} l'_{ij} = \delta_{kl},\ \sum_{k\to 1}^{3N} l'_{ik} l''_{kj} = \delta_{ij} \tag{2.29}$$

这里 δ_{kj} 是 Kroneckerδ 的符号，符号（l^{-1}）$_{ik}$ 用作有系数的 l_{ki} 变换的逆变换系数。

运动方程：如果用简正坐标来表示运动方程则有

$$\frac{\mathrm{d}}{\mathrm{d}t}\frac{\partial T}{\partial \dot{Q}_k} + \frac{\partial V}{\partial Q_k} = \dot{Q}_k + \lambda'_k Q_k = 0 \qquad k = 1, 2, 3, \cdots, 3N \tag{2.30}$$

它的解为

$$Q_k = K'_k \cos(\sqrt{\lambda_k}\, t + \varepsilon'_k) \qquad k = 1, 2, 3, \cdots, 3N \tag{2.31}$$

式中，K_k' 和 ε_k' 为任意常数，以 q 表示的解可以从公式（2.28）获得，其结果为

$$q_i = \sum_{k\to 1}^{3N} l'_{ik} K'_k \cos(\sqrt{\lambda_k}\, t + \varepsilon'_k) \tag{2.32}$$

此公式与公式（2.25）对比，可以得到：

$$l'_{ik} = l_{ik},\ \lambda'_k = \lambda_k \tag{2.33}$$

因此，标志运动简正模式的系数 l_{ik} 和简正坐标 Q_k 变换到原来坐标 q_i 的系数 l'_{ik} 相同，而久期方程的根 λ_k 是 V 表达式中 Q_k^2 的系数。

正交性：把一组坐标的平方之和变换到另一组坐标平方之和的某种变换称为一个正交变换（吴国祯，2001；小威尔逊等，1985）。由于 $\sum \dot{q}_i^2 \to \sum \dot{Q}_k^2$，因此 Q 给出 q 的变换是一个正交变换，由公式（2.28）得到：

$$\sum_{i\to 1}^{3N} \dot{q}_i^2 = \sum_{i,k,l} l_{ik} l_{il} \dot{Q}_k \dot{Q}_l = \sum_k \dot{Q}_k^2 \tag{2.34}$$

由该式可以得到以下关系式：

$$\sum_i l_{ik} l_{il} = \delta_{ki} \tag{2.35}$$

而且利用包括以 q_i 给出的 Q_k 变换[系数 l''_{ki} =（l^{-1}）$_{ki}$]的相似论证，可以得到：

$$\sum_k (l^{-1})_{ki} (l^{-1})_{kj} = \delta_{ki} \tag{2.36}$$

与公式（2.29）和公式（2.33）相比，表明：

$$(l^{-1})_{ki} = l_{ik} \tag{2.37}$$

这就是正交性的方便之处。另外，代表简正模式的图也可以用来表示简正坐标，简正坐标与简正模式一一对应。只要画的箭头代表的不是平常的单位，而是经过质量调整的坐标 q_i 标度的位移就可以了。箭头沿着坐标 q_i 方向的分量正比于 l_{ik}，且因为公式(2.37)的关系，这种图不仅表示原子处于简正模式 k 时的相对振幅，而且也表示简正模式 Q_k 的变换系数，$Q_k = \sum_i l_{ik} q_i$。

2.2.4　其他类型坐标

之前引入的坐标对于理论研究是最有用的，因为它们以简单的形式表示动能，以及向简正坐标的变换是正交的。在实际的应用中，其他类型的坐标也是很方便的。

笛卡儿坐标用 ξ_1，ξ_2，…，ξ_{3N} 来代替Δx_1，Δy_1，Δz_1，Δx_2，…，Δz_N；并用 m_i 代表 ξ_i 表示原子的质量，则有

$$T = \frac{1}{2}\sum_{i\to 1}^{3N} m_i \xi_i^2 ,\quad V = \frac{1}{2}\sum_{i+j\to 1}^{3N} f'_{ij}\xi_i\xi_j \tag{2.38}$$

用先前的方法就可以得到久期方程，有如下形式：

$$\begin{vmatrix} f'_{11} - m_1\lambda & f'_{12} & f'_{13} & \cdots & f'_{1,3N} \\ f'_{21} & f'_{22} - m_2\lambda & f'_{23} & \cdots & f'_{2,3N} \\ \vdots & \vdots & \vdots & & \vdots \\ f'_{3N,1} & f'_{3N,2} & f'_{3N,3} & \cdots & f'_{3N,3N} - m_{3N}\lambda \end{vmatrix} = 0 \tag{2.39}$$

常用的 f_{ij}' 称为力常数，它不包含原子的质量，这与用质权坐标 q_i 表示的常数 f_{ij} 正相反，两组常数间的关系为

$$f_{ij} = \frac{f'_{ij}}{\sqrt{m_i m_j}} \tag{2.40}$$

不一定必须使用笛卡儿坐标，任何能使动能和势能分别表示层速度与坐标的齐二次型的坐标系均可使用，一般情况下动能表达式为

$$T = \frac{1}{2}\sum_{i,j} t_{ij}\eta_i\eta_j \tag{2.41}$$

式中，系数 t_{ij} 可以是坐标 η_i 的函数，如果进行适当的处理，可以把它展开为坐标的幂级数：

$$t_{ij} = t_{ij}^0 + \sum_{k=1}^{3N} t_{ij}^{(k)}\eta_k \cdots \tag{2.42}$$

因为现在的理论只试图用于无限小的振动，所以除第一项外所有的其他项都忽略。若其势能有如下形式（式中高次项已被忽略）：

$$T = \frac{1}{2}\sum_{i,j} f''_{ij}\eta_i\eta_j \tag{2.43}$$

则由涉及运动方程的通常考虑就可得到久期方程：

$$\begin{vmatrix} f''_{11}-t^0_{11}\lambda & f''_{12}-t^0_{12}\lambda & \cdots & f''_{1,3N}-t^0_{1,3N}\lambda \\ f''_{21}-t^0_{21}\lambda & f''_{22}-t^0_{22}\lambda & \cdots & f''_{2,3N}-t^0_{2,3N}\lambda \\ \vdots & \vdots & & \vdots \\ f''_{3N,1}-t^0_{3N,1}\lambda & f''_{3N,2}-t^0_{3N,2}\lambda & \cdots & f''_{3N,3N}-t^0_{3N,3N}\lambda \end{vmatrix}=0 \tag{2.44}$$

在至今引入的所有坐标中，没有转动和平动的 6 个条件都是在解久期方程之后令对应于平动和转动的 6 个简正坐标等于零而被利用。但是，在许多情况下一开始就利用这 6 个条件消去原有的 η_i 中的 6 个，就更方便了。减少原来坐标的数目可以通过两种方法进行：一种是采用其余 $3N$–6 个坐标表示 6 个 η_i 的 6 个条件；另一种方法是引入新的一组 $3N$–6 个坐标 S_1、S_2、S_{3N-6}，它们是用 6 个条件和联系 S 与 η 的 $3N$–6 个关系来定义的，这就是内坐标，其描述分子内部的构型不考虑整个分子在空间的位置（李权等，2003）。

2.3　典型官能团的光谱特征

组成分子的各种官能团（C—H、OH、NH、C—N、C═C、C═O、NO_2、C—X 等）都有其特定的红外吸收和拉曼位移峰，通常情况下把这种代表某种官能团存在、有较高强度或特定的峰称为官能团特征振动峰，峰所在的位置称为特征振动波数，其可以由实验测得，并且有可靠的理论基础。一个官能团通常有多种振动形式，可以观察到一个官能团有多个峰。进行官能团鉴别时，需要找到该基团的一组相关峰，有时峰强度太弱或许会与其他峰重叠。一般通过光谱图的各种峰推断出物质的分子结构，主要是识别，同时顾及峰的位置、强度和峰形（张正行，2009；胡皆汉和郑学仿，2011；宁永成，2000）。

分子的振动主要分为两类：伸缩振动——原子沿着原子间键轴的振动，使得键长发生变化，主要有对称和不对称伸缩振动；弯曲振动——原子做偏离键轴的弯曲振动，使得键角大小发生变化，主要有面内和面外弯曲振动（张正行，2009）。此外，还有环的变形振动，相对原来环的扩大和缩小，这种振动被称为呼吸振动。各类化合物的特征峰都是用特征波数（σ）来表示的，而波数与波长（λ）之间满足 $\lambda=10^4/\sigma$（μm）变换。

以下分别讨论各类化合物官能团的光谱响应，其主要是基于振动光谱而言的。

2.3.1　烷烃类

烷烃的红外和拉曼光谱中主要有 C—H 伸缩振动和 C—H 弯曲振动两种类型的特征峰，具体见表 2.7。

表 2.7　烷烃的特征峰

基团与振动	特征波数范围
C—H 的伸缩振动	饱和的 C—H 的伸缩峰在 3000～2845cm^{-1} 区域，为强度大的多重峰 不饱和的 C—H 的伸缩峰在 3100～3000cm^{-1} 区域
C—H 的弯曲振动	CH_2 峰在 1465cm^{-1} 附近；CH_3 峰在 1450cm^{-1} 和 1380cm^{-1} 附近
C—C 的伸缩振动	伸缩振动峰很弱，在 1200～800cm^{-1} 附近
C—C 的弯曲振动	弯曲振动峰出现在较低的波数（一般小于 500cm^{-1}），基本不出现

另外，一些电负性原子（N、O、X 卤素）对峰位有一定影响。在脂、醚类化合物中，其 O—CH_3 官能团的伸缩振动峰在 2835～2815cm^{-1} 附近，峰形尖锐而中等强度，而弯曲振动峰在 1460～1430cm^{-1} 附近。对于胺、酰胺类的 N—CH_3 官能团的伸缩振动峰在 2820～2760cm^{-1} 附近，而弯曲振动峰在 1440～1410cm^{-1} 附近。在卤代烷中，其 X—CH_3 官能团的伸缩振动峰在 3060cm^{-1} 附近，对于像 S—CH_3 和 P—CH_3 官能团的弯曲振动峰分别在 1330～1290cm^{-1} 和 1310～1280cm^{-1} 周围。另外，对于长链的脂肪烃—C—（CH_2）$_n$—C—，当 n>4 时，位于 720cm^{-1} 附近处—CH_2 的面内具有摇摆振动峰，故长链脂肪和醇类在 720cm^{-1} 附近有此特征峰（张正行，2009；宁永成，2000）。

2.3.2　烯烃类

烯烃与烷烃相比增加了双键 C═C 和 C═C—H，在振动光谱中就会存在 C═C 和 C═C—H 的伸缩振动和═C—H 的弯曲振动（out of plane，OOP）的特征峰，其对应的特征波数范围见表 2.8。

表 2.8　烯烃的特征峰

基团与振动	特征波数的范围
═C—H 的伸缩振动	在 3100～3010cm^{-1} 附近，峰强度较弱
C═C 的伸缩振动	非共轭的 C═C 键峰在 1680～1620cm^{-1} 附近，强度弱 共轭的 C═C 键峰向低频移动，在 1600cm^{-1} 附近，强度增大
═C—H 的面内弯曲振动	面内弯曲振动峰在 1420～1300cm^{-1} 附近，强度较弱，特征性不强
═C—H 的面外弯曲振动	面外弯曲振动峰在 1000～650cm^{-1} 附近，强度较强，并与双键的取代类型有关

另外，对于环状烯烃化合物，随着环的无数的减少，环张力增加，环外双键振动频率增加；而环内双键振动频率减小，环丁烯达最小。随着环的无数继续减少，振动频率反而增加。卤代物的引入，使得双键伸缩振动的波数降低（张正行，2009）。

2.3.3　炔烃类

炔烃类化合物用于结构鉴定的特征峰主要有 C≡C 和≡C—H 键的伸缩振动，以及≡C—H 的弯曲振动，其对应的特征波数范围见表 2.9。

表 2.9　炔烃的特征峰

基团与振动	特征波数的范围
C≡C 的伸缩振动	在 2260～2100cm^{-1}、2140～2100cm^{-1} 和 2260～2190cm^{-1} 附近，均有弱峰；对称取代物无峰；共轭使得 C≡C 的伸缩振动向低波数移动；拉曼峰较强
≡C—H 的伸缩振动	通常在 3360～3300cm^{-1} 附近，峰强度大而尖锐
≡C—H 的弯曲振动	位于 680～580cm^{-1} 附近，峰强而宽

在拉曼光谱的情况下，C≡C 伸缩振动有很强的谱线信号（张正行，2009；柯以侃和董慧茹，2002）。

2.3.4 芳香族化合物

芳香族化合物用于结构鉴定的特征峰有芳环═C—H 的伸缩、弯曲振动及环骨架伸缩振动（张正行，2009；胡皆汉和郑学仿，2011），具体的特征波数见表 2.10。

表 2.10　芳香烃的特征峰

基团与振动	特征波数的范围
═C—H 的伸缩振动	通常在 3030cm^{-1} 附近，中等强度
C═C 的伸缩振动	苯环的骨架伸缩振动在 1650～1450cm^{-1} 时出现多个成对的吸收峰，其中 1600cm^{-1} 和 1500cm^{-1} 的两吸收峰较重要
═C—H 的面内弯曲振动	芳香环的碳氢面外弯曲振动在 900～650cm^{-1} 时出现强的吸收峰，该吸收峰的位置、个数和形状可用来鉴定苯环上取代基个数和类型
═C—H 的面外弯曲振动（泛频峰）	芳香族化合物面外弯曲振动的泛频峰出现在 2000～1660cm^{-1}，强度很弱，这一范围内的吸收峰的形状和数目可以提供芳香族化合物取代类型的重要信息
苯环呼吸振动	在拉曼光谱中有强峰，在 1000cm^{-1} 附近，在红外光谱中不显著

2.3.5 羟基化合物

羟基化合物主要指分子里含有官能团羟基的醇类和酚类化合物，其特征峰为 O—H 和 C—O 的伸缩振动峰，以及 O—H 的面内和面外的弯曲振动，具体的特征波数见表 2.11，而且这些峰均受氢键状态的影响（张正行，2009；汪尔康，2001）。

表 2.11　醇和酚类的特征峰

基团与振动	特征波数的范围
O—H 的伸缩振动	游离的羟基（未成氢键的）在 3650～3600cm^{-1} 区域产生一个尖峰；成氢键的羟基在 3500～3200cm^{-1} 区域有强而宽的峰，有时会与 N—H 伸缩峰重叠。饱和的伯醇、仲醇、叔醇的 O—H 的伸缩振动峰分别在 3620cm^{-1}、3630cm^{-1}、3640cm^{-1} 区域；酚类的 O—H 的伸缩振动峰在 3610cm^{-1} 区域
C—O 的伸缩振动	在 1260～1000cm^{-1} 区域出现强的吸收峰，也可用于确定醇类的伯、仲、叔结构。饱和的伯醇、仲醇、叔醇的 C—O 的伸缩振动峰分别在 1150cm^{-1}、1100cm^{-1}、1050cm^{-1} 区域；酚类的 C—O 的伸缩振动峰在 1220cm^{-1} 区域
O—H 的面内弯曲振动	在 1420～1330cm^{-1} 区域
O—H 的面外弯曲振动	成氢键的该类振动，在 769～650cm^{-1} 区域，出现宽峰

2.3.6 羰基化合物

羰基化合物主要包括酰卤、酸酐、羧酸酯、醛、酮、羧酸和酰胺等化合物，羰基化合物中 C═O 伸缩振动时偶极矩变化大，其吸收峰强，干扰较少，是鉴定化合物中是否存在羰基的可靠依据。由于 C═O 伸缩振动波数对其键合的原子比较敏感，因而不同的羰基化合物 C═O 伸缩振动波数有较大的差别（张正行，2009；宁永成，2000；胡皆汉和郑学仿，2011）（表 2.12），可以区分这些化合物。

表 2.12 各类羰基化合物 C═O 伸缩振动典型波数

化合物	酰卤	酸酐	羧酸酯	醛	酮	羧酸	酰胺
波数/cm^{-1}	1870～1800	1810、1760	1735	1725	1715	1710	1690

在一般情况下，化合物的 C═O 伸缩振动波数的差异可用诱导效应、共轭效应和氢键效应来说明。由于 C═O 是个极性基团，其极性大小还受到羰基的取代基影响。另外，羰基形成分子或分子间氢键，使得 C═O 的单键性增大，键长变长，力常数减小，导致羰基峰向低波数位移（柯以侃和懂慧茹，2002；邢梅霞和夏德强，2012）。

对于酰卤化合物中其 C═O 键的伸缩振动峰在 1800cm^{-1} 附近，共轭效应使其向低波数移动；而其中的 CO—X 伸缩振动峰在 1250～850cm^{-1} 附近产生两个或多个中等或强峰。

对于羧酸酐来说，其内部的 C═O 伸缩振动产生两个强峰，分别在 1820cm^{-1} 和 1760cm^{-1} 附近，共轭效应使其向低波数移动；而其中的 CO—O 伸缩振动峰在 1300～900cm^{-1} 附近产生中等或强峰。

对于羧酸酯（RCOOR′）类化合物，主要存在 C═O 和 C—O 伸缩振动峰。其中的 C═O 振动峰在 1765～1720cm^{-1} 附近，而 C—O—C 伸缩振动在 1290～1180cm^{-1} 附近产生两个或多个强峰，而 O—C—O 键的弯曲振动峰出现在 645～515cm^{-1} 附近。

醛类化合物中，其 C═O 键的伸缩振动峰在 1725cm^{-1} 附近，为强峰，共轭效应使其向低波数移动；还有 CO—H 键中 C—H 伸缩和面内弯曲的倍频振动引起了费米共振，在 2850cm^{-1} 和 2750cm^{-1} 附近产生中等强度的双峰。

酮类化合物的 C═O 键的伸缩振动峰在 1715cm^{-1} 附近，为强峰；在 3500～3350cm^{-1} 附近出现其倍频弱峰，还有其内部的 C—CO—C 键在 1300～1100cm^{-1} 区域有中等强度的 C—CO—C 的伸缩和弯曲耦合振动峰，并由多个谱峰组成。

羧酸化合物 C═O 键的伸缩振动峰在 1760cm^{-1} 附近，由于其强氢键作用，其通常以二聚体[R—（COOH）$_n$—R′]形式存在，羧基的单键性增加，吸收峰向低波数位移。

2.3.7 胺和酰胺类

（1）胺类

胺类化合物用于结构鉴定的特征峰主要 N—H 的伸缩振动，N—H 的面内弯曲振动与面外摇摆振动，N—C 的伸缩振动（张正行，2009；胡皆汉和郑学仿，2011；梁会琴等，2012），具体特征波数见表 2.13。

表 2.13 胺类的特征峰

基团与振动	特征波数的范围
N—H 的伸缩振动	位于 3500～3300cm^{-1}，存在中等和弱的峰。伯胺（游离）在 3490cm^{-1} 和 3400cm^{-1} 出现双峰；仲胺（游离）在 3500cm^{-1} 或 3400cm^{-1} 出现单峰；叔胺没有峰出现。缔合后向低频方向移动。脂肪仲胺的强度弱，芳香仲胺的强度则很强
N—H 的面内弯曲振动	伯胺的峰出现在 1650～1570cm^{-1} 区域，中等或强峰；芳香仲胺的峰在 1515cm^{-1} 附近较强；脂肪仲胺则观测不到该峰
N—H 的面外摇摆振动	该键在面外摇摆振动，在 900～660cm^{-1} 区域出现中等强度峰
N—C 的伸缩振动	脂肪族胺出现在 1250～1020cm^{-1} 区域，中等或弱峰 芳香族胺出现在 1380～1250cm^{-1} 区域，相对强的峰

（2）酰胺类

酰胺类的特征振动峰包括：酰胺羰基 C═O 的伸缩振动（酰胺 I 带）；伯酰胺、仲酰胺和少数内酰胺的 N—H 面内弯曲振动（酰胺 II 带）；酰胺的 C—N 伸缩振动（酰胺III带）；酰胺的 N—H 伸缩振动和面内弯曲振动谱带（张正行，2009；胡皆汉和郑学仿，2011；梁会琴等，2012），具体特征波数参见表 2.14。

表 2.14　酰胺类的特征峰

基团与振动	特征波数的范围
N—H 的伸缩振动	在 3500～3100cm^{-1}，出现中等强度略宽的峰
C═O 的伸缩振动	酰胺 I 带，在 1690～1630cm^{-1}，出现强峰
N—H 的面内弯曲振动	酰胺 II 带，在 1650～1500cm^{-1}，出现中等强度的一个或多个峰
C—N 的伸缩振动	酰胺III带，在 1420～1250cm^{-1}，出现中等强度的峰
N—H 的面内弯曲振动	在 800～660cm^{-1}，出现中等强度或弱的宽峰

2.3.8　碳水化合物

碳水化合物也称糖类化合物，主要是由碳、氢、氧元素所组成的物质。葡萄糖、蔗糖、淀粉和纤维素等都属于糖类化合物。其化学结构是多羟基醛或多羟基酮的环状半缩醛及其衍生物的缩合物。由于糖类物质成分比较复杂，其内部具多个羟基，还有醚氧，能形成各种分子内氢键与分子间氢键，因此在 3400～3100cm^{-1} 有几条明显的谱峰，其最低峰在 3100cm^{-1} 附近（赵文竹，2011；胡皆汉和郑学仿，2011），氢键很强，这可能用来区分各种不同构型的糖。

2.3.9　氨基酸、多肽和蛋白质类

1. 氨基酸

氨基酸有 3 种形式：游离态的氨基酸，盐酸盐（或其他的酸盐），钠（或其他阳离子）盐（张正行，2009；胡皆汉和郑学仿，2011），其具有以下特征峰，见表 2.15。

表 2.15　氨基酸的特征峰

基团与振动	特征波数的范围
—NH_3^+的伸缩振动	在 3100～2600cm^{-1} 区域，存在宽而强的谱带（多重复合频和倍频谱带，将谱带扩展至 2000cm^{-1}），在 2250～2000cm^{-1} 有个突出的峰，是由—NH_3^+的不对称弯曲和—NH_3^+扭转振动结合引起的，若氨基酸中的 N 被取代，则 2000cm^{-1} 的谱带消失
—NH_3^+的弯曲振动	在 1660～1590cm^{-1} 区域存在中等强度不对称的谱带；在 1550～1485cm^{-1} 区域存在较强的对称的谱带
—COO^-的伸缩振动	在 1600～1590cm^{-1} 区域存在强的不对称的峰；在 1400cm^{-1} 附近存在较弱的对称的峰

2. 多肽和蛋白质类

由于多肽和蛋白质分子物质中存在许多仲酰胺基（—CO—NH—），它们的有关特征

峰也彼此重叠，在 3300cm^{-1}、3060cm^{-1}、1650cm^{-1}、1550cm^{-1}、1290cm^{-1} 附近出现了特征谱带。而两段的—NH_2 与—COOH 的谱带会随着多肽与蛋白质相对分子质量的增大而越来越不明显（张正行，2009；胡皆汉和郑学仿，2011）。

2.3.10　聚合物类

一般是根据聚合物的谱图来识别聚合物的化学基团，其谱图解析主要从 3 个方面来说明：特征峰的位置（谱带的特征振动频率是对官能团进行定性分析的基础，依照特征峰的位置可以确定聚合物的类型），峰形状（根据峰形状来判断谱带是否有分裂，可用以研究分子内是否存在缔合，以及分子的对称性、旋转异构、互变异构等），峰强度（谱带的强度与分子振动时偶极矩的变化率有关，且同时与分子的含量呈正比，因此，可作为定量分析的基础）。

通常情况下，聚合物谱带分为以下几类：①含有羰基的聚合物在羰基伸缩振动区（1800～1650cm^{-1}）有最强的吸收峰；②饱和聚烯烃和极性基团取代的聚烯烃在碳氢键的面内弯曲振动区（1500～1300cm^{-1}）出现强的吸收峰；③聚醚、聚砜、聚醇等类型的聚合物最强的是 C—O 的伸缩振动，出现在 1300～1000cm^{-1} 区域；④含有取代苯、不饱和双键，以及含有硅和卤素的聚合物，最强吸收峰均出现在 1000～600cm^{-1} 区域（利帕托夫等，1995）。

2.4　光谱分析的理论基础

依据物质与辐射相互作用时发生的能级跃迁的粒子种类不同，可以将光谱分为分子光谱和原子光谱两种类型。本部分内容根据此分类方法简单介绍以下几种常见的分子和原子光谱。

2.4.1　分子光谱

1. 紫外–可见光谱

紫外–可见光谱（ultraviolet-visible spectrum，UVS）是一种吸收光谱，也是电子光谱，它是指物质经光照射时，分子吸收了紫外光能，发生价电子能级跃迁而产生的吸收光谱（AlanáCreighton，1991）。

紫外–可见光谱的波长分布在 10～800nm。如图 2.4 所示，该区域又可以分为 3 个区域。

波长在 10～200nm 的远紫外区，这个区域的光能够被空气中的氮、氧、二氧化碳和水所吸收，只能在真空中进行研究工作，故这个区域的吸收光谱称为真空紫外光谱（该区光谱对普通有机物的结构分析的用处不大）。

波长在 200～400nm 的近紫外区，芳香族化合物或共轭体系的物质在此区域有吸收，一般的紫外光谱是指这一区域的吸收光谱，是紫外光谱讨论的主要对象。

波长在 400～800nm 的可见光区，有色物质在此区域有强烈吸收。

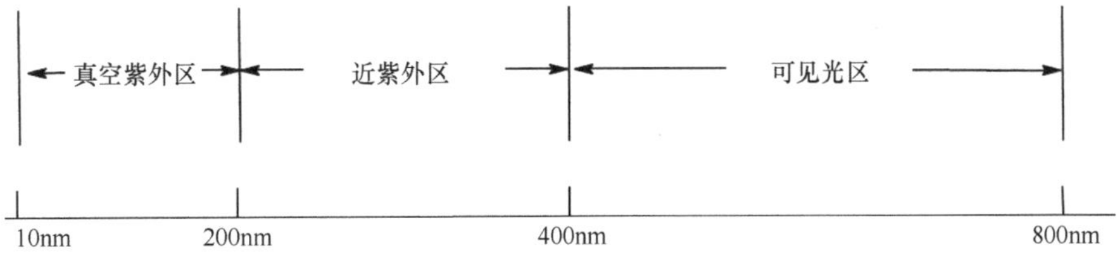

图 2.4　按波长划分的紫外–可见光谱区域

可见光即人的视觉可以感受的光谱，其波段为 380～780nm。可见光由 7 种颜色不同的光组成连续光谱（见图 2.1），即红（620～750nm）、橙（590～620nm）、黄（570～590nm）、绿（495～570nm）、青（476～495nm）、蓝（450～475nm）、紫（380～450nm）7 种颜色。可见区是整个电磁波谱中极小的一个区域。

对于有机化合物的紫外–可见吸收光谱是由其分子中价电子的跃迁产生的，它的产生取决于价电子的分布和结合情况（AlanáCreighton，1991）。有机化合物的外层可以跃迁的电子有 σ 电子、π 电子和未成键的孤对 n 电子。跃迁的类型（图 2.5）主要有（邢梅霞和夏德强，2012；柯以侃和董慧茹，2002）以下几种。

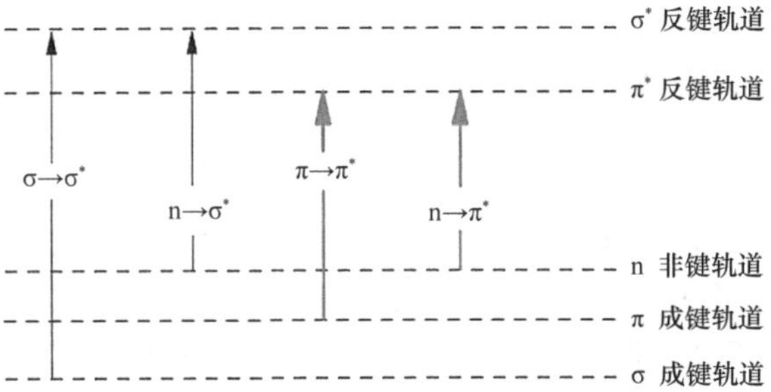

图 2.5　电子能级和跃迁的类型

1）$\sigma\to\sigma^*$跃迁

它需要的能量最高，一般发生在真空紫外光区。饱和碳氢化合物中的分子吸收光谱出现在远紫外光区，吸收波长 λ 小于 200nm，例如，甲烷和乙烷的 λ_{max} 分别为 125nm 和 135nm。

2）$n\to\sigma^*$跃迁

实现这类跃迁所需要的能量较高，其吸收光谱落于远紫外光区和近紫外光区，吸收波长为 150～250nm，含有未成键电子的饱和烃衍生物（含 N、O、S 和卤素等原子）是这种跃迁。例如，CH_3OH 或 CH_3NH_2 的 $n\to\sigma^*$跃迁的最大吸收波长分别为 183nm 和 213nm。

3）$\pi\to\pi^*$跃迁

它需要的能量低于$\sigma\to\sigma^*$的跃迁，会引起 K 吸收带（来自德文 Konjugation，共轭作用），吸收峰处于 217～280nm，其特征是摩尔吸光系数 ε 大，一般 $\varepsilon_{max}>10^4$ 为强吸收带，通常共轭烯烃和取代的芳香烃化合物可以产生这类吸收谱带；由苯环振动和$\pi\to\pi^*$跃迁重叠引起的芳香化合物的特征吸收带，即 B 吸收带（来自德文 Benzenoid，苯的），在 230～

270nm 谱带出现苯的精细结构吸收峰，可用于芳香烃化合物的辨别；同时$\pi \to \pi^*$也会引起 E 吸收带（来自德文 Ethylenicband，乙烯的），分为 E_1 和 E_2 两个吸收带，最大的吸收波长 λ_{max} 分别是 184nm 和 204nm。

4）$n \to \pi^*$跃迁

它会引起 R 吸收带（来自德文 Radikal，基团），这类跃迁发生在近紫外光区和可见光区，它是简单的生色团如羰基、硝基等中的孤对电子向反键轨道的跃迁，其特点是谱带强度弱，摩尔吸光系数 ε 小（通常 $\varepsilon<100$），吸收波长一般在 270nm 以上。

4 种跃迁所需的能量大小顺序为：$E_{\sigma \to \sigma^*} > E_{n \to \sigma^*} > E_{\pi \to \pi^*} > E_{n \to \pi^*}$。

紫外–可见吸收光谱应用广泛，不仅可进行定量分析，还可利用吸收峰的特性进行定性分析和简单的结构分析，测定一些平衡常数、配合物配位比等；也可用于无机化合物和有机化合物的分析，对于常量、微量、多组分都可测定。

2. 红外光谱

红外光谱位于可见光和微波波长之间，波长范围较宽，为 0.75～1000μm。根据其波长范围和测量时所获取的不同信息，可以将其进一步分为近红外区（波长为 750～2500nm）、中红外区（波长为 2500～25 000nm）和远红外区（波长为 25～1000μm）。

1）近红外光谱

近红外光谱（near-infrared spectroscopy，NIRS）的波长为 700～2500nm，其又分为短波（700～1100nm）和长波（1100～2500nm）近红外两个区域。

近红外光谱是基于分子振动光谱的倍频和主频吸收的光谱，由分子振动的非谐振性使分子振动从基态向高能级跃迁时产生的，因此具有较强的穿透能力。近红外光谱记录的是分子中单个化学键的基频振动的倍频和合频信息，它常常含一些氢基团（—C—H、—N—H、—O—H、—S—H 等）振动的倍频和合频重叠，其中包含了多数类型有机化合物的分子结构和组成的信息。不同有机物中存在多种类型的基团，而这些基团有不同的能级。另外，在不同物理化学环境中，同一基团和不同的基团对近红外光的吸收波段都有明显差别，且吸收系数小，发热量也少，因此近红外光谱被认为是获取信息的一种有效的载体（Colthup et al.，1990；褚小立和陆婉珍，2008；褚小立，2011；张允武等，1988；陆婉珍等，2000）。

透射光谱技术和反射光谱技术是获取近红外光谱的两种主要应用技术途径（彭云发等，2013）。透射光谱技术是通过将待测物置于光源与检测器之间，经样品后透射的光或与样品分子相互作用后的光被检测器所接收，这些光承载了样品结构与组成信息，此方法的光源波长一般采用 700～1100nm。反射光谱技术是指将检测器和光源置于被测物的同一侧，这样照射在被测物的光以各种方式反射回来，并被检测器所检测，此技术的光源波长一般为 1100～2500nm。

由于有机物质在近红外光谱区域主要表现为倍频与合频吸收，然而倍频和合频跃迁概率较低，因此物质消光系数弱，谱带重叠度严重。基于此，从近红外光谱数据中提取有用信息（这些信息主要是多元信息和弱信息），需要充分借助于现有的电子技术、光机技术、计算机技术等进行处理。光谱数据处理和数据关联技术是计算机技术的两大方面。光谱数据处理主要是为了消除仪器因素（如光源、光谱仪、测量方式等）、环境因素（如温度、光强等）和被测物态（如颜色、形态、状态等）等对光谱信息获取过程的影响，常用的方法有平滑、微分、基线漂移扣减、多元散射校正和有限脉冲响应滤波小波变换等（这些方法将在后面的章节进行介绍）；数据关联技术主要是用化学计量学方法来分析和挖掘获取的光谱数据的有用信息（高荣强和范世福，2002；张宇佳，2013），用到的方法较多，都将在后面内容中讲到。快速发展化学计量学方法使得多组分分析中多元信息处理理论和技术日益成熟，解决了近红外光谱区重叠的问题。红外光谱技术借助于数据关联技术实现了对物质的快速分析。

自 20 世纪 80 年代以后，随着计算机技术的迅速发展，以及化学计量学方法在解决光谱信息提取和消除背景干扰方面取得的良好效果，近红外光谱技术凭借分析速度快、效率高、使用范围广、分析成本低、对样品无预处理和损伤少等优势，借助于光谱仪器被广泛用于食品（酒、饮料、油、肉类、乳制品等）、农业（水果、蔬菜、肉类、禽类、木材、土壤、作物等）、化工、纺织、化妆品、药品、生物医学、海洋环保和刑事鉴定等各个方面。

2）中红外光谱

中红外光谱（mid-infrared spectroscopy，MIRS）的波长为 2500～25 000nm，其能量小于紫外–可见光谱。中红外光谱来自分子振动的基频，具有分子结构的特征性，不同化合物对红外吸收光谱有差异性，其谱带的数目、位置、形状、强度等特征均随化合物及其聚集态的不同而不同。因此，根据化合物的光谱，就可以辨别、确定该化合物或其官能团是否存在，从而定性分析有机化合物的组成和结构（刘娅等，2002；杨仁杰等，2011；王越鹏等，2012）。根据物质组分的吸收峰强度，依据朗伯-比尔定律便可实现对化合物的定量分析。

中红外光谱波段中的低频区域为指纹区，它包含了大部分基团的弯曲振动，能级差小，谱带密集，并且谱带的性质与化合物及其聚合态存在一一对应的关系，可以通过该波段的光谱精确辨认物质所含化合物成分及其官能团（Nakamoto，1978）。另外，指纹区以外的中红外光谱区域为特征吸收带，只有折合质量和键力常数大的基团的吸收峰才会出现在这个波段，吸收峰较少，容易辨认（刘娅等，2002；Al-kadry and Rochette，2012）。指纹区和特征吸收区均可用于化合物的定性分析。

利用红外光谱对被测物分析时，主要的步骤如下：①选取有代表性的样品，用标准方法测定其基础数据（如含量、组分等）并借助光谱仪获取光谱信息；②根据图谱信息与组分及其含量的相关性，并利用化学计量学方法建立校正模型（多元线性回归、偏最小二乘法、主成分分析、主成分回归等）；③用已知基础数据的验证集样品对校正模型进行验证，通过评价标准来评估模型的性能，当其在误差范围内，便可用于对未知同类样品进行分析测定（刘娅等，2002；张菊华等，2010）。该方法具有无需前处理、省时、省力、成本低、对样品微损伤或不损伤、不污染环境等优点。近些年，该技术已经成功广泛应用于农业、食品业等生产检测中，它已成为现代结构化学、分析化学最常用和最不可缺少的工具之一。

3）远红外光谱

远红外光谱（far-infrared spectroscopy，FIRS）的波段分布于 25～1000μm，它的吸收谱带主要是由分子中的纯转动跃迁、振动–转动跃迁和液体与固体中重原子的伸缩振动、某些变角振动、骨架振动，以及晶体中的晶格振动所引起的（程鹏，2012）。由于低频骨架振动能灵敏地反映物质结构的变化，因此对异构体研究特别方便。此外，远红外光谱对氢键、吸附现象、有机金属化合物（络合物）等定量分析也很有效（Nakamoto，1978）。

远红外光谱具有以下特征：辐射能力很强，可对目标直接加热而不使空间的气体或其他物体升温；能被与其波长范围相一致的各种物体所吸收，产生共振效应与温热效应；能渗透到人体皮下，然后通过介质传导和血液循环热量深入细胞组织深处；远红外线中 4～16μm 波长带的频率与生物细胞中水分子运动频率相同，极易被吸收，从而由内向外辐射热能，活化细胞组织。

远红外光谱技术根据其特殊的优势，主要应用于制衣纺织业、食品农产品和渔产品加工业、医疗保健系统、木材、纤维、纸张印刷、制热电器等方面。

3. 热红外光谱

在红外光谱区域内，辐射性质有很大的差异，既有反射红外波段（波长 0.7～3.0μm），又有发射红外波段（波长为 3～18μm），而发射红外波段又被称为“热红外”（也有人用“远红外”来表达）。在热红外的波段范围内，物体也会有少量的能量反射，只是物体的热辐射能量大于太阳反射能量而已。在波长为 7～18μm 热红外谱段，以辐射为主，反射可以不计；在波长为 3～5μm 的中红外，热辐射与太阳辐射的反射部分都要考虑。

热红外是通过热红外探测器收集、记录地物辐射出来的人眼看不到的热红外辐射信息，并利用这种热红外信息来识别地物和反演地表参数（如温度、发射率、湿度、热惯量等）（Buddharaju et al.，2007）。热红外的发展是为了获取地物的热状况信息，从而推断地物的特征及其与环境相互作用的过程，并为科学和生产所应用。

热红外遥感（Anderson et al.，1997）就是利用遥感手段感应地面物体发射辐射的差异，它利用星载或机载传感器收集、记录地物的热红外信息，并利用这种热红外信息来识别地物和反演地表参数如温度、湿度和热惯量等。热红外遥感对在地表温度反演、城市热岛效应、林火监测、旱灾监测、探矿、探地热、岩溶区探水等领域都有很广泛的研究。

4. 拉曼光谱

拉曼光谱是一种散射光谱。拉曼光谱分析法是基于印度科学家 Raman（拉曼）所发现的拉曼散射效应，对与入射光频率不同的散射光谱进行分析以得到分子振动、转动方面的信息，并应用于分子结构研究的一种分析方法（Colthup et al.，1990；Turrell and Gorset，1996）。

拉曼散射（图 2.6）是光照射（v_0）到物质上发生的非弹性散射所产生的。从微观方面讲，单色光束的入射光光子与分子相互作用时，两者会发生非弹性碰撞和弹性碰撞。①在非弹性碰撞过程中，光子与分子之间发生能量交换，且光子的运动方向发生改变，同时光子的部分能量也发生了变化（一些能量转移给分子，或者分子的振动和转动能量传递给光子），从而改变了光子的频率，这种散射过程称为拉曼散射（Nakamoto，1978；Wilson，1955；褚小立，2011；田国辉等，2008；汪尔康，2001；张正行，2009）。②在弹性碰撞过程中，光子只改变运动方向，光子与分子彼此没有能量交换，即散射光频率和入射光频率相等（$v=v_0$），这种散射过程称为瑞利散射（Colthup et al.，1990；褚小立，2011）。

拉曼散射中（图 2.6），在光子能量交换过程中，处于振动基态（E_0）的样品分子跃迁到振动激发态（E_1），导致散射光频率小于入射光频率，这种散射称为斯托克斯散射；然而当处于振动激发态（E_1）的样品分子将部分能量传递给入射光，回到振动基态（E_0）时，导致散射光频率大于入射光频率，这种散射称为反斯托克斯散射（Colthup et al.，1990；褚小立，2011；张正行，2009）。通常拉曼实验检测到的是斯托克斯散射。

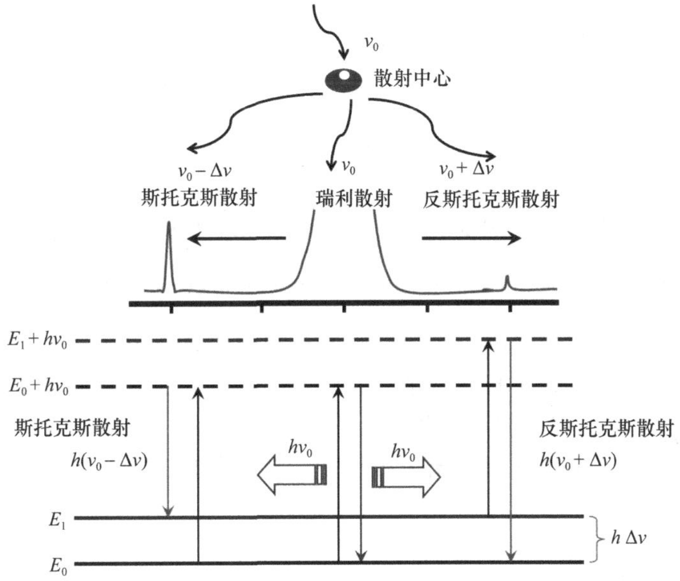

图 2.6　拉曼散射原理与能级图

拉曼位移是指拉曼散射光与瑞利散射光的频率之差。拉曼位移频率是指分子振动或转动频率。它与分子结构有关（通常拉曼位移频率等于分子官能团的振动频率），而与入射光频率无关。每一种物质有其本身的特征拉曼光谱，拉曼谱线位移值的大小、数目、谱带的强度等都与物质分子振动和转动能级有很密切的关系。

拉曼光谱的机制和原理都与红外光谱不同，但拉曼光谱提供的结构信息与红外光谱是类似的，都是关于分子内部各种简正振动频率及有关振动能级的情况，从而可以用来鉴定分子中存在的官能团（Nakamoto，1978；伍林等，2005；张正行，2009；梁会琴等，2012）。红外光谱产生的基础是分子偶极矩变化，而拉曼光谱是分子极化率变化诱导的，其相应的简正振动过程中极化率变化的大小决定了拉曼光谱的谱线强度（伍林等，2005；张正行，2009）。在分子结构分析中，拉曼光谱与红外光谱是相互补充的。

拉曼光谱技术最近几年发展很快，在物理学、化学、医学、生物学等各个领域有广泛的应用，对于纯定性分析、高度定量分析、测定分子结构等方面都有很大价值。同时也出现一些相应的技术，主要有以下几种（伍林等，2005；田国辉等，2008；Wei et al.，2014）。

1）基于傅里叶变换的拉曼光谱分析技术（FT-Raman）

该技术采用傅里叶变换对信号进行收集，并通过多次累加来提高信噪比，并用1064mm 的近红外激光激发被测物，这在很大程度上减弱了荧光背景（Hirschfeld and Chase，1986；Liu and Davis，1994；Naumann，2001）。

2）共聚焦显微拉曼光谱技术（confocal raman micro-spectroscopy，CRS）

它是将拉曼光谱分析技术与显微分析技术结合起来，辅以高倍光学显微镜，可实现逐点扫描，获得高分辨率的三维拉曼图像，具有原位、微观、空间分辨率高、多相态、稳定性好等特点（Gierlinger and Schwanninger，2006）。

3）表面增强拉曼光谱技术（surface-enhanced raman spectroscopy，SERS）

它是指吸附在粗糙化的 Ag 电极表面的吡啶分子具有巨大的拉曼散射现象，加之活性载体表面选择吸附分子对荧光发射的抑制，使激光拉曼光谱分析的信噪比大大提高，这种表面增强效应被称为表面增强拉曼散射（Kneipp et al.，1997）。

4）激光共振拉曼光谱技术（resonant raman spectroscopy，RRS）

产生激光频率与待测分子的某个电子吸收峰接近或重合时，这一分子的某个或几个特征拉曼谱带强度可达到正常拉曼谱带的 10^3～10^7 倍，并观察到正常拉曼效应中难以出现的、其强度可与基频相比拟的泛音及组合振动光谱（Lewis et al.，1974; Wei et al.，2014）。与正常拉曼光谱相比，共振拉曼光谱灵敏度高，结合表面增强技术，灵敏度已达到单分子检测水平。

5）高温拉曼光谱技术

高温拉曼光谱技术用于冶金、玻璃、地质化学、晶体生长等领域，用它来研究固体的高温相变过程、熔体的键合结构等。

另外，拉曼光谱技术可与其他多种微区分析测试仪器和技术联用（Colthup et al.，1990；Wei et al.，2014），如拉曼与扫描电子显微镜联用（Raman-SEM）、拉曼与原子力显微镜/近场光学显微镜联用（Raman-AFM/NSOM）、拉曼与傅里叶变换红外光谱联用（Raman-FTIR）、拉曼与激光扫描共聚焦显微镜联用（Raman-CLSM）等。

5. 核磁共振技术

1946 年，美国加利福尼亚州斯坦福大学 Bloch F. 和哈佛大学的 Purcell E. M. 教授同时发现了核磁共振现象。经过几十年的发展，其形成了一门完整理论的新型学科，而且各种新的实验技术得到广泛应用。

核磁共振（nuclear magnetic resonance，NMR）是一种物理现象，也是光谱学的一个分支，它主要是由原子核的自旋运动引起的。核磁共振本质就是研究物质对射频磁场能量的吸收情况（Haacke et al.，1999）。含单数质子的原子核（如氢原子核），其质子有自旋运动，带正电，产生磁矩，磁矩方向无一定规律。将此单数质子的原子核置于均匀的强磁场（B_0）中，原子核磁矩会按磁场磁力线的方向重新排列，如果在垂直于 B_0 方向上再施加一个交变磁场（B_1），称电磁辐射或射频，当射频脉冲频率 ω 与恒定磁场 B_0 满足拉莫尔方程：$\omega=\gamma B_0$ 时，氢核系统将吸收电磁波的能量，使部分氢核被激发，即发生了核磁共振现象（阮萍，1999；Edelman and Warachs，1993；刘金龙，2008）。

核磁共振有以下参数（于德泉和杨俊山，2002）。

1）化学位移（chemical shift）

核磁共振的频率对 $\omega=\gamma B_0$ 的偏离称为化学位移，它会引起核磁共振谱线的分散，使有可能从核磁共振谱中得到有关分子结构的信息。

2）自旋–自旋耦合（spin-spin coupling）

化学环境相同的原子核共振于同一频率，这在谱图中呈现单峰，但当仪器分辨率达到一定水平时，单峰会分裂成多重峰，这就归结于核与核之间有能量耦合，其既有两个核磁矩间的直接偶极相互作用（称为直接耦合 D），又有两个核磁矩通过各自周围的电子云产生的间接耦合（间接耦合 J）。

3）弛豫时间（relaxation time）

在核磁共振过程中，当停止发射射频脉冲时，被激发的氢原子核将吸收的能量逐步释放出来，其相位和能级都恢复到激发前的状态，这个恢复过程称为弛豫（relaxation）。该过程包含两个步骤（于德泉和杨俊山，2002）。

氢核吸收能量，偏离原来磁场方向，其宏观磁矩在纵向的分量，由小到大，最后达到未偏离磁场方向以前宏观磁矩的大小，这个过程称为纵向弛豫过程（longitudinal relaxation）。由于此过程是氢核与周围物质进行热交换，进而达到热平衡，故又称为自旋–晶格弛豫过程；自旋核把吸收的能量传递给周围晶格所需的时间，称为纵向弛豫时间（T1）（于德泉和杨俊山，2002）。

氢核之间先达到平衡状态，此时各磁矩在水平方向的磁性将相互抵消，磁矩水平分量趋近于零，所以称为横向弛豫过程（transverse relaxation）。这个过程是同种核相互交换能量的过程，故又称为自旋–自旋弛豫过程；其中反映横向磁化衰减和丧失的过程，即横向磁化所维持的时间，称为横向弛豫时间（T2）（于德泉和杨俊山，2002）。

通常要获得核磁共振信号的实验方法主要有两种：用连续波激发，获得频域的核磁共振信号；用脉冲激发，获得时域的核磁共振信号。在实际使用过程中，应用最广泛的是 ^{1}H-核磁共振光谱（proton magnetic resonance，^{1}H-NMR，简称氢谱）和 ^{13}C-核磁共振光谱（carbon magnetic resonance，^{13}C-NMR，简称碳谱）。前者可以检测分子中氢原子所处的化学环境，各官能团或分子骨架上氢原子的相对数目及分子结构；后者可直接提供有关分子的结构信息。随着科技的进步，现在 2-D 的 NMR 谱的测定及普及，使得 ^{1}H-NMR 和 ^{13}C-NMR 技术相互补充，成为化学研究不可或缺的工具，它已成为鉴定化合物结构和研究化学动力学的一种极为重要的方法，在医药工业、生物化学、药物化学、有机化学、石油工业、食品工业、化学工业、橡胶工业等领域得到了广泛的应用。

2.4.2　原子光谱

1. 原子吸收光谱

原子吸收光谱（atomic absorption spectroscopy，AAS），即原子吸收光谱法，是基于气态的基态原子外层电子，对紫外光和可见光范围的相对应原子共振辐射线的吸收强度，来定量被测元素含量的分析方法，也是一种测量特定气态原子对光辐射吸收的方法（Robinson，1960；Kirkbright，1980）。它是根据气态原子可以吸收一定波长的光辐射，使原子中外层电子从基态跃迁到激发态的现象而建立的。每一种元素的原子不仅可以发射一系列特征谱线，也可以吸收与发射线波长相同的特征谱线。当光源发射的某一特征波长的光通过原子蒸气时，即入射辐射的频率等于原子中的电子由基态跃迁到较高能态（一般情况下都是第一激发态）所需要的能量频率时，原子中的外层电子将选择性地吸收其同种元素所发射的特征谱线，使入射光减弱。特征谱线因吸收而减弱的程度称为吸光度，其吸光度在一定范围内与蒸气相中被测元素的基态原子浓度呈正比，以此测定试样中该元素含量，也就是原子吸收光谱法进行定量分析的理论基础（Sturgeon et al.，1976；Christian and Feldman，1970）。

原子吸收光谱法主要依据原子吸收分光光度计来进行测量，并用相应的定量分析方法进行分析。原子吸收分光光度计中对被测元素的原子化是整个分析过程的关键环节，根据其原子化器原子化的方法分类，最常用的有两种。

（1）火焰原子化法（火焰原子化器），它是原子光谱分析中最早使用的原子化方法，至今仍在广泛地被应用。

（2）非火焰原子化法，其中应用最广的是石墨炉电热原子化法。此方法所采用的定量分析方法主要有标准曲线法、标准加入法、稀释法、内标工作曲线法等。原子吸收光谱法是测定痕量元素和超痕量元素的有效方法，尤其是石墨炉原子吸收光谱法（graphite furnace atomic absorption spectrometry，GFAAS），与质谱法和种子活化法仪器被公认为是测定痕量元素的 3 种主要方法（Lee et al.，1993）。

原子吸收光谱法具有检出限低（火焰原子吸收分光光度法测定大多数金属元素的相对灵敏度为 $1.0\times10^{-8}\sim1.0\times10^{-10}$g，非火焰原子吸收分光光度法的绝对灵敏度为 $1.0\times10^{-12}\sim1.0\times10^{-14}$g），良好的稳定性和重现性，精密度好（一般仪器误差为 1%～2%），选择性好（即干扰少），分析速度快，应用范围广（可以测量多种元素）等优点。但是也存在一定的局限性，如不能进行多元素分析，不能做结构分析，难熔元素、非金属元素测定困难等。原子吸收光谱法依据其很强的优势，已经在地质、冶金、机械、化工、农业、食品、轻工、生物医药、环境保护、材料科学等各个领域有广泛的应用。

2. 原子发射光谱

原子发射光谱（atomic emission spectrometry，AES），即原子发射光谱法，它是利用原子或离子在一定条件下受激发而发射的特征光谱来研究物质化学组成的分析方法（Jin et al.，1991）。根据激发机理不同，原子发射光谱有 3 种类型。

（1）原子核外光学电子在受热能和电能激发而发射的光谱，通常所称的原子发射光谱法是指以电弧、电火花和电火焰[如电感耦合高频等离子体光源（inductive coupled plasma，ICP）等]为激发光源来得到原子光谱的分析方法。以化学火焰为激发光源得到原子发射光谱的，称为火焰光度法。

（2）原子核外光学电子受到光能激发而发射的光谱，称为原子荧光。

（3）原子受到 X 射线光子或其他微观粒子激发使内层电子电离而出现空穴，较外层的电子跃迁到空穴，同时产生次级 X 射线，即 X 射线荧光。

激光诱导击穿光谱（laser induced breakdown spectroscopy，LIBS）作为一种典型的原子发射光谱（Cremers et al.，2006；Noll，2012），它主要用来定性及定量地分析痕量元素或超痕量元素的含量。LIBS 技术的工作原理（Harmon et al.，2006；Santos et al.，2012）见图 2.7，主要是利用高功率脉冲激光聚焦到待测样品表面，形成局部高温，使得局部样品气化，被气化的样品的原子、离子在激光作用下处于激发状态，从而在样品的表面形成等离子体。等离子体中的激发态原子和离子在弛豫过程中部分能量以光的形式辐射出来，这种辐射光带有明显的特征信息。通过光谱仪收集、记录和分析辐射出来的光谱信号可以对固体、液体和气体样品中的化学元素进行定性和定量分析。

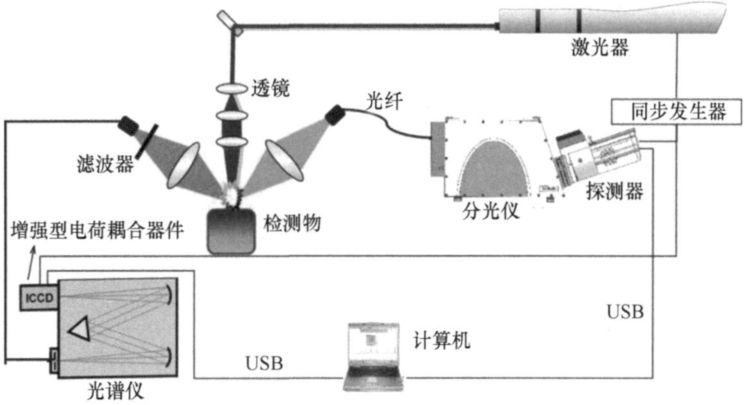

图 2.7　LIBS 系统的工作原理图

LIBS 作为一种新型的检测技术，具有速度快，可以同时进行多种元素分析、样品原味分析、痕量元素分析、在线实时分析，无需采样和样品预处理，适用于任何物质形态，所需的样品量较少，对被分析对象几乎无损等优势。它检测的对象可以是液体、固体及气体，主要应用领域包括：化学、材料领域，实验室用成分分析，工业过程实时在线监测分析，珍贵物品鉴定，环境监测和保护分析，建筑材料分析，刑侦鉴定领域，地质探矿，机械动力领域科研及应用，水中探测，反恐与国防安全，膜层结构的深度轮廓分析，农林业，生物医学领域，高危险和恶劣领域环境监测，食品安全检测，太空探测。

2.4.3　二向反射光谱

二向性反射是自然界中物体对光照反射的基本宏观现象。反射不仅具有方向性，而且方向性还取决于入射光的方向。物体的表面结构特征及物质组成对物体的反射、辐射、发射有很大影响。不同的物体表面将入射的电磁波四面八方散射（部分吸收除外），形成不同散射通量的空间分布，反射的方向性是物质材料波谱空间结构特征的函数（程街亮等，2008；吴太夏，2006；杜嘉，2007）。早已有学者和研究人员观察到这种现象，从而发展了二向反射比、二向反射比因子等不同概念。20 世纪 70 年代初，Nicodemus 才给出了二向反射分布函数（bidirectional reflectance distribution function，BRDF）迄今最完善的定义（Nicodemus，1977；Hapke，1981；Ngan et al.，2005），见公式（2.45）。

$$\mathrm{BRDF}(\theta_i,\phi_i,\theta_r,\phi_r)=\frac{\mathrm{d}L(\Omega_r)}{\mathrm{d}E(\Omega_i)} \tag{2.45}$$

式中各个参数表达的物理意义如下（图 2.8）：L 表示辐射强度；下标 i 表示入射光方向；下标 r 表示反射光的方向；λ 是波长；Ω 是给定方向的一个立体角，其方向用极坐标的两角（θ，ϕ）来表示，其中 θ 是垂直方向与该方向的夹角，ϕ是该方向水平投影的方位角。这个定义的物理意义，简而言之就是：从某一给定方向 i，向地物表面一点入射能量的微小增量与其所引起的向 r 方向反射能量的增量之间的比值。

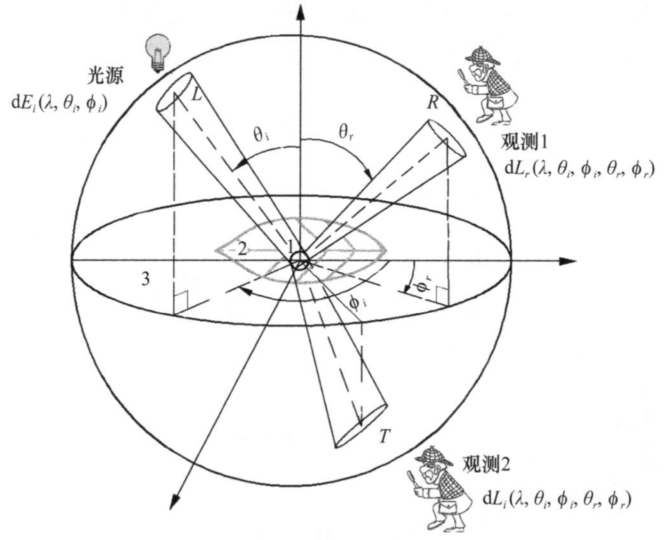

图 2.8　BRDF 函数的参数表示

1. 入射光斑；2. 叶片；3. 试验台；L 表示入射光束；R 表示反射光束；T 表示透射光束

实际中，在利用多波段、高光谱、多时相的遥感数据来提高遥感对地物识别能力的同时，应注意到角度信息会影响遥感图像的识别和分类，即地物在 2π 空间上的三维光谱特征。常用两种方法表示地物的角度信息（李小文等，1991；杜嘉，2007；杜朋朋，2014），第一个是基于遥感应用的方法。假设在 2π 空间内，目标地物反射光谱的分布是均匀一致的，且忽略地物的方向性信息；第二个是强调地物在不同光线入射天顶角、探测方位角、探测天顶角等角度信息，二向反射分布函数（BRDF）就是基于这种思想发展起来的（Ashikhmin and Shirley，2000；谢东辉等，2010）。

在反射、透射和散射电磁辐射的过程中，大气中或地表的目标物将产生与它们自身性质有关的偏振特性。偏振遥感信息在表达暗目标、低照度，以及人工建筑目标方面有更丰富的内涵，并且有着其自身的探测优势，偏振信息完全可以作为遥感的另一维，对信息的获取更有价值。多角度对地面观测能获得更为详细可靠的地面目标三维空间结构参数，使定量遥感成为可能，对地物的多角度偏振信息探测成为定量遥感的一种新手段。偏振反射是伴随着目标的二向性反射而产生的，在探测目标地物的二向性反射的同时，可以通过偏振器获得目标地物偏振态的三维空间分布（李小文等，1991；杜嘉，2007；杜朋朋，2014）。

众多研究表明，不同的 BRDF 模型用于各种各样的地物，如土壤、湖泊、农作物庄稼、积雪、果树和森林等。从方法而论，大体可以分为 3 类。

几何光学模型：主要用于空间关系复杂，地物表面以反射为主，如土壤、森林、建筑物等。

辐射传递模型：能够适合用于水平方向上均匀的三维空间结构，如草原、农作物庄稼、积雪等。

计算机模拟模型：用于处理多重散射等，或者更难求解的问题。

2.5 光谱成像理论基础

针对光谱成像技术在农业中的广泛应用，简要介绍可见–近红外光谱成像技术、拉曼光谱成像技术、核磁共振成像技术、X 射线成像技术、红外热成像技术和荧光成像技术。

2.5.1 可见–近红外光谱成像技术

光谱成像技术是将成像技术和光谱测量技术结合在一起，具有“图谱合一”的特性，它获取的信息不仅包括二维空间信息，还包含随波长分布的光谱辐射信息，形成所谓的“数据立方”（张海峰，2004），见图 2.9。相比传统的单一波段光电探测技术，它能够提供更加丰富的目标场景信息，广泛应用于陆地、海洋地理遥感，大气、土壤和水体的污染遥感监测等方面。

按照光谱波段的数量和光谱分辨率，光谱成像技术大致可以分为 3 类：①多光谱成像（multi-spectral imaging，MSI）技术，获取的图像数据只有几个或几十个谱段，光谱分辨率一般为 100nm 左右，多光谱成像仪通常称为多光谱相机；②高光谱成像（hyper-spectral imaging，HSI）技术，具有 100 至几百个谱段，光谱分辨率一般为 10nm 左右；③超光谱成像（ultra-spectral imaging，USI）技术，获取的图像数据通常超过 1000 个谱段，光谱分辨率一般在 1nm 以下，其通常用于大气探测等精细光谱探测方面。

多光谱成像技术是将辐射的电磁波分割成若干个较窄的光谱段，然后以扫描的方式，在同一时间获得同一目标不同波段信息的光谱成像技术（Dickinson et al.，2001）。由于不同的物质有其不同的光谱特性，同一物质在不同波段的辐射能量有差别，因此取得的不同波段图像也会有差别。它将摄入光源经过过滤，同时采集不同光谱波段下的数字图像，并进行分析处理，结合了光谱分析技术（特征敏感波段提取）和计算机图像处理技术的长处，同时可以弥补光谱仪抗干扰能力较弱和 RGB 图像波段感受范围窄的缺点（Dickinson et al.，2001；冯雷等，2009；Chen et al.，2013）。针对错综复杂的外部环境和形状各异的植物品种，利用多光谱成像技术，可以同时处理可见光谱和红外光谱图像中植物的颜色信息、形状信息及特征信息，对植物生长状况进行检测和诊断研究（Phinn

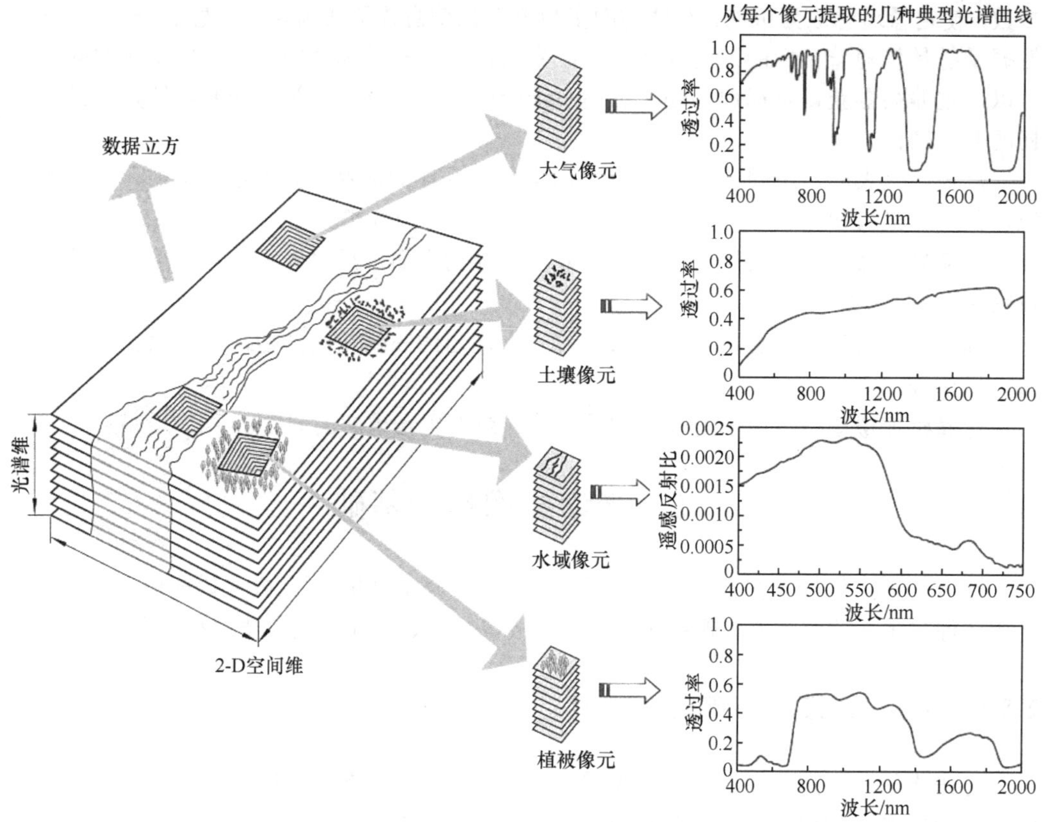

图 2.9 光谱成像的“数据立方”结构

et al.，2008；冯雷等，2009)，是植物生理学、生物学、生物数学、遥感技术、计算机图像处理技术等多学科交叉而形成的新研究领域。多光谱成像技术也有其局限性：主要是其获取的数据中的图像波段太少，光谱的分辨率较低，波段宽一般大于 100nm，波段在光谱上不连续等。

高光谱成像技术是利用成像光谱仪对感兴趣的物体较窄的（通常波段宽度小于10nm）完整而连续的数据进行采集，而得到物体的光谱图像数据。该技术是将成像技术和光谱技术集合在一起，利用成像技术可以获得目标的影像信息，利用光谱技术可以获得目标的光谱信息，从而得出目标的物质结构及化学组成（Chang，2003；Sun，2010)，为分析判断目标的属性提供依据。具有高光谱分辨率的巨大优势，在空间对地观测的同时获取经色散形成几十个乃至几百个窄波段的空间像元，进行连续的光谱覆盖，形成用“图像立方体”来描述获取的数据，达到从空间直接识别地球表面物体的目的（童庆禧等，2006；赵杰文等，2011)。与传统的技术相比，其所获取的数据包含了丰富的空间、图像和光谱三重信息。

高光谱成像技术是在电磁波谱的可见光、近红外、中红外和热红外波段范围内，利用成像光谱仪获取许多非常窄的光谱连续的影像数据的技术。高光谱遥感具有较高的光谱分辨率、波段多、光谱范围窄、波段连续、信息量丰富的优点。

2.5.2　拉曼光谱成像技术

拉曼光谱成像技术是拉曼光谱分析技术的新发展，它将共聚焦显微镜技术、激光拉曼光谱技术及新型信号探测装置完美结合，把简单的单点分析方式拓展到对一定范围内样品进行综合分析，利用获取的不同成分特征拉曼频率的强度变化，构建出该种成分在样品上的空间分布图，并用图像的方式显示样品的化学成分空间分布、表面物理化学性质等更多信息（Gierlinger and Schwanninger，2006；Salzer and Siesler，2009）。

拉曼图像能够揭示样品中主要有哪些化学成分及各成分的空间位置分布，显示出样品中颗粒（聚集体）的尺寸和数目，还可以体现出材料上的应力分布及微米尺度上的分子取向（Schaeberle et al.，1999）。

拉曼光谱成像技术是新一代快速、高精度、面扫描激光拉曼技术，具备高速、极高分辨率成像的特点。相对于原来的传统拉曼应用技术而言，新一代拉曼成像速度是常规技术的 300～600 倍，一般在几分钟内即可获取样品高分辨率的拉曼图像。凭借优异的性能，拉曼光谱成像技术可以被广泛地应用到电池、石墨烯、生物、材料、薄膜、单晶、药物等研究领域。

2.5.3　核磁共振成像技术

核磁共振成像（nuclear magnetic resonance imaging，NMRI），又称自旋成像（spin imaging），也称磁共振成像（magnetic resonance imaging，MRI），是一种多参数、多核种的成像技术，它是基于核磁共振的原理，依据所释放的能量在物质内部不同结构环境中不同的衰减程度，通过外加梯度磁场检测所发射出的电磁波，即可得知构成这一物体原子核的位置和种类，据此可以绘制物体内部的结构图像（Edelman and Warach，1993；Haacke et al.，1999；于德泉和杨俊山，2002；田建广等，2002；吉永星等，2000）。换句话说，当物体被置于某个磁场中，并用一定的电磁波照射它，使其能够产生共振现象；然后对它所释放出的电磁波进行分析，从而对这一物体的原子核位置和种类的构成进行判别，据此绘制出物体内部的精确立体图像。核磁共振成像是借助于某种相关的核磁共振成像仪多层扫描被测物，来实现对被测物体进行检测的。通过调节频率达到核磁共振，由线圈向被测物发射电磁波，利用调制振荡器调节射频电磁波的频率，使其频率在被测样品共振频率附近连续变化。该频率与核磁共振频率相吻合时，射频振荡器的输出就会出现一个吸收峰，该现象会显示在示波器上，而且由频率计立刻会读出此时的共振频率值。根据成像数据的采集方法，可分为 3 种类型：点、线、平面。点技术可以在任何时候只能收到单个体积元信号，而平面技术则可以同时采集整个平面中自旋的信息（曼斯菲尔德和莫里斯，1982）。图 2.10 对这种分类进行了描述和说明。

核磁共振波谱仪主要由磁铁、谱仪和探头三大部件组成（在第 3 章内容有详细介绍），是专门用来检测核磁共振的仪器。磁铁用来产生出一个恒定的磁场；谱仪是将核磁共振信号放大、处理、显示和记录信号的结果；探头置于磁极之间，用于探测核磁共振信号的强弱（Bushong，2003；张正行，2009；阮萍，1999）。该仪器是一台巨大的圆筒状

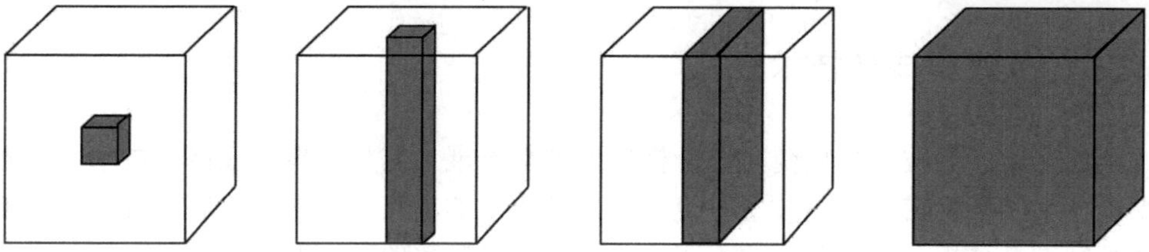

图 2.10　核磁共振成像的分类
（a）连接点测量；（b）连接线测量；（c）连接平面测量；（d）整个体积同时测量

机器，能在被测物的周围产生一个强烈磁场区的环境，借由无线电波的脉冲撞击被检测物体中的氢原子核，改变被测物内氢原子的排列，当氢原子再次进入适当的位置排列时，会发出无线电讯号，此讯号借由电脑的接收并加以分析及转换处理，可将身体构造及器官中的氢原子活动转换成二维影像，因 MRI 运用了生化、物理特性来区分组织，获得的影像会比电脑断层更加详细（Mori et al.，1999；傅杰青，2003）。MRI 技术的方法都是基于怎样用磁场值来标定受检体共振核空间位置的指导思想，包括选片梯度场 G_Z、相位编码和频率编码、图像重建 3 种基本方法（Chen et al.，2013）。

近些年，核磁共振成像技术在农产品（特别是水果）内部品质，作物的根系及作物土壤生长状况等方面有很多研究。基于其对软组织有极好的分辨力、多个成像参数能提供丰富的诊断信息、可自由调节磁场选择所需剖面、对人体没有电离辐射损伤等优点，今后的应用潜力巨大，但目前核磁共振成像技术的设备成本过高，对其应用发展有些限制。

2.5.4　X 射线成像技术

X 射线又称伦琴射线，它是 1895 年德国物理学家伦琴在试验阴极射线管时发现的，为了纪念他，就以他的名字而命名。X 射线是一种波长很短的电磁波，波长为 0.001～10nm，介于紫外线和 γ 射线之间，其光子能量很大，表现出很强的穿透能力。X 射线按其能量的大小可以分为硬 X 射线和软 X 射线，在日常的农产品检测中以应用软 X 射线为主（荀量等，2002）。

在物质内部当高速运动的电子流与物体碰撞时，其部分动能就转化为辐射能，这些辐射能以 X 射线的形式释放出来，就形成了 X 射线（荀量等，2002）。X 射线是肉眼看不见的一种射线，但可使某些化合物产生荧光或使照相底片感光；它在电场或磁场中不发生偏转，能发生反射、折射、干涉、衍射等；它具有穿透物质的本领，但对不同物质它的穿透本领不同；能使分子或原子电离；有破坏细胞的作用，被测物的不同组织对于 X 射线的敏感度不同，受损害程度也不同（Beutel et al.，2002；Roessl and Praksa，2007）。X 射线之所以能使被检测的物质在荧屏上或胶片上形成影像，一方面是基于 X 射线的特性，即其穿透性、荧光效应和摄影效应；另一方面是基于被测物的组织有密度和厚度的差别。由于存在这种差别，当 X 线透过被检测物的各种不同组织结构时，它被吸收的程度不同，因此到达荧屏或胶片上的 X 射线量有差异（荀量等，2002；宋树争，2002）。这样，在荧屏或胶片上就形成黑白对比不同的影像，这就是 X 射线成像的基本原理。X 射线成像应具备以下基本条件：第一，X 射线应具有一定的穿透力，这样才能穿透照射的组织结构；第二，被穿透的组织结构，必须存在密度和厚度的差异，这样，在穿透过程中被吸收后剩余下来的 X 射线量才会是有差别的；第三，这个有差别的剩余 X 射线，仍是不可见的，还必须经过显像这一过程（Liu and Davis，1994）。

起初的 X 射线成像技术主要应用在医学的人体组织病变检测方面，后来随着计算机与微电子技术的飞速发展，席卷全球的数字化技术、计算机网络和通信技术已经对该技术产生了广泛的影响，使得其应用领域进一步扩大。如今，X 射线成像技术被应用于检测农产品和食品等的内部品质缺陷（虫害、病害、腐烂、空心、损伤等）方面，并具有很大的应用潜质。

2.5.5　红外热成像技术

在自然界中，一切物体都会辐射红外线。利用一些探测器来检测和测定被测目标物本身和背景之间的红外线差，就可以得到不同的红外图像，称为热图像。对于同一目标物的热图像和可见光图像是截然不同的，人眼所能看到的是可见光图像，而热图像展示的是目标物表面温度分布的情况。热图像是不能用人眼直接观察到的目标物表面温度分布，只是代表目标物表面温度分布的热图像直接以伪彩图和灰度差的形式间接反映出来。运用这一过程，能对目标物进行远距离热状态图像成像，进而反映物体表面温度，最后进行智能分析判断（戴景民等，2007；雷玉堂，2007；Gaussorgues，1993）。

红外热成像（infrared thermography，IRT）技术是利用各种探测器来接收物体发出的红外辐射，再进行光电信息处理，最后以数字、信号、图像等方式显示出来，并加以利用从而探知、观察和研究各种物体的一门综合性技术（Gaussorgues，1993；Meola and Carlomagno，2004）。红外热成像技术常用的分类方式是：按其引起温差方式的不同可以分为主动式和被动式的红外热成像。主动式的热红外检测是对被测物质通过加热注入热量，使得被测的物质失去热平衡，在其内部温度尚不均匀、具有导热过程中完成红外的成像检测；被动式的热红外检测是利用被测物质的温度与环境温度有差异时，在被测物质与环境的热交换过程中进行红外热成像检测。

红外热成像技术有以下特点：①利用探测红外辐射成像的原理把被测物局部温度分布的信息记录并显示在一张平面图上，几张不同侧面的红外热图像即可构成完整的物体热分布状态；②通过采集温度变化的信息，能够在机体没有明显体征情况下解读出潜在的隐患，能更早地发现问题；③通过红外探测器被动地接收物体向外发射的红外线，对被测物不会有任何伤害和负面作用，同时也不需要标记物，对环境也不会造成任何污染，而且简便经济（徐小龙，2012）。

红外热成像技术现已成为业界公认的最为行之有效的预测性维护技术，已经被广泛应用于工业（温度测量、设备检测与故障诊断等）、农业（国土调查、作物长势和产量预估、灌溉管理、病虫害预报等）、医学（病理诊断、疗效检测等）、环保、消防等方面。

2.5.6　荧光成像技术

荧光的产生包括物质分子的激发和去活化两个过程，即物质处于基态的分子受激发光源的照射被跃迁至激发态的不同振动能级后（即激发过程），从单态高能级返回基态的过程中发射出通常波长比入射光较长的光（去活化过程），这种光被称为荧光（Frangioni，2003）。荧光的产生过程是循环的，直到荧光体的化学结构被破坏，一个荧光体可以重复地被激发，重复地发射荧光（黄恒，2007）。与荧光相关的基本现象包括荧光体的光漂白（photo bleaching）与荧光淬灭（quenching）。光漂白指的是荧光体经过光致化学反应，其共价结构遭到破坏，从而永久地丧失发光能力的现象。荧光淬灭指的是激发态的荧光体分子由于与环境的相互作用而导致荧光能量的损失。

荧光成像技术中常用的荧光体可分为：内生荧光体、外源荧光体和荧光蛋白（黄恒，2007）。内生荧光体是指生物细胞内部存在的荧光物质载体，主要包括黄素、NADH / NADPH、脂褐质、弹性蛋白和胶原质等。外源荧光体是指生物体内本身不存在的，在满足某些需要时而外加的荧光体，包括荧光染料和无机纳米颗粒。荧光蛋白是能够发射荧光的一类蛋白质，它并不广泛存在于体内，可以利用生物技术将携带荧光蛋白的表达基因植入细胞，然后又在细胞中产生荧光蛋白。

荧光成像（fluorescence imaging）技术（Ntziachristos et al.，2003）是指以荧光报告基团（一般是荧光蛋白）或荧光染料作为标记物，使用特定波长的激发光照射荧光染料，使其吸收入射光能后产生能级跃迁，达到高能量激发态，然后很快衰减回基态，并发出波长长于激发光的发射光（荧光），所发射出的光经过滤光之后，由灵敏的光学检测仪器对其进行采集成像，观测到活体内物质的生长及转移、疾病的发生及发展、基因的表达等生物学过程，从而监测活体生物体内的基因行为和细胞活动（黄恒，2007）。荧光成像技术是活体生物光学成像（optical *in vivo* imaging）技术的一个主要分支（Lichtenthaler and Mieche，1997），它和生物发光成像（bioluminescence imaging）技术都属于活体生物光学成像技术，也是现代光学成像技术与荧光标记技术发展的产物。

荧光成像技术作为一项分子及基因表达的分析检测技术，已经在医学研究、生命科学、农业与食品科学、药物研发等领域得到了广泛的应用。

2.6 小　结

本章主要介绍了光谱分析方面的五部分基础内容，首先介绍了光谱分析的基础知识，然后从光谱形成方面重点阐述了多原子的分子光谱的振动理论，并简要总结了常见有机化合物的分子官能团的光谱响应特征，最后介绍了常用的光谱技术和光谱成像技术。

参考文献

程街亮，史舟，李洪义. 2008. 不同类型土壤的二向反射光谱特性及模拟. 光谱学与光谱分析，28(5): 1007-1011.

程鹏. 2012. 激光打印机墨粉的鉴定方法研究. 北京：国际关系学院：硕士研究生学位论文.

褚小立. 2011. 化学计量学方法与分子光谱分析技术. 北京：化学工业出版社.

褚小立，陆婉珍. 2008. 近红外化学成像的原理、仪器及应用. 分析仪器, 4: 1-5.

戴景民，汪子君. 2007. 红外热成像无损检测技术及其应用现状. 自动化技术与应用, 26(1): 1-7.

杜嘉. 2007. 土壤表现为非朗伯体的土壤湿度临界值的确定方法研究. 长春：东北师范大学：硕士研究生学位论文.

杜朋朋. 2014. 小麦叶片光学特性的获取和建模分析. 杭州: 浙江大学: 硕士研究生学位论文.
冯雷, 柴荣耀, 孙光明, 等. 2009. 基于多光谱成像技术的水稻叶瘟检测分级方法研究. 光谱学与光谱分析, 29(10): 2730-2733.
傅杰青. 2003. 核磁共振——获得诺贝尔奖次数最多的一个科学专题. 自然杂志, 6: 357-361.
高荣强, 范世福. 2002. 现代近红外光谱分析技术的原理及应用. 分析仪器, 3: 9-12.
苟量, 王绪本, 曹辉. 2002. X 射线成像技术的发展现状和趋势. 成都理工学院学报, 29(2): 227-231.
韩慧仙. 2004. S_2O 分子振动光谱的计算及双收缩 CI 方法应用. 西安: 西北大学: 硕士研究生学位论文.
胡皆汉, 郑学仿. 2011. 实用红外光谱学. 北京: 科学出版社.
黄恒. 2007. 新型荧光成像技术及其在细胞内动态过程研究中的应用. 南京: 东南大学: 硕士研究生学位论文.
吉永星, 俎栋林, 包尚联. 2000. CT 机和核磁共振成像机之间的比较研究. CT 理论与应用研究, 9(3): 1-8.
柯以侃, 董慧茹. 2002. 分析化学手册. 第 2 版. 第三分册——光谱分析. 北京: 化学工业出版社.
雷玉堂. 2007. 红外热成像技术及在智能视频监控中的应用. 中国公共安全(市场版), 8: 114-120.
李权, 王红艳, 朱正和. 2003. PuN 和 PuN_2 基态分子的结构与势能函数. 化学学报, 61(12): 1930-1933.
李小文, Strahler A, 朱启疆, 等. 1991. 地物二向性反射几何光学模型和观测的进展. 国土资源遥感, 1: 9-19.
利帕托夫, 谢缅诺维奇, 赫拉莫娃. 1995. 聚合物物理化学手册(第三卷——聚合物的近红外光谱和核磁共振谱). 闫家宾, 张玉昆, 译. 北京: 中国石化出版社.
梁会琴, 陶亚萍, 韩礼刚, 等. 2012. 乙酰苯胺分子的拉曼、红外光谱和简正振动分析. 光谱学与光谱分析, 32(10): 2706-2709.
刘崇华, 黄宗平. 2010. 光谱分析仪器使用与维护. 北京: 化学工业出版社.
刘金龙. 2008. 分叉管脉动流的数值模拟与实验研究. 上海: 上海交通大学: 硕士研究生学位论文.
刘娅, 赵国华, 陈宗道, 等. 2002. 中红外光谱在食品掺假检测中的应用. 广州食品工业科技, 18(4): 43-45.
陆婉珍, 袁洪福, 徐广通, 等. 2000. 现代近红外分析技术. 北京: 中国石化出版社.
曼斯菲尔德, 莫里斯. 1987. 生物医学中的核磁共振成像. 宗贤钧, 朱跃龙, 宗晔, 译. 杭州: 浙江大学出版社.
宁永成. 2000. 有机化合物结构鉴定与有机波谱学. 2 版. 北京: 科学出版社.
彭云发, 彭海根, 詹映, 等. 2013. 近红外光谱对南疆红枣水分无损检测的研究. 食品科技, 38(11): 260-263.
阮萍. 1999. 核磁共振成像及其医学应用. 广西物理, 20(2): 50-53.
宋树争. 2002. X 射线成像系统检测分辨率特性研究. 南京: 南京理工大学: 硕士研究生学位论文.
田国辉, 陈亚杰, 冯清茂. 2008. 拉曼光谱的发展及应用. 化学工程师, 1: 34-36.
田建广, 刘买利, 夏照帆, 等. 2002. 磁共振成像的安全性. 波谱学杂志, 6: 505-511.
童庆禧, 张兵, 郑兰芬. 2006. 高光谱遥感——原理、技术与应用. 北京: 高等教育出版社.
汪尔康. 2001. 21 世纪的分析化学. 北京: 科学出版社.
王越鹏, 汪建明, 李立英. 2012. 中红外光谱在乳品分析检测中的应用论述. 食品与发酵科技, 48(3): 90-93.
吴国祯. 2001. 分子振动光谱学原理与研究. 北京: 清华大学出版社.
吴太夏. 2006. 偏振方向反射与二向性反射定量关系研究. 长春: 东北师范大学: 硕士研究生学位论文.
伍林, 欧阳兆辉, 曹淑超, 等. 2005. 拉曼光谱技术的应用及研究进展. 光散射学报, 17(2): 180-186.
小威尔逊, 德修斯, 克罗斯. 1985. 分子振动——红外和拉曼振动光谱理论. 胡皆汉, 译. 北京: 科学出版社.
谢东辉, 王培娟, 朱启疆, 等. 2010. 单叶片偏振 BRDF 建模及参数反演. 光谱学与光谱分析, 30(12): 3324-3328.
邢梅霞, 夏德强. 2012. 光谱分析. 北京: 中国石化出版社.
徐小龙. 2012. 基于红外热成像技术的植物病害早起检测的研究. 杭州: 浙江大学: 硕士研究生学位论文.
杨仁杰, 刘蓉, 徐可欣. 2011. 基于中红外光谱检测牛奶中掺杂的尿素. 光谱学与光谱分析, 31(9): 2383-2385.
于德泉, 杨俊山. 2002. 分析化学手册. 2 版. 第七分册——核磁共振波谱分析. 北京: 化学工业出版社.
张海峰. 2004. 光谱成像技术发展概况. 绵阳: 第九届全国遥感遥测遥控学术研讨会论文集: 252-257.
张菊华, 朱向荣, 尚雪波, 等. 2010. 近红外光谱、中红外光谱、拉曼光谱无损检测技术在食用油脂分析中的研究进展. 食品工业科技, 31(10): 421-425.
张宇佳. 2013. MIR 和 NIR 光谱技术比较及在烃源岩分析中的应用. 辽宁石油化工大学学报, 33(3): 19-23.
张允武, 陆庆正, 刘玉申. 1988. 分子光谱学. 合肥: 中国科学技术大学出版社.
张正行. 2009. 有机波谱分析. 北京: 人民卫生出版社.
赵杰文, 陈全胜, 林颢. 2011. 现代成像技术及其在食品、农产品检测中的应用. 北京: 机械工业出版社.

赵文竹. 2011. 玉米须多糖结构鉴定及其降血糖活性研究. 长春: 吉林大学: 硕士研究生学位论文.
AlanáCreighton J. 1991. Ultraviolet-visible absorption spectra of the colloidal metallic elements. Journal of the Chemical Society. Faraday Transactions, 87(24): 3881-3891.
Al-kadry A M, Rochette M. 2012. Mid-infrared sources based on the soliton self-frequency shift. Journal of the Optical Society of America B, 29(6): 1347-1355.
Anderson M C, Norman J M, Diak G R, et al. 1997. A two-source time-integrated model for estimating surface fluxes using thermal infrared remote sensing. Remote Sensing of Environment, 60(2): 195-216.
Ashikhmin M, Shirley P. 2000. An anisotropic phong BRDF model. Journal of Graphics Tools, 5(2): 25-32.
Beutel J, Fitzpatrick J M, Horii S C, et al. 2002. Handbook of Medical Imaging, Display and PACS. Washington, D. C: SPIE Press.
Bright W Jr E. Decius J C, Cross P C. 1995. Molecular Vibrations: the Theory of Infrared and Raman Vibrational Spectra. New York: Dover Publications.
Buddharaju P, Pavlidis I T, Tsiamyrtzis P, et al. 2007. Physiology-based face recognition in the thermal infrared spectrum. IEEE Transactions on, Pattern Analysis and Machine Intelligence, 29(4): 613-626.
Bushong S C, Clarke G. 2013. Magnetic Resonance Imaging: Physical and Biological Principles. St. Louis, Missouri: Elsevier Health Sciences.
Chang C I. 2003. Hyperspectral Imaging: Techniques for Spectral Detection and Classification. New York: Springer.
Chen Q, Zhang C, Zhao J, et al. 2013. Recent advances in emerging imaging techniques for non-destructive detection of food quality and safety. Trends in Analytical Chemistry, 52: 261-274.
Christian G D, Feldman F J. 1970. Atomic Absorption Spectroscopy: Applications in Agriculture, Biology, and Medicine. New York: Wiley-Interscience.
Colthup N B, Daly L H, Wiberley S E. 1990. Introduction to Infrared and Raman Spectroscopy. London: Academic Press Limited.
Cremers D A, Yueh F Y, Singh J P, et al. 2006. Laser-Induced Breakdown Spectroscopy, Elemental Analysis. Encyclopedia of Analytical Chemistry DoI: 10. 1002/9780470027318. a0708. pub2 John Wiley & Sons, Ltd.
Dickinson M E, Bearman G, Tille S, et al. 2001. Multi-spectral imaging and linear unmixing add a whole new dimension to laser scanning fluorescence microscopy. Biotechniques, 31(6): 1272-1279.
Edelman R R, Warach S. 1993. Magnetic resonance imaging. New England Journal of Medicine, 328(10): 708-716.
Frangioni J V. 2003. Near-infrared fluorescence imaging.Current Opinion in Chemical Biology, 7(5): 626-634.
Gaussorgues G. 1993. Infrared Thermography. New York: Springer.
Gierlinger N, Schwanninger M. 2006. Chemical imaging of poplar wood cell walls by confocal Raman microscopy.Plant Physiology, 140(4): 1246-1254.
Gordon H R. 1989. Can the Lambert-Beer law be applied to the diffuse attenuation coefficient of ocean water? Limnology and Oceanography, 34(8): 1389-1409.
Haacke E M, Brown R W, Thompson M R, et al. 1999. Magnetic Resonance Imaging. Physical Principles and Sequence Design. New York: Wiley-Liss.
Hapke B. 1981. Bidirectional reflectance spectroscopy I-theory. Journal of Geophysical Research: Solid Earth, 86(B4): 3039-3054.
Harmon R S, DeLucia F C, McManus C E, et al. 2006. Laser-induced breakdown spectroscopy-an emerging chemical sensor technology for real-time field-portable, geochemical, mineralogical, and environmental applications. Applied Geochemistry, 21(5): 730-747.
Hirschfeld T, Chase B. 1986. FT-Raman spectroscopy: development and justification.Applied Spectroscopy, 40(2): 133-137.
Jin Q, Zhu C, Border M W, et al. 1991. A microwave plasma torch assembly for atomic emission spectrometry.Spectrochimica Acta Part B: Atomic Spectroscopy, 46(3): 417-430.
Kirkbright G F. 1980. Atomic absorption spectroscopy. Elemental Analysis of Biological Materials, Technical Report Series, 197: 141.
Kneipp K, Wang Y, Kneipp H, et al. 1997. Single molecule detection using surface-enhanced Raman scattering(SERS).Physical Review Letters, 78(9): 1667.
Lee M L, Tölg G, Beinrohr E, et al. 1993. Preconcentration of palladium, platinum and rhodium by on-line sorbent extraction for graphite furnace atomic absorption spectrometry and inductively coupled plasma atomic emission spectrometry.Analytica Chimica Acta, 272(2): 193-203.
Lewis A, Spoonhower J, Bogomolni R A, et al. 1974. Tunable laser resonance Raman spectroscopy of bacteriorhodopsin.Proceedings of the National Academy of Sciences, 71(11): 4462-4466.
Lichtenthaler H K, Miehe J A. 1997. Fluorescence imaging as a diagnostic tool for plant stress.Trends in Plant

Science, 2(8): 316-320.
Liu Z, Davis R J. 1994. Investigation of the structure of microporous Ti-Si mixed oxides by X-ray, UV reflectance, FT-Raman, and FT-IR spectroscopies.The Journal of Physical Chemistry, 98(4): 1253-1261.
Meola C, Carlomagno G M. 2004. Recent advances in the use of infrared thermography.Measurement Science and Technology, 15(9): R27.
Mori S, Crain B J, Chacko V P, et al. 1999. Three dimensional tracking of axonal projections in the brain by magnetic resonance imaging.Annals of Neurology, 45(2): 265-269.
Nakamoto K. 1987. Infrared and Raman spectra of inorganic and coordination compounds. New York: John Wiley & Sons, Ltd.
Naumann D. 2001. FT-infrared and FT-Raman spectroscopy in biomedical research.Applied Spectroscopy Reviews, 36(2-3): 239-298.
Ngan A, Durand F, Matusik W. 2005. Experimental analysis of BRDF models. Massachusetts: in Proceedings of the Sixteenth Eurographics Conference on Rendering Techniques. Eurographics Association: 117-126.
Nicodemus F E. 1997. Geometrical Considerations and Nomenclature for Reflectance. Washington D C: US Department of Commerce, National Bureau of Standards.
Noll R. 2012. Laser-Induced Breakdown Spectroscopy. Fundamentals and Applications. Berlin Heidelberg: Springer-Verlag.
Ntziachristos V, Bremer C, Weissleder R. 2003. Fluorescence imaging with near-infrared light: new technological advances that enable *in vivo* molecular imaging.European Radiology, 13(1): 195-208.
Phinn S, Roelfsema C, Dekker A, et al. 2008. Mapping seagrass species, cover and biomass in shallow waters: an assessment of satellite multi-spectral and airborne hyper-spectral imaging systems in Moreton Bay (Australia).Remote Sensing of Environment, 112(8): 3413-3425.
Robinson J W. 1960. Atomic absorption spectroscopy. Analytical Chemistry, 32(8): 17A-29A.
Roessl E, Proksa R. 2007. K-edge imaging in X-ray computed tomography using multi-bin photon counting detectors. Physics in Medicine and Biology, 52(15): 4679.
Salzer R, Siesler H W. 2009. Infrared and Raman Spectroscopic Imaging. Weinheim: Wiley-Vch.
Santos D, Nunes L C, de Carvalho G G A, et al. 2012. Laser-induced breakdown spectroscopy for analysis of plant materials: a review. Spectrochimica Acta Part B: Atomic Spectroscopy, 71-72: 3-13.
Schaeberle M D, Morris H R, II J F T, et al. 1999. Peer reviewed: Raman chemical imaging spectroscopy.Analytical Chemistry, 71(5): 175A-181A.
Sturgeon R E, Chakrabarti C L, Langford C H. 1976. Studies on the mechanism of atom formation in graphite furnace atomic absorption spectrometry. Analytical Chemistry, 48(12): 1792-1807.
Sun D W. 2101. Hyperspectral Imaging for Food Quality Analysis and Control. London: Academic Press.
Turrell G, Corset J. 1996. Raman Microscopy: Developments and Applications. London: Academic Press.
Wei X, Jie D, Cuello J J, et al. 2014. Microalgal detection by Raman microspectroscopy. Trends in Analytical Chemistry, 53: 33-40.

第 3 章　光谱及光谱成像仪器

3.1　光谱分析仪器概述

光谱仪（含分光光度计、摄谱仪或分光镜）用于在一定电磁波谱范围内测定光的属性，通常用于光谱分析鉴定材料。光谱分析仪器的不断创新和发展很大程度推动了光谱分析的发展。本章简要介绍了农业生产中典型的光谱分析仪器。

光谱分析仪可以分为实验室光谱仪和便携式光谱仪。所有的便携式光谱仪均源自实验室光谱仪。实验室光谱仪对环境要求比较苛刻，如温度、湿度和防尘等的严格控制。随着光电技术及光谱仪的广泛应用，便携式光谱仪以其小型化、智能化和集成化等特点被人们逐渐推广到各种专用的现场分析。

3.1.1　基本构造

光谱仪种类繁多，然而无论光谱分析仪结构如何，光谱分析仪的基本构成一般包括 5 个基本单元：光源、分光系统、样品容器、检测器和数据处理系统（刘崇华和黄宗平，2010）。光谱仪的光谱范围主要取决于仪器的光路设计、检测器的类型及光源。光谱仪主要结构示意图见图 3.1。

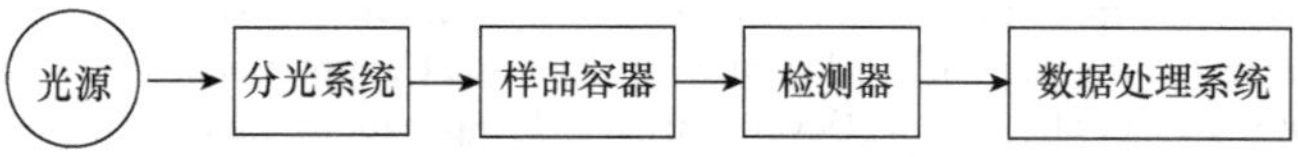

图 3.1　光谱仪主要结构示意图

（1）光源在光谱分析中能够提供测量所需要的光能，使试样蒸发、原子化、被激发，产生光谱。常见的光源及其应用见表 3.1。

表 3.1　光谱分析常见的光源及其应用

光源名称	辐射波长范围	应用仪器
氢灯或氘灯	160～375nm	紫外分光光度计
钨丝灯、卤钨灯	320～2 500nm	可见/近红外光谱仪
能斯特灯、硅碳棒	350～20 000nm	红外光谱仪
高辉度陶瓷光源	—	中、远红外光源
高压汞弧灯	—	远红外专用光源
激光	由激光器决定	拉曼光谱仪、荧光光谱仪、傅里叶变换红外光谱仪、LIBS 光谱仪等
发光二极管 LED	紫外、可见、近红外区	在线或便携式仪

（2）分光系统的主要作用是将复合光分解成单色光。不同光谱仪的分光系统不同，

表 3.2 列举了不同类型光谱仪的分光类型。

表 3.2　不同类型光谱仪的分光类型

仪器类型	分光类型
紫外可见分光光度计	棱镜型、光栅型
可见/近红外光谱仪	滤光片型、光栅（色散）扫描型、阵列检测型、傅里叶变换型（FT）、声光可调过滤光型（AOTF）、阿达玛变换型
红外光谱仪	色散型、傅里叶变换型（迈克尔逊干涉仪）
拉曼光谱仪	滤光片型、色散型（简称激光拉曼）、傅里叶变换型

注：色散型为用棱镜或衍射光栅进行分光；干涉型为用干涉仪作为色散元件

光谱仪的分光系统种类比较多，表 3.3 列出了几种重要分光系统各自的特点。图 3.2 展示了不同分光光路示意图。

表 3.3　不同类型分光系统

分光类型	特点
棱镜	石英棱镜用于紫外光区，玻璃棱镜用于可见光区
光栅	光栅是一种多缝装置，用于紫外、可见及近红外等光谱区。现代仪器多用光栅作为色散元件
滤光片	采用干涉滤光片分光。滤光片的波长覆盖范围可从紫外光到红外光
光栅扫描	光栅为透射光栅和反射光栅
阵列检测	选择不同的光栅和阵列检测器，可以得到短波（700～1100nm）、长波（1100～1700nm）和长波扩展型（1100～2200nm 或 1100～2500nm）
傅里叶变换	核心部件为迈克尔逊干涉仪，由移动反射镜、固定反射镜和分光束组成。原理是一束光通过分光束变为两束光，两束光分别被固定镜和动镜反射穿过分束器汇合，发生干涉
声光可调滤光	以双折射晶体为分光元件，根据声光效应进行分光

注：声光效应研究声波与光波的相互作用，当光通过受到超声波扰动的介质时会发生衍射

声光调制：衍射光强度随超声波功率而变化的现象。

（3）一般固态样品（如粉末或颗粒状）采用漫反射方式采集光谱，均匀或透明的样品（如水溶液或汽油）采用透射法测量光谱。总体来说，光谱测量方式包括：透射、漫反射和透反射。不同的光谱仪中，样品容器的结构差异较大。一般透射光谱采集中，样品容器称为吸收池。吸收池一般由光透明的材料制作而成。例如，石英池可用于紫外可见光区，玻璃池用于可见光区。

（4）检测器能够将一种类型的信号转变成另外一种类型的信号。要求其检测灵敏度高，响应速度快，稳定性好和测量范围较宽。检测器主要分为热检测器和光检测器。一般光谱仪所采用的检测器主要是光检测器。光检测器从排列方式可以分为单点检测器和阵列检测器：单点检测器的光感物理面积大、线性动态响应范围宽；阵列检测器是由多个独立的像元（微小检测器）组成。光检测器从结构原理上主要可以分为光电管检测器、光电倍增管检测器、光电二极管检测器、电荷耦合检测器（褚小立，2011）。

光电管：是基于光电效应进行光电转换的器件。可分为真空光电管或充气光电管。光电管由阳极和表面涂有光电材料（如锑、铯或银、氧化铯）的阴极构成，封闭在真空玻璃管内，结构示意图见图 3.3（a）和图 3.3（b）。其工作原理为：当光电管阴极 K 受

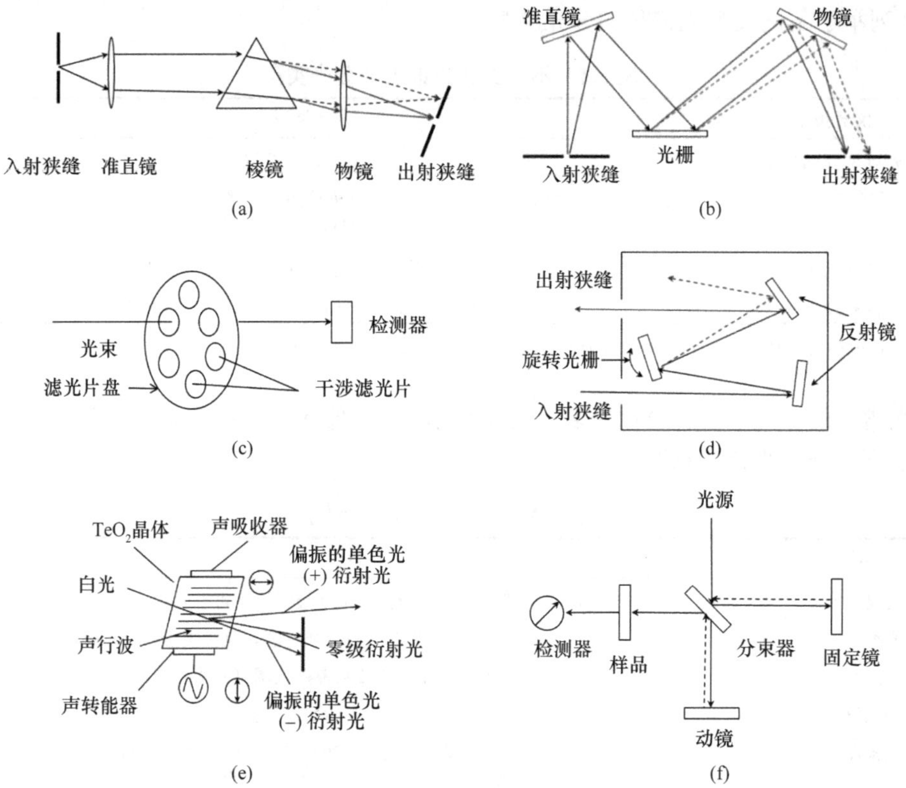

图 3.2　不同类型分光光路示意图

（a）棱镜分光光路示意图；（b）光栅分光光路示意图；（c）滤光片型分光光路示意图；（d）光栅扫描型分光光路示意图；（e）AOTF 分光光路示意图；（f）迈克尔逊干涉仪分光光路图

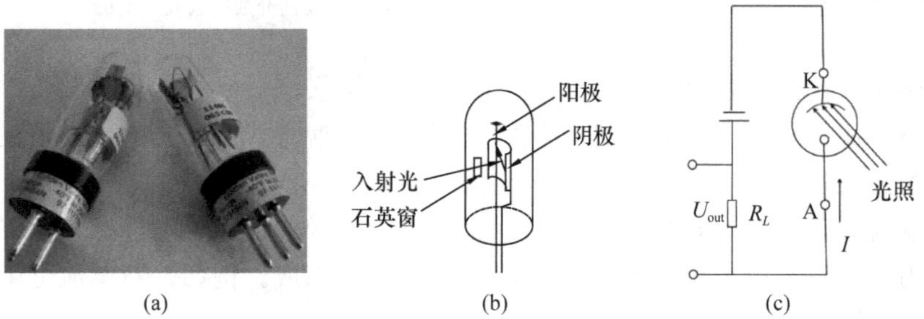

图 3.3　光电管的实物图、结构示意图及光电管电路图

（a）Honeywell 光电管；（b）光电管结构示意图；（c）光电管电路图

到一定波长的光线照射时，有电子逸出，在电场作用下，电子被阳极 A 吸引，形成空间电子流，在外电路中串入适当电阻的线路，则会在此回路中形成电流 I，并在电阻上产生电压 U_{out}，光电流与入射光强度呈正比。光电管电路图见图 3.3（c）。

PMT：光电倍增管（photomultiplier，PMT）将微弱光信号转成电信号，由阳极、表面涂有光敏材料（Sb-Cs 或 Ag-O-Cs）的阴极、几个打拿极和一些电阻组成。其工作原理为：当一定波长的光照射到阴极 K 时，阴极上发出的光电子碰撞到第一打拿极上，释放出增加了许多倍的二次光电子，如此继续，当到达最后一个打拿极时，释放出的光电子

可以增加到 10^6 倍以上。GDB424 光电倍增管见图 3.4（a），光电倍增管的原理示意图见图 3.4（b）。

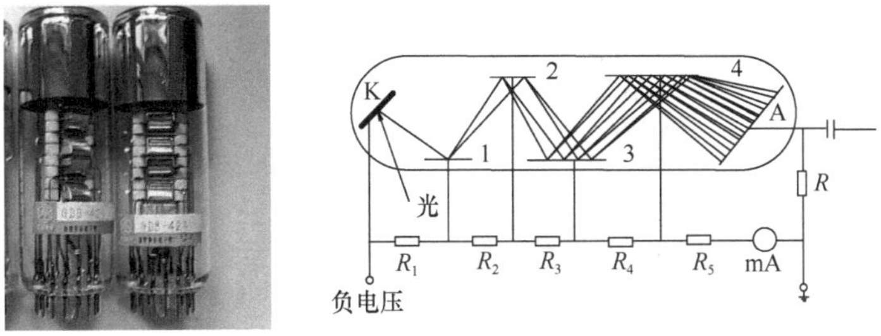

(a) (b)

图 3.4 光电倍增管实物图及原理示意图

（a）GDB424 光电倍增管；（b）光电倍增管的原理示意图。K. 光阴极；1~4. 打拿极；A. 阳极

DAD：二极管阵列检测器（diode array detector，DAD）将光电二极管以线性或是二维模式排列在含有电子线路的单片硅半导体芯上。如 3.5（a）所示为 S4111-16R 硅光电二极管实物图。DAD 工作原理如图 3.5（b）所示：当光入射到光电敏感单元上时，能够在二极管之间产生电子–空穴对，电子向 N 区漂移，空穴向 P 区漂移，大量的电荷形成电流在电路中产生电压信号，这些电压信号经过放大及 A/D 转换器输出到电脑上，电压信号与光辐射强度呈正比。由于每个二极管类似于单色器的出口狭缝，二极管越多，检测器分辨率越高。DAD 的局限性为只能检测紫外吸收的物质。

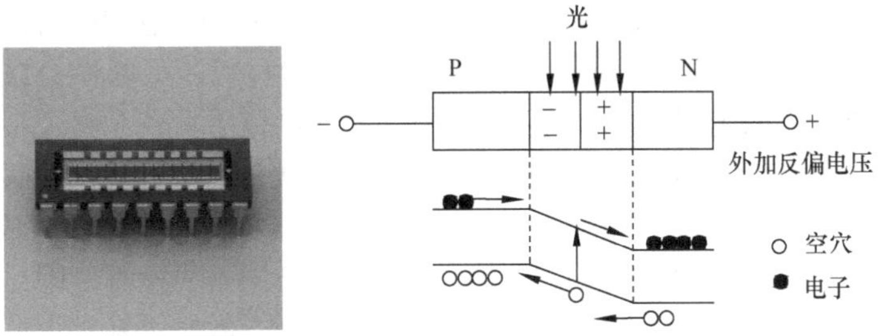

(a) (b)

图 3.5 硅光电二极管实物图及工作原理示意图

（a）S4111-16R 硅光电二极管；（b）硅光电二极管工作原理

CCD：电荷耦合器件（charge-coupled device，CCD）是一种固态检测器，由一系列排列紧密的光敏元件（metal oxide semiconductor，MOS，金属–氧化物–半导体）电容器组成，其以电荷为信号，实现电荷的存储和转移。图 3.6（a）所示为 TCD1703C 型二相线阵电荷耦合器件实物图。MOS 是由金属–氧化物–半导体组成的电容器，其结构示意图见图 3.6（b）。当光信号射入到 MOS 的半导体内时会产生电子–空穴对，光越强，电子–空穴对越多，则光信号转为电信号。电容器上的电压越高产生的势阱越深。在一定电压下，势阱深度随着其中信号电荷量的增加而线性下降，利用这个特性，可以实现信号电荷的转移。

检测器的波长检测范围主要与光感材料有关。常用的检测器有硅（Si）、铟镓砷（InGaAs）和硫化铅（PbS）等检测器。表 3.4 为常用检测器及检测范围。

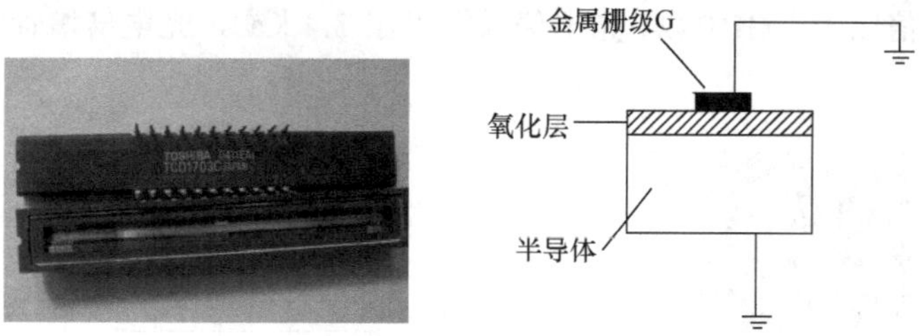

(a)　　(b)

图 3.6 电荷耦合器件及 MOS 结构示意图

（a）TCD1703C 型二相线阵电荷耦合器件；（b）MOS 结构示意图

表 3.4　光谱仪常用检测器及检测范围

检测器种类	检测范围	检测器种类	检测范围
Si	400～1 100nm	MCT/A	10 000～650cm^{-1}
InGaAs	920～1 700nm	MCT/B	10 000～400cm^{-1}
PbS	1 100～2 500nm	MCT/C	10 000～580cm^{-1}
DTGS/KBr	2 500～25 000nm	DTGS/Polyethylene	650～50cm^{-1}
DTGS/CsI	2 500～5 000nm	Ge、InSb 等	

Si 检测器适用于短波近红外，长波近红外大部分采用 InGaAs 和 PbS 检测器，InGaAs 检测器的线性度比较好，PbS 检测器的检测面积较大且价格较便宜。

DTGS 由氘化硫酸三甘氨酸硫酸酯（deuterated triglycine sulfate）晶体制成，属热电效应的晶体材料，它是指由于温度的变化，引起自发极强度的相应变化而产生表面电荷。DTGS 晶体易受潮，外部需用红外窗片密封。根据密封材料，可以将 DTGS 检测器分为 DTGS/KBr 和 DTGS/CsI 检测器（褚小立，2011）。检测范围见表 3.4。

碲镉汞（mercury cadmium telluride，MCT）由宽频带的半导体碲化镉和半金属化合物碲化汞混合制成，其组成为 $Hg_{1-x}Cdx$ Te，$x≈0.2$，改变 x 值，可获得测量波段不同、灵敏度各异的各种 MCT 检测器（褚小立，2011）。MCT 检测器的检测范围比 DTGS 检测器窄，灵敏度大约为 DTGS 的几十倍，但是工作温度极低，需要液氮制冷。

数据处理系统主要由计算机、数据通信部件和仪器控制，以及数据处理软件组成。通常由检测器将光信号转换成电信号后，还要经过一系列的信号处理将检测器检测到的信号转变成可以被读出的信号。目前，光谱仪器大多通过专门的操作软件在计算中进行处理。

3.1.2　主要性能指标

了解光谱分析仪的基本性能指标对选择合适的光谱仪进行实验具有重要意义。不同的光谱仪有部分相似的性能指标，也有一些不同之处。

一般常见的性能指标主要包括（刘崇华和黄宗平，2010；张琳和周金池，2010）以下几点。

①精密度：指仪器对同一样品平行测定多次所得的数据间相互一致性的程度。②灵敏度：指仪器区别具有微小差异浓度分析物能力的度量。③检出限：指能以适当的置信

概率表示被检出的组分的最小量或最小浓度。④校正曲线的线性范围：指从定量测定的最低浓度扩展到校正曲线保持线性浓度的范围。⑤分辨率：指光谱分析仪器对两相邻谱线分辨的能力。⑥选择性：指该仪器不受试样基体中所含其他类物质干扰的程度。

表 3.5 列出了部分光谱仪的主要性能指标。

表 3.5　部分光谱仪的主要性能指标

光谱仪	性能指标
紫外分光光度计	波长的准确性和重复性、吸光度的准确性和重复性、光谱带宽、杂散光、噪声、基线平直度和基线漂移等
中红外光谱仪	分辨率、波数准确性与重复性和信噪比等
近红外光谱仪	几乎完全依赖于校正模型，校正模型的准确性、通用性和稳定性在很大程度上取决于仪器的稳定性和重现性
拉曼光谱仪	仪器灵敏度、光谱分辨率、光谱重复性
核磁共振波谱仪	磁场、梯度场强、分辨率、线性
太赫兹光谱仪	光谱范围、分辨率
LIBS 光谱仪	元素范围、浓度范围、检出限

3.1.3　主要分类

由于原子和分子的运动是多种多样的，因此，光谱分析仪器的种类也是多种多样的。可以根据分子光谱分为紫外–可见光谱仪、红外光谱仪和远红外光谱仪等，也可以按照电磁辐射本质分为分子光谱仪和原子光谱仪。参照本书第 2 章中光谱分析方法的分类，光谱分析仪器也按同样方法分类。表 3.6 为常用光谱仪及其应用。

表 3.6　常用光谱分析仪器及其应用

仪器名称	主要用途
紫外可见光光度计	化合物的鉴定、纯度检查和定量测定
红外–近红外光谱仪	分子结构和化学组成分析
拉曼光谱仪	物质成分的判定与确认和分子结构的研究
核磁共振波谱仪	物质成分分析
太赫兹光谱仪	分析和鉴别物品组成的细微变化，快速测量半导体、电介质薄膜及体材料的物理信息
分子荧光光度计	痕量有机化合物鉴定和定量测定
X 射线荧光光度计	元素分析
X 射线吸收光谱仪	晶体结构测定
原子吸收光谱仪	微痕量测定
原子发射光谱仪	测定元素组成和含量

随着新材料、新器件的发展，光谱仪除了按照光学光谱和电磁辐射本质分类外，部分光谱仪（如红外光谱仪、拉曼光谱仪、X 射线光谱仪和 LIBS 光谱仪等）也可按照使用

场所和使用要求分为实验室光谱仪、便携式光谱仪和在线光谱仪等（李昌厚，2006；陆婉珍等，2010；于新洋等，2013；邹文龙等，2011；赵刚等，2008）。具体的仪器将在下文典型仪器型号中进行介绍。

3.1.4 主要生产厂家

市场上有繁多的光谱分析仪器生产厂家。表 3.7 列举了部分具有代表性的光谱仪生产厂家。

表 3.7 具有代表性的光谱仪厂商名称及仪器类型

所属	厂商	中文名	主要仪器类型
美国	Beckman Coulter	贝克曼库尔特	UV/VIS、FT-IR/FT-NIR、Raman、TD-NMR 光谱仪
	Perkin Elmer	珀金埃尔默	UV/VIS、FT-IR/FT-NIR、Raman 光谱仪
	Thermo Fisher Scientific	赛默飞世尔	FT-IR、Elemental 原子光谱仪
	Ocean Optics	海洋光学	UV-VIS-NIR、Raman、微型光谱仪
	B&W TEK	必达泰克	NIR、Raman 光谱仪
	Innov-X	伊诺斯	携带型 XRF 光谱仪
英国	Biochrom	柏楷	UV-VIS 光谱仪
	Renishaw	雷尼绍	Raman 光谱仪
	Andor	安道尔	中阶梯光栅光谱仪
丹麦	FOSS	福斯	NIR 食品及农业领域各类专用仪器
德国	Bruker Optics	布鲁克	FT-IR/FT-NIR、Raman、TD-NMR、TeraHertz 光谱仪
日本	Shimadzu	岛津	UV-VIS、FT-NIR、XRF 光谱仪
	Hitachi	日立	XRF、AAS 光谱仪
	JASCO	佳司科	UV-VIS、XRF 光谱仪
	Horiba	堀场	Raman、XRF 光谱仪
中国	Persee	普析	UV-VIS、AAS、AFS 光谱仪
	Rayleigh	瑞利	UV-VIS、IR、AAS、AFS 光谱仪
	Beamtech	镭宝	多系列多脉冲激光器

注：UV-VIS 为紫外可见分光光度计；FT-IR/FT-NIR 为傅里叶变换红外/近红外光谱仪；Raman 为拉曼光谱仪；TD-NMR 为小核磁共振波谱仪；TeraHertz 为太赫兹光谱仪；XRF 为 X 射线荧光光谱仪；AAS 为原子吸收分光光度计；AFS 为原子荧光光度计

3.1.5 发展趋势

实用光谱分析技术必须是成套的，包括光谱仪、定量定性软件和应用模型 3 个部分。由于光谱仪的结构特点及光谱仪广泛的应用领域，光谱仪沿着高信噪比、高稳定性、仪器间高一致性和方便采样（多测量附件）的方向发展。与此同时，在线过程分析仪和价位低、便携式的现场专用型仪器也是光谱仪发展的另一个方向。而为了扩大光谱技术的应用范围，软件的开发也更加引起人们的重视。

3.2　典型光谱分析仪器

3.2.1　紫外可见分光光度计

紫外可见分光光度计（UV visible spectrophotometer）是基于紫外可见光波段（波长190～1100nm）的吸收或反射光谱而进行分析的，通常用于不同分析物的定量分析，如过渡金属离子、高度共轭有机化合物和生物大分子的检测等。其一般用于溶液的检测，不过也有一些相关固体与气体的研究。紫外可见分光光度计测定光束穿透测量样品后与通过样本前的光强的比值（I/I_0），这个比值也被称为透光率，通常表达为 T。吸光度 A 与透光率的关系可以用公式（3.1）表达：

$$A = -\log T \tag{3.1}$$

紫外可见分光光度计也能够通过将照射到样品后反射的光强值与照射到参照白板后反射的光强值进行比值（I/I_0），得到反射率 R。

1. 紫外可见分光光度计的分类

紫外可见分光光度计的分类方法较多，如参照波长范围、分光元件等。目前，通常从结构上来讲，紫外可见分光光度计可分为单光束、双光束和双波长三类（李昌厚，2010）。

1）单光束分光光度计

单光束分光光度计是指一束经过单色器的光，交互测定样品溶液与参比溶液。此分光光度计结构简单，测量结果受电源波动较大（图 3.7）。

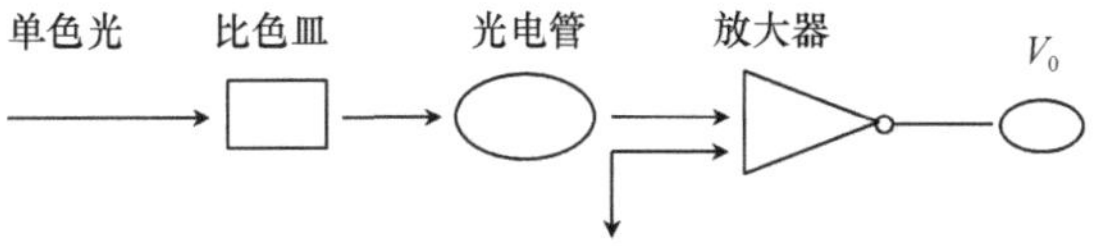

图 3.7　单光束分光光度计光路图（V_0 表示电压）

2）双光束分光光度计

双光束分光光度计是指由光源发出的光经过旋转镜分成两束，交替通过参比池与样品池，测得两者光信号强度之比（图 3.8）。目前，许多分光光度计都是双光束分光光度计。

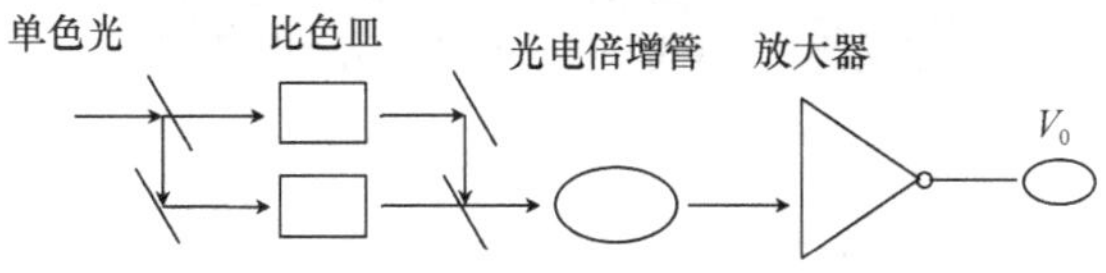

图 3.8　双光束分光光度计光路图（V_0 表示电压）

3）双波长分光光度计

双波长分光光度计是指采用两个单色器，同时得到两束不同的单色光，交替照射同一样品池，可得到同一溶液两波长的吸光度之差（图 3.9）。

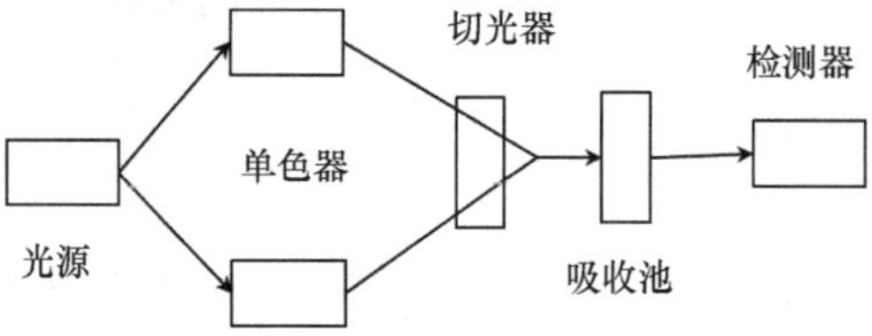

图 3.9 双波长分光光度计光路图

2. 紫外可见分光光度计仪器型号

市场上常见的紫外可见分光光度计品牌有很多，表 3.8 针对紫外分光光度计的使用级别做出简单的分类，以便读者对仪器有更清晰的了解。

表 3.8 常用紫外可见分光光度计型号

级别	型号
研究级	Lambda650/850、Cary3000、岛津 UV2550、日立 U-3900H
高档	岛津 UV2450、北京普析 TU-1901、上海天美 UV2600、北京瑞利 UV-2100、北京莱伯泰科 UV-Power
中档	北京普析 TU-1900、岛津 UV1800、北京莱伯泰科 UV1000 系列、日立 2900、普析 TU-1810 系列、上海天美 UV1100 系列、上海尤尼柯 UV3802、岛津 1240mini
低档	一般指单光束紫外或单光束可见分光光度计

3. 典型仪器型号介绍

1）岛津 UV2450 紫外可见分光光度计（图 3.10）

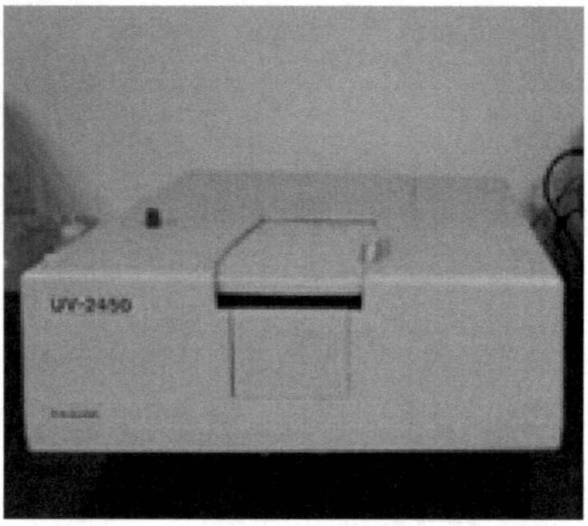

图 3.10 UV2450 紫外可见分光光度计

岛津 UV2450 紫外可见分光光度计操作简单方便，具有超低杂散光，具有广泛的应用领域。其主要技术指标如下。

测定波长：190~900nm。谱带宽度：0.1~5nm。杂散光：UV2450 为 0.015%（220nm，Nal 10g/L 溶液）。测光方式：双光束方式。波长准确度：±0.3nm（开机自动校准）。波长重复性：±0.1nm。尺寸：570mm×660mm×275mm（W×D×H）。重量：约 36kg。

2）普析通用 TU-1900 紫外–可见分光光度计（图 3.11）

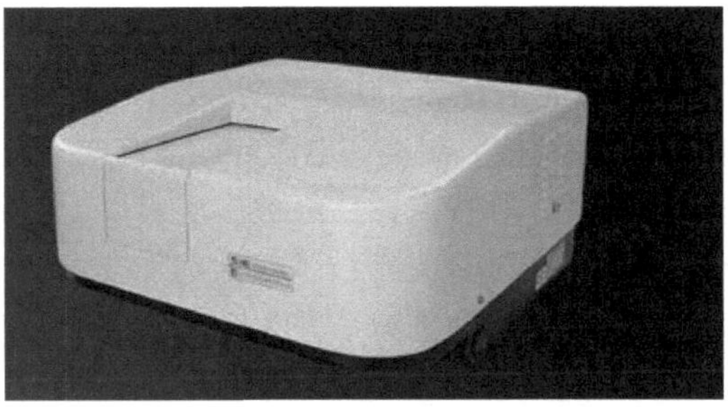

图 3.11　TU–1900 紫外可见分光光度计

普析通用 TU-1900 紫外可见分光光度计是一款国产 UV/VIS 光谱仪，其技术指标稳定，能满足大部分专业用户分析工作需求。其主要技术指标如下。

测定波长：190～900nm。谱带宽度：2nm。杂散光：< 0.01%（220nm，Nal；340nm，$NaNO_2$）。测光方式：双光束方式。波长准确度：±0.3nm（开机自动校准）。波长重复性：±0.1nm。尺寸：587mm×562mm×260mm（*W*×*D*×*H*）。重量：约 30kg。

3.2.2　近红外光谱仪

近红外波段光波相比中红外波段较短，能量更高，具有更强的光穿透能力和散射能力，这些特点为近红外仪器的迅猛发展带来很大的便利（陆婉珍等，2010）。近红外（NIR）光谱仪是一种能够采用少量制备样本进行饲料、食用油、药品、食品、纺织、化工等的检测。近红外光谱仪一般提供的检测区域为 12 500～4000cm^{-1}（800～2500nm），也有部分仪器为了扩大使用功能，包括可见波段，称为可见近红外光谱仪。

1. 近红外光谱仪的分类

近红外光谱仪从分光系统可分为固定波长滤光片、光栅色散、快速傅里叶变换、声光可调滤光器和阵列检测 5 种类型（褚小立，2011）。其分光原理图可参考图 3.2。表 3.9 为不同分光系统的近红外光谱仪的特点。

表 3.9　近红外（可见近红外）光谱仪按分光系统分类

类型	特点
滤光片型	采用干涉滤光片分光，采样速度快、体积小、适于专用分析仪器、制造成本低、适于推广
光栅色散型	采用光栅作为分光元件，全谱扫描、结构简单、容易制造
阵列检测型	常用于便携仪器，性价比高
AOTF	扫描速度快、易实现小型化
FT-IR（NIR）	扫描速度快、分辨率高、波长准确度好

注：AOTF 为声光可调滤光器型；FT 为傅里叶变换型

除上述 5 种光谱仪外，还有阿达玛变换（hadamard transform，HT）、多通道傅里叶变换光谱仪等。

2. 近红外光谱仪仪器型号

经过 50 多年的发展历程，市场上出现越来越多的近红外光谱仪，大致可以分为实验室光谱仪、便携式光谱仪和在线光谱仪等（陆婉珍等，2010）。实验室光谱仪安装在室内，室内应具备一定的环境条件，如温度、湿度、电源等。便携式光谱仪由于具有集成度高、体积小、结构坚固、适用范围较广等特点，已经被广泛应用于农业、制药、高分子等行业分散的分析现场（于新洋等，2013）。光纤技术与近红外技术结合必然使得近红外在线检测技术广泛应用于农产品及其他各个领域，并为今后开发成熟的在线检测装备奠定基础。表 3.10 列举了部分实验室与便携式光谱仪的型号。

表 3.10　近红外光谱仪仪器型号介绍

类型	型号
实验室	通用型 Spectrum400、Antaris^{TM}-FT-NIR、LabSpec 4
	专用型 Foss NIR Systems 5000
便携式	SupNIR-1000 系列、Spectra Star、ASD Handheld Field Spec、Luminar 5030、Matrix 系列（车载）、Antaris 系列（现场分析）等

在线近红外光谱系统有 3 种测量方式：侧线在线（on-line）、线内/原位在线（in-line）和非侵入式在线（non-invasive-line）。在线近红外光谱系统一般由取样系统、预处理系统、光谱仪、测量附件、数据通信模块及根据实际工作要求配备的辅助设备等组成（陆婉珍等，2010）。

3. 典型仪器型号介绍

1）便携式可见–近红外光谱仪

便携式可见–短波近红外光谱仪 Field Spec® Handheld（图 3.12）具有携带方便、操作简单、适合野外使用的特点，已经被广泛应用于食品和农产品的品质检测、农作物的长势监测、遥感测量、工业照明测量、矿物勘察、海洋学研究等各个方面（吴迪，2011）。

图 3.12　便携式可见–短波近红外光谱仪

仪器的主要相关参数如下。光谱检测波长区域：325～1075nm。积分时间：可调，$2n\times17$ms，n=0，1，…，15。光谱采样间隔：1.5nm。波长精度：±1nm。波长重复性：±0.3nm。光谱分辨率：3.5nm @ 700nm。灵敏度线性：±1%。体积：22cm×15cm×8cm。

采集软件：Field Spec 系列光谱仪配套 RS3 软件包。RS3 除了可以用于光谱采集分析、实时光谱测量、减少后续数据处理等，还拥有暗电流校正功能，减少暗电流漂移，可获得更高的对比度。

2）多波段光谱辐射仪

监测农作物的冠层生长状况和早期的产量评估有利于为整个国家粮食发展策略的制定奠定科学基础（Doraiswamy et al., 2004）。基于不同的物质能够通过测量波长辐射的吸收、发送或反射而获得，利用遥感技术对作物营养状况和长势进行快速诊断和实施监测，然后进行基于作物光谱特征的精准变量施肥是精准农业的研究热点（张俊华和张佳宝，2014）。Cropscan 多光谱辐射仪的 750～900nm 的近红外波段可用于探测和评估植物叶片病害的程度。长波段则可用于估测植物的生物化学成分，该系列仪器可用于检测除草剂的效果、土壤改善和肥力、灌溉日程安排等的研究。图 3.13 为 Cropscan 系列的 MSR16R 多光谱辐射仪。Cropscan MSR16R 多光谱辐射仪包括辐射计、数据记录器、LCD 液晶显示器手持终端、伸长杆（可伸长到 3.2m）、安装硬件、内存卡、AC 适配器及充电器、电缆/适配器等（刘飞，2011）。

图 3.13　MSR16R 多光谱辐射仪

MSR16R 多光谱辐射仪有 470～1700nm116 个波段的 1～16 个波段的任意选择，基本覆盖了植物光谱中特征较为明显的范围（Zhu et al.，2008）。MSR16R 多光谱辐射仪采用上、下双通道传感器设计，分别接受太阳光直射和作物反射光照，因此，现场不需要标定（梁留锁等，2010）。

Cropscan MSR16R 多光谱辐射仪的参数指标如下。

中心波长：470～1700nm。波段宽：窄波段（–100nm）到宽波段（–300nm）。反射率区间：0～100%。分辨率：0.06%。精确度：±4%。检波器：发光二极管。尺寸：80cm×80cm×100cm。

3）双向反射光谱获取系统

植物叶片表面比较粗糙，相对于纳米级可见光或近红外光波段，不会发生单一理想镜面反射或均匀的漫发射。光的反射和透射具有方向性，在各个方向上分布不均匀，光学特性比较复杂，因此，获取植物叶片双向反射特性分布是研究叶片光学特性的基础（Wang et al.，2013）。对植物叶片光学特性的研究主要是研究叶片双向反射的规律性，而植物叶片光学特性的研究离不开获取植物叶片双向反射的装置。图 3.14 为浙江大学自行研制的植物叶片双向反射分布光谱获取分布装置。图 3.14（a）为装置的实物图，图 3.14（b）为装置的示意图。

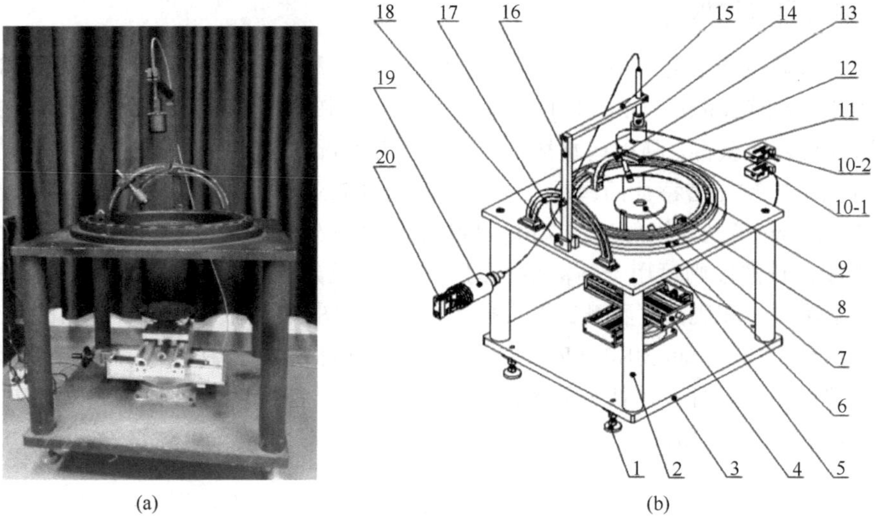

图 3.14　植物叶片双向反射分布光谱获取系统

（a）植物双向反射分布光谱获取实物装置；（b）植物双向反射分布光谱获取装置示意图

1. 脚轮；2. 支柱；3. 下底板；4. 多自由度转台；5. 支撑板；6. 圆环形轴承座；7. 实验平台；8. 轴承轮毂；9. 轴承；10-1，10-2. 光谱仪；11. 接收光纤；12. 弧形固定架；13. 准直透镜；14. 支撑壳；15. 光源固定架；16. 光源摇杆；17. 导向架；18. 两套小轴承；19. 光源光斑调节装置；20. 光源

测量装置主要包括光源、光纤、实验平台、光谱仪、采集软件和计算机等。整个设备需在暗室进行操作。该设备采用硅光电检测设备中的光谱仪作为接收核心，主要通过移动接收探头的相对位置来实现叶片上半球反射光分布测量和下半球透射光分布测量（杜朋朋，2014）。

该系统的主要性能参数如下。光源：卤素灯。探测器：海洋光学 QE65000 光谱仪，响应波段 200～1000nm。方位角 Φ_r：0°～360°。天顶角：0°～70°。尺寸：150cm×150cm×170cm。软件：海洋光学自带 Spectra Suite。

3.2.3　中红外光谱仪

中红外吸收光谱具有高度的特征性，每种有机化合物均有特征性的红外吸收光谱，因此适合鉴定有机物、高聚物及其他复杂结构的化合物。中红外光谱是物质在中红外区的吸收光谱。产生中红外照射并记录红外吸收光谱图的仪器称为中红外光谱仪，一般称为红外光谱仪。红外光谱仪经过 50 多年的发展取得了飞跃的发展，尽管仪器基本原理没有大的改变，但其性能得到了很大的提高。第一代红外光谱仪为棱镜分光红外光谱仪，仪器使用过程需恒温，且分辨率低，测量波长范围窄，实验结果再现性较差。20 世纪 60 年代产生第二代红外光谱仪——光栅分光红外光谱仪，其光谱质量较差，测定速度慢。20 世纪 70 年代诞生第三代红外光谱仪——傅里叶变换红外光谱仪（fourier transform infrared spectrometer，FTIR）（刘崇华和黄宗平，2010）。

根据分光原理的不同，红外光谱仪主要分为色散型和干涉型两大类。目前，广泛使用的是傅里叶型红外光谱仪。傅里叶变换红外光谱仪是基于对干涉后的红外光进行傅里叶变换的原理而开发的红外光谱仪。FTIR 光谱仪具有以下特点：测量速度快，分辨率高，信噪比好，波数准确度及重复性好，测定范围宽等（刘崇华和黄宗平，2010；褚小立，2011）。

1. 中红外光谱仪的组成

现代中红外光谱仪是以傅里叶变换为基础的仪器，主要由两部分组成：光学检测系统和计算机系统。光学检测系统主要是通过迈克尔逊干涉仪完成干涉调频，它是由光束分裂器、两个互相垂直的平面镜组成（赵秀琴，2012）。由光源发出的光经过干涉仪转变成干涉光。当干涉光通过样品时某一些波长的光被样品吸收，成为含有样品信息的干涉光，由计算机采集得到样品干涉图，经过计算机快速傅里叶变换后得到吸光度或透光率随频率或波长变化的红外光谱图。傅里叶红外光谱仪由光源、干涉仪、检测器和计算机组成（褚小立，2011）。图 3.15 为傅里叶变换红外光谱仪原理图。

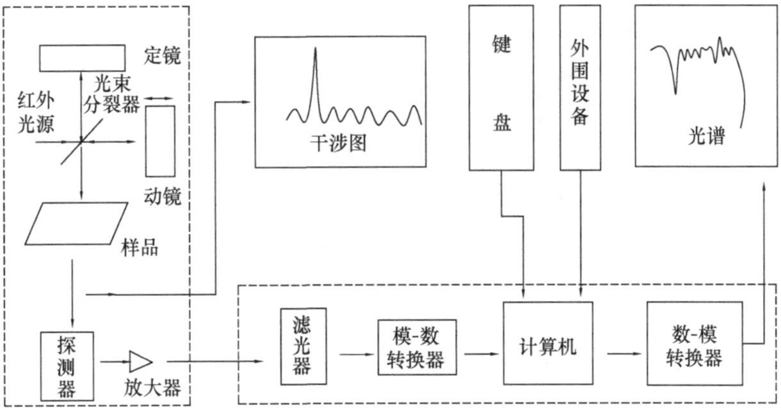

图 3.15　傅里叶变换红外光谱仪基本组成示意图

2. 中红外光谱仪的分类

由于中红外光谱具有较强的特征性，能够用于化合物分子结构的测定，并且中红外光谱仪测试简单，已有大量的图谱数据资料，而且随着仪器制造技术、化学计量学及计算机的发展，中红外光谱已经越来越广泛地应用于现场和在线过程分析等领域（褚小立，2011）。中红外光谱仪根据使用场合也可分为实验室、便携式和在线分析仪器。市场上也有大量的中红外光谱仪生产厂家，表 3.11 列出部分红外光谱生产厂家及农业生产中常见的仪器型号。

随着红外技术的广泛应用，国内市场也涌现出许多自主的品牌，如天津拓普、北京瑞利等。

表 3.11 中红外光谱仪的部分主要生产厂家

类别	生产厂家	典型型号
实验室	Thermo Fisher（赛默飞）	Nicolet 6700、iS10、iS5
	Bruker Optics（布鲁克）	Tensor series、Vertex 80/80v
	Shimadzu（岛津）	IR Affinity-1、IR Affinity-21、IR Tracer-100
	Perkin Elmer（珀金埃尔默）	Spectrum Two、Frontier™
	Rayleigh（北京瑞利）	WQF-510A/520A
便携式	Agilent（安捷伦）	4100 ExoScan FTIR
	TP（拓普）	FTIR931
	Thermo Fisher（赛默飞）	TruDefender FT
在线式	Bruker Optics（布鲁克）	MATRIX-I（测定水分、脂肪、蛋白质等）
	Thermo Fisher（赛默飞）	Antaris II

3. 典型仪器型号介绍

1）Nicolet iS5 红外光谱仪（图 3.16）

Thermo Fisher Scientific（赛默飞世尔）Nicolet iS5 傅里叶变换红外光谱仪能够进行样品的可靠性测试、质量控制、材料鉴定等分析。其外观尺寸小巧，适合各种分析测试环境。其主要性能指标如下。

图 3.16 Nicolet iS5 红外光谱仪

光谱波长范围：8000～350cm^{-1}。光谱分辨率：0.8cm^{-1}。灵敏度：<1×10^{-5}Abs。波数精度：优于 0.01cm^{-1}。重量：10kg。

2）FT/IR-4100 傅里叶红外光谱仪（图 3.17）

图 3.17 是由日本 JASCO 公司生产的 FT/IR-4100 傅里叶变换红外光谱仪。该光谱仪可以获取被测的反射和透射光谱，内置陶瓷光源，干涉计为 45°Michelson，可自动调节。本仪器与 IRT-30 红外显微镜匹配构成显微红外光谱仪（micro-FTIR）。

该光谱仪的主要性能参数如下。光谱测量波数：7800～350cm^{-1}。分辨率：0.9cm^{-1}。信噪比：22 000∶1。体积：20cm×26cm×18cm。光谱采集软件：Spectral Manager。

3.2.4 拉曼光谱仪

拉曼散射作为一非弹性散射，通常用作激发的激光范围为可见光、近红外光或者在

图 3.17　FT/IR-4100 傅里叶红外光谱仪

紫外光附近。拉曼光谱是一种广泛应用于提供化学结构和物理信息的振动光谱学技术，能够用于提供物质的光谱特征性质（指纹图谱），由于其具有较高的横向分辨率，可对物质进行定量或半定量分析。拉曼散射由于样本降解和荧光问题的存在，其应用范围不及红外吸收光谱，然而，近些年，仪器装备技术的发展大大简化了设备并且也尽量减少其存在的问题。

拉曼光谱仪结构简单、操作简便、测量快速高效准确，并且具有低波数测量能力。采用共焦光路设计以获得更高分辨率，可对样品表面进行微米级的微区检测，也可用此进行显微影像测量。

1. 拉曼光谱仪的组成

拉曼光谱仪主要由激光器（光源）、集光系统、单色仪、检测器、放大器等部分组成。一般通用型拉曼光谱仪的结构示意图见图 3.18。

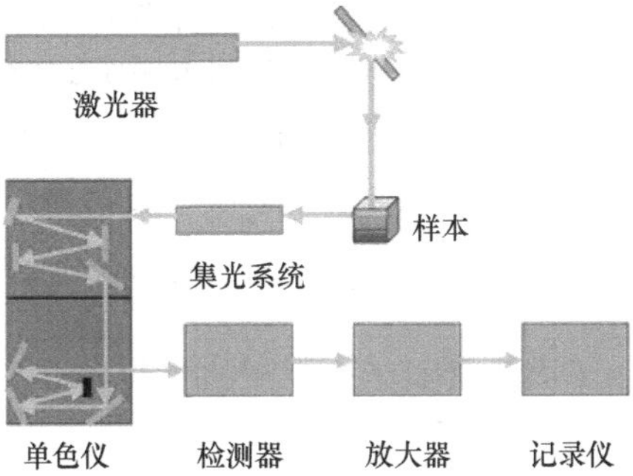

图 3.18　一般通用型拉曼光谱仪结构示意图

2. 拉曼光谱仪的分类

本书第 2 章中，简要介绍了激光共振拉曼光谱技术、FT-Raman、共聚焦显微拉曼光谱技术、表面增强拉曼光谱技术等，此处不再根据拉曼技术进行拉曼仪器的分类。拉曼光谱仪根据用途可以分为 3 种类型（表 3.12）。

3. 典型仪器型号介绍

NanoRamTM 是必达泰克公司生产的手持式拉曼光谱系统，其体积较小。适合用于原料、药品等的鉴定（图 3.19）。其主要性能指标如下。

表 3.12　拉曼光谱仪的类型及生产厂家

光谱仪型号	适用范围	生产厂家
便携式拉曼	用于现场或野外测量，应用范围广	必达泰克、安捷伦
显微拉曼成像	用于实验室的固定激发波长	雷尼绍、堀场、赛默飞世尔、布鲁克、必达泰克
大型拉曼	用于实验室的固定激发波长	堀场、卓立汉光（与大连化学物理研究所合作）、普林斯顿

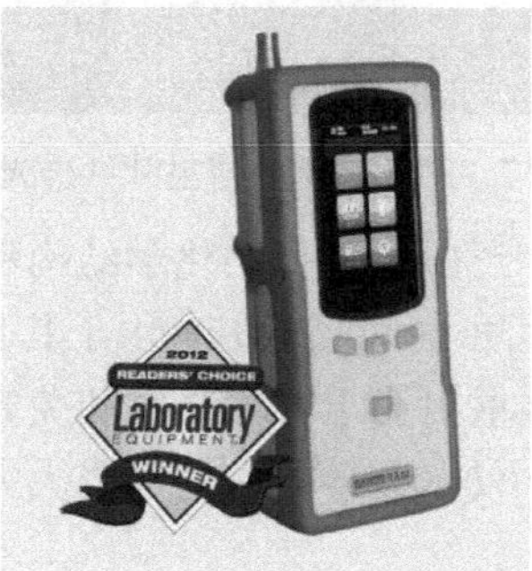

图 3.19　NanoRam TM 手持式拉曼光谱仪

光谱波长：2900～176cm^{-1}。光谱分辨率：9cm^{-1}。激发波长：785nm。激光输出功率：0～300mW，功率线性可调。工作温度：−10～40℃。尺寸：22cm×10cm×6cm。电源：外接电源，锂电池供电（工作时间 5h)。重量：<1kg。

3.2.5　核磁共振波谱仪

核磁共振波谱是将核磁共振现象应用于测定分子结构的一种谱学手段，其能够提供分子中化学官能团的数目和种类。由于各原子所处化学环境不同，各种有机物的核磁共振谱不同，通过测定 ^{1}H、^{13}C、^{19}F、^{31}P 等核的化学位移值、偶合常数等，可确定纯化合物的结构、纯度及混合物定量、有机物的分子结构与功能等。

1. 核磁共振波谱仪的组成

核磁共振波谱仪是利用不同元素原子核性质的差异分析物质的磁学式分析仪器。图 3.20 为核磁共振波谱仪原理图。

核磁共振波谱仪主要由 5 个部分组成。

磁铁：它的作用是提供一个稳定的高强度磁场，即 H_0。

扫描发生器：在一对磁极上绕制的一组磁场扫描线圈，用以产生一个附加的可变磁场，叠加在固定磁场上，使有效磁场强度可变，以实现磁场强度扫描。

射频振荡器：它提供一束固定频率的电磁辐射，用以照射样品。

吸收信号检测器和记录仪：检测器的接收线圈绕在试样管周围。当某种核的进动频率与射频频率匹配而吸收射频能量产生核磁共振时，便会产生一信号。记录仪自动描记图谱，即核磁共振波谱。

试样管：直径为数毫米的玻璃管，样品装在其中，固定在磁场中的某一确定位置。整个试样探头是迅速旋转的，以减少磁场不均匀的影响。

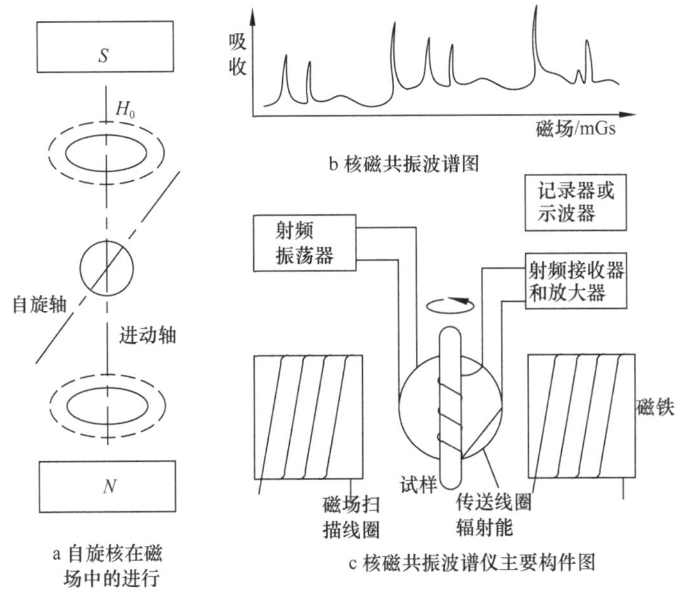

图 3.20　核磁共振波谱仪

目前核磁共振波谱仪的厂家有：德国鲁克（Bruker）公司、美国瓦里安（Varian）公司和日本电子（JEOL）公司。

2. 典型仪器型号介绍

德国 Bruker 公司生产的 AVANCE-500 型核磁共振仪，适于化学、生物、石油化工、天然产物等方面的分子结构分析、含量测定及反应机理等研究（图 3.21）。

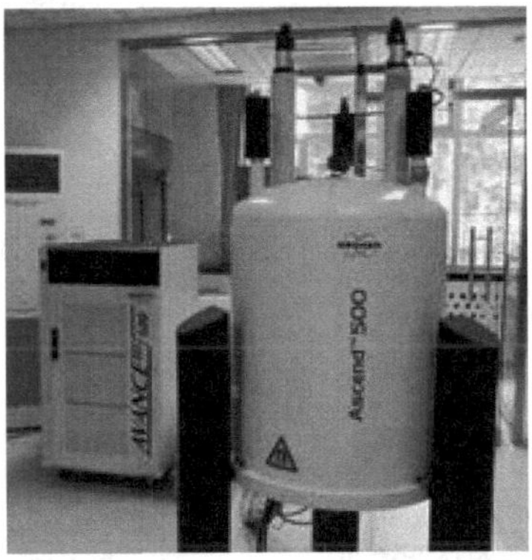

图 3.21　AVANCE-500 型核磁共振仪

该款核磁共振波谱仪采用标准腔体的抗振动超导超屏蔽磁体，拥有场强为 11.75T（500MHz）的超导磁体，配有梯度场和变温单元及 60 个样品自动进样器，可满足各种常规一维、二维和部分三维 NMR 研究及高低温实验，主要附件有 BBFO 探头、DIFF50 探头、MICRO2.5 探头（吴迪，2011）。

该仪器的主要技术参数如下。配备：梯度场和变温附件，数字控温仪，梯度场控制单元及信号处理器，Z-梯度线圈。正相宽带多核探头（BBO）^{1}H 的分辨率为 0.45Hz，^{13}C

的分辨率为 0.2Hz，变温为–150～180℃。三共振检测探头（TXO）^{13}C 的分辨率为 0.2Hz，变温为–150～150℃。三共振宽带反相探头（TXI）1H 的分辨率为 0.45Hz，变温为–150～180℃。CP/MAS 固体宽带探头变温为–50～120℃。

3.2.6 太赫兹光谱仪

太赫兹波具有广泛的应用前景，目前，国际市场上已出现商业化的 THz 光谱分析系统。代表性产品有美国 Zomega 公司的 Mini-Z 型小型化 THz 时域光谱仪、FiCO 光纤耦合式 THz 时域系统，Picometrix 公司的 T-ray 4000 系统，英国 TeraView 公司的 TPS spectra 光谱仪，德国 Toptica 公司的 TeraScan 连续波 THz 光谱分析系统和 TeraFlash 时域光谱分析平台等（赵自然和王迎新，2013）。

THz 时域光谱（THz-TDS）技术的基本原理是利用飞秒脉冲产生并探测时间分辨的 THz 电场，通过傅里叶变换获得被测物品的光谱信息，由于大分子的振动和转动能级大多在 THz 波段，生物和化学大分子是具有本身物性的物质基团，进而可以通过特征频率对物质结构、物性进行分析和鉴定。THz 波能够穿透大多数干的介电材料。

THz 时域光谱仪的原理图见图 3.22。

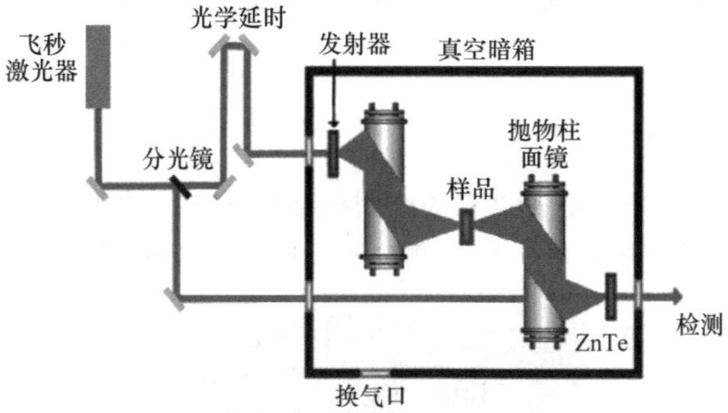

图 3.22　THz 时域光谱仪原理图

TeraSys 4000 太赫兹系统可具体应用于安全检测（爆炸物、生化试剂），物质检测（材料缺陷、有机材料）和光谱检测（药品）等（图 3.23）。

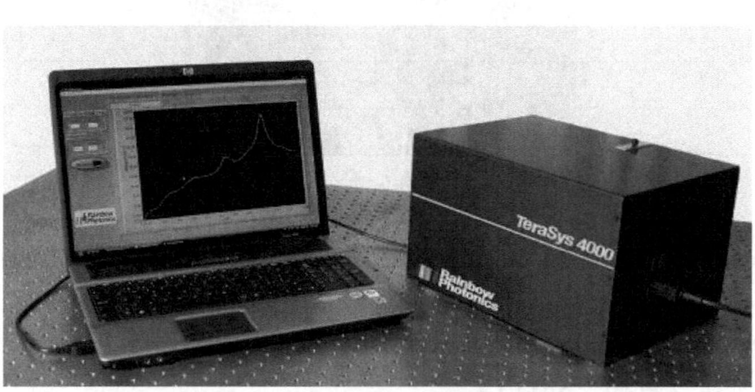

图 3.23　TeraSys 4000 太赫兹光谱仪

仪器性能参数如下。频率：0.3～4THz。光谱分辨率：<0.01THz。偏振态：>100∶1

垂直。操作温度：18～20℃。尺寸：40cm×25cm×18cm。

3.2.7　激光诱导击穿光谱仪

激光诱导击穿光谱仪（laser-induced breakdown spectroscopy，LIBS）利用脉冲激光产生的等离子体烧蚀并激发样品中的物质，并通过光谱仪获得等离子体激发的原子所发射的光谱，用来识别样品中的元素组成，进而进行样品的定性和定量分析。LIBS 被认为具有广阔的应用前景，其既可用于实验室，也可以应用于工业现场的在线检测，并且可以进行痕量检测。

浙江大学搭建的 LIBS 光谱获取系统，系统结构见图 3.24。该系统由激光器、移动平台、光谱仪、计算机等组成。

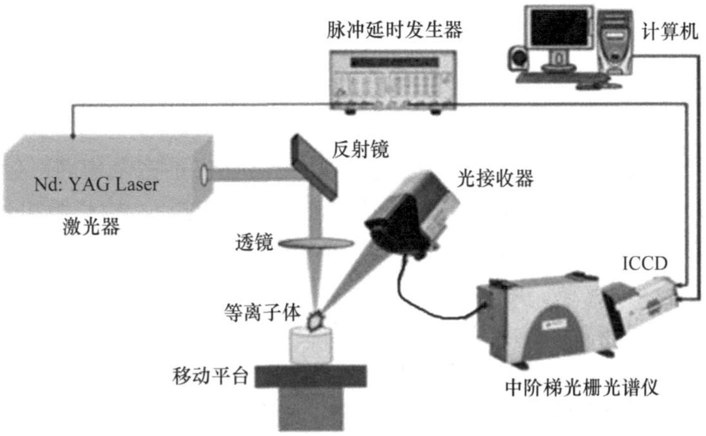

图 3.24　LIBS 光谱获取系统结构图

该系统的硬件参数如下。

激光器：双脉冲激光器，脉宽 6ns，发射角 0.7mrad，频率 1～10Hz，200mJ@532nm，300mJ@1064nm。

光谱仪：Mechelle5000 中阶梯光栅光谱仪，波长 200～970nm，分辨率 6000（0.08nm@500nm），波长精度±0.05nm，相对口径 F/7。

ICCD 探测器：DH340T-18F-03 探测器芯片分辨率 2048×512，像增强器口径 200～850nm，最短光学门宽 5ns，本研究系统中 Mechelle5000 与 ICCD 结合在一起。

延时脉冲发生器：DG535 延时脉冲发生器延时 0～1000s，延时抖动 50ps（rms），分辨率 5ps。

3.2.8　其他类型光谱仪

除上述详细介绍的光谱仪外，还有多种类型光谱仪，如 X 射线荧光光谱仪、X 射线吸收光谱仪、分子荧光光谱仪、原子荧光光谱仪、原子吸收光谱仪、原子发射光谱仪等。不同的光谱仪在不同场合发挥着不同的作用，了解光谱仪的特性有助于其更好地服务于人类的研究和生产。

3.3 光谱成像仪器

光谱成像技术将传统的光学成像和光谱方法相结合，可以同时获得样品空间各点的光谱，从而进一步得到空间各点的组成和结构信息，所获得的数据采用三维数据块来表示。两个轴表示图像的空间维度，第三个轴表示每个像素的波长或辐射强度。一般来说，光谱成像技术所探测的电磁波谱主要是紫外线、可见光到红外线部分。根据传感器光谱分辨率的不同，将成像光谱仪分为多光谱（multi-spectral）成像光谱仪（分辨率在 $10^{-1}\lambda$ 数量级范围内）、高光谱（hyper-spectral）成像光谱仪（分辨率在 $10^{-2}\lambda$ 数量级范围内）和超光谱（ultra-spectral）成像光谱仪（分辨率在 $10^{-3}\lambda$ 数量级范围内）（赵杰文等，2011）。通常情况下，食品、农产品的质量与安全检测一般采用高光谱成像技术。光谱成像的操作与光谱的操作是一样的，特别要注意的是应当尝试获得质量更好的图像。

3.3.1 基本构造

不同成像光谱仪在成像方式上有所不同，所用器件也不完全相同，但主要都由以下几个部分组成：光源、成像光学系统、分光系统（波长选择）、检测器和采集系统。

光源：波谱为紫外（200～400nm）、可见光（400～760nm）、近红外（760～2500nm）及波长大于 2500nm 的区域。

成像光学系统：将试样目标成像于其焦平面上，并通过传感器把光信号转换成电信号。

分光系统：直接决定着系统的分光性能。根据光谱测量方式的不同，分光方式有棱镜分光、光栅分光、傅里叶变换分光、AOTF 分光等形式。

检测器：如光谱仪检测器。

采集系统：将模拟信号转化成数字信号，并用计算机显示出来。

3.3.2 主要性能指标

成像光谱分辨率：指遥感器各波段光谱带宽，表示传感器对地物光谱的探测能力，包括遥感器总的探测波谱的宽度、波段数、各波段的波长范围和间隔。

空间分辨率：指遥感图像像元所对应的探测地面单元大小。像元所对应的地面范围称为瞬时视场。

辐射分辨率：指传感器接受波谱信号时能分辨的最小辐射度差。

时间分辨率：指对同一地点进行遥感采样的时间间隔（王建宇等，2011）。

3.3.3 发展趋势

目前，高光谱成像仪在自然科学的大部分领域起着主要的作用。随着面阵探测器制造技术的进一步提高，一些新型的光谱成像技术得到了应用，具有这些技术的光谱仪更具有高可靠性和稳定性的特点，并且体积小、重量轻、光谱分辨率高、实时性更好、光谱范围更宽。小型化、高光谱分辨率和高空间分辨率的成像光谱仪（崔继承等，2012）将会成为新一代光谱成像仪的代表，科学研究人员也会对此类光谱仪投入更多的关注而使其得到更广泛的应用。

3.4　典型光谱成像仪器

光谱成像仪种类繁多，光谱成像仪的典型类型包括：滤镜相机（filtered camera）、扫帚式光谱仪（push broom scanner）、积分视场光谱仪（integral field spectrograph）、光楔成像光谱仪（wedge imaging spectrometer）、傅里叶变换成像光谱仪（fourier transform imaging spectrometer）等。光谱成像仪也可按照光谱的分光方式进行分类（郑玉权和禹秉熙，2002）。

3.4.1　多光谱成像光谱仪

1. 多光谱成像光谱仪概述

多光谱成像光谱仪（也称多光谱相机）可以在可见和近红外波段使用多个不同通道来同时分别采集不同波段的图片（冯洁等，2008）。多光谱成像光谱仪获取的图像数据只有几个或几十个波段。多光谱图像可以通过在普通数码相机镜头前加对应波段的滤波片来采集，但一次只能采集一个波段的图片，且精度不高。

2. 典型多光谱成像光谱仪

MS3100 多光谱成像仪的多光谱相机是由美国 DuncanTech 公司生产的 MS3100 Duncan Camera（3CCD Camera），3CCD 多光谱成像仪的原理见图 3.25，物体反射的光线经过第一个色膜，使波长高于 630nm 的光线通过，被反射的部分经过滤光片后在 CCD 传感器上成像，得到绿光通道图像，通过部分再经过第二个色膜，使光线按频率被分成两部分，一部分在红光 CCD 传感器上成像，另一部分在近红外 CCD 传感器上成像。绿光通道的中心频率为 540nm，通道带宽 40nm 左右，红光通道的中心频率为 670nm，通道带宽 40nm 左右，近红外通道的中心频率为 800nm，通道带宽 65nm 左右（李晓丽和何勇，2009）。

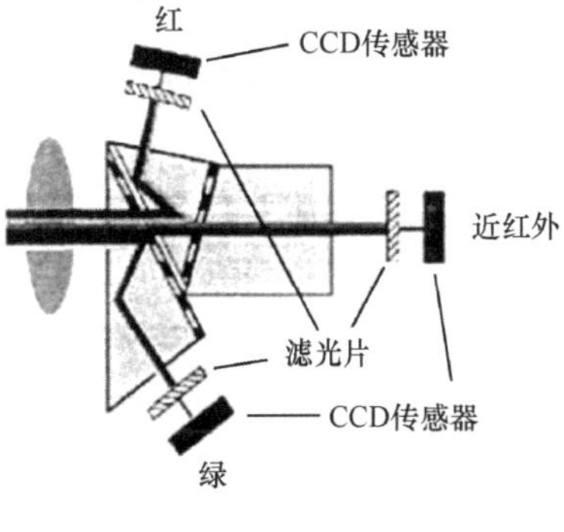

图 3.25　MS3100 多光谱成像仪原理图

MS3100 多光谱成像仪（图 3.26）主要性能参数如下。

成像装置：3 个 1/2in（英寸）[①]CCD 传感器（400～1100nm 的 3 个通道光谱波段影像）。图像分辨率：1392×1040 像素。操作温度：0～50℃。重量：1.62kg。

图 3.26　MS3100 多光谱成像仪

3.4.2　可见–近红外高光谱成像仪

随着光谱分辨率的提高，高光谱图像能够记录的农产品品质信息越来越丰富，可大大提高农产品品质检测的精度。通常，高光谱成像系统采用“扫帚式”成像方法得到高光谱图像。线列或面列探测器在光学焦面的垂直方向做横向排列以完成横向扫描，可以获取对象在条状空间中每个像素在各个波长下的图像信息。同时，在检测系统输送带前进过程中，排列的探测器就好像扫帚扫地一样扫出一条带状的轨迹从而完成纵向扫描，综合纵横扫描信息就可以得到样品的三维高光谱图像数据（刘木华等，2005；Wu and Sun，2013）。

1. 可见–近红外高光谱成像仪的组成

高光谱成像仪的通用结构见图 3.27。高光谱成像系统的硬件主要由光源、分光模组和面阵 CCD 摄像头（光谱相机）、样本移动台等部件组成。

图 3.27　高光谱仪的通用结构

（1）光源作为成像系统检测的载体。

（2）光谱相机主要是由 CCD 摄像头和图像光谱仪组成。CCD 摄像头采用线列或面列探测器作为敏感元件。工作时，图像光谱仪将检测对象反射或透射来的光分成单色光源后进入 CCD 摄像头。分光模组通过棱镜–光栅–棱镜将射到光栅上的光束按波长的不同进行色散，再经成像聚焦而形成光谱。

（3）样本移动台。

2. 典型仪器型号介绍

ImSpector 高光谱成像系统由浙江大学搭建。主要由光源、分光模组和面阵 CCD 侦测器及样本移动平台组成。其系统成像图见图 3.28。

① 1in=2.54cm

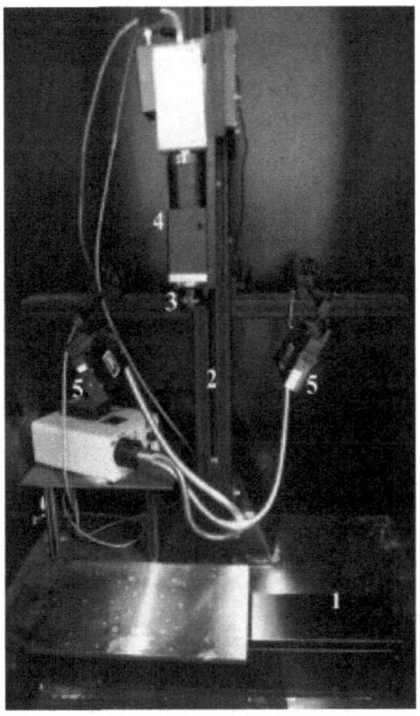

图 3.28　高光谱成像系统
1. 样本移动平台；2. 系统支架；3. 分光模组；4. CCD 相机；5. 光源系统

该系统的主要性能参数如下。

光源：150W 的光纤卤素灯，且光源强度 0～100%可调。

分光模组（光谱仪）：ImSperctor V10E 光谱为 400～1000nm：ImSperctor N17E 光谱为 900～1700nm。

电控位移台：系统采用 PSA200-11-X 作为高光谱图像采集系统的电控位移台。采用两相步进电机 TSA200-B。

ImSpector 高光谱系统的硬体除了以上描述的主要部件外，还包括 C-mount 成像镜头 OLES22（ImSpector N17E 系统）；C–mount 成像镜头 OLE23（ImSpector V10E 系统）：OBF570 滤片、校正白板等。

3.4.3　显微拉曼光谱成像仪

1. 显微拉曼光谱成像仪的组成

图 3.29 为显微拉曼光谱成像仪的主要构成。

拉曼光谱成像是基于样品的拉曼光谱生成详细的化学图像，在图像的每一个像元上，都对应采集了一条完整的拉曼光谱，然后把这些光谱集成在一起，就产生了一幅反映材料成分和结构的伪彩图像。

激光共聚焦拉曼显微成像光谱仪是一种用于实验室的固定激发波长的仪器类型。其名称较长，首先对名称进行一个简单的分析。

激光：指采用单色性好的激光作为激发光源。

共聚焦：指样品和样品的信号（探测器上的成像）在整个系统的前后两个焦点上（Rhodes，2010）。

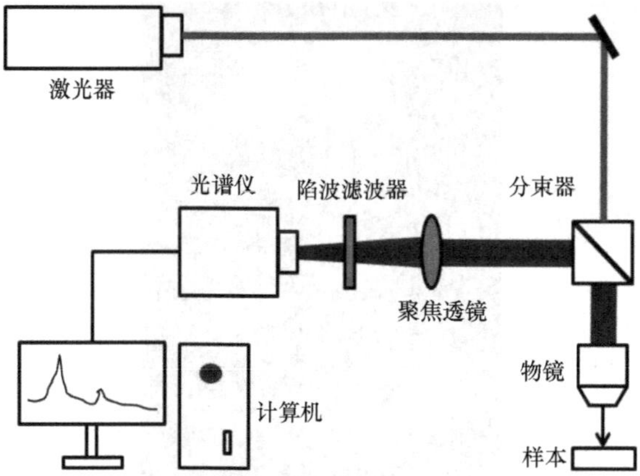

图 3.29　显微拉曼光谱成像仪结构示意图

显微：将光学显微镜用于拉曼光谱的测量，这是为了观察样品和采集信号方便，对样品的光学形貌和结构能进行原位分析。图 3.30 为共聚焦显微原理示意图。

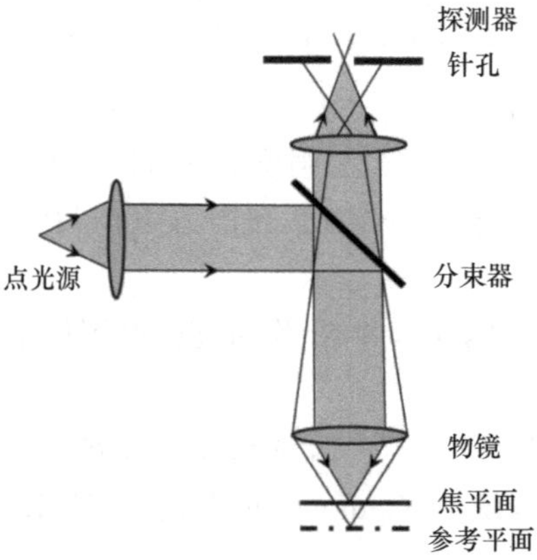

图 3.30　共聚焦显微原理示意图

成像：采用 CCD 进行信号的接收和处理，速度快，可以直接用 CCD 对样品的结构进行成像或者通过对样品的逐点扫描后经过软件分析对样品的成分分布进行成像。

2. 典型仪器型号介绍

InVia Reflex 显微拉曼成像光谱仪具有高空间分辨能力，可对样本进行逐点扫描成像(图 3.31)。

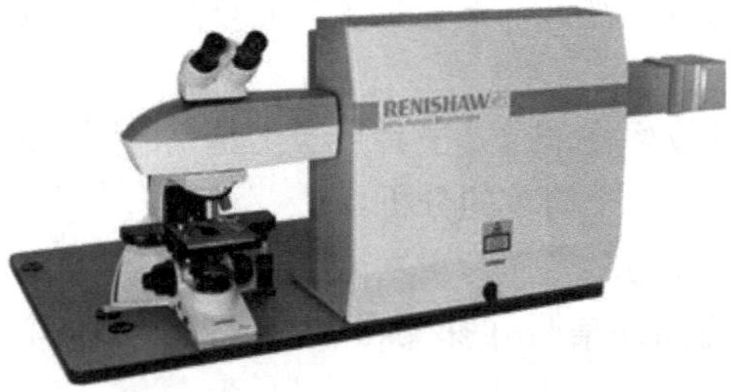

图 3.31　InVia Reflex 显微拉曼成像光谱仪

该仪器的基本性能指标如下。

光谱：200～1000nm。光谱分辨率：$1cm^{-1}$。空间分辨率：0.5μm（横向）×2μm（纵向）。低波数：$200cm^{-1}$、$100cm^{-1}$、$10cm^{-1}$。可选激光器：紫外到近红外，10 多种波段可选。

3.4.4　红外热成像仪

1. 红外热成像仪的工作原理

红外热成像仪是利用红外探测器和光学成像物镜接受被测目标红外辐射能量的分布图形反映到红外探测器的光敏元件上，从而获得红外图像。任何高于热力学温度（–273℃）的物体都会发射红外辐射。红外辐射的波长为 0.75～1000μm。红外热成像仪形成可见的热图像的同时能够提供视场内任意一点温度，并通过相应的分析软件可以得出温度分布直方图等信息来理解和识别被检测对象，能帮助人们探测肉眼观察不到的事物，从另一种角度来观察人们所熟悉的事物（冯雷等，2013）。

从不同的角度出发，红外热成像仪有不同的种类。表 3.13 总结了主要红外热成像仪的不同类型。

表 3.13　红外热成像仪分类

分类标准	分类类型
红外辐射与探测器的作用方式	光子型探测器
	热探测器
工作温度	制冷型探测器
	非制冷型探测器
敏感元的数量	单元探测器
	线列探测器
	焦平面探测器
相应波长	短波红外探测器
	中波红外探测器
	长波红外探测器
工作场所	手持式
	在线式

2. 典型仪器型号介绍

美国菲利尔 E30 红外热成像仪体积轻巧，可以提供非接触温度测量，进行故障快速检测（图 3.32）。

其性能指标如下。

红外图像分辨率：160×120。视场角/最小焦距：25°×19°/ 0.4m。温度：–20~350℃。热灵敏度：<0.10℃。精度：±2℃或读数±2%。电池：锂电池，工作时间为 4h。重量：0.825kg。

图 3.32　美国菲利尔 E30 红外热成像仪

3.4.5　核磁共振成像仪

核磁共振成像（magnetic resonance imaging，MRI）作为一种非接触式无损伤层析技术，能实现沿轴向（或横向）、矢状面和冠状面断层序列图像的获取，而且可以控制切片的层厚及两个切片之间的间距，利用 MRI 快速无损获取农产品断层切片图像，可以实现农产品几何模型的构建（张建锋等，2012a；张建锋等，2012b）。

1. 核磁共振成像仪的组成

核磁共振成像是利用一定频率的射频信号在一外加静磁场内，对试样的平面产生高质量的切面成像。核磁共振成像系统是根据核磁共振基本原理结合计算机断层图像重建原理而开发的一种影像诊断设备，也称为核磁共振断层扫描（NMR-CT）装置。核磁共振成像系统一般分为磁体系统、射频系统、梯度场系统、扫描控制系统、计算机图像重建系统等。

MRI 主要由磁铁系统、射频系统和计算机图像重建系统等组成。

磁铁系统：由静磁场和梯度场组成。静磁场又称主磁场。梯度场用来产生并控制磁场中的梯度，已实现 NMR 信号的空间编码。

射频系统：由射频（RF）发生器和射频接收器组成。射频发生器产生短而强的射频场，以脉冲方式加到样品上，使样品中的氢核产生 NMR 现象。射频接收器接收 NMR 信号，放大后进入图像处理系统。

计算机图像重建系统：由射频接收器送来的信号经 A/D 转换器，把模拟信号转换成数字信号，根据观察层面各体素的对应关系，经计算机处理，得出层面图像数据，再经 D/A 转换器，加到图像显示器上，按 NMR 的大小，用不同的灰度等级显示出欲观察层面的图像。

核磁共振按照不同的标准有不同的分类方法，表 3.14 所示为核磁共振成像仪的分类。

2. 典型仪器型号介绍

美国 GE 公司生产的 Signa HDx 3.0T 核磁共振成像仪具有扫描速度快、图像清晰度好、扫描层薄的特点其外形如图 3-33 所示。

3.0T 核磁共振成像仪在成像质量方面比普通的核磁清晰 3~4 倍，而且该设备分辨率极高。指标参数如下：视场：1～40cm。扫描层厚度：2D 为 0.5nm；3D 为 0.1nm。

表 3.14　核磁共振成像仪分类

分类标准	分类类型	特点
场强大小	高场核磁共振	场强高于 1.0T
	中场核磁共振	场强高于 0.5T，低于 1.0T
	低场核磁共振	场强低于 0.5T
成像范围	实验室核磁共振	
	局部专用核磁共振	
	整体核磁共振	
磁体类型	永磁型核磁共振	由多块永磁材料堆组成，维护费用简单，热稳定差
	常导型核磁共振	由线圈组成，重量轻，检测方便，对电源要求高
	超导型核磁共振	十分稳定，图像信噪比高
	混合型核磁共振	

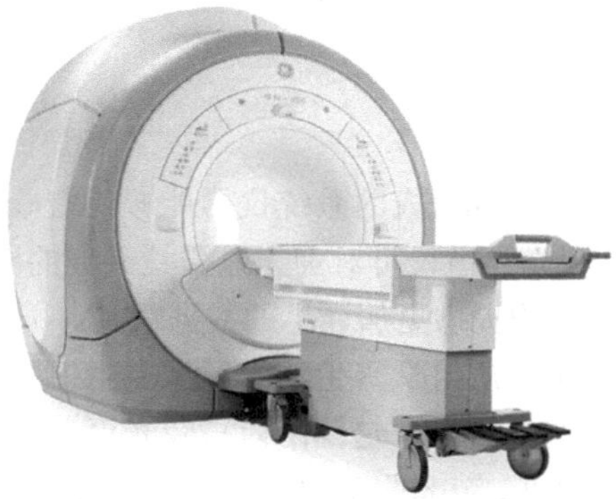

图 3.33　Signa HDx 3.0T 超导型核磁共振成像仪

图像像素：1024×1024。体积：240cm×2216.6cm×201.6cm。重量：12 000kg。

3.4.6　X 射线成像光谱仪

数字 X 光机是计算机数字图像处理技术与 X 射线放射技术相结合而形成的一种先进的 X 线摄影技术，它在原有的诊断 X 线机直接胶片成像的基础上，通过 A/D 转换和 D/A 转换，进行实时图像数字处理，进而使图像实现了数字化。DR 直接数字化 X 射线摄影系统具有图像质量清晰、成像速度快，以及辐射量小于传统 X 射线机等优点。

美诺瓦世达瑞（Staray）系列数字 X 光机，主要包括 5000U、5000UE、3000I、3000Plus、2000I、Plus 等型号。一般的 X 射线成像仪用于医学方面，在农业生产研究中，研究人员自行搭建的 X 射线成像系统也起到了满意的使用效果。

X 射线成像检测装置主要由 X 射线发射器、X 射线检测器、图像采集卡、计算机、传送带、防护装置等组成（图 3.34）（蔡健荣等，2012）。

其主要硬件参数如下。

X 射线发生器：T80-1-60 型（输入电压 AC220V，50Hz；X 射线管电压 30～80kV；X 射线出射角 60°）。

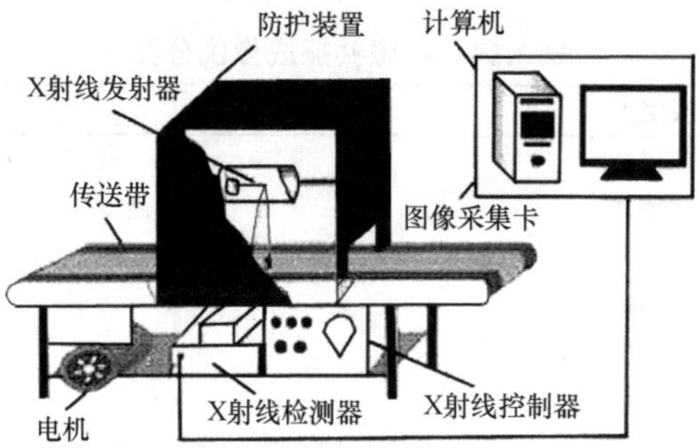

图 3.34　X 射线成像检测装置示意图

探测器：X-Scan 0.4 F2-307 型阵列探测器（像素宽度 0.4mm，像素数 768 个，感光区总长 307mm）。

传输装置：自制，传输速度 0.1～0.8m/s。

3.4.7　荧光成像光谱仪

荧光显微镜与荧光光谱仪联合而成的系统仪器能够获取显微荧光成像及微区荧光强度、荧光寿命的测定信息。荧光光谱仪可对荧光显微镜采集的图像进行荧光强度的测量，为全面分析和研究细胞内部结构提供更加详尽的数据信息。

荧光成像在基因组学和蛋白质组学等生物学领域应用中具有独特的优势。荧光物质被激发后所发射的荧光信号的强度在一定范围内与荧光素存在线性关系。荧光成像系统主要包括激发源、激光传输组件、荧光收集组、发射滤镜和信号检测放大组件（图 3.35）。

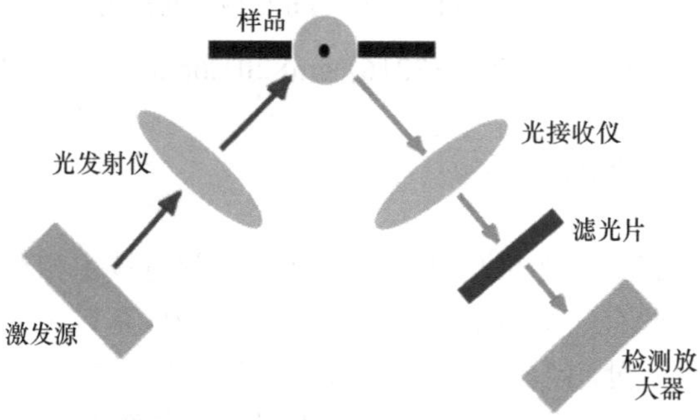

图 3.35　荧光成像系统的基本光学组件和工作原理示意图

现有的激发源主要有两大类：宽波长和单波长非连续光源。激光传输组件可将所需波长的光线导向样品，从而保证激发光的单一性。荧光收集组件（包括透镜、反射镜和滤镜等）负责拟合不同波长的发射光，保证线性关系和透过性。发射光过滤组件通过滤镜起到收集和过滤信号的作用。为了检测荧光光能信号并将其放大，转化成电信号从而进行定量分析，一般选择光电倍增管（PMT）、电荷耦联器件（CCD）。

FluorCam 便携式 GFP/Chl.荧光成像系统不仅可用于叶绿素荧光成像，还可进行植物、动物或其他组织器官及菌落等绿色荧光蛋白（GFP）分布异质性成像分析研究。其由四组发光二极管提供测量光，CCD 摄像头用于探测荧光信号并成像（图 3.36）。

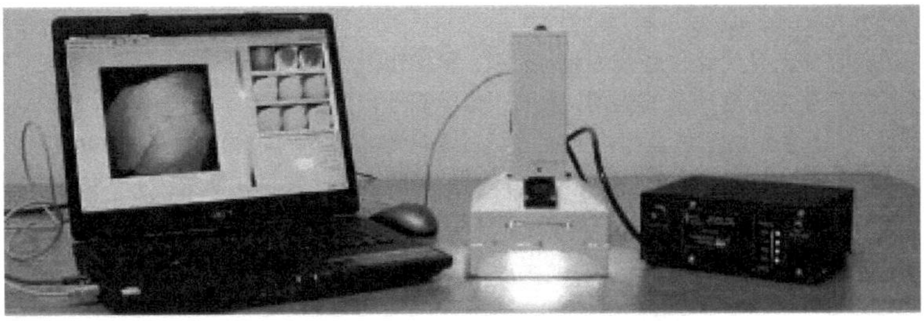

图 3.36　FluorCam 便携式 GFP/Chl.荧光成像系统

该仪器的技术参数如下。

实验测量程序：稳态荧光成像如 GFP 荧光成像、叶绿素 Fv/Fm、叶绿素 Kautsky 诱导效应、叶绿素荧光淬灭分析等。

CCD 镜头：640×480（最小）~1392×1040（最大）像素。饱和闪光：455nm 蓝光，光强可达 1000μmol(photons)/(m^2·s)。光化学光：455nm 蓝光，光强可达 350μmol(photons)/(m^2·s)。红外光源波长：735nm(由 4 个高强度 LED 组成)。CCD 检测器带宽：400~1000nm。尺寸：21.5cm×13.5cm×13.5cm。重量：1.8kg（主机）。

3.4.8　其他成像仪

超光谱成像仪：超光谱成像仪具有“图谱合一”的宽谱段（0.45～0.95mm）和精细光谱（5nm）的探测能力。每个像元的超光谱图（光谱曲线）、每一个谱段的准单色图像与最终合成的真彩色图像可以对地物外形相似而质地不同的目标、个体极小而集群的目标及有明显特征光谱的目标进行精细分辨，在科学研究与应用中具有同等重要的价值。

THz 成像技术：利用 THz 射线照射被测物，通过物品的透射或反射获得样品的信息，进而成像。THz 成像技术可以分为脉冲和连续两种方式。前者具有 THz 时域光谱技术的特点。同时它可以对物质基团进行功能成像，获得物质内部的折射率分布。

3.5　小　结

本章主要总结了农业中常用的分子光谱分析仪器，简要介绍了光谱仪器的基本构造及生产厂家，主要对光谱仪的分类进行了阐述，并详细列举了常见的典型仪器。结合目前光谱/光谱成像分析仪的应用情况对其发展趋势进行了展望。

参 考 文 献

蔡健荣, 刘兵, 李永平, 等. 2012. X 射线成像技术判别蚕茧性别. 农业工程学报, 28(8): 275-279.
褚小立. 2011. 化学计量学方法与分子光谱分析技术. 北京: 化学工业出版社.
崔继承, 刘玉娟, 潘明忠, 等. 2012. 成像光谱仪一体化设计. 光谱学与光谱分析, 32(3): 839-843.
杜朋朋. 2014. 小麦叶片光学特性的获取与建模分析. 杭州: 浙江大学: 硕士研究生学位论文.
冯洁, 廖宁放, 赵波, 等. 2008. 多光谱成像技术诊断植物病虫害的人工神经网络模型. 光学技术, 34(5): 717-720.
冯雷, 高吉兴, 何勇, 等. 2013. 波谱成像技术在作物病害信息早期检测中的研究进展. 农业机械学报, 44(9):

169-173.
李昌厚. 2006. 原子吸收分光光度计仪器及应用. 北京: 科学出版社.
李昌厚. 2010. 紫外可见分光光度计及其应用. 北京: 化学工业出版社.
李晓丽, 何勇. 2009. 基于多光谱图像及组合特征分析的茶叶等级区分. 农业机械学报, 9(增刊): 113-118.
梁留锁, 马旭, 乔欣. 2010. 大豆叶片氮素含量检测技术的试验研究. 农机化研究, 11: 150-153.
刘崇华, 黄宗平. 2010. 光谱分析仪器使用与维护. 北京: 化学工业出版社.
刘飞. 2011. 基于光谱和多光谱成像技术的油菜生命信息快速无损检测机理和方法研究. 杭州: 浙江大学: 博士研究生学位论文.
刘木华, 赵杰文, 郑建鸿, 等. 2005. 农畜产品品质无损检测中高光谱图像技术的应用进展. 农业机械学报, 36(9): 139-143.
陆婉珍, 袁洪福, 褚小立. 2010. 近红外光谱仪器. 北京: 化学工业出版社.
王建宇, 舒嵘, 刘银年, 等. 2011. 成像光谱技术导论. 北京: 科学出版社.
吴迪. 2011. 微藻综合品质信息快速无损获取技术和方法研究. 杭州: 浙江大学: 博士研究生学位论文.
于新洋, 卢启鹏, 高洪智, 等. 2013. 便携式近红外光谱仪器现状及展望. 光谱学与光谱分析, 33(11): 2983-2988.
张建锋, 何勇, 王南飞, 等. 2012a. 基于核磁共振成像的农产品几何模型重构. 农业工程学报, 28(21): 215-220.
张建锋, 吴迪, 龚向阳, 等. 2012b. 基于核磁共振成像技术的作物根系无损检测. 农业工程学报, 28(8): 181-185.
张俊华, 张佳宝. 2014. 长期定位施肥条件下作物光谱特征及养分吸收量预测. 农业工程学报, 30(7): 173-181.
张琳, 周金池. 2010. 近红外光谱仪主要性能指标及研究进展. 分析仪器, 5: 1-5.
赵刚, 林菊平, 贺廿六, 等. 2008. 便携式激光生化探测仪. 光学技术, 34(增刊): 163-166.
赵杰文, 陈全胜, 林颢. 2011. 现代成像技术及其在食品、农产品检测中的应用. 北京: 机械工业出版社.
赵秀琴. 2012. 中红外光谱分析技术及研究进展. 安庆师范学院学报(自然科学版), 18(4): 94-97.
赵自然, 王迎新. 2013. 便携式太赫兹时域光谱仪的研制. 太赫兹科学与电子信息学报, 11(1): 57-61.
郑玉权, 禹秉熙. 2002. 成像光谱仪分光技术概览. 遥感学报, 6(1): 75-80.
邹文龙, 蔡志坚, 吴建宏. 2011. 便携式拉曼光谱仪发展综述. 光学仪器, 33(6): 86-89.
Doraiswamy P C, Hatfield J L, Jackson T J, et al. 2004. Crop condition and yield simulation using landsat and MODIS. Remote Sensing of Environment, 92: 548-559.
Rhodes W T. 2010. Confocal Raman Microscopy. New York: Springer.
Wang H Y, Zhang W, Dong A. 2013. Measurement and modeling of bidirectional reflectance distribution function(BRDF)on material surface. Measurement, 46: 3654-3661.
Wu D, Sun D W. 2013. Advanced application of hyperspectral imaging technology for food quality and safety analysis and assessment: a review-part I: fundamentals. Innovative Food Science and Emerging Technologies, 19: 1-4.
Zhu Y, Yao X, Tian Y C, et al. 2008. Analysis of common canopy vegetation indices for indicating leaf nitrogen accumulation in wheat and rice. International Journal of Applied Earth Observation and Geoinformation, 10: 1-10.

方 法 篇

第4章　数据分析基础

4.1　概　　述

随着与现代仪器发展紧密相关的电子、机械、控制、制造技术的发展，现代分析仪器能快速准确地对测试样本进行分析，提供与样本有关的大量测量数据，大大提高测量效率。对测量数据的定性和定量分析，都能从测量数据中提取有用信息，揭示测量数据的内部信息。定性分析只能获得比较粗糙的结果，通过经验、知识研究样本的性质，无法对研究对象的指标进行比较精确的数值化分析及预测，而仅对大量的数据进行定性分析，不对数据进行深入挖掘，无法充分地获取内在的有效信息，造成大量有效信息被浪费；定量分析通过数学统计建立数学模型，进行数据挖掘，以数值量化样本性质，对研究样本的各项指标进行分析，并可以基于已有的模型对未知预测样本进行分析预测，得出预测样本指标的数值化分析。

对于光谱与光谱成像技术，仅根据光谱和图像信息进行定性分析是远远不够的，需要对研究对象的内、外部品质信息进行定量检测。在实际检测中，如对于肉制品的品质而言，光谱和图像的定性分析，只能得到一些最基本的信息如颜色是否正常、形状是否规则、包含物质和元素的种类等，但是无法知道具体的颜色变量、物质含量，以及肉的硬度、脂肪、蛋白质含量等各方面的信息。因此，应对光谱与图像进行定量分析，建立数学模型，对未知的研究对象进行较为精确的预测。

仪器测量数据，包含了不同原因造成的噪声、各种原因产生的异常样本、由于仪器的不同引起的差异等，以及数据中的冗余信息和共线性问题，都影响数据分析的结果，因此，对数据进行处理是十分必要的。而定量分析中的数学模型，不论是回归模型还是判别分析模型，都要求模型尽可能稳定，模型效果尽可能好，同时需要选择合适的建模方法。

4.2　化学计量学

4.2.1　定义

化学测量是现代社会进行决策分析的基础之一（Vandeginste et al.，1998；Otto，1999；Gemperline，2006；Adams，2004；许禄和邵学广，2004）。有效的化学测量能够为决策分析提供准确的决策信息。化学特性、物理特性和统计特性等三个特性是人们在化学测量过程中进行决策分析的基本依据，这三种特性能够提供全面可靠的信息（Gemperline，2006）。

随着电子技术、计算机技术和仪器制造技术的发展，现代分析仪器能快速准确地对测试样本进行分析，提供与样本有关的大量测量数据。对大量测量数据进行处理和解析，有助于得到准确的实验设计并优化实验方案，最大限度地获取测量样本成分、结构、含量等信息，而如何有效地对数据的统计特性进行处理和分析，则是化学分析中的主要研究内容之一。化学计量学的产生和发展为处理和分析化学测量数据统计特性提供了理论和技术支持。

化学计量学（chemometrics）是数学、统计学、计算机科学与化学等学科相互交叉而形成的学科，结合数学、统计学方法，基于计算机科学技术对化学实验与数据进行分析处理。化学计量学的定义有多种描述，但其核心本质和目的都十分明确：①有效结合数学、统计学与计算机技术等进行数据建模、校正和统计分析；②设计和选择优化化学实验；③对化学实验数据处理和解析，最大限度地获取物质的化学成分、结构、含量等信息。

化学计量学的最终目的是应用于实际产品生产，采用化学计量学方法，获取产品生产过程中的有效信息，为优化、改善、监控生产过程，提高产品的质量提供有效的技术支持。

4.2.2　发展历史

化学计量学的历史可追溯到 1908 年，那时 Gossett 就已经对化学数据处理进行了研究。随着主成分分析、因子分析、相关分析等经典的数学和统计学方法的提出和发展，在 20 世纪 20 年代，一些经济学家将这些方法引入经济现象的研究和分析中，并在经济走势、股票价位等方面采用主成分分析、因子分析等方法进行分析，取得了巨大的成功。之后化学家借鉴经济计量学，将计量学方法与化学数据分析结合，对化学数据进行分析、处理，最大限度地获取化学及相关信息。20 世纪 60 年代，Wold 提出了偏最小二乘法，并将偏最小二乘法用于经济学数据处理，Kowalski 和 Isenhaur 在 1969 年采用数理统计方法进行了低分辨率质谱分析，受到广泛的关注和借鉴。Wold 在 20 世纪 70 年代初提出了化学计量学的概念，并发表了相关的论文，奠定了化学计量学的基础。1974 年，国际化学计量学学会成立。随着计算机逐渐普及、化学分析仪器的发展及相关数理统计方法的发展，化学计量学开始兴起。在 20 世纪 80 年代，新的多元数据分析方法和化学模式识别方法的发展，以及仪器制造、计算机技术的发展，促使化学计量学得到了长足的发展。1983 年，Wold 将偏最小二乘法引入化学计量学，在化学计量学发展史上具有里程碑意义。20 世纪 90 年代，化学计量学开始结合化学分析进入实际应用阶段。化学计量学被用于实时地监控、检测、优化生产过程和提高产品质量与产量。且机器学习的新方法也开始被应用于化学计量学方法的研究和应用中，并取得了较好的效果，为解决问题提供了新的方法。

4.2.3　主要内容

化学计量学以解决化学测量过程中的问题及实验结果分析为目的，两者相辅相成。对实验结果的分析，有助于优化化学测量过程；而对化学测量过程的分析控制，则有助于得到好的实验结果。在化学计量学产生之前，受限于测试技术水平及数据处理能力，以定性分析为主，实验中大量的实验数据被浪费掉，无法准确地优化实验设计，提取更多有用的化学信息。化学计量学的研究内容贯穿于化学测量的整个过程，包括实验设计、实验测量、实验数据分析处理、模式识别、回归分析、人工智能、机器学习与专家系统，以及对各个部分的优化（史永刚等，2010）。

4.2.4　在光谱分析中的应用

光谱分析作为化学分析的重要方面，采用化学计量学方法对光谱数据的定性和定量分析在多数情况下是必需的，且化学计量学方法建立的判别或回归模型是工业化应用的基础。光谱反映的是官能团原子间振动的信息。通过特征谱线的分析，就可以知道研究对象含有的官能团及对应的分子或物质信息。朗伯–比尔定律是定量分析的依据，考虑的是研究对象物质浓度与对单色光吸光度的线性关系。而实际应用中，物质的含量都很复杂，光谱与浓度之间的关系更为复杂，传统的单波段光谱已不能获得充分的物质信息，无法得到满意的结果，需要采用多波段的光谱进行分析，而多元校正或模式识别方法则能对多波段光谱信息进行分析和处理。

光谱分析中化学计量学方法应用到了各个方面。严格地说，光谱分析结合化学计量学方法是一种间接的方法，需要利用已知样本建立校正模型去预测未知样本，对多元校正而言，需要已知校正集样本对应组分的含量或浓度信息（由其他已被接受的标准测量方法测定），然后建立校正模型；而对模式识别而言，需要考虑有监督和无监督判别分析方法，利用对应的光谱建立识别模型。对未知样本，无论是检测其组分的含量或浓度信息还是判断类别归属，需要利用已知样本建立的多元校正模型或模式识别模型，结合未知样本的光谱进行预测与判别。一般而言，为了建立稳健、精确、可靠性高、具代表性的校正模型或模式识别模型，对光谱仪的性能要求较高，所选择的样本必须是有足够代表性的，同时需要考虑样本光谱采集条件的影响。化学计量学方法的选择也至关重要，包括选择合适的光谱范围、光谱预处理方法、异常样本剔除方法、多元校正及模式识别方法、特征波长选择方法、光谱数据压缩方法等并防止出现过拟合和欠拟合的问题。

光谱分析技术结合化学计量学方法一般被认为具有快速、无损、低成本、操作简单、环境友好等优点，缺点也相当明显，包括校正与模式识别模型的适用范围及扩展维护的限制，对光谱仪的稳定和可靠性的要求高等。

目前，光谱分析技术结合化学计量学方法的优势在于光谱仪的硬件制造技术已经成熟，部分已经进行了工业应用。而光谱采集与分析软件则作为仪器的配套部分，可用于对光谱数据进行直接采集和化学计量学分析。而化学计量学的方法及建立的模型也可以集成到分析软件中，因此，光谱分析技术结合化学计量学方法，使硬件、软件、方法、模型可以有机结合，实现光谱分析技术的工业化在线应用。

4.3　数理统计基础

数理统计是化学计量学的基础，通过对实验数据的统计分析，得到具有统计学意义的结论。数理统计分析的目的是为了有效提取物质相关的物理和化学信息，是解决化学测量与数据处理问题的重要工具（Meloun and Militky，2011；Ott and Longnecker，2008；Hair et al.，2006；杨洪礼等，2007；魏季瑄，1991）。

4.3.1　误差分析

误差是化学测量中客观存在、不可避免的，误差表示的是测量值与实际值的偏差，代表测量值的不确定度。造成化学测量误差的原因很多，基本来源有样本（纯度、是否污染等）、仪器（自身偏差、稳定性等）、测量环境（如温度、水分等）、人为因素（如仪器操作和样本准备等）及最后数据处理时的计算误差等。误差的类型包括以下几个方面。①绝对误差：测量值与实际值之差为绝对误差。②相对误差：绝对误差与实际值的比值为相对误差。③系统误差：系统误差是由仪器、测量方法等引起的误差，是理论上可以消除的误差。④随机误差：随机误差是随机产生的不可预计也不可消除的误差，服从“正态分布”。随机误差是变化的，且随机误差的平均值会随着测量次数的增加而趋近于 0。

化学测量中，误差是可传递和累计的，实际值一般未知，利用参考方法或标准方法测量得到的结果也是与实际值有差异的。因此，一般采用多次测量求平均值的方法来减少测量误差带来的影响。

4.3.2　均值与方差

均值是对样本进行无限次测定得到的测量值的平均值，实际应用中常以一定次数的测量结果的平均值作为均值。理论上样本的测量均值是无限接近实际值的（误差最小的情况下），均值一般由公式（4.1）计算得出：

$$M = \frac{x_1 + x_2 + x_3 + x_i \ldots + x_N}{N} \tag{4.1}$$

式中，N 为样本数；x_i 为对应的第 i 个样本。

标准偏差是表征样本数据离散程度的统计量，用来衡量样本数据偏离样本平均值的程度，标准偏差值越小，则样本数据越接近平均值 $\overline{x}$。标准偏差一般与其他评价指标配合使用。标准偏差的计算见公式（4.2）：

$$S = \sqrt{\frac{1}{N-1}\sum_{i=1}^{N}(x_i - \overline{x})^2} \tag{4.2}$$

式中，N 为样本数；x_i 为对应的每个样本。方差同样也是描述数据离散程度的指标，表示其与数据平均值的距离。方差的算术平方根为标准偏差。

相对标准偏差是标准偏差与平均值的比值，通常用来表示分析测试结果的精密度。

4.3.3　统计分布

1. 正态分布

正态分布（normal distribution）又称高斯分布（Gaussian distribution），是统计学中

应用广泛的概率分布。

若随机变量 X 服从一个数学期望为 μ、方差为 σ^2 的高斯分布，记为 $X\sim N(\mu,\sigma^2)$，其中 μ 和 σ（$\sigma>0$）都是常数。则随机变量 X 的概率密度为

$$f(x)=\frac{1}{\sqrt{2\pi}\sigma}e^{-\frac{(x-\mu)^2}{2\sigma^2}},-\infty<x<+\infty \tag{4.3}$$

正态分布的期望值决定了正态分布的中心位置，其标准差决定了正态曲线的陡峭或扁平程度，即正态曲线的分布。正态分布曲线的分布函数为

$$F(x)=\frac{1}{\sqrt{2\pi}\sigma}\int_{-\infty}^{x}e^{-\frac{(t-\mu)^2}{2\sigma^2}}dt,-\infty<x<+\infty \tag{4.4}$$

当 $\mu=0$，$\sigma^2=1$ 时，称为标准正态分布，标准正态分布的概率密度函数为

$$\phi(x)=\frac{1}{\sqrt{2\pi}}e^{-\frac{x^2}{2}} \tag{4.5}$$

其分布函数为

$$\Phi(x)=\frac{1}{\sqrt{2\pi}}\int_{-\infty}^{x}e^{-\frac{t^2}{2}}dt \tag{4.6}$$

2. 卡方分布（χ^2）

若 X_1，X_2，…，X_N 是 N 个服从标准正态分布的随机变量，则随机变量 $X=X_1^2+X_2^2+\cdots+X_N^2$ 所服从的分布称为自由度为 N 的 χ^2 分布，记作 $X\sim\chi^2(N)$。

χ^2 分布的主要特点之一是可加和性，对于两个分别服从自由度为 k、p 的 χ^2 分布的随机变量 Q、Y（Q、Y 相互独立），分别记作 $Q\sim\chi^2(k)$，$Y\sim\chi^2(p)$，则：

$$Q+Y\sim\chi^2(k+p) \tag{4.7}$$

3. t 分布

若随机变量 X 服从标准正态分布，即 $X\sim N(0,1)$，另一与之相互独立的随机变量 Y 服从自由度为 N 的 χ^2 分布，即 $Y\sim\chi^2(N)$，则对于 $t=\frac{X}{\sqrt{Y/N}}$，其分布称为自由度为 N 的 t 分布，记作 $t\sim t(N)$。t 分布是总体均数的区间估计和假设检验的理论基础。

4. F 分布

若相互独立的随机变量 X 与 Y 分别服从自由度为 k、p 的 χ^2 分布，即 $X\sim\chi^2(k)$，$Y\sim\chi^2(p)$，则对于 $F=(\frac{X}{k})/(\frac{Y}{p})$，则称其服从第一自由度为 k、第二自由度为 p 的 F 分布，记作 $F\sim F(k,p)$。

5. 均匀分布

对连续随机变量 X，如果其概率密度为

$$f(x)=\begin{cases}\dfrac{1}{b-a},a<x<b\\0,\text{其他}\end{cases}\tag{4.8}$$

则称 X 在区间（a，b）上服从均匀分布，记为 $X\sim U$（a，b）。其中 $\int_{-\infty}^{+\infty}f(x)\mathrm{d}x=1$，分布函数为

$$F(x)=\begin{cases}0,x<a\\(x-a)/(b-a),a\leqslant x<b\\1,x\geqslant b\end{cases}\tag{4.9}$$

其期望 $E(X)=\dfrac{a+b}{2}$，方差 $S(X)=\dfrac{(b-a)^2}{12}$。

4.3.4 置信区间

置信区间（confidence interval）是由样本统计量所构造的总体参数的估计区间。在统计学中，一个概率样本的置信区间是指在一定的置信水平（概率）下，真值的取值范围。置信区间表示的是被测量参数的测量值的可信程度，满足一定的概率（置信水平）。置信水平一般用百分比表示，如95%置信区间表示置信水平 0.95 上的置信空间。对给定样本量，置信水平越高，所对应的置信区间就越大。

4.3.5 显著性检验

显著性检验（significance test）通过先对随机变量的参数或总体分布形式做出一个假设，然后判断总体的真实情况与原假设是否有显著性差异，基于“小概率事件实际不可能性原理”来决定对假设接受或拒绝。

显著性检验与小概率相关，允许的小概率的标准在显著性检验中称为显著性水平。α 反映的是显著差异的程度，一般把 α 小于 0.05 的情况认为是显著，把 α 小于 0.01 的情况认为是极显著。

在化学分析中，显著性检验主要用于不同样本之间是否有显著性差异或模型结果是否显著。如通过对不同产地的样本基于理化品质参数进行显著性分析，若结果显著则表明不同产地的样本是有显著性差异的，可以用于产地识别研究及理化品质预测研究；若不显著，说明不同产地样本之间没有显著性差异，产地可识别性存疑，需要作进一步研究。

1. t 检验

t 检验（student's t test）利用 t 分布理论比较两个数（平均值与标准值，平均值与平均值）的差异是否显著。

t 检验包括单变量 t 检验、双变量 t 检验等，根据具体的情况选择合适的 t 检验方式。

2. χ^2 检验

χ^2 检验（卡方检验）是以 χ^2 分布为基础的假设检验方法。卡方检验的根本思想就是比较理论比例分布和实际比例分布的吻合程度或拟合优度问题。

3. F 检验

F 检验，又称为方差齐次检验，用于样本方差的显著性检验，判断方差是否相等。F 检验对正态性样本的效果较好，而对非正态性样本的检验效果则大打折扣。一般而言，F 检验与 t 检验联系较为紧密，一般先对样本进行 F 检验以判断方法是否有显著性的差异，然后进行 t 检验。

4.3.6　模型评价

无论是回归分析模型还是判别分析模型，对模型效果分析，如建模效果、验证效果与预测效果，都需要采用合适的评价参数来评价模型的好坏及稳健性。评价参数分别基于回归分析模型和判别分析模型而不同，下面分别进行介绍。

1. 回归分析模型评价

1）相关系数

在回归预测模型中，预测值与实际值之间的相关系数（correlation coefficient，r）是评价模型预测效果的主要指标之一。相关系数值越大越好，表明预测值与实际值之间越接近。

$$r=\frac{\sum_{i=1}^{N}(x_i-\overline{x})(y_i-\overline{y})}{\sqrt{\sum_{i=1}^{N}(x_i-\overline{x})^2}\cdot\sqrt{\sum_{i=1}^{N}(y_i-\overline{y})^2}} \tag{4.10}$$

式中，x、y 是两个变量；$\overline{x}$，$\overline{y}$ 是两个变量 x，y 的相应平均值；N 为样本数。

在光谱分析中，相关系数不仅用于评价样本预测值与实际值之间的相关性从而判断预测模型的效果，也用于评价某一波长吸收值、反射值或透射值，以及图像特征与其化学成分之间的相关性，此时相关系数值为–1～1，且相关系数绝对值越大，对应特征与化学值的相关性越强，表明该特征对化学值越敏感，这种关系常被用于选择特征波长。

2）决定系数

与相关系数类似，决定系数也是变量间的相关程度的度量，决定了相关的密切程度，一般记为 R^2。在多元回归分析中，决定系数是相关系数的平方。R^2 越大，表示相关性越高。

$$R^2=\frac{\sum_{i=1}^{N}(\hat{y}_i-\overline{y})^2}{\sqrt{\sum_{i=1}^{N}(y_i-\overline{y})^2}}=1-\frac{\sum_{i=1}^{N}(y_i-\hat{y}_i)^2}{\sqrt{\sum_{i=1}^{N}(y_i-\overline{y})^2}} \tag{4.11}$$

式中，N 为样本数；y_i 为第 i 个样本的实际值；$\hat{y}_i$ 为第 i 个样本的预测值；$\overline{y}$ 为所有样本实际值的平均值。

3）标准偏差

标准偏差（standard deviation，SD）是一种用于评价数据分布的离散度的标准，用来衡量数据偏离算术平均值的程度。标准偏差的计算公式是

$$S=\sqrt{\frac{1}{N-1}\sum_{i=1}^{N}(x_i-\overline{x})^2} \tag{4.12}$$

式中，N 为样本数；x_i 为每个样本；$\overline{x}$ 为样本的平均值。标准偏差一般用来对参考方法测得的实际值进行评价。

4）标准误差

标准误差（standard error，SE）是衡量模型中预测值与实际值之间的偏差。计算公式是

$$\mathrm{SE}=\sqrt{\frac{1}{N-1}\sum_{i=1}^{N}(y_i-y_{i,pre})^2} \tag{4.13}$$

式中，N 为样本数；y_i 为第 i 个样本的实际值；$y_{i,pre}$ 为第 i 个样本的预测值。标准误差包括校正集标准误差（standard error of calibration，SEC），预测集标准误差（standard error of prediction，SEP），交互验证标准误差（standard error of cross validation，SECV）。SEP 越小，说明模型的预测能力越好。

5）均方根误差

均方根误差是用来衡量预测值与实际值之间的偏差。计算公式是

$$\mathrm{RMSE}=\sqrt{\frac{1}{N}\sum_{i=1}^{N}(y_i-\hat{y}_i)^2} \tag{4.14}$$

式中，N 为样本数；y_i 为实际值；$\hat{y}_i$ 为预测值。均方根误差里包括校正集均方根误差（root mean square error of calibration，RMSEC），预测集均方根误差（root mean square error of prediction，RMSEP），交互验证均方根误差（root mean square error of cross validation，RMSECV）。一个模型的 RMSEP 越小，说明模型预测效果越好。

6）剩余预测残差

剩余预测残差（residual predictive deviation，RPD）是用来判断模型的预测效果的有效指标，文献中对于 RPD 的计算一般有两种理解。

标准偏差与预测集均方根误差的比值，即 $RPD = \frac{SD}{RMSEP}$，式中，RMSEP 也可以为 RMSECV。

标准偏差与预测集标准误差的比值，即 $RPD = \frac{SD}{SEP}$，式中，SEP 也可以为 SECV。

RPD 是一个非常直观的评价模型预测能力的指标，关于 RPD 的值，根据具体研究对象的不同，表示模型具有较好的 RPD 值的标准不同，以下是几种较为常见的 RPD 模型评价。

RPD<1.5，模型较差；RPD 为 1.5～2，表明模型能分辨出值的高低；RPD 为 2～2.5，表明模型可能具有良好的预测效果；而 RPD 为 2.5～3，表明模型具有较好的预测效果；RPD>3，表明模型具有非常好的效果（Yang and Mouazen，2012）。

RPD 为 3.1～4.9，表明模型可用；而 RPD 大于 5，则表明模型具有非常良好的预测效果，可用于质量控制（Cozzolino et al.，2008）。

RPD 小于 1，表明模型效果较差，无法应用；RPD 为 1～1.4，表明模型效果较差，仅能辨别出理化性质值的高低；RPD 为 1.4～1.8，表明模型效果一般，可能被用于分析与估计；RPD 为 1.8～2.0，表明模型效果较好，可能用于定量分析；RPD 为 2.0～2.5，表明模型效果很好，可用于定量分析；RPD 大于 2.5，表明模型效果非常好（Gaston et al.，2010）。

7）相对标准偏差

相对标准偏差（relative standard deviation，RSD）是标准偏差与计算结果平均值的比值，用来表示分析测试结果的精度，一般 RSD 小于 10%表示分析测试效果较好。

$$RSD = \frac{SD}{mean} \tag{4.15}$$

8）变异系数

变异系数（coefficient of variance，CV）也是一种衡量样本离散程度的统计量，变异系数是标准差与平均值的比值。

$$CV = \frac{\sigma}{mean} \tag{4.16}$$

变异系数越大，则表明样本变异（离散）程度大，风险越大。变异系数在均值（mean）接近于 0 时，易因微小扰动造成精确度不足。

2. 判别分析模型评价

判别正确率为判别正确的个数与样本总数的比值。判别正确率越高，则表明判别结果越好。

误判率（误分类率）为判别错误的样本个数与样本总数的比值，判别错误率越低，则表明判别效果越好。

模型的判别效果：判别正确率和误判率是最直观也是最简单的评价参数，在实际应用中，经常也会采用以下三个评价参数。

准确率：准确率（sensitivity）表示模型将某一类样本正确归为该类的能力。

命中率：命中率（precision）是指判别模型只将某类样本判别为该类的能力。

否定率：否定率（specificity）表示将非某一类的样本判别为非该类的能力。

在实际应用中也会用到假正率、假负率、真正率、真负率等指标作为两类分类的评价标准。

若真样本被判别为真，则被记为真正类（TP），若被判别为伪样本，则被记为假负类（FN）；

若伪样本被判别为伪，则被记为真负类（TN），若被判别为真样本，则被记为假正类（FP）。

则真正率的计算公式：

$$\mathrm{TPR}=\frac{\mathrm{TP}}{\mathrm{TP}+\mathrm{FN}} \tag{4.17}$$

真负率的计算公式：

$$\mathrm{TNR}=\frac{\mathrm{TN}}{\mathrm{TN}+\mathrm{FP}} \tag{4.18}$$

4.4 小　结

本章简单介绍了化学计量学方法定义、发展历史、主要研究内容及其在光谱分析中的应用。为了加深对化学计量学的认识，也介绍了数理统计的基础知识。本章所介绍的内容是化学计量学在光谱数据分析中常用的基础知识，了解这些内容为学习人员进一步的光谱学习奠定基础。

参考文献

史永刚，粟斌，田高友. 2010. 化学计量学方法及 Matlab 实现. 北京：中国石化出版社.

魏季瑄. 1991. 数理统计基础及其应用. 成都：四川大学出版社.

许禄，邵学广. 2004. 化学计量学方法. 北京：科学出版社.

杨洪礼，鲍承友，张序萍. 2007. 概率论与数理统计. 北京：北京邮电大学出版社.

Adams M J. 2004. Chemometrics in Analytical Spectroscopy. London: Royal Society of Chemistry.

Cozzolino D, Kwiatkowski M J, Dambergs R G, et al. 2008. Analysis of elements in wine using near infrared spectroscopy and partial least squares regression. Talanta, 74(4): 711-716.

Gaston E, Frias J M, Cullen P J, et al. 2010. Prediction of polyphenol oxidase activity using visible near-infrared hyperspectral imaging on mushroom (*Agaricus bisporus*) caps. Journal of Agricultural and Food Chemistry, 58(10): 6226-6233.

Gemperline P. 2006. Practical Guide to Chemometrics. Boca Raton: CRC press.

Hair J F, Tatham R L, Anderson R E, et al. 2006. Multivariate Data Analysis(Vol. 6). Upper Saddle River: Pearson Prentice Hall.

Meloun M, Militky J. 2011. Statistical Data Analysis: A Practical Guide. Woodhead Publishing, Limited.

Ott R, Longnecker M. 2008. An Introduction to Statistical Methods and Data Analysis. Boston: Cengage Learning.

Otto M. 1999. Chemometrics: Statistics and Computer Application in Analytical Chemistry. New York: Wiley-VCH.

Vandeginste B G M, Deming S N, Michotte Y, et al. 1988. Chemometrics: a Textbook. Amsterdam: Elsevier.

Yang H Q, Mouazen A M. 2012. Vis/Near-and Mid-Infrared Spectroscopy for Predicting Soil N and C at a Farm Scale. Infrared Spectroscopy-Life and Biomedical Sciences: 185-210.

第 5 章　样本选择方法

5.1　概　　述

对物质组成的单一成分，一般有专门的标准品且有标准的光谱曲线。一般而言，自然界中存在的物质如油菜、小麦、大豆等的种子及其植株，其本身组成十分复杂，且各组分的含量也不是固定的，其光谱信息是各个组分共同作用的结果。因此，基于该样品的光谱信息，可以对样本中的各个组分进行建模分析。

采用化学计量学对获取的光谱信息建模时，首先就是要选择有代表性的样本进入校正集，即建模集，以保证建立准确、稳定、适用性广的模型。理想的校正集样本应该是数量足够，化学值成分含量足够广泛且均匀分布。

化学计量学方法建立的光谱分析模型，首先需要足够量的校正样本能够完全建立光谱与化学值之间的定量分析模型，但并不是说样本数越多越好。在自然获取的样本中，会存在大量重复样本，降低建模速度，并可能降低模型的准确性，因此，需要选择有代表性的样本。一个稳健准确的校正模型，校正集样本的化学值范围应尽可能广泛，并尽可能包含预测样本的化学值范围。当预测样本的化学值不在校正集样本化学值范围内时，就会预测不准，且校正集样本的化学成分应该是均匀分布，能均匀覆盖整个校正集样本空间，再与光谱信息结合建立统计分析模型，充分地利用光谱信息，使建立的模型能对校正集范围内的样本进行预测。

基于实际需要，自然界农产品，如大豆，由于品种、产地等的不同，理化品质具有一定的差异。因此，在建立定量分析模型时可以分别基于品种、产地及同时基于品种与产地建模。以单一因素样本建模，在预测同类农产品时会取得较好的效果，对同类的界外样本模型可以进行快速有效的更新，但对于非同类的样本（界外样本）的预测效果则可能较差。基于不同品种、不同产地的所有信息获得的模型较好，在遇到界外样本时，可以对模型进行快速的更新而不需要考虑样本的品种和产地。因此，对建模集样本的选择极为重要。

在实际研究中，一般都是采集一定量样本，选择一部分样本作为校正集，另一部分样本作为预测集，校正集用于建立校正模型，预测集用于评估校正模型的效果。在一些光谱分析研究中，也有直接将所有获取的样本进行分析，没有预测集，只研究校正集及交互验证的效果。前一种状况更常见，也更能评估所建立模型的效果。校正集和预测集的选择，一般要么根据光谱矩阵计算距离，要么根据理化性质值选择样本，也有将光谱矩阵与理化性质值相结合进行选择的，还可以基于校正模型的效果选择使模型效果达到最好的样本。本章介绍一些校正集样本选择的方法。

在化学实验中，异常样本经常是不可避免的。异常样本的检测与剔除是建立稳定高效的校正模型的关键之一。异常样本产生的来源可能是样本自身，实验仪器及实验操作。

异常样本一般是含有极端组成的样本，这些极端组成可能是测量中的误差造成的，也可能是正常值，但是极端组成会对模型产生强烈影响，导致模型不稳定，因此需要剔除。其余的是含有正常组成的样本，由于实验操作等，测量出现偏差，也会出现异常样本。还有的正常样本则是因为剔除之后模型效果更好，也被认为是异常样本。

对于明显的异常样本，如理化值明显偏于实际值的范围，可以通过经验常识予以剔除，而对于不明显的异常样本则需要借助其他手段，因为产生异常样本的原因不同，所以有不同的方法可以用于检测异常样本。本章介绍了一些用于剔除异常样本的方法。在剔除异常样本时要注意，基于数理统计方法剔除的异常样本，有可能并不是异常样本，而是为了得到更稳健的模型而将其判断为异常样本。

具体到校正模型的建立，测量结果中具有较大误差的理化参考数据，或样本中自身存在的极端样本会对校正模型的效果产生明显的影响。因此，在异常样本检测中，主要分别针对理化参考值和样本自身进行检测。在实际应用中，明显影响校正模型效果的样本也会被认为是异常样本，以保证校正模型的效果。

5.2　样本集选择

5.2.1　随机选择法

随机选择法比较简单，按照预先设定的校正集与预测集样本（在部分情况下还有验证集样本，此处不考虑）的数量，从已有样本中随机选择建模集样本与预测集样本。随机选择一般不考虑实际的理化值及光谱值，因此，这种选择方法得到的样品集效果往往达不到要求，且每一次随机选择的结果差异较大，样本的代表性无法保证，需要经过多次尝试才能确定较为理想的样本集。

5.2.2　Kennard-Stone 算法

Kennard-Stone（K-S）算法基于变量间欧几里得距离（欧氏距离）选择校正集样本（Kennard and Stone，1969）。通过计算两两变量之间的欧氏距离，按照一定的规则进行选择，直到选择出需要的校正集样本数目。K-S 算法具体的实现过程和规则如下。

（1）计算所有样本两两之间的欧氏距离，其中距离最大的两个样本（S1、S2）进入校正集。

（2）计算所有剩余样本与校正集已有样本的欧氏距离，分别取剩余样本中与 S1、S2 最小距离的样本中距离较大者进入校正集，为 S3。

（3）分别取剩余样本中与 S1、S2、S3 最小距离的样本中距离较大者进入校正集，为 S4。

（4）重复以上过程，直到选出预定个数的校正集样本。

具体而言，在光谱分析中的光谱特征（原始光谱曲线、预处理过的光谱曲线及光谱主成分得分等）均可以采用 K-S 算法挑选校正集样本，且计算距离的方法不局限于欧氏距离。K-S 算法能够保证校正集样本按空间距离均匀分布。

5.2.3 SPXY 算法

随机选择法是未考虑到研究对象光谱信息及理化特性的选择方法，而 K-S 算法仅基于光谱特征而并未考虑到理化性质的影响。K-S 算法对光谱特征显著的样本效果较好，而对理化值较低且光谱特征不显著的样本则可能达不到理想的效果。因此，能同时考虑研究对象光谱特征与理化性质的样本选择方法有助于解决这一问题。SPXY 算法（sample set portioning based on joint x-y distance）是基于 K-S 算法且同时考虑光谱特征与理化性质的样本选择方法（Galvão et al.，2005）。SPXY 的距离计算公式：

$$d_{xy}(m,n)=\frac{d_x(m,n)}{\max_{m,n\in[1,N]}[d_x(m,n)]}+\frac{d_y(m,n)}{\max_{m,n\in[1,N]}[d_y(m,n)]} \tag{5.1}$$

式中，$d_x(m,n)$ 为光谱距离；$d_y(m,n)$ 为理化性质特征距离。除以各自的最大值是为了在光谱空间和理化性质空间具有相同的权重。SPXY 算法的优点是样本选择时同时考虑光谱特征与理化性质，从而改善模型的预测能力。SPXY 算法的应用需要准确的光谱与化学测量值。

5.2.4 Duplex 算法

Duplex 是将样本集分为校正集和预测集的方法，校正集与预测集包含相似的区域范围及相似的统计特性（Snee，1977；吴静珠等，2006）。Duplex 算法与 K-S 算法相似，具体步骤如下。

（1）数据首先标准化及正交归一化。

（2）计算所有两两组合的欧氏距离，将距离最远的两个放入校正集，而将剩下的样本中距离最大的两个放入预测集。

（3）剩下的样本中与建模集已有样本距离最远的样本被选为校正集，之后剩余样本中与预测集已有样本距离最远的样本被选为预测集。

（4）重复以上步骤，直到选出符合要求的校正集与预测集。

5.2.5 含量梯度法

光谱分析中，为了得到较为理想的效果，可以先将所有样本按照理化性质值的大小进行排序，然后根据设定的校正集与预测集的数量从中选择样本，以保证预测集样本的化学值均在建模集样本化学值范围之内，且化学值分布更为均匀（吴静珠等，2006）。例如，对于 180 个样本，要以 2∶1 的比例从中选出校正集和预测集，则首先按照理化性质值从小到大排列，然后依次将每 3 个样本中的中间样本选入预测集，剩余样本进入校正集。这样能够保证预测集样本的化学值均在校正集样本化学值范围之内，且化学值分布更为均匀。

5.2.6 GN 距离法

GN 距离法是一种基于马氏距离（Mahalanobis distance，MD）的校正集样本挑选方法（吴静珠等，2006）。GN 距离法主要包括两个方面的内容。①计算样本集全局距离以界定校正集样本范围，并排除可能的异常样本。②通过计算邻域距离，尽可能选择具有代表性的样本并减少相似样本数量。

其中，全局距离为空间中任一样本到样本集中心点的距离；邻域距离是空间中任一样本与其邻近样本的距离。

GN 距离法的具体实现过程如下。

（1）计算所有样本全局距离及邻域距离，确定最大、最小全局距离，以及基于全局距离的选择步长；确定最大、最小邻域距离，以及基于邻域距离的选择步长。

（2）在不同的步长条件下，根据全局距离和邻域距离选择校正集样本、预测集样本及异常样本，然后基于选择的校正集建立偏最小二乘法（partial least squares，PLS）模型，确定最优主因子个数下的交互验证标准偏差（SECV）。当以步长为条件循环完毕时，选择最小 SECV 下的全局距离和邻域距离，并确定校正集、预测集及异常样本作为最终选择结果。

与其他样本选择方法不同，GN 距离法采用校正模型的效果作为选择标准，在实际应用中选出的校正集、预测集则相对要好一点。

5.2.7　相似样品剔除选择法

相似样品剔除选择法基于已获取实验样本中有较多相似样本的假设，通过去除原始样本集中的相似样本，以剔除后的样本集为校正集建立校正模型（芦永军等，2004）。相似样品剔除法的实现步骤如下。

（1）首先确定判定相似样本的样本间的最大浓度差，即优选限，两个样本之间的浓度差值小于优选限，则判定为相似样本，否则不是相似样本。

（2）以样本集第一个样本的化学值为基准，计算剩余所有样本与该样本化学值差的绝对值，若在优选限范围之内，则是相似样本剔除，然后将剩余所有样本与第二个样本化学值（第一次选择过后所有剩余样本中的第二个）进行相减，继续根据优选限进行选择。之后重复本操作。

（3）将剔除之后的样本集作为校正集，进行建模分析。

相似样本剔除法在具体实现时要注意以下几个基本问题：①优选限的选择要保证样本化学值的范围，保留的样本集应包含足够大的样本化学值范围及分布。②优选限的选择要保证有足够多的样本进入最后的校正集，确保有足够的样本进行建模。

5.2.8　Kohonen 网络法

Kohonen 自组织映射网络法是由 Kohonen 提出的具有统计与自我联想功能的网络（Zupan and Gasteiger，1993）。Kohonen 网络本身是一种神经网络，具有一般神经网络的特征提取、聚类与判别分析的功能。Kohonen 网络法首先是要进行 Kohonen 聚类分析，将样本聚合在不同的区域进行选择。Kohonen 网络法选择样本集的基本实现步骤如下。

（1）Kohonen 网络首先将样本数据映射到二维平面，而映射的结果并不是均匀分布而是聚合在几个不同的区域，即聚成不同的类。

（2）在平面上不同的聚合处，均任意选取一定数量的样本进入校正集，最终校正集中的样本遍布在所有聚合处。

5.2.9　最邻近规则法

最邻近规则法是使原始数据集样本通过某种聚类准则将未知类别原始样本集划分为不同的聚类，对不同聚类里的样本建立校正模型，评价样本集效果（徐云等，2011）。最邻近规则法的具体实现步骤如下。

（1）从样本集中随机选择一个样本作为第一个聚类中心，设定聚类阈值。

（2）计算第二个样本与第一个聚类中心的距离，若距离小于阈值，则判断为该类样本，若距离大于阈值则为新的聚类中心。计算新的样本与所有聚类中心的距离，如任一距离小于阈值，则判断为该聚类，若所有距离都大于阈值则重新设定为新的聚类且为聚类中心，直到所有的样本均已划分完毕。

（3）由于有一些聚类样本数量较少，无法有效建立校正模型，因此，在聚类完毕之后，选择数量合适的聚类中的样本建立校正模型。

最邻近规则法的结果与初始聚类中心、阈值大小及样本分布有关，因此最邻近规则法也是一个需要进行尝试与探索的方法。

5.2.10　最大最小距离法

最大最小距离法也是根据距离来选择校正集的方法（徐云等，2011）。最大最小距离法根据样本的内部特性，通过计算所有样本间的最大距离，设定聚类阈值，从而将样本归入合适的类别，便于分析。

最大最小距离法与最邻近规则法的实现过程相似，具体实现过程如下。

（1）选定任一样本（一般以第一个样本）为第一个聚类中心，计算与其距离最大的样本并选为第二个聚类中心，最大距离 MD。

（2）以第一、第二聚类中心的最大距离为基准，设定聚类阈值，阈值一般设定为 MD/2、MD/3 等。

（3）计算新样本与已有聚类中心的距离，选择其中的最小距离与阈值相比，若小于阈值，则归为已有的聚类，反之，则作为新的聚类中心，成为新的聚类。重复操作直到所有的样本都归类完毕。

（4）由于有一些聚类样本数量较少，无法有效建立校正模型，因此，在聚类完毕之后，选择数量合适的聚类中的样本建立校正模型。

5.3　异常样本剔除

5.3.1　主成分分析法

主成分分析（principle component analysis，PCA）将样本集光谱数据压缩成少数几个新的变量（主成分），而每一个主成分都是原变量的线性组合。在不同的主成分下，得到不同的得分矩阵。经计算不同主成分下的得分后，对得分值的大小设定阈值以判断是否为异常样本（Brown and Brown，2011）。

基于 PCA 得到的 Hotteling T^2 统计量，Hotteling T^2 值越大，表明此样本对模型的影响越大。

5.3.2　残差法

1. 残差值法

残差值法是一种简单的判断异常样本的方法（刘飞等，2009；闵顺耕等，2004）。以回归分析模型 PLS 为例，基于所有样本建立的 PLS 模型对所有样本进行预测，分别计算样本的实际值与预测值的差值，通过设定阈值，若差值绝对值小于阈值，则表明样本是非异常样本，否则是异常样本。

2. 学生化残差

学生化残差（student residual）主要用于检测样本数据对于回归模型拟合误差的程度，据此判断是否是异常样本（Stevens，1984；Rousseeuw and Vanzomeren，1990；史波林等，2010）。学生化残差是残差（实际值与预测值的残差）进行学生化（studentized）之后得到的。

一般，使用学生化残差判断异常样本时要确定一定的规则，如设定阈值及设定置信区间等。

5.3.3　蒙特卡罗偏最小二乘法

蒙特卡罗偏最小二乘法（Monte Carlo partial least squares，MCPLS）以蒙特卡罗交互验证为基础，采用蒙特卡罗采样方法随机选择一定量样本进入建模集和预测集以建立 PLS 模型，根据多次运行 PLS 模型预测结果的统计信息筛选异常样本（Guo et al.，2012）。MCPLS 首先利用留一法交互验证建立 PLS 模型，选择最优的隐含变量数，然后采用蒙特卡罗采样方法随机将一定量的样本分入建模集，剩下的样本作为预测集并根据最初确定的最优隐含变量数建立 PLS 模型，对所有预测集的样本都将获得一个预测残差，为了保证所有的样本都能被重复选为预测集，需要基于蒙特卡罗采样建立大量的 PLS 模型，建立的 PLS 模型越多，异常样本的剔除就更可靠。计算每一个样本在预测集中的预测残差平均值（mean）和方差（stand deviation），并制作出预测残差平均值和方差的散点图，具有较高预测残差平均值和方差的样本就被认定为异常样本。MCPLS 需要设定阈值以最终确定异常样本。

5.3.4　杠杆值法

高杠杆点样本是异常样本最常见的存在方式之一，强烈影响回归分析的结果。帽子矩阵 $\boldsymbol{H} = Xsp(Xsp^T Xsp)^{-1} Xsp^T$ 的第 i 个主对角元素记为 h_{ii}，$h_{ii} = x_i(Xsp^T Xsp)^{-1} x_i^T$，它度

量了数据样本点与样本中心的偏离程度。杠杆值大的点能够把回归方程拉向自身，称为强影响点。一般认为 $h_{ii} > 2p/n$（p 是自变量个数，n 是样本个数），则该点是高杠杆点，该高杠杆点被认为是异常样本点进行剔除（Sriman and Koti，2012；史波林等，2010）。

在公式中，Xsp 指的是光谱特征，在实际应用中，可以是主成分得分等。

5.3.5 狄克逊检验法

狄克逊（Dixon）检验法用于检测测量值的一致性并检测异常样本，Dixon 检验法可以检测出单个或多个异常样本，但当出现多个异常值，且异常值在同侧的情况时，效果较差（傅霞萍，2008）。Dixon 检验法首先将所有测量值按照从小到大的顺序排列，S_1，S_2，S_3，…，S_n，则 S_1 与 S_n 分别为最小可疑值与最大可疑值，分别基于不同的统计量对 S_1 与 S_n 进行检验，若计算得到的统计量大于显著性水平 α 和样本数为 n 时的临界值，则剔除被检验的测量值，并重复进行检验直到检验不出异常样本。

Dixon 检验法一般用于样本数量为 30～40 时。Dixon 检验法应用于光谱分析时，可以对理化性质值进行检验，也可以根据光谱之间的距离进行检验。

5.3.6 肖维勒准则法

肖维勒（Chauvenet）准则用于异常样本剔除（傅霞萍，2008），首先对于任一样本 S_i（$1 \leqslant i \leqslant n$，$n$ 为样本数），当其残差 vd 的绝对值满足不等式 $|\mathrm{vd}| > w_n \sigma$ 时，则判断为异常样本，其中，w_n 为肖维勒系数；σ 为样本标准差。

5.3.7 格鲁布斯检验法

格鲁布斯（Grubbs）检验也用于检测测量值的一致性并检测异常样本（Grubbs，1950）。Grubbs 检验法适用于测量值中只有一个异常样本的情况，当样本中包含多个异常样本时无法获得满意的结果。Grubbs 检验的具体实现方法与 Dixon 检验相似，首先将所有样本按测量值大小从小到大排序，然后挑选出可能的异常样本（一般从最大、最小样本开始挑选），按照公式（5.2）：

$$T = \frac{\left|X_{\text{out}} - \bar{X}\right|}{S} \tag{5.2}$$

式中，X_{out} 表示可能的异常样本；$\bar{X}$ 表示样本的平均值；S 表示样本标准差。将 T 值与对应的样本数及显著性水平下的临界值进行比较，若 T 值大，则该样本作为异常样本剔除。Grubbs 检验适用于实验样本数更多一些的情况。

5.3.8 DFFITS 法

测定观测值对模型预测值影响的回归诊断法（difference in fit standardized，DFFITS）是一种回归分析中异常数据的检测方法（Belsley et al.，1980；Riazoshams et al.，2009），

DFFITS 值根据公式（5.3）计算得到：

$$\mathrm{DFFITS}=\frac{y_{i,\mathrm{pre}}-\hat{y}_{i,\mathrm{pre}}}{S_i\sqrt{h_{ii}}} \tag{5.3}$$

式中，$y_{i,\mathrm{pre}}$ 是样本 i 的预测值；$\hat{y}_{i,\mathrm{pre}}$ 是去除了样本 i 进行回归分析后，样本 i 的预测值，S_i 是去除样本 i 的标准偏差；h_{ii} 为杠杆值。一般认为 DFFITS 值大于 $2\sqrt{\frac{p}{n}}$，则是异常样本，其中 p 为变量个数，n 为样本个数。

5.3.9　*K* 最邻近距离法

K 最邻近距离法（*k*-nearest neighbor，KNN）用于检测异常样本也主要基于其 *K* 个最邻近样本的距离（Upadhyaya and Singh，2012）。计算与某一样本距离最邻近的 *K* 个样本，通过对距离设定阈值确定异常样本。一般距离最大的样本可以作为异常样本。

KNN 算法用于异常样本检测有很多扩展形式，在理解和应用上都较简单，如可以将某一样本的 *K* 个最邻近样本的距离之和作为判断指标。

5.3.10　Cook 距离法

在统计分析中，Cook 距离法主要用于检验估计样本的存在与否对回归分析模型的影响（Cook，1977；Díaz-García and González-Farias，2004）。具有较大 Cook 距离的样本则认为是异常样本。

同样的，Cook 距离在使用时需要设定阈值以确定样本是否属于异常样本。Cook 距离的计算公式为

$$\mathrm{Cook}=\frac{\sum_{i=1}^{n}(y_{i,\mathrm{pre}}-y_{i,\mathrm{pre}}^{k})}{p\mathrm{MSE}} \tag{5.4}$$

式中，$y_{i,\mathrm{pre}}$ 是基于全部样本回归分析模型的样本 i 的预测值；$y_{i,\mathrm{pre}}^{k}$ 是基于去除 k 样本的剩余所有样本建立的回归分析模型的样本 i 的预测值；p 代表变量数；MSE 是均方误差（mean square error）。

Cook 距离法判定异常样本需要设定阈值，经验上 Cook>1 或 Cook>4/n（n 为样本个数）被认为是异常样本，也可以对 Cook 进行检验，以判断异常样本。

5.3.11　马氏距离法

马氏距离法表示数据的协方差距离，用来衡量一个样本对整个样本集的影响（Whitfield et al.，1987；刘强等，2007）。样本间马氏距离的计算方法根据公式（5.5）进行：

$$\mathrm{Dma}=\sqrt{(s_i-s_j)^T\mathbf{Cov}^{-1}(s_i-s_j)} \tag{5.5}$$

式中，s_i 与 s_j 分别代表两个样本；**Cov** 为样本协方差矩阵。

马氏距离用于异常样本剔除也需要设定阈值。在光谱分析中，光谱的马氏距离根据样本光谱与样本集平均光谱的距离进行计算，也可以计算两个不同样本光谱曲线的马氏距离。

在实际应用中，主成分分析结合马氏距离（PCA-MD）应用于异常样本剔除（陈斌等，2008），主要是利用主成分分析（PCA）将数据压缩成少数几个变量（主成分）以消除冗余及无用噪声，提取有效信息。PCA 分析得到了光谱不同主成分下的得分，根据需要将主成分得分代替原始光谱数据计算马氏距离。PCA-MD 算法同样也需要设定阈值以判断是否为异常样本。实际上，在剔除异常样本的过程中，往往用主成分得分代替原始数据进行计算。

5.3.12　欧氏距离法

欧氏距离法（Euclidean distance）在进行异常样本剔除时与马氏距离相似（Hodge and Austin，2004）。马氏距离考虑到了样本各种不同特性之间的联系，且与尺度无关，而欧氏距离不考虑样本不同特性之间的联系，将同一样本的不同属性同等对待。欧氏距离的计算公式是

$$\mathrm{Deu}=\sqrt{(s_i-s_j)^{\mathrm{T}}(s_i-s_j)} \tag{5.6}$$

式中，s_i 与 s_j 分别代表两个样本。由于欧氏距离不考虑样本不同特性之间的联系，将同一样本的不同属性同等对待，在实际应用中难以取得满意的效果，一般应用较少。

5.3.13　光谱残差法

光谱残差是原始光谱与重构光谱的差值，用来检测光谱曲线中的异常，表示为 $Res=s-\hat{s}$，其中 s 为原始光谱，$\hat{s}$ 为重构光谱。重构光谱可以通过 PLS 前几个主因子获得，也可根据其他方法获得。而光谱残差的方差则按公式 $\mathrm{SSR}=\sqrt{Res(i)Res(i)^T}$ 计算，其中 Res（i）为样本 i 的光谱残差。当采用 PLS 模型的前几个主因子进行重构时，根号内的内容要除以主因子个数。

计算出 SSR 之后，通过比较其与设定阈值的大小，判定是否为异常值。

5.3.14　多变量修剪法

多变量修剪法（multivariate trimming，MVT）通过不断对光谱数据进行修剪来寻找稳健的均值和方差（Egan and Morgan，1998；刘蓉等，2005）。

具体计算步骤为：①基于样本集计算初始均值和方差，并计算每个样品与样本集均值的马氏距离；②剔除一定概率的样本后计算新均值、方差和每个样本的马氏距离；③剔除马氏距离最大的样本，计算剩余样本的均值和方差，重新计算样本马氏距离；④重复③直至收敛，并计算最终结果的均值、方差及马氏距离。

MVT 需要保证马氏距离的计算一直正确，但当异常样本较多时，马氏距离的估计出现偏差，从而导致 MVT 无法正确求解。

5.3.15 最小协方差行列式法

最小协方差行列式法（minimum covariance determinant，MCD）（Egan and Morgan，1998；刘蓉等，2005）从样本集中随机选择子集（子集的大小一般为 $n/2$），计算每个子集的协方差行列式。计算以所有子集中具有最小非零行列式的子集的均值和方差，并基于该均值和方差计算每个样本的马氏距离，实现奇异点的检测。

5.3.16 半数重采样法

半数重采样法（resampling by half-mean，RHM）（Egan and Morgan，1998；Chiang and Pell，2003）是从原始样本集 S 中随机选择一半样本，组成新的样本集 $S(i)$，计算 $S(i)$ 的均值 $\mu(i)$ 及方差 $v(i)$，对原始样本集 S 进行标准化处理，计算样本集 $S(i)$ 中样本的向量长度 $l(i)$，

$$l(i) = \sqrt{\sum_{k=1}^{m}\left(\frac{S_k - \mu(i)}{v(i)}\right)^2} \tag{5.7}$$

对全部样本的向量长度进行排序，确定样本中距离最大的 5%的样本为候选异常样本。通过多次循环，统计进入 5%候选异常样本中次数最多的作为异常样本。此方法也需要设定一种规则，如阈值、置信区间等判断样本是否为异常样本。

5.3.17 最小半球体积法

最小半球体积法（smallest half-volume，SHV）（Chiang and Pell，2003），定义两个样品之间光谱的向量长度：

$$l_{ij} = \sqrt{\sum (s_i - s_j)^2} \tag{5.8}$$

计算每个样本与其他样本的距离（在向量长度矩阵中是矩阵中的每一列），按照从小到大的顺序排列，并对前一半（$n/2$）距离值求和，距离和最小的列意味着这 $n/2$ 个样本是样本集中最集中的，是能代表样本集正确趋势的样本。因此，距离和最小的列所代表的样品可认为是样本集的中心。计算这 $n/2$ 个样品的均值和方差，并基于计算得到的均值和方差计算全部样本的马氏距离或杠杆值，通过设定规则（如阈值）选择异常样本（参照马氏距离与杠杆值挑选异常样本的方法）。

5.4 小　　结

本章针对光谱数据分析中的样本选择问题，介绍了目前国内外提出的一些校正集样本选择及异常样本剔除的方法，这些方法都较容易实现。目前，对于校正集样本选择及异常样本剔除没有统一的强制性准则，并且对同样的数据，不同的方法选择出的校正集或异常样本都不同。因此在实际应用中，应考虑获取数据的特性，选择合适的方法使最

终建立的模型具有较好的准确性和稳定性。

参 考 文 献

陈斌, 邹贤勇, 朱文静. 2008. PCA 结合马氏距离法剔除近红外异常样品. 江苏大学学报(自然科学版), 29(4): 277-279.

傅霞萍. 2008. 水果内部品质可见/近红外光谱无损检测方法的实验研究. 杭州: 浙江大学博士研究生学位论文.

刘飞, 王莉, 何勇, 等. 2009. 基于可见/近红外光谱技术的黄瓜叶片 SPAD 值检测. 红外与毫米波学报, 28(4): 272-276.

刘强, 罗长兵, 陈绍江, 等. 2007. 近红外光谱分析青贮玉米 NDF 中判别异常光谱的研究. 光谱学与光谱分析, 27(8): 1514-1518.

刘蓉, 陈文亮, 徐可欣, 等. 2005. 奇异点快速检测在牛奶成分近红外光谱测量中的应用. 光谱学与光谱分析, 25(2): 207-210.

芦永军, 曲艳玲, 朴仁官, 等. 2004. 近红外光谱分析技术定标和预测中的相似样品剔除算法. 光谱学与光谱分析, 24(2): 158-161.

闵顺耕, 李宁, 张明祥. 2004. 近红外光谱分析中异常值的判别与定量模型优化. 光谱学与光谱分析, 24(10): 1205-1209.

史波林, 赵镭, 刘文, 等. 2010. 苹果内部品质近红外光谱检测的异常样本分析. 农业机械学报,(2): 132-137.

吴静珠, 王一鸣, 张小超, 等. 2006. 近红外光谱分析中定标集样品挑选方法研究. 农业机械学报, 37(4): 80-82.

徐云, 吴静珠, 王一鸣, 等. 2011. 基于近红外光谱的未知类别样品聚类方法. 农业工程学报, 27(8): 345-349.

Belsley D A, Kuh E, Welsch R E. 1980. Regression Diagnostics. New York: John Wiley & Sons, Inc.

Brown R J C, Brown A S. 2012. Principal component analysis as an outlier detection tool for polycyclic aromatic hydrocarbon concentrations in ambient air. Water, Air, & Soil Pollution, 223(7): 3807-3816.

Chiang H, Pell R J, Seasholtz M B. 2003. Exploring process data with the use of robust outlier detection algorithms. Journal of Process Control, 13(5): 437-449.

Cook R D. 1977. Detection of influential observation in linear regression. Technometrics, 19(1): 15-18.

Díaz-García J A, González-Farías G. 2004. A note on the Cook’s distance. Journal of Statistical Planning and Inference, 120(1): 119-136.

Egan W J, Morgan S L. 1998. Outlier detection in multivariate analytical chemical data. Analytical Chemistry, 70(11): 2372-2379.

Galvão R K H, Araujo M C U, José G E, et al. 2005. A method for calibration and validation subset partitioning. Talanta, 67(4): 736-740.

Grubbs F E. 1950. Sample criteria for testing outlying observations. The Annals of Mathematical Statistics, 21(1): 27-58.

Guo W L, Du Y P, Zhou Y C, et al. 2012. At-line monitoring of key parameters of nisin fermentation by near infrared spectroscopy, chemometric modeling and model improvement. World Journal of Microbiology and Biotechnology, 28(3): 993-1002.

Hodge V J, Austin J. 2004. A survey of outlier detection methodologies. Artificial Intelligence Review, 22(2): 85-126.

Kennard R W, Stone L A. 1969. Computer aided design of experiments. Technometrics, 11(1): 137-148.

Riazoshams A H, Habshah B, Adam C M B. 2009. On the outlier detection in nonlinear regression. Engineering, and Technology, 60: 264-470.

Rousseeuw P J, Vanzomeren B C. 1990. Unmasking multivariate outliers and leverage points. Journal of the American Statistical Association, 85(411): 633-639.

Srimani P K, Koti M S. 2012. Outlier Mining in medical databases by using statistical methods. International journal of Engineering Science and Technology, 4(1): 239-246.

Snee R D. 1977. Validation of regression-models-methods and examples. Technometrics, 19(4): 415-428.

Stevens J P. 1984. Outliers and influential data points in regression analysis. Psychological Bulletin, 95(2): 334.

Upadhyaya S, Singh K. 2012. Nearest neighbour based outlier detection techniques. International Journal of Computer Trends and Technology, 3(2): 299-303.

Whitfield R G, Gerger M E, Sharp R L. 1987. Near-infrared spectrum qualification via Mahalanobis distance determination. Applied Spectroscopy, 41(7): 1204-1213.

Zupan J, Gasteiger J. 1993. Neural Networks for Chemists: an Introduction. New York: John Wiley & Sons, Inc.

第 6 章　光谱预处理方法

6.1　概　　述

在获取样本的光谱数据时，环境、仪器、人为操作及样本自身等影响，易造成光谱曲线中包含大量的噪声和干扰信息，尽管光谱仪在采集光谱信息时一般都提供多次采集的平均光谱作为样本的光谱数据，以提高光谱数据的信噪比，但光谱噪声仍不可避免，而噪声光谱将不可避免地对光谱数据定性及定量分析产生影响。因此，将光谱噪声尽可能地从光谱曲线中剔除，最大限度突出光谱的有用信息十分重要。为去除光谱中的噪声，突出有用信息，诸多光谱数据预处理方法被提出来并得到了广泛的应用。

6.2　常用预处理方法

6.2.1　均值中心化

均值中心化（mean centering）首先计算样本集的平均光谱，然后利用样本光谱数据减去样本集的平均光谱，以此来消除光谱的绝对吸收值。经过变换的光谱矩阵（$n \times p$）的列平均值为零（Ozaki et al.，2006）。采用均值中心化往往能增加样品光谱之间的差异，提高模型的稳健性和预测能力。

均值中心化的具体实现如下。

（1）对于样本集光谱矩阵 $\boldsymbol{X}(N \times p)$，计算样品的平均光谱 $\bar{X}$：

$$\bar{x}_k = \frac{\sum_{i=1}^{N} x_{i,k}}{N} \tag{6.1}$$

式中，N 为样品数，k=1，2，…，p，p 为波长点数。

（2）对样本光谱 x（$i \times p$），由公式（6.2）得到均值中心化处理后的光谱：

$$x_{\text{mcenter}} = x - \bar{X} \tag{6.2}$$

6.2.2　标准化

标准化（standardization）（褚小立，2011）是将均值中心化后的光谱数据除以光谱矩阵的标准偏差的光谱预处理方法。经过标准化处理后的光谱，其列均值为 1，所有波长变量都有相同的权重，所以适用于低浓度成分建模。标准化算法的实现步骤如下。

（1）对于样本集光谱矩阵 $\boldsymbol{X}(N \times p)$，计算样品的平均光谱 $\bar{X}$，然后再计算样品的标

准偏差 S：

$$S_k = \sqrt{\frac{1}{N-1}\sum_{i=1}^{N}(x_{i,k}-\overline{x}_k)^2} \tag{6.3}$$

式中，N 为样本个数，k=1，2，3，…，p。

（2）对样本光谱 x（$1\times p$），标准化处理后的光谱为

$$x_{\text{scal}} = \frac{x-\overline{X}}{S} \tag{6.4}$$

6.2.3　最大最小归一化

最小最大归一化（min-max normalization）（褚小立，2011）对样本光谱 x（$1\times p$），通过公式（6.5）得到归一化处理后的光谱 x_{mmn}：

$$x_{\text{mmn}} = \frac{x-\min(x)}{\max(x)-\min(x)} \tag{6.5}$$

6.2.4　矢量归一化

矢量归一化（vector normalization）（张银和周孟然，2008）对光谱 x（$1\times p$），通过公式（6.6）得到矢量归一化处理后的光谱 x_{vn}：

$$x_{\text{vn}} = \frac{x-\overline{x}}{\sqrt{\sum_{i=1}^{p}x_i^2}} \tag{6.6}$$

式中，$\overline{x}$ 为样本的光谱平均值，i=1，2，…，p，p 为波长点数。

6.2.5　平滑算法

平滑算法是消除数据噪声最常用的方法之一。这里介绍应用比较广泛的两种平滑方法：移动平均平滑法（moving average smoothing）（Guiñón et al.，2007）和 Savitzky-Golay 卷积平滑法（Savitzky and Golay，1964）。

移动平均平滑法的基本思想是选择一个宽度为（$2w+1$）的平滑窗口，计算窗口内中心波长点 a 及 a 点前后各 w 个波长点的光谱平均值 $\overline{x}_a$，用 $\overline{x}_a$ 来替代波长点 a 处的测量值。依次改变 a 的值来移动窗口，直到完成对所有波长点的平滑。平滑窗口宽度是决定平滑效果的因素，目前，关于窗口大小的选择没有理论基础，基本上都需要进行多次尝试确定，也可以根据经验选择。

Savitzky-Golay 卷积平滑法（SG 平滑）的基本思想是通过多项式来对移动窗口内的数据进行多项式最小二乘拟合，从而达到平滑的目的。波长点 a 经过平滑处理后的值为

$$x_{\text{asmth}} = \overline{x}_a = \frac{1}{H}\sum_{i=-w}^{+w} x_{a+i}h_i \tag{6.7}$$

式中，h_i 为平滑系数；H 为归一化因子；h_i 由最小二乘法拟合得到。将每一测量值乘以平滑系数 h_i 是为了尽可能减少对有用信息的影响。在 SG 平滑算法中，多项式次数及平滑点数对其平滑效果具有决定性的影响。对于 SG 平滑算法，同样没有已有的理论研究用于选择多项式次数及平滑点数，需要进行不断地尝试以选择最优效果。

6.2.6 变量标准化

变量标准化（standard normal variate，SNV）（Barnes et al.，1989；2004）校正的基本思想是：每一个光谱中，各波长点的吸光度值应满足一定的分布（如正态分布）。基于这个假设，SNV 算法对每一条光谱进行处理（基于光谱矩阵的行）。计算见公式（6.8）：

$$x_{\mathrm{SNV}}=\frac{x-\bar{x}}{\sqrt{\dfrac{\sum_{i=1}^{p}(x_i-\bar{x})}{p-1}}} \tag{6.8}$$

式中，x 为某一样本的原始光谱；$\bar{x}$ 为该样本所有波长点的光谱平均值；i=1，2，…，p，p 为波长点数。其计算的实质是对原光谱数据进行标准正态化处理。变量标准化后的光谱数据均值为 0，标准差为 1。SNV 一般用于消除固体颗粒大小、表面散射及光程变化所带来的光谱误差。

6.2.7 去趋势算法

去趋势算法（De-trending）（Barnes et al.，1989；2004）的作用是消除漫反射光谱的基线漂移。其算法是按多项式将光谱 x_i 的吸光度与波长拟合出一条趋势线 d_i，然后从 x_i 中减掉 d_i。通过 De-trending 处理后的光谱数据，一般波峰、波谷的特征更加明显。通常 De-trending 算法与 SNV 算法联合应用较多，用于 SNV 预处理光谱之后的进一步处理。

6.2.8 多元散射校正

多元散射校正（multiplicative scatter correction，MSC）的目的与 SNV 基本相同，主要是消除颗粒分布不均匀及颗粒大小不同产生的散射影响（Isaksson and Naes，1988；Helland et al.，1995；Dhanoa et al.，1995）。MSC 算法与标准算法相似，MSC 的具体计算方法如下。

计算校正集样品的平均光谱 $\bar{X}$。对某样本光谱 $x(1\times m)$，将 x 与 $\bar{X}$ 进行线性回归，即方程 $x=\alpha\bar{X}+\beta$，求取 α 和 β。则 MSC 预处理光谱为

$$x_{\mathrm{MSC}}=\frac{x-\beta}{\alpha} \tag{6.9}$$

通过调整 α 和 β 的大小，可以在减少光谱差异性的同时，尽可能地保留原光谱中与化学成分有关的信息。MSC 校正假定散射与波长及样品的浓度变化无关。

关于MSC算法有很多扩展，如扩展MSC（extended MSC）、分段MSC（piecewise MSC）等。与 SNV 等预处理方法对单条光谱曲线进行预处理不同，MSC 则对一组样本的光谱曲线进行预处理。

6.2.9　基线校正

基线校正（baseline correction）又称为背景校正，由于探测器的漂移、环境的变化、设备的修理等影响，光谱的基线不能保证完全不变。通过去除基线，可以使测量结果在同一个标准上进行比较（孙毅等，2008）。

把光谱区间等分为若干区间，区间的宽度作为分析的窗口宽度：

$$W = \frac{\text{Wavelength}}{m} \tag{6.10}$$

式中，W 是窗口宽度；Wavelength 是整个扫描范围；m 是点数或等分数。根据所测光谱的类型对每个窗口的数分别进行处理，通常是取吸收的光谱最小值为特征值点。把每个窗口中的特征值点用直线连接，并将连接的曲线拟合为近似线性关系，不在拟合后曲线上的点被视为无效而忽略，从而得到基线函数 f_{baseline}。原始光谱数据与基线数据 f_{baseline} 的差为校正后的光谱数据。

6.2.10　导数

导数应用于光谱分析中主要是包括一阶（first derivative）和二阶导数（second derivative）。导数用于校正光谱基线，消除其他背景的干扰，提高光谱分辨率。对光谱求导一般采用 Norris 求导法（Norris，1983；Norris and Williams，1984）和 Savitzky-Golay 求导法（Savitzky and Golay，1964）。

Norris 求导法也称为直接差分法，对于分辨率高、波长采样点多的光谱，Norris 求导法有较好的适用性，求导效果较好。对于波长点少的稀疏光谱则效果较差。

Savitzky-Golay 卷积平滑也可用于求取导数光谱，通过最小二乘法可以计算得到与平滑系数相似的导数系数，可通过查表得到，现在软件一般都能直接得到。

尽管导数处理对光谱有较多正面的影响，但由于光谱中的噪声部分为高频噪声，若处理不当，则导数法会放大这些噪声，降低信噪比。因此，在对光谱进行导数计算时，差分宽度的选择是十分重要的。具体的差分宽度的有效选择理论目前没有特别好的成果，一般除去经验型原则，就是进行不停尝试，选择最优效果的差分宽度。

6.2.11　正交信号校正

一般光谱预处理方法都只对光谱数据矩阵进行处理，但是评价光谱预处理方法时采用的是建立的模型的效果，因此，可能出现预处理之后光谱中部分与理化性质值有关的信息被去除，而影响所建校正模型效果的情况。光谱数据与化学组分是对应的关系，因此，在光谱数据预处理时，将理化性质值考虑进去，可以尽可能在预处理时保留光谱数据中与理化性质值相关的部分，而无用和噪声部分则被去除。正交信号校正（orthogonal signal correction，OSC）的基本原理是利用浓度矩阵（$\boldsymbol{Y}$）与光谱矩阵（$\boldsymbol{X}$）正交，从而滤除光谱中与浓度矩阵无关的信号，因此 OSC 算法效果与光谱数据及浓度矩阵的准确度相关。目前有 3 种方式：正交信号校正（OSC）（Wold et al.，1998）、直接正交信号校正（direct orthogonal signal correction，DOSC）（Westerhuis et al.，2001）和直接正交（direct orthogonalization，DO）（Andersson，1999；Fernández et al，2001）。

OSC 算法存在的问题是得分向量 T 不能同时满足最大限度地表达光谱矩阵 $\boldsymbol{X}$ 中与浓度矩阵 $\boldsymbol{Y}$ 无关的信息，以及保持在 $\boldsymbol{Y}$ 的正交补空间上的条件。

DOSC 能很好地解决其他 OSC 方法所不能解决的问题，具体思路是：DOSC 算法首先将光谱矩阵 $\boldsymbol{X}$ 和理化性质值矩阵 $\boldsymbol{Y}$ 正交，再对正交后矩阵 $\boldsymbol{X}$ 进行主成分分析。采集的样本数据其光谱矩阵 $\boldsymbol{X}(n\times p)$，浓度矩阵 $\boldsymbol{Y}(n\times 1)$，进行 DOSC 运算，具体算法步骤如下。

（1）对 $\boldsymbol{X}$ 与 $\boldsymbol{Y}$ 进行均值中心化或标准化处理。

（2）计算 $\boldsymbol{Y}$ 在 $\boldsymbol{X}$ 上形成的空间投影：

$$H = \boldsymbol{X}'((\boldsymbol{X}')^{-1})'\boldsymbol{Y} \tag{6.11}$$

（3）计算 $\boldsymbol{X}$ 在 H 的正交补空间的投影：

$$M = \boldsymbol{X} - HH^{-1}\boldsymbol{X} \tag{6.12}$$

（4）对 MM' 进行主成分分析，取前 f 个主成分得分矩阵 $\boldsymbol{S}_f$

（5）计算权重矩阵：

$$\boldsymbol{W}_f = X^{-1}\boldsymbol{S}_f \tag{6.13}$$

广义逆 X^{-1} 通过 PLS 得到

（6）计算新的得分矩阵 $\boldsymbol{S}_f$：

$$\boldsymbol{S}_f = \boldsymbol{X}\boldsymbol{W}_f \tag{6.14}$$

（7）计算载荷矩阵 $\boldsymbol{P}_f$：

$$\boldsymbol{P}_f = \boldsymbol{X}'\boldsymbol{S}_f \big/ \boldsymbol{S}'_f\boldsymbol{S}_f \tag{6.15}$$

（8）计算样本集光谱预处理之后的光谱：

$$X_{\text{dosc}} = \boldsymbol{X} - \boldsymbol{S}_f\boldsymbol{P}'_f \tag{6.16}$$

校正模型对预测集进行预测时，对预测集光谱计算其 DOSC 预处理光谱，具体流程如下。

（1）对预测集数据进行与校正集数据同样的处理。

（2）计算预测集样本的得分：

$$S_{\text{pre}} = X_{\text{pre}}W_f \tag{6.17}$$

（3）计算 DOSC 预处理光谱：

$$S_{\text{preDOSC}} = X_{\text{pre}} - S_{\text{pre}}P'_f \tag{6.18}$$

正交信号校正算法考虑到了光谱矩阵及理化性质值矩阵，因此，首先必须保证理化性质值的准确性，否则即使同时考虑理化性质值矩阵，也可能将无关的信号保留，而将有用的信息剔除，结果反而使模型效果不好。

注意到主成分得分矩阵 $\mathbf{S}_f$，结合主成分分析理论，可知主成分个数的选取对 DOSC 预处理结果也有直接影响，对主因子数目的确定要依靠校正模型的效果。

6.2.12　净分析信号

净分析信号（net analyte signal，NAS）（Lorber et al.，1997；Ferré et al.，2001；Rocha and Poppi，2011）是与正交信号校正法类似的光谱预处理方法，在光谱预处理时考虑到了光谱矩阵与理化性质值矩阵，采用正交投影理论，提取原始光谱矩阵中待测组分的净分析物信号，去除无用信息，从而达到光谱预处理的目的。

对于采集的样本数据其光谱矩阵 $\boldsymbol{X}(n\times p)$，浓度矩阵 $\boldsymbol{Y}(n\times 1)$，净分析信号的算法实现步骤较多，这里介绍一种最简单的形式：

$$X_{\mathrm{NAS}}=\boldsymbol{b}(\boldsymbol{b}^{\mathrm{T}}\boldsymbol{b})^{-1}\boldsymbol{b}^{\mathrm{T}}\boldsymbol{X} \tag{6.19}$$

式中，$\boldsymbol{b}$ 为 PLS 模型的回归系数矩阵。对于预测集的光谱进行 NAS 预处理的结果为

$$X_{\mathrm{NASpre}}=\boldsymbol{b}(\boldsymbol{b}^{\mathrm{T}}\boldsymbol{b})^{-1}\boldsymbol{b}^{\mathrm{T}}\boldsymbol{X}_{\mathrm{pre}} \tag{6.20}$$

6.2.13　小波变换

小波变换（wavelet transform，WT）是用于信号及图像处理的一种方法。在光谱分析中，小波变换主要用于数据压缩、平滑和滤噪。与傅里叶变换（FT）相比，WT 是一种时频变化分析方法，能实现对信号与图像的多尺度的细化分析。

在 NIR 光谱分析中，WT 可用于光谱平滑去噪（Shao and Zhuang，2004；Carlomagno et al.，2004）。WT 应用于平滑去噪的具体思路是：首先对原始光谱进行 WT 计算，得到原始光谱高频小波系数（一般代表噪声信息）和低频小波系数（代表光谱特征信息），再通过阈值法对小波系数中的高频（低尺度）系数进行计算，去除被认为是噪声的部分，然后基于处理的高频系数和未被处理的低频系数进行重构，即可得到去噪后的光谱信号。一般阈值法采用硬阈值法和软阈值法两种，硬阈值法是通过设定一个阈值，强制性地把所有低于阈值的小波系数全部置零；而软阈值法是将小于阈值的小波系数置零并从大于阈值的小波系数的绝对值中扣除该阈值。关于小波分析阈值的选择方法还有很多。小波分析在图像处理中也有非常广泛的应用。

6.2.14　经验模态分解

经验模态分解（empirical mode decomposition，EMD）是 N. E. Huang 等于 1998 年提出的信号处理方法（Huang et al.，1998）。EMD 算法在时域范围内将原始信号分解为一系列包含不同时间尺度特征的本征模态函数（instrinsic mode function，IMF）分量及一个余量。IMF 分量包含了高频和低频部分，其中一般认为高频部分主要为噪声部分而低频部分为信号特征部分，因此通过对 IMF 分量中的高频部分进行处理，可以达到去除噪声的目的。

对于一条光谱曲线 x，其分解过程如下。

（1）找出光谱曲线 x 所有的极大值点和极小值点，并用 3 次样条插值函数拟合形成原光谱数据的上包络线和下包络线，计算上、下包络线平均值 m，将原数据 x 减去该平均包络 m，得到一个新的数据序列 h，即 $h = x - m$。一般 h 都不是稳定的，需要以 h 为基准继续之前的计算，直到平均包络线接近 0，h 满足 IMF 的条件，则 h 为第一个高频 IMF 分量。

（2）基于原始光谱数据减去第一个 IMF 分量，重复（1），直到不能分解，得到全部的 IMF 分量及最后不能分解的余量 Res，Res 代表了原始光谱的趋势。最终，原始光谱可以表示如下：

$$x = \sum_{i=1}^{n} \mathrm{IMF}(i) + Res \tag{6.21}$$

式中，n 为 IMF 分量个数。

与小波变换分析相似，基于 EMD 的去噪处理一般采用的也是阈值法（硬阈值法与软阈值法），通过对 IMF 高频分量采用阈值法去除被认为是噪声的部分，最终保留被认为是有用信息的部分，并进行光谱重构，重构的光谱即去噪之后的光谱。EMD 算法的阈值可以采用硬阈值法，软阈值法及其他一些阈值方法。一般介绍采用 Donoho 等的理论计算阈值的方法：

$$\mathrm{Thr} = \sigma_i \sqrt{21gp} \tag{6.22}$$

$$\sigma_i = \frac{\mathrm{median}(|\,\mathrm{IMF}(i) - \mathrm{median}(\mathrm{IMF}(i))\,|)}{0.6745} \tag{6.23}$$

式中，median 为计算中值。

6.2.15　褶合变换

褶合变换（convolution transform，CT）技术用于对红外光谱的分析，可用于解决光谱所存在的吸收弱、重叠多、谱带复杂等问题（肖杰等，2003）。

CT 算法根据样本对光吸收特性的变化，通过褶合变换对原始吸收光谱进行以正交多项式为基础的正交变换和正交分解，得到数百条甚至上千条的褶合光谱，褶合光谱上的每一个值，都显示出由原始吸收光谱构成的局部细节特征，褶合光谱曲线之间的差异显示了原始光谱不同的细节变化，根据褶合光谱的差异，可以进行定性与定量分析。

对于同一条光谱曲线，可能得到成百上千条褶合光谱，导致数据量变得较大，为了更好地利用褶合光谱信息，可以对褶合光谱进行可视化研究，从而更生动、直观、全面地展示样本褶合光谱的特征和变化。

6.2.16　傅里叶变换

傅里叶变换（Fourier transform，FT）是一种十分重要的信号处理技术，它能够实现频域函数与时域函数之间的转换（Bracewell，1986）。FT 在光谱分析中有广泛的应用，可对原始光谱数据进行平滑、插值、滤波、拟合、导数、卷积及提高分辨率等运算。与小波变换分析类似，可以采用傅里叶系数作为特征信息（特征提取）代替原始光谱数据进行建模分析。

在光谱信号中，一般认为噪声信号为高频信号，因此，对于 FT 分解的不同频率的信号，其高频部分可认为包含光谱信号的噪声，对这些高频信号进行处理，如直接舍弃或设置阈值，都有助于消除光谱噪声，而对处理后的不同频率信号，通过 FT 反变换则可以实现光谱重构，重构之后的光谱曲线去除了部分噪声，更平滑。

6.3　小　结

本章介绍了光谱数据分析常用的预处理方法。预处理对光谱数据的影响较大，不同的预处理方法得到的结果往往不同，最终模型的效果也不同。目前，对于预处理方法，没有理论基础表明某一种预处理方法一定会好于其他预处理方法，在实际应用中，不同的预处理方法需要进行比较以选择最优方法，同时，两种或两种以上预处理方法可以同时使用，但目前极少有超过 3 种以上预处理方法同时使用的。

参 考 文 献

褚小立. 2011. 化学计量学方法与分子光谱分析技术. 北京: 化学工业出版社.

孙毅, 杜振辉, 尹新, 等. 2008. 近红外光谱气体在线分析中基线校正方法的研究. 光谱学与光谱分析, 28(10): 2282-2284.

肖杰, 吴玉田, 雷长海, 等. 2003. 中药近红外光谱的褶合变换与信息可视化技术. 分析化学, 31(11): 1295-1299.

张银, 周孟然. 2008. 近红外光谱分析技术的数据处理方法. 红外技术, 29(6): 345-348.

Andersson C A. 1999. Direct orthogonalization. Chemometrics and In Telligent Lab oratory Systems, 47: 51-63.

Barnes R J, Dhanoa M S, Lister S J. 1989. Standard normal variate transformation and de-trending of near-infrared diffuse reflectance spectra. Applied Spectroscopy, 43(5): 772-777.

Bracewell R N. 1986. The Fourier Transform and Its Applications. New York: McGraw-Hill.

Barnes R J, Dhanoa M S, Lister S J. 2004. Letter correction to the description of Standard Normal Variate(SNV)and De-Trend trans for mations in practical spectro scopy with applications in food and beverage analysis. 2nd Edition. Journal of Near-Infrared Spectroscopy, 1(3): 185-186.

Carlomagno G, Capozzo L, Attolico G, et al. 2004. Non-destructive grading of peaches by near-infrared spectrometry. Infrared Physics & Technology, 46(1): 23-29.

Dhanoa M S, Lister S J, Sanderson R, et al. 1995. The link between multiplicative scatter correction(MSC)and standard normal variate(SNV)transformations of NIR spectra. Journal of Near Infrared Spectroscopy, 2(1): 43-47.

Fernández P J A, Massart D L, de Noord O E, et al. 2001. Direct orthogonalization: some case studies. Chemometrics and Intelligent Laboratory Systems, 55(1): 101-108.

Ferré J, Brown S D, Rius F X. 2001. Improved calculation of the net analyte signal in inverse multivariate calibration. Journal of Chemometrics, 15(6): 537-553.

Guiñón J L, Ortega E, García-Antón J, et al. 2007. Moving average and Savitzki-Golay smoothing filters using Mathcad. Papers ICEE.

Helland I S, Næs T, Isaksson T. 1995. Related versions of the multiplicative scatter correction method for preprocessing spectroscopic data. Chemometrics and Intelligent Laboratory Systems, 29(2): 233-241.

Huang N E, Shen Z, Long S R, et al. 1998. The empirical mode decomposition and the Hilbert spectrum for nonlinear and non-stationary time series analysis. Proceedings of the Royal Society of London. Series A: Mathematical, Physical and Engineering Sciences, 454(1971): 903-995.

Isaksson T, Næs T. 1988. The effect of multiplicative scatter correction(MSC)and linearity improvement in NIR spectroscopy. Applied Spectroscopy, 42(7): 1273-1284.

Lorber A, Faber K, Kowalski B R. 1997. Net analyte signal calculation in multivariate calibration. Analytical Chemistry, 69(8): 1620-1626.

Norris K H, Williams P C. 1984. Optimization of mathematical treatments of raw near-infrared signal in the measurement of protein in hard red spring wheat. I. Influence of particle size. Cereal Chemistry, 61(2): 158-165.

Norris K H. 1983. Extracting information from spectrophotometric curves. Predicting chemical composition from visible and near-infrared spectra. London: Food Research and Data Analysis: Proceedings from the IUFoST Symposium, Applied Science Publishers: 95-113.

Ozaki Y, McClure W F, Christy A A. 2006. Near-infrared Spectroscopy in Food Science and Technology. New York: John Wiley & Sons.

Rocha W F C, Poppi R J. 2011. Multivariate control charts based on net analyte signal(NAS)and Raman spectroscopy for quality control of carbamazepine. Analytica Chimica Acta, 705(1): 35-40.

Savitzky A, Golay M J E. 1964. Smoothing and differentiation of data by simplified least squares procedures. Analytical Chemistry, 36(8): 1627-1639.

Shao X, Zhuang Y. 2004. Determination of chlorogenic acid in plant samples by using near-infrared spectrum with wavelet transform preprocessing. Analytical Sciences, 20(3): 451-454.

Westerhuis J A, de Jong S, Smilde A K. 2001. Direct orthogonal signal correction. Chemometrics and Intelligent Laboratory Systems, 56(1): 13-25.

Wold S, Antti H, Lindgren F, et al. 1998. Orthogonal signal correction of near-infrared spectra. Chemometrics and Intelligent Laboratory Systems, 44(1): 175-185.

第 7 章　数据压缩与特征提取

7.1　概　　述

化学仪器如光谱仪得到的数据量一般都较大，包含噪声及无用信息。采用全部数据建立校正模型计算复杂且耗时较长，噪声和无用信息也会影响所建模型的准确性和稳健性，不利于研究和实际应用。光谱预处理可以去除噪声，光谱数据压缩及特征提取也可以减少或去除光谱噪声信息的影响，同时对原始数据进行压缩降维，提取特征信息，减少了数据量，降低了无用数据的影响。本章介绍一些用于光谱数据压缩和特征提取的方法。

7.2　典型数据压缩与特征提取方法

7.2.1　主成分分析

主成分分析（principal component analysis，PCA）是一种有效解决数据多重共线性问题，提取数据特征信息，实现数据压缩的常用有效算法（Wold et al.，1987）。主成分分析是将多个变量通过线性变换变换到一个新的坐标系，使任何数据投影的第一大方差在第一个坐标上（称为第一主成分，PC1），而第二大方差在第二个坐标上（第二主成分，PC2），依次类推，得到与变量数相同的主成分个数。这些主成分是原来变量的线性组合且相互正交，并且所含信息不重叠，因此消除了变量之间的多重共线性。理论上 PCA 得到了与原始变量数据同样维数的主成分，但是由于除最前面少数几个对方差贡献最大的主成分外，后面的主成分的贡献非常少，基本可以忽略，实际中只需要保留前面少数几个贡献率最大的主成分就可以保留原始数据最主要的信息，一般保留的主成分个数根据累积贡献率和实际需要而决定，这就是常用的 PCA 数据压缩的方法。

PCA 实现光谱数据压缩和特征提取的步骤是：①对校正集光谱进行标准化；②对标准化处理的数据计算协方差矩阵；③根据协方差矩阵，计算得出主成分特征值、主成分贡献率及累积贡献率，计算主成分载荷。

实际中，当样本数量与变量数量都较多时计算速度慢，影响了 PCA 的使用效率，特别是在光谱分析中样本数和波长变量都较大，因此，一般采用计算步骤更简单、更快速的非线性迭代偏最小二乘法（nonlinear iterative partial least squares，NIPALS）来实现（Geladi and Kowalski，1986）。在化学计量学软件 Unscrambler 中，常用的 PCA 计算就是基于 NIPALS。

NIPALS 的计算步骤是：①取原始数据矩阵中的任一列为起始得分向量 t；②计算载荷矩阵；③将载荷矩阵归一化；④计算得分，并比较新得到的得分向量与旧得分向量是否收敛，若不收敛，则继续重复②～④，若收敛，则继续下一步；⑤若完成了所有主成分的计算，则计算停止；若未完成主成分计算，则在这一步计算残差矩阵，之后用残差矩阵代替原始数据矩阵计算下一个主成分。

在光谱分析中，PCA 的主成分得分被用来代替原始的光谱数据作为输入建立校正模型，预测集光谱的得分向量可以根据校正集样本的载荷矩阵计算：$\boldsymbol{T}=\boldsymbol{X}\boldsymbol{P}$。

对 PCA 还有一些改进的形式，如核主成分分析、稳健主成分分析等，这些算法在原有 PCA 基础上解决了部分不足，同样可以用于数据压缩与特征提取，具体算法实现可以参阅相关文献。

7.2.2 偏最小二乘法

偏最小二乘法（partial least squares，PLS）与 PCA 具有类似的计算过程，不同的是 PCA 只对光谱矩阵进行分解，而 PLS 同时对光谱矩阵和理化性质值进行分解，且在计算主成分时，不仅考虑到使主成分方差尽可能大，也使主成分与理化性质值最大程度相关（Haaland and Thomas，1988）。PLS 中主成分一般称为主因子或隐含变量。对预测集光谱的得分而言，计算方法与 PCA 计算预测集样本得分一样。PLS 的主成分得分常被用于作为其他校正模型的输入。

7.2.3 线性判别分析

线性判别分析（linear discrimination analysis，LDA）也是一种常用的数据降维方法，它将不同类别样本的高维数据投影到低维最佳鉴别矢量空间，从而提取分类特征信息，实现数据降维的效果。投影的目的是保证不同类别样本特征在新的子空间有最大的类间距离和最小的类内距离，从而确保不同类别在该空间内有最佳的可分离性，因此 LDA 能有效提取特征信息（Liu and Wechsler，2002）。目前常用的是基于 Fisher 准则的线性判别分析方法。

LDA 对线性可分样本的分类和数据降维效果较好，而对线性不可分样本则无法取得好的效果（Lachenbruch，1975）。针对 LDA 的不足，也研究出了核线性判别分析法（kernel linear discriminant analysis，KLDA）等。

7.2.4 独立成分分析

独立成分分析（inpendent component analysis，ICA）在源信号未知的情况下，通过线性变换将数据分离成统计独立的非高斯源信号的线性组合，ICA 的目的是从原始数据中尽可能地分离出独立的信号（Vasilescu and Terzopoulos，2005）。ICA 可用于提取光谱有效信息及图像有效信息。独立成分分析的实现步骤如下。

（1）对于原始数据矩阵 $\boldsymbol{X}(n, p)$，假设其可以分离成 n 个独立分量 $I=(I_1, I_2, \ldots, I_n)$。

（2）独立成分分析的主要目的是找到一种线性变换方式，将独立分量分离出来。记为 $X=AI$，其中 A 是传递函数。

（3）设定一个矩阵 $\boldsymbol{W}$，使输出矩阵 $\boldsymbol{Y}=\boldsymbol{WX}$，即 $\boldsymbol{Y}=\boldsymbol{WAC}$，对于独立成分分析可知，需要得到的输出为独立的源信号 C，因此，需要 $\boldsymbol{WA}$ 的结果为单位矩阵。若分离的信号相对独立，则表明源信号已被正确分离。

ICA 的基本算法研究得是比较理想的状况，而实际应用中往往无法同时满足 ICA 的应用条件，导致效果不够理想。基于 ICA 提出了很多改进算法，其中固定点算法（FastICA）是一种收敛速度快、分离效果好的 ICA 算法。

FastICA 有多种不同形式（基于峭度、基于似然最大、基于负熵最大等），这里简单介绍基于负熵最大的 FastICA 算法的实现步骤。

（1）对原始数据进行去均值化和白化预处理，得到单位方差的信号 S。

（2）设定需要得到的分量个数 n，以及迭代次数 k，k 初始设置为 1。

（3）随机选择初始分离矩阵 $\boldsymbol{W}$。

（4）按照公式（7.1）更新分离矩阵 $\boldsymbol{W}$，

$$\boldsymbol{W} = E\{Sg(W^{\mathrm{T}}S)\} - E\{g'(W^{\mathrm{T}}S)\}W \tag{7.1}$$

式中，g 为非线性函数；E 为协方差矩阵。

（5）正交化分离矩阵 $\boldsymbol{W}$，

$$\boldsymbol{W} = W - \sum_{i=1}^{k-1}(W^{\mathrm{T}}W_i)W_i \tag{7.2}$$

（6）对分离矩阵 $\boldsymbol{W}$ 进行标准化，

$$\boldsymbol{W} = W / \|W\| \tag{7.3}$$

（7）判断 $\boldsymbol{W}$ 是否收敛，若收敛则分离出一个独立分量 $\boldsymbol{W}^{\mathrm{T}}S$，继续下一步；若不收敛，则回到第（4）步继续开始。

（8）k=k+1，继续执行算法直到选出 n 个独立分量。

对 ICA 的改进算法很多，FastICA 只是其中一种，其他如核 ICA 及 RobustICA 都是比较好的 ICA 改进算法，这里不再一一讲述。

7.2.5　小波变换

小波变换用于数据压缩的基本原理类似于小波变换去噪（Daubechies，1990），一般采取如下步骤：先对原始数据进行 W^{T} 计算得到小波系数，然后删除小波系数中认为代表无用信息的系数，保留代表有用信息的系数。需要时，将其反变换即可还原原始数据。保留的系数可以用来作为小波变换的特征信息，以压缩后数据（特征信息）代替原始数据进行校正模型的建立。

7.2.6　局部线性嵌入

局部线性嵌入（locally linear embedding，LLE）是一种经典的非线性降维的流形学习方法，能够使降维后的数据保持原有数据的流形结构（Donoho and Grimes，2003）。LLE 的主要思想是将高维数据映射到低维空间，并保持原流形中局部邻域间相互关系。

将 LLE 应用于光谱数据分析，主要是利用样本空间的局部线性来反映全局非线性，从而解决光谱数据中存在的非线性问题。LLE 算法认为每一个数据点都是其邻近点的线性加权组合，因此，LLE 算法的基本步骤如下。

（1）计算样本集任意两点的欧氏距离，并选择距离最近的 k 个点作为邻域，这个过程与 KNN 法有点类似，k 为算法进行之前给定的值。

（2）计算样本点的局部重建权重矩阵 $\boldsymbol{W}$，使误差函数 $E_x = \sum_i | x_i - \sum_j W_{ij} x_j |^2$ 最小，其中 $\sum_j W_{ij} = 1$，若 x_i 与 x_j 不为近邻点，则 W_{ij} 为 0。

（3）通过得到的局部重建矩阵，重构低维嵌入向量 Y，使重构误差 $E_y = \sum_i | y_i - \sum_j W_{ij} y_j |^2$ 最小，其中低维重构向量必须满足两个限制条件：

$$\sum_i y_i = 1,\ \frac{1}{n}\sum_i y_i y_i^T = 1 \tag{7.4}$$

最终转化求解矩阵 $\boldsymbol{M} = (I - W)^T (I - W)$ 的第 2 个到第 d+1 个特征值对应的特征向量为重构低维向量。

LLE 的优点是：①只需要设定邻近点数 k 及降维的维数 d；②具有全局最优解；③计算简单。

7.2.7　等距映射

等距映射（isometric feature mapping，ISOMAP）也是一种经典的非线性降维的流形学习方法，是一种非迭代的全局优化算法（Tenenbaum et al.，2000）。其主要思想是计算两点之间的测地距离而不是欧氏距离，测地距离可以很好地反映数据集的内部特征，因此 ISOMAP 算法得到的降维数据能很好地体现原始高维数据的本征结构。ISOMAP 算法的具体实现步骤如下。

（1）构建邻域图。计算所有样本点之间的欧氏距离，选择距离某一点最近的 k 个点或距离小于设定半径的相邻点，将相邻点连起来作为邻域图的边构建邻域图。

（2）计算测地距离。对于离得很近的节点，计算欧氏距离作为近似测地距离；对于离得较远的点（距离大于某一固定值），则计算任意两节点在邻域图中的最短路径，将此最短路径值作为对应节点间的近似测地距离。

（3）根据得到的测地距离，运行多维尺度分析（multidimensional scaling，MDS）算法将数据映射到低维空间，求解最终 d 维嵌入向量。

7.3　小　　结

一般而言，光谱数据具有数据点多、维数高的特点。在光谱数据众多波长点的数据中，包含有一定的噪声和无用信息，预处理方法能消减噪声，突出有用信息，而无法减少数据输入量，降低数据维数。本章介绍了目前在光谱数据分析中常用的数据压缩与特征提取方法，通过数据压缩后提取包含有最多有效信息的特征，对于减少噪声影响、去除无用信息影响、降低数据量具有显著效果。

参 考 文 献

Daubechies I. 1990. The wavelet transform, time-frequency localization and signal analysis. Information Theory, IEEE Transactions on, 36(5): 961-1005.

Donoho D, Grimes C. 2003. Hessian eigenmaps: locally linear embedding techniques for high-dimensional data. Proceedings of the National Academy of Sciences, 100(10): 5591-5596.

Geladi P, Kowalski B. 1986. Partial least-squares regression: a tutorial. Analytica Chimica Acta, 185: 1-17.

Haaland D, Thomas E. 1988. The effect of multiplicative scatter correction(MSC) and linearity improvement in NIR spectroscopy. Analytical Chemistry, 60(11): 1193-1202.

Lachenbruch P. 1975. Discriminant Analysis. New York: John Wiley & Sons, Inc.

Liu C, Wechsler H. 2002. Gabor feature based classification using the enhanced fisher linear discriminant model for face recognition. Image Processing, IEEE Transactions on, 11(4): 467-476.

Tenenbaum J, de Silva V, Langford J. 2000. A global geometric framework for nonlinear dimensionality reduction. Science, 290(5500): 2319-2323.

Vasilescu M, Terzopoulos D. 2005. Multilinear independent components analysis. Computer Vision and Pattern Recognition, 2005. Los Angeles IEEE Computer Society Conference on. IEEE, 1: 547-553.

Wold S, Esbensen K, Geladi P. 1987. Principal component analysis. Chemometrics and Intelligent Laboratory Systems, 2(1): 37-52.

第 8 章　特征波长选择方法

8.1　概　　述

在使用光谱仪采集实验样本光谱信息时，往往采集的不是单个或少数几个波长下的光谱，而是一个连续波段范围内的光谱信息，每一条光谱曲线包含有数百甚至数千个数据点，代表了样本的光谱信息，能反映样本的理化性质。将光谱信息结合多元校正方法建立校正模型进而对未知样本进行预测分析，是光谱分析技术快速、无损检测的根本，也是对光谱信息的充分利用。现有的校正分析方法，尽管很多方法已经能对大量的数据进行处理，如主成分分析（principal component analysis，PCA）、偏最小二乘法（partial least squares，PLS）等，但是大量的变量数据明显影响了建模的速度，并且采集的光谱信息中包含了大量的冗余、共线性及重叠的信息，同时也含有大量的噪声，对多元校正模型的建立产生干扰，也可能影响多元校正模型的效果。对原始的光谱数据进行选择，挑选出共线性最小、冗余最少且包含主要有效信息的波长，减少无用信息的干扰，用这些少数几个或几十个波长代替原始的数百甚至数千个波长建立多元校正模型，使建立的模型更简便、更稳健、更准确，且不降低模型的预测能力。同时，特征波长的选择，对于便携式仪器的开发，具有重要的意义。实际应用中光谱仪的价格昂贵，且采用模型进行预测时稍显复杂，而使用少数几个波长的便携式仪器能有效地直接采集特征波长的光谱并直接进行预测，实现快速无损的检测，且便携式仪器的成本较全谱近红外光谱要低得多。特征波长的选择具有实际意义。

样本光谱反映的是样本在光谱波段范围的光谱特性，由基础篇的内容可知，不同范围的光谱是样本包含的化学基团的基频、倍频及合频等信息。而根据光谱曲线则可以知道已有官能团，从而实现对化学组分的检测。

光谱信息不仅受样本的影响，同时也受到仪器及实验操作的影响。不同的仪器在同一条件下对同一样本采集的光谱信息有所偏差，温度、压强、湿度等均影响光谱信息。特征波长的选择能够减少仪器与外界环境的影响。

与数据压缩提取特征信息不同，特征波长选择不改变原有数据，只是从原有数据中选择少数几个或几十个特征波长数据点。一般而言，若选择特征波长区域，则可能得到较多的数据点，可能达到数百个，而特征波长的个数不宜太多。本节中介绍的方法，大多数都能用于特征波长区间选择，但为了表述方便，统一表述为特征波长。特征波长的选择减少了变量数目，加快了模型的计算速度，便于维护。一般认为，基于特征波长的模型，模型效果更准确、更稳健。

8.2　基于知识的人工选择方法

基于知识的人工选择特征波长主要是基于样本的光谱特性，根据光谱与待测化学组分紧密相关的化学基团和官能团的峰和谷或光谱区间进行。例如，在预测蛋白质含量时，与蛋白质含量较为相关的光谱曲线的光谱区间变量数量可以大大减少，减少无用信息的干扰。

一般而言，最简单的人工选择方法是直接根据与待测化学组分相关的化学基团所在的波峰、波谷或光谱区间，建立回归分析模型，该方法的关键是要了解化学基团对应的波长信息及化学组分对应的波长区间。

求导是光谱预处理的常用方法之一，能有效地突出光谱的特征信息。采用导数光谱选择特征波长是基于导数光谱的峰和谷，通过选择合适的峰和谷作为特征波长进行分析。由于噪声对导数光谱的影响较大，在使用导数光谱选择特征波长时，应使原始光谱的噪声信息最少。求绿色植物红边参数时就用到了导数光谱。

在对样本进行判别分析和分类时，通过研究不同种类样本的平均光谱，探究其在光谱曲线上的差异，将差异明显的波长或波长范围作为特征波长，进行判别分析。

根据样本光谱特性人工选择的特征波长，虽然包含有用信息，能够反映样本的特性，但实际中可能会有部分有用信息遗漏，且并未考虑实际的化学组分值，基于人工选择的特征波长建立的校正模型可能无法取得满意的效果，因此应用较少。

8.3　基于 PCA 的特征波长选择方法

8.3.1　载荷法

主成分分析的载荷（loading）反映了主成分与光谱原波长变量的相互关联程度，主成分分析载荷越大，表明对应的波长变量越重要，包含的信息越多（Guo et al.，2002；Jouan-Rimbaud et al.，1995）。

主成分分析载荷法选择特征波长的基本方法是：①确定不同主成分的贡献率，选定用来分析的主成分累积贡献率；②确定在累积贡献率下的主成分个数，以及对应主成分下的载荷，设定阈值选择，基于波长–载荷图选择峰或谷作为特征波长。

由于 PCA 只是对校正集光谱信息进行了分析，未考虑到校正集样本理化性质的影响，因此采用 PCA 载荷法选择的特征波长建立的校正模型可能得不到理想的效果。

8.3.2　Modeling Power 法

Modeling Power 法是一种波长对模型预测效果有效性的衡量，可用于选择特征波长（刘飞等，2010）。MP 可以被用来研究一个波长变量对一个模型的相关性，MP 值的大小反映了波长对模型的影响能力的大小。MP 值为 0～1，MP 值越接近 1，则表明该波长对分类模型越重要。而一般 MP 值应大于 0.3，小于 0.3 说明波长对分类模型的结果不重要。在实际应用中，可以通过设定 MP 阈值选择符合要求的特征波长。

MP 的计算公式：

$$MP=\sqrt{\frac{\text{变量残余方差}}{\text{变量总方差}}} \tag{8.1}$$

8.3.3 特征投影图法

在主成分分析的过程中，可以计算得到数据载荷矩阵和得分矩阵，近红外光谱中得分矩阵反映了不同样本之间的关系，而载荷矩阵反映了不同波长变量之间的关系，通过对主成分得分或载荷作图得到特征投影图（latent projective graph，LPG），而由于载荷反映的是波长变量之间的关系，即对载荷投影图进行分析可进行波长变量选择（Shao et al.，2012）。

近红外光谱中含有大量共线性的波长变量，而特征波长选择的目的是选择包含最多有用信息且非线性最小的波长变量，在 LPG 中，共线性数据显示为直线，而两条直线的拐点处则表明数据的非线性，可以代表样本的有用信息，因此在实际选择时选择载荷投影图中两条直线的拐点处所代表的波长变量为特征波长。

8.4 基于 PLS 的特征波长选择方法

8.4.1 载荷与载荷权重法

在 PLS 计算时，会得到载荷（loading）和载荷权重（loading weight，LW）（一般考虑光谱矩阵）（Liu et al.，2008；Liu and He，2008；Martens，1985）。载荷及载荷权重的大小表明了对应波长或波段在光谱矩阵中的重要程度，也就是所含有的信息量的大小。因此，根据载荷及载荷权重可以选择特征波长或波段。

基于载荷和载荷权重选择特征波长或特征波段，是以从第一个主因子到最优主因子每一主因子下的载荷或载荷权重中选择一个绝对值最大的峰或谷作为特征波长。

8.4.2 回归系数与加权回归系数法

在 PLS 计算中会得到回归系数（regression coefficient，RC），一般会以最优的 PLS 模型的回归系数，来选择特征波长和特征波段（Liu et al.，2008；2009；Theanjumpol et al.，2013）。一般可以基于阈值，选择绝对值大于阈值的波峰和波段为特征波长或特征波段。但是可能出现变量值较小而方差较大的情况，从而导致选择的波长代表性不强。

加权回归系数（weighted regression coefficient，Bw）是对数据标准化之后 PLS 计算得到的回归系数，使所有的变量都有同样的方差。绝对值大的加权回归系数值，表示该波长对光谱矩阵的影响大，且对预测结果的影响更大，可以被用来作为特征波长（Frenich et al.，1995；ElMasry et al.，2012）。

基于 RC 和 Bw 选择特征波长或特征波段，都是以取得最优的 PLS 模型的主因子个数来计算的。

8.4.3 变量重要性投影法

变量重要性投影法（variable importance in the projection，VIP）表征的是光谱矩阵中

的变量对化学成分预测的贡献（Wold et al.，1993；Eriksson，2006；Chong and Jun，2005；Gosselin et al.，2010）。PLS 中 VIP 的计算公式为

$$\mathrm{VIP}_k = \sqrt{K\sum_{i=1}^{f}\left[(q_i^2 t_i^{\mathrm{T}} t_i)(w_{ik} / \| w_i \|^2) / \sum_{i=1}^{f}\left(q_i^2 t_i^{\mathrm{T}} t_i\right)\right.} \tag{8.2}$$

式中，i=1，2，…，f，f 是隐含变量数；K 是光谱变量数；w_{ik} 是第 k 个波长在第 i 个隐含变量的载荷权重；t_i 、w_i 及 q_i 分别是第 i 个隐含变量的预测、载荷及 Y 载荷。

通常 VIP>1.0 的影响更大，0.8<VIP<1.0 表明波长的影响是中度的，VIP<0.8 代表不那么重要的波长。一般 VIP 阈值取 1.0，大于 1 的被认为可以作为特征波长。

8.4.4 PLS 修剪算法

PLS 修剪算法（PLS pruning）（Lima et al.，2005）的基本思想是逐步去除在 PLS 回归时不重要的回归系数所对应的波长，并分别建立相应的 PLS 模型，计算每一个 PLS 模型的误差，采用 Hessian 矩阵评估误差函数，直到只剩下一个变量的情况。基于最小误差且波长数量最少的 PLS 模型的输入波长变量，则为选择的特征波长。PLS 裁剪算法的基本实现步骤如下。

（1）基于全波段光谱建立 PLS 模型，得到回归系数矩阵 $\boldsymbol{b}(1\times p)$，采用验证集样本评估误差函数。误差函数为 $E=\sum(y_i - y_{i,\mathrm{pre}})^2$。

（2）根据去除一个回归系数 b_i 后误差变化的显著性分析决定是否去除该回归系数对应的波长。

（3）根据剩余的 p–1 个波长，建立 PLS 模型，得到新的回归系数矩阵，并计算误差函数的值。

（4）重复（2）、（3）两步直到只剩下一个波长变量。

在 PLS 裁剪算法中，每一个 PLS 模型的隐含变量数的优化是随着算法的进行而进行的。隐含变量的优化服从以下规则。

（1）采用波长变量数 10%的隐含变量计算预测误差平方和（prediction error sum of squares，PRESS）。由于波长变量数随着算法的继续进行而不断减少，采用的隐含变量数也逐渐减少，当波长变量数少于 20 时，采用的隐含变量数与波长变量个数一样。

（2）找到使 PRESS 最小的隐含变量数，然后寻找另外使 PRESS 值比该最小 PRESS 高 10%的隐含变量数，如果能够找到，则使找到的隐含变量数作为模型的隐含变量数，进行这个过程的主要目的是为了防止模型过拟合。

8.4.5 SR 法

SR（selectivity ratio）是每一个波长变量的解释方差（explained variance）与残余方差（residual variance）的比值。值越大，说明该波长对模型的贡献越大（Rajalahti et al.，2009）。SR 选择特征波长需要设定阈值。

8.4.6　无信息变量消除法

无信息变量消除法（uninformation variable elimination，UVE），就是消除不含信息的变量，最终剩下的都是对化学组分预测的有用变量（Centner et al.，1996；Moros et al.，2008）。UVE 是一种基于 PLS 模型回归系数的波长选择方法。

PLS 应用于光谱分析中时，理化性质值 Y 与光谱矩阵 $\boldsymbol{X}$ 的关系是 $Y=\boldsymbol{X}b+b_0$，其中 b 为回归系数，而 b_0 则为误差。无信息变量法通过将随机产生的噪声矩阵（与光谱矩阵大小相同）加入光谱矩阵中，然后基于留一法交互验证建立 PLS 模型，得到回归系数矩阵，最后按列计算回归系数矩阵的平均值 M 及标准偏差 S，通过计算 $E(i)=M(i)/S(i)$，根据 $E(i)$ 的绝对值确定选择的特征波长。UVE 的实现过程较为简单，具体如下。

（1）对于校正集光谱矩阵 $\boldsymbol{X}$（$n\times p$），人为随机产生一个噪声矩阵 $\boldsymbol{N}$（$n\times p$）与之组合得到 $\boldsymbol{XN}$（$n\times 2p$），其中前 p 列为校正集光谱矩阵 $\boldsymbol{X}$，后 p 列为随机产生的噪声矩阵 $\boldsymbol{N}$。

（2）基于 $\boldsymbol{XN}$ 与校正集理化性质值矩阵 $\boldsymbol{Y}$ 建立 PLS 模型，PLS 模型的建立采用留一法交互验证，得到了 PLS 模型的回归系数矩阵 $\boldsymbol{b}$（$n\times 2p$）。

（3）按列计算回归系数矩阵的平均值和标准偏差，得到平均值矩阵 $\boldsymbol{M}$（$1\times 2p$），标准偏差矩阵 $\boldsymbol{S}$（$1\times 2p$），计算每一列平均值与标准偏差的商 $E(i)=M(i)/S(i)$，$i=1$，2，3，…，$2p-1$，$2p$）。

（4）计算 E 在[$p+1$，$2p$]区间内绝对值最大的值，记为 $E_{max}=\max[\text{abs}(E)]$。

（5）在[1，p]区间内去除校正集光谱矩阵中小于 E_{max} 的变量对应的波长，最终剩余的波长为选出的特征波长。

由于 UVE 选择的波长数量仍较多，在实际的研究和应用中继续对 UVE 选择的波长进行进一步的选择，因此也衍生出了一些组合方法，如 UVE-SPA 就是将 UVE 与 SPA 结合起来的方法。蒙特卡罗无信息变量消除法（Monte Carlo-UVE，MC-UVE）是一种结合了蒙特卡罗采样方法与无信息变量消除方法的特征波长选择方法（Han et al.，2008）。

蒙特卡罗采样就是随机从样本中选择一定数量的样本进行分析，反复重复多次。MC-UVE 结合了 MC 算法和 UVE 算法，与 UVE 相比，MC-UVE 使用了 UVE 中得到的稳定性值来评价每个波长变量的可靠性，而稳定性值则是采用 MC 采样代替传统 UVE 中的留一法交互验证而获取的。MC-UVE 算法的具体过程如下。

（1）将校正集样本 X（np）按照一定的数量基于蒙特卡罗采样随机分成建模集和预测集，然后基于划分的建模集建立 PLS 模型，整个过程重复 N 次，得到回归系数矩阵 $\boldsymbol{b}$（$N\times p$）。

（2）按列计算回归系数矩阵的平均值和标准偏差，得到平均值矩阵 $\boldsymbol{M}$（$1\times p$），标准偏差矩阵 $\boldsymbol{S}$（$1\times p$），计算每一列平均值与标准偏差的商 $E(i)=M(i)/S(i)$，$i=1$，2，3，…，$p-1$，p），E（$1\times p$）为稳定性值。

（3）将不同波长的稳定性值按照从小到大的顺序排列，选择一个阈值，小于阈值的波长均被去除，剩下的则是需要选择的特征波长。

（4）基于选择的波长建立校正模型。

8.4.7　竞争性自适应重加权采样法

竞争性自适应重加权采样法（competitive adaptive reweighted sampling，CARS）是一种结合蒙特卡罗采样与 PLS 模型回归系数的特征变量选择方法，模仿达尔文进化理论中的“适者生存”的原则（Li et al.，2009）。CARS 算法中，每次通过自适应加权采样（adaptive reweighted sampling，ARS）保留 PLS 模型中回归系数绝对值权重较大的点作为新的子集，去掉权重较小的点，然后基于新的子集建立 PLS 模型，经多次计算，选择 PLS 模型交互验证均方根误差（RMSECV）最小的子集中的波长作为特征波长。

CARS 算法的具体过程如下。

（1）采用蒙特卡罗采样法，每次随机从校正集中选择一定数量（一般为 80%）的样本进入建模集，剩余的 20%作为预测集建立 PLS 模型。蒙特卡罗的采样次数（N）需要提前设定。记录每一次采样过程 PLS 模型中的回归系数绝对值权重，$|b_i|$为第 i 个变量的回归系数绝对值，w_i 为第 i 个变量的回归系数绝对值权重 $w_i=|b_i|/\sum_{i=1}^{m}|b_i|$，$m$ 为每次采样中剩余的变量数。

（2）利用指数衰减函数（exponentially decreasing function，EDF）强行去除回归系数绝对值权重相对较小的波长。在第 i 次基于 MC 采样建立 PLS 模型时，根据 EDF 得到保留的波长点的比例 R_i 为

$$R_i=\mu e^{-ki} \tag{8.3}$$

式中，μ 与 k 是常数，可以按照以下两种情况进行计算。

①在一次采样并进行相应计算时，所有的波长都参与了建模分析，因此此时保留的波长点的比例为 1。②在最后一次采样（第 N 次）完成并进行相应计算时，只剩下两个波长参与 PLS 建模，此时保留的波长点的比例为 $2/n$，其中 n 是原始波长点数。由以上最初及最后一次采样的情况可知，μ 与 k 的计算公式为

$$\mu=\left(\frac{n}{2}\right)^{\frac{1}{N-1}}\quad,\quad k=\frac{\ln\left(\frac{n}{2}\right)}{N-1} \tag{8.4}$$

（3）在每一次采样时，都从上一次采样时的变量数中采用自适应加权采样（ARS）选择数量为 $R_i\times n$ 个的波长变量，进行 PLS 建模，计算 RMSECV。

（4）在 N 次采样完成之后，CARS 算法得到了 N 组候选特征波长子集，以及对应的 RMSECV 值，选择 RMSECV 最小值所对应的波长变量子集为特征波长。

8.4.8　间隔偏最小二乘法

间隔偏最小二乘法（interval PLS，iPLS）是一种比较常见的特征波长区间的选择方法（Norgaard et al.，2000），通过将光谱按需要分成若干个区间，然后分别对这些区间进行 PLS 建模计算，与基于全谱的 PLS 进行比较，选择效果最佳的区间。一般以 RMSECV

为评价指标，也可以以相关系数、决定系数等作为评价指标选择最优的子区间。

8.4.9　反向区间偏最小二乘法

反向区间偏最小二乘法（backward interval PLS，BiPLS）是在 iPLS 的基础上提出的特征波长区间的选择方法，BiPLS 是一种只出不进的算法（Leardi and Norgaard，2004）。其具体的思路和步骤如下。

（1）对光谱数据进行预处理，并将整个光谱区间分为 n 个等宽的区间。

（2）基于全部光谱建立 PLS 模型，然后每次剔除一个区间，以剩下的 $n-1$ 个区间建立模型，并计算模型的 RMSECV，通过比较各个模型的 RMSECV 值来选择首先剔除的区间。

（3）剔除一个区间后，在剩下的区间中重复同样的计算，剔除到只剩下一个区间为止，选择 RMSECV 值最小的区间组合为最优的特征光谱区间建立模型。

8.4.10　联合区间偏最小二乘法

联合区间偏最小二乘法（synergy interval PLS，SiPLS）（Norgaard et al.，2000）谱区筛选的基本思想和步骤如下。

（1）对光谱数据进行预处理，并将全光谱均匀划分为 n 个等宽的子区间。

（2）随机选择其中 m 个区间组成联合区间，基于联合区间建立 PLS 模型，共建立 C_n^m 个 PLS 模型，比较不同 PLS 模型的效果（以 RMSECV 值最小为目标），效果最好的模型对应的 m 个子区间组合作为入选区间。

（3）SiPLS 的计算量非常大，因此一般子区间数 $m<5$，且选择的区间数不宜过大。在部分论文中得到较好的效果，分别将全谱分成不同个数的子区间，在 $m<5$ 的前提下，分别以 $m=2$、3、4 进行选择，从而选择最好的联合子区间。

8.4.11　前向区间偏最小二乘法

前向区间偏最小二乘法（forward interval PLS，FiPLS）（Zou et al.，2007）是一种只进不出的方法。通过将光谱按需要分成若干个区间，然后分别对这些区间进行 PLS 建模计算，与基于全谱的 PLS 模型进行比较，选择效果最佳的区间与剩余区间两两结合，重新计算，再进行比较，继续结合，一直到取得最优效果为止。其实现的思想和步骤如下。

（1）对光谱进行预处理，建立基于全谱的 PLS 模型。

（2）将整个光谱区域划分为 n 个等宽的子区间，若无法完全划分为等宽的子区间，则将最后区间宽度不够一个波长区间作为一个子区间。

（3）基于每个区间建立 PLS 模型，共建立 n 个 PLS 模型。以 RMSECV 值衡量各模型的效果，分别比较全光谱模型和各子区间 PLS 模型的效果，取 RMSECV 值最小的 PLS 模型所在的子区间作为候选子区间。

（4）将候选子区间与剩余 $n-1$ 个子区间逐一联合建立 $n-1$ 组联合区间，并基于联合区间建立 PLS 模型，同样以 RMSECV 为评价指标，选择其中 RMSECV 值最小的模型所在的子区间进入候选子区间。这样运行下去，直至余下所有子区间都进入候选区间。

（5）记录每一个基于候选区间的 PLS 模型的 RMSECV 值，找出在所有模型中 RMSECV 值最小的模型，其所对应的区间组合即最佳组合，是需要选择的特征波长区间。

8.4.12　移动窗口偏最小二乘法

移动窗口偏最小二乘法（moving window PLS，MWPLS）是一种采取区间渐进移动方式进行特征波长区间选择的方法（Jiang et al.，2002；Xu et al.，2014）。其具体思路和实现步骤如下。

（1）对光谱进行预处理，确定光谱区间宽度 W。以光谱起点为区间起点，选择一个宽度为 W 的子区间，基于子区间建立 PLS 模型。

（2）移动子区间每次向后移动一个波长点，而将原区间的第一个波长点剔除，保持子区间的宽度不变，基于新的子区间建立 PLS 模型。循环重复，直到最后一个波长点被选入区间。

（3）基于每个 PLS 模型的 RMSECV 值，按 RMSECV 值进行排序，选择 RMSECV 值最小的模型对应的区间为最佳子区间。若需要选择多区间，则根据前几个 RMSECV 值最小的子区间进行选择。

在 MWPLS 的基础上，为了更有效地选择特征波长区间，提出了搜索组合移动窗口偏最小二乘法（searching combine moving window PLS，SCMWPLS）（Zheng et al.，2008；Kasemsumran et al.，2006）及可变宽度移动窗口偏最小二乘法（changeable size moving window PLS，CSMWPLS）（Du et al.，2004）等。

8.4.13　反向波长选择偏最小二乘法

反向波长选择偏最小二乘法（backward variable selection PLS，BVSPLS）（Fernándezv et al.，2009）是一种后向的特征波长方法。

其具体思路和实现步骤为：①将样本分为建模集和预测集；②基于建模集全部光谱建立 PLS 模型；③去掉一个波长变量，以剩余的波长重新计算 PLS 模型，选取 RMSEP 值最小的模型；④重复以上步骤，直到只剩下一个波长，记录所有最小的 RMSEP 值；⑤画出 RMSEP 图，选择最小的 RMSEP，以 RMSEP 将要增加时的波长为特征波长。

8.4.14　迭代预测变量权重偏最小二乘法

迭代预测变量权重偏最小二乘法（iterative predictors weighting PLS，IPW-PLS）（Forina et al.，1999）是基于 PLS 的迭代分析方法。IPW-PLS 通过在 PLS 建模过程中将校正集光谱矩阵与其重要性相乘，经过多次迭代，重要性较小的波长变量的重要性趋于 0，从而将该波长变量删除，而重要性值较大的则会被保留，最终选择其作为特征波长。IPW-PLS 的基本计算步骤如下。

（1）基于校正集光谱矩阵建立 PLS 模型，计算每一个波长变量的重要性。重要性按照公式（8.5）计算：

$$Z=\frac{|b_i|\,\mathrm{sd}_i}{\sum|b_i|\,\mathrm{sd}_i} \tag{8.5}$$

式中，sd_i 是波长变量 i 的标准偏差；b_i 为波长变量 i 的回归系数。

（2）将原始校正集光谱矩阵与其重要性相乘，得到新的矩阵，根据新的矩阵建立 PLS 模型，重新计算重要性。

（3）重复上一步，直到进行了一定次数的迭代（迭代次数需要事先设定）。

（4）设定阈值，以剔除重要性小的变量，进而留下重要性大的变量作为特征波长。

IPW-PLS 算法的一个缺陷是当波长变量数过多时，会增加计算耗时。为解决这个问题，Chen 等针对重要性设定了硬阈值（Chen et al.，2004），公式为

$$\mathrm{Thr}=\frac{\mathrm{sd}\left[\mathrm{sqrt}(2\log 2(n)\right]}{\mathrm{sqrt}(n)} \tag{8.6}$$

式中，sd 为光谱矩阵的标准偏差；n 为波长变量数。在每一次迭代中，对重要性小于阈值的变量直接去除，不参与下一次的迭代，这样大大提高了计算的速度，减少了计算时间。

8.4.15　刀切偏最小二乘法

刀切偏最小二乘法（jackknifed variable elimination PLS，JVE-PLS）（Westad and Martens，2000；Daszykowski et al.，2008）也是基于分析 PLS 回归系数 b 建立的波长选择算法，用于去除不包含有效信息的变量，减少模型变量数，降低模型的复杂性。

JVE-PLS 算法建立全交互验证的 PLS 模型，假设 m 个样本，基于留一法交互验证建立 PLS 模型，则可以得到 m 个回归系数矩阵，采用刀切法（jackknife）对回归系数进行 t 检验。满足 t 检验条件的波长则被选为特征波长。

8.4.16　基于 bootstrap 特征波长选择法

基于 bootstrap 特征波长选择法（boostrap variable elimination PLS，BVE-PLS）（Wehrens et al.，2000；Daszykowski et al.，2008）也是基于分析 PLS 回归系数 b 建立的波长选择算法，用于消除不提供信息的变量，减少模型中包含的变量数，降低模型的复杂性。

BVE-PLS 算法的思想和实现步骤是：假设 n 个样本，则从 n 个样本中随机选择 m 个样本（$n<m$）建立 PLS 模型，重复 k 次，建立 k 个 PLS 模型得到 k 组回归系数向量，采用刀切法（Jackknife）对回归系数进行处理，选择特征波长。

8.5　独立成分分析

独立成分分析（independent component analysis，ICA）用于特征波长选择主要是基

于每个独立成分的权重值进行（Liu et al.，2008；2009）。ICA 选择出的独立成分，每个波长对应不同组分的权重值不同，权重绝对值越大表明波长越重要，则越可能作为特征波长。对于 ICA 选择特征波长的标准，目前没有较好的理论依据。但考虑到与 PCA 的相似性，因此一般选择的独立成分数与 PCA 选择的主成分数相同，在每一个独立组分中，选择权重绝对值最大时所对应的波长为特征波长。

8.6 小 波 变 换

基于小波变换将原始光谱信号分解成低频系数和高频系数，低频系数是原光谱的近似，而高频系数则代表的是噪声。近似系数能够最大限度表征原始光谱数据，且不包含高频噪声，因此可以用来选择特征波长（张巧杰和张军，2010）。

小波分析选择特征波长的基本步骤如下。

（1）对原始光谱进行小波分解，小波分解具体方式和参数（小波基函数及分解尺度）可以通过不断尝试确定。

（2）分别基于不同低频系数与理化性质值建立校正模型，通过比较基于不同低频系数向量的校正模型的效果，选择最优模型对应的低频系数为最优低频系数。

（3）将最优低频系数与原始光谱进行相关性计算，计算最优低频系数与原始光谱数据列的相关系数，相关系数越大的波长含有的原始光谱数据的信息越多，选择相关系数最大的波长组合建模。

对于小波变换选择特征波长，在选择最优低频系数时与理化性质值进行了关联，考虑到了样本理化性质值对光谱波长的影响。同时，需要对相关系数进行选择，需要设定阈值以选择合适的特征波长及个数。

8.7 其他特征波长选择方法

8.7.1 相关系数法

相关系数法在光谱分析中的一个主要应用就是研究波长与化学成分含量的相关性（陈斌等，2005）。通过计算光谱中每一个波长下的光谱值与化学成分含量的相关系数，相关系数绝对值越大，则表明该波长包含的有效信息越多，则越可能被选为特征波长。结合波长与对应的相关系数做出波长–相关系数图进行特征波长筛选。

相关系数法选择特征波长需要进行进一步的设定阈值与选择合适的特征波长，而目前对于阈值的选择没有较好的理论依据，一般只能根据经验或者使用者的需要而确定。

8.7.2 方差法

方差法是为了解决相关系数法对于非线性相关及校正样本分布不均匀导致的选择结果不可靠而提出的（褚小立等，2004）。

方差分析法对校正集样本光谱矩阵在各波长下进行方差分析，计算各波长下的标准偏差，根据标准偏差的意义，波长光谱信息的标准偏差越大，则表明光谱变动越明显。结合波长和标准偏差做出波长–标准偏差图，通过设定阈值以确定选择的特征波长。方差法阈值的确定没有现成理论依据，需要根据经验或实际需要自己设定。

由于方差分析法与实际的化学成分含量并未关联，选择的特征波长并不是针对特定的化学组分，因此在建立定量分析模型中可能得不到满意的效果，方差分析法并不常用于建立校正模型，而是以定性分析为主。

8.7.3 连续投影算法

连续投影算法（successive projections algorithm，SPA）是前向特征变量选择方法（Araújo et al.，2001）。SPA 利用向量的投影分析，通过将波长投影到其他波长上，比较投影向量大小，以投影向量最大的波长为待选波长，然后基于校正模型选择最终的特征波长。SPA 选择的是含有最少冗余信息及最小共线性的变量组合。该算法简要步骤如下。

记初始迭代向量为 $x_{k(0)}$，需要提取的变量个数为 N，光谱矩阵为 J 列。

（1）任选光谱矩阵的 1 列（第 j 列），把建模集的第 j 列赋值给 x_j，记为 $x_{k(0)}$。

（2）将未选入的列向量位置的集合记为 s，

$$s=\{j,1\leqslant j\leqslant J,j\notin\{k(0),...,k(n-1)\}\} \tag{8.7}$$

（3）分别计算 x_j 对剩余列向量的投影：

$$P_{x_j}=x_j-(x_j^{\mathrm{T}}x_{k(n-1)})x_{k(n-1)}(x_{k(n-1)}^{\mathrm{T}}x_{k(n-1)})^{-1},j\in s \tag{8.8}$$

（4）提取最大投影向量的光谱波长，

$$k(n)=\arg(\max(\|p_{x_j}\|),j\in s) \tag{8.9}$$

（5）令 $x_j=p_{x_j},j\in s$。

（6）$n=n+1$，如果 $n<N$，则按公式（8.7）循环计算。

最后，提取出的变量为 $\{x_{k(n)}=0, \ldots, N-1\}$。对应每一次循环中的 k（0）和 N，分别建立多元线性回归分析（MLR）模型，得到建模集交互验证均方根误差（RMSECV），对应于不同的候选特征子集，其中最小的 RMSECV 值对应的 k（0）和 N 就是最优值。一般 SPA 选择的特征波长个数 N 不能很大。

8.7.4 逐步回归分析与逐步判别分析

逐步回归分析与逐步判别分析分别针对回归分析（Greenland，1989）与判别分析（O'gorman and Woolson，1991）选择特征波长。逐步回归分析法中，首先选择部分敏感波长以建立回归方程，在光谱分析中对回归方程中每一个波长进行检验，看其对理化性质值 y 是否显著，若不显著则剔除。当回归方程中包含的所有波长对 y 都显著时，考虑在未选入的波长中重新选择新的波长加入，检验其显著性，若显著则添加到回归方程中，若不显著则剔除，继续进入下一步计算，必须保证在引入新的波长变量之前，回归方程中所有波长变量均对 y 影响显著。每引入一个波长变量时，原有的在回归方程中的波长变量则可能变得不显著而被剔除。逐步回归分析也可采用反向逐步回归法，首先将所有的光谱波长均用于回归，然后在回归方程中逐步剔除对 y 影响不显著的变量，直到所有剩下的变量都对 y 的影响显著。

逐步判别分析与逐步回归分析的思想是相同的，通过逐步判别分析选择对判别效果有显著影响的变量作为特征波长，建立最终的判别分析模型。判别能力不强的波长对整个判别分析的结果是有害无益的。逐步回归分析与逐步判别分析对波长变量显著性的检测采用不同的方式。

8.7.5 互信息法

互信息法（mutual information，MI）是度量两个时间集合之间相关性的指标，在分析化学中有较为广泛的研究（Rossi et al.，2006；Krier et al.，2007；Benoudjit et al.，2004）。互信息在减少因变量的不确信中具有重要作用。互信息对自变量与因变量之间的关系没有任何假设。对于两个随机变量 x 与 y，pd（x）与 pd（y）分别是 x 与 y 的概率密度，pd（x，y）是 x 与 y 的联合概率密度，则 x 与 y 的互信息表示为

$$\mathrm{MI}(x,y)=\int_x\int_y \mathrm{pd}(x,y)\log\frac{\mathrm{pd}(x,y)}{\mathrm{pd}(x)\mathrm{pd}(y)}\mathrm{d}x\mathrm{d}y \tag{8.10}$$

互信息用于光谱特征波长（波段）选择的方法较多，这里作者介绍一个比较容易实现的前向–反向选择法（forward-backward selection）。具体如下。

1. 前向选择

（1）对于校正集光谱矩阵 $\boldsymbol{X}$，计算每一个波长下光谱信息与理化性质值之间的互信息 MI（X_i，Y）。MI 最大的波长变量记为 X_1，即 M（X_1，Y）。

（2）之后选择的波长变量 X_2 是使 MI（[X_1，X_2]，Y）最大的变量，依次类推，直到 MI（[X_1，X_2，…，X_k]，Y）开始变小，[X_1，X_2，…，X_k]就是候选的特征波长。

2. 反向选择

对于得到的候选特征波长，为了避免陷入局部最大，采用反向选择的方法对候选特征波长进行进一步选择。依次将 X_1，X_2，…，X_k 剔除，计算 MI 是增加还是减少，若增加，则说明剔除的波长变量不是特征波长，要去掉，反之则不去掉。因此，最终得到使 MI 最大的波长变量子集即要得到的特征波长。

以上方法往往得到的特征波长数较少，为了得到更多的特征波长数，提出了一种启发式的搜索方法，具体如下。

计算所有波长 X_i 与 Y 之间的互信息 MI（X_i，Y），设定初始选择数目 N，将最大的 N 个 MI 的波长作为候选特征波长，共得到 N 个候选特征波长，然后计算这个候选特征波长的所有子集与 Y 的互信息，MI 最大的一个波长子集为特征波长。

8.8 小　　结

特征波长选择是光谱数据分析中的一个重要方面。特征波长选择是从原始数据变量

中选择少数包含有用信息的变量，去除不含有效信息变量的方法，特征波长选择也能减少数据维数，减少噪声的影响。与数据压缩和特征提取不同，特征波长选择不需要对原始数据进行变换（预处理除外），选择的是原始数据（或预处理数据）的一部分。基于特征波长的模型往往被认为比全谱模型更准确、更稳健。特征波长的选择能减少波长变量，为基于选择特征波长的仪器开发提供理论与方法基础，从而降低了生产成本。

参考文献

陈斌, 王豪, 林松, 等. 2005. 基于相关系数法与遗传算法的啤酒酒精度近红外光谱分析. 农业工程学报, 21(7): 99-102.

褚小立, 袁洪福, 陆婉珍. 2004. 近红外分析中光谱预处理及波长选择方法进展与应用. 化学进展, 16(4): 528-542.

刘飞, 孙光明, 何勇. 2010. 基于波长选择方法 Modeling Power 的黑木耳产地判别研究. 光谱学与光谱分析,(1): 62-65.

张巧杰, 张军. 2010. 基于小波变换的大米直链淀粉波长选择方法. 农业机械学报,(2): 138-142.

Araújo M, Saldanha T, Galvão R, et al. 2001. The successive projections algorithm for variable selection in spectroscopic multicomponent analysis. Chemometrics and Intelligent Laboratory Systems, 57(2): 65-73.

Benoudjit N, François D, Meurens M, et al. 2004. Spectrophotometric variable selection by mutual information. Chemometrics and Intelligent Laboratory Systems, 74(2): 243-251.

Centner V, Massart D L, de Noord OE, et al. 1996. Elimination of uninformative variables for multivariate calibration. Analytical Chemistry, 68(21): 3851-3858.

Chen D, Hu B, Shao X, et al. 2004. Variable selection by modified IPW(iterative predictor weighting)-PLS(partial least squares)in continuous wavelet regression models. Analyst, 129(7): 664-669.

Chong I, Jun C. 2005. Performance of some variable selection methods when multicollinearity is present. Chemometrics and Intelligent Laboratory Systems, 78(1): 103-112.

Daszykowski M, Wrobel M S, Czarnik-Matusewicz H, et al. 2008. Near-infrared reflectance spectroscopy and multivariate calibration techniques applied to modelling the crude protein, fibre and fat content in rapeseed meal. Analyst, 133(11): 1523-1531.

Du Y, Liang Y, Jiang J, et al. 2004. Spectral regions selection to improve prediction ability of PLS models by changeable size moving window partial least squares and searching combination moving window partial least squares. Analytica Chimica Acta, 501(2): 183-191.

ElMasry G, Sun D W, Allen P. 2012. Near-infrared hyperspectral imaging for predicting colour, pH and tenderness of fresh beef. Journal of Food Engineering, 110(1): 127-140.

Eriksson L. 2006. Multi-and Megavariate Data Analysis. Sweden: MKS Umetrics AB.

Fernández P, Abbas O, Baeten V, et al. 2009. Backward variable selection method for PLS regression(BVSPLS). Analytica Chimica Acta, 642(1): 89-93.

Forina M, Casolino C, Pizarro M C. 1999. Iterative predictor weighting(IPW)PLS: a technique for the elimination of useless predictors in regression problems. Journal of Chemometrics, 13(2): 165-184.

Frenich A, Jouan-Rimbaud D, Massart D L, et al. 1995. Wavelength selection method for multicomponent spectrophotometric determinations using partial least squares. Analyst, 120(12): 2787-2792.

Gosselin R, Rodrigue D, Duchesne C. 2010. A Bootstrap-VIP approach for selecting wavelength intervals in spectral imaging applications. Chemometrics and Intelligent Laboratory Systems, 100(1): 12-21.

Greenland S. 1989. Modeling and variable selection in epidemiologic analysis. American Journal of Public Health, 79(3): 340-349.

Guo Q, Wu W, Massart D L, et al. 2002. Feature selection in principal component analysis of analytical data. Chemometrics and Intelligent Laboratory Systems, 61(1): 123-132.

Han Q, Wu H, Cai C, et al. 2008. An ensemble of Monte Carlo uninformative variable elimination for wavelength selection. Analytica Chimica Acta, 612(2): 121-125.

Jiang J, Berry R, Siesler H, et al. 2002. Wavelength interval selection in multicomponent spectral analysis by moving window partial least-squares regression with applications to mid-infrared and near-infrared spectroscopic data. Analytical Chemistry, 74(14): 3555-3565.

Jouan-Rimbaud D, Walczak B, Massart D L, et al. 1995. Comparison of multivariate methods based on latent vectors and methods based on wavelength selection for the analysis of near-infrared spectroscopic data. Analytica Chimica Acta, 304(3): 285-295.

Kasemsumran S, Du Y, Maruo K, et al. 2006. Improvement of partial least squares models for in vitro and *in vivo* glucose quantifications by using near-infrared spectroscopy and searching combination moving window partial least squares. Chemometrics and Intelligent Laboratory Systems, 82(1): 97-103.

Krier C, François D, Rossi F, et al. 2007. Feature clustering and mutual information for the selection of variables in spectral data. ESANN: 157-162.

Leardi R, Norgaard L. 2004. Sequential application of backward interval partial least squares and genetic algorithms for the selection of relevant spectral regions. Journal of Chemometrics, 18(11): 486-497.

Li H, Liang Y, Xu Q, et al. 2009. Key wavelengths screening using competitive adaptive reweighted sampling method for multivariate calibration. Analytica Chimica Acta, 648(1): 77-84.

Lima S, Mello C, Poppi R. 2005. PLS pruning: a new approach to variable selection for multivariate calibration based on Hessian matrix of errors. Chemometrics and Iintelligent Laboratory Systems, 76(1): 73-78.

Liu F, He Y, Wang L. 2008. Determination of effective wavelengths for discrimination of fruit vinegars using near infrared spectroscopy and multivariate analysis. Analytica Chimica Acta, 615(1): 10-17.

Liu F, He Y. 2008. Classification of brands of instant noodles using Vis/NIR spectroscopy and chemometrics. Food Research International, 41(5): 562-567.

Liu F, Jiang Y, He Y. 2009. Variable selection in visible/near infrared spectra for linear and nonlinear calibrations: a case study to determine soluble solids content of beer. Analytica Chimica Acta, 635(1): 45-52.

Martens M. 1985. Sensory and chemical quality criteria for white cabbage studied by multivariate data analysis. Lebensmittel-Wissenschaft und-Technologie, 18(2): 100-104.

Moros J, Kuligowski J, Quintás G, et al. 2008. New cut-off criterion for uninformative variable elimination in multivariate calibration of near-infrared spectra for the determination of heroin in illicit street drugs. Analytica Chimica Acta, 630(2): 150-160.

Norgaard L, Saudland A, Wagner J, et al. 2000. Interval partial least-squares regression(iPLS): a comparative chemometric study with an example from near-infrared spectroscopy. Applied Spectroscopy, 54(3): 413-419.

O'gorman T, Woolson R. 1991. Variable selection to discriminate between two groups: stepwise logistic regression or stepwise discriminant analysis. The American Statistician, 45(3): 187-193.

Rajalahti T, Arneberg R, Berven F S, et al. 2009. Biomarker discovery in mass spectral profiles by means of selectivity ratio plot. Chemometrics and Intelligent Laboratory Systems, 95(1): 35-48.

Rossi F, Lendasse A, François D, et al. 2006. Mutual information for the selection of relevant variables in spectrometric nonlinear modelling. Chemometrics and Intelligent Laboratory Systems, 80(2): 215-226.

Shao X, Du G, Jing M, et al. 2012. Application of latent projective graph in variable selection for near infrared spectral analysis. Chemometrics and Intelligent Laboratory Systems, 114: 44-49.

Theanjumpol P, Self G, Rittiron R, et al. 2013. Selecting Variables for near infrared spectroscopy(NIRS)evaluation of mango fruit quality. Journal of Agricultural Science, 5(7): 146-159.

Wehrens R, Putter H, Buydens L. 2000. The bootstrap: a tutorial. Chemometrics and Intelligent Laboratory Systems, 54(1): 35-52.

Westad H, Martens J. 2000. Variable Selection in Near infrared Spectroswpy based on Significance testing in partial least squares reqression[j]8(2): 117-124.

Wold S, Johansson E, Cocchi M. 1993. PLS—partial least squares projections to latent structures. 3D QSAR in Drug Design, 1: 523-550.

Xu L, Lu J, Yang Q, et al. 2014. An objective wavelength selection method based on moving window partial least squares for near-infrared spectroscopy. Journal of Computers, 9(1): 228-234.

Zheng Y, Lai X, Bruun S W, et al. 2008. Determination of moisture content of lyophilized allergen vaccines by NIR spectroscopy. Journal of Pharmaceutical and Biomedical Analysis, 46(3): 592-596.

Zou X, Zhao J, Li Y. 2007. Selection of the efficient wavelength regions in FT-NIR spectroscopy for determination of SSC of 'Fuji' apple based on BiPLS and FiPLS models. Vibrational Spectroscopy, 44(2): 220-227.

第 9 章　模式识别方法

9.1　概　　述

应用光谱数据解决实际问题的过程中，模式识别是一种重要的分析处理方法。根据学习训练的过程不同，模式识别方法可分为有监督和无监督两类学习方法。有监督的模式识别方法是对已知类别的样本进行训练，获取已知样本的信息，并由这个学习过程得到分类模型，然后对未知的预测样本类别进行预测。无监督的模式识别方法是对事先样本的类别未知，无需训练学习过程而进行分类的方法。

在以光谱信息为原始特征变量的模式识别中，特征信息的提取是非常关键的步骤。特征信息的提取包括特征提取及特征波长选择，特征信息的选取将直接影响后面的预测分类和识别的结果，特征信息的提取最终使得同类样本在特征空间中距离较近，异类样本则距离较远。特征提取和数据压缩有时是互相关联的，一般两者同时实行，其中最常用的方法是主成分分析法（principal component analysis，PCA），选取特征值较大的前几个主成分得分作为特征信息，参与模式识别，即特征提取（见第 7 章）。特征波长选择是另外一种特征信息提取方法（见第 8 章），通过提取与类别相关的波长，参与模式识别，选择的特征波长一般是使模式识别模型具有较好效果的，或者是不同类别样本光谱值差异最大的地方。

在光谱模式识别中，常见的无监督模式识别方法有系统聚类分析法、K 均值聚类方法和无监督神经网络法等。常见的有监督模式识别方法包括最小距离判别法、贝叶斯（Bayes）判别法、*K* 最邻近判别法、Fisher 判别法、簇类独立软模式（SIMCA）法等。

9.2　无监督模式识别方法

模式识别的许多实际问题中，人们往往事先并不知道数据内在分类规律，需用到无监督的模式识别方法。其中典型的无监督模式识别方法是聚类分析（clustering analysis，CA），其主要思想是根据同类样本彼此相似，相似的样本在多维空间中彼此的几何距离小，而不相似的样本彼此间的几何距离较大，从而达到分类的目的。

聚类分析的重要组件是样品间的距离、类间的距离、并类的方式和聚类数目。其中，首先要解决的问题为什么是两个样本相似，定义样本间的亲疏程度通常有两种，即相似系数和距离。它们将每一个样品看作 n 维空间（n 个变量）的一个点，在这 n 维空间中定义样本间的亲疏程度。相似系数多用夹角余弦和相关系数表示，距离则以欧氏（Eucidian）距离和马氏（Mahalanobis）距离来表示。与欧氏距离相比，马氏距离考虑了同一类中相同特征变量的变化（方差），以及不同特征变量间的变化（协方差）。处于同一类的两个样本，其马氏距离小而其欧氏距离可能会较大，相反，对于不同类的两个样品，其马氏距离大，而其欧氏距离可能会较小。由于马氏距离考虑了样本的分布，在识别模型界外样品等方面发挥着重要的作用。

9.2.1　系统聚类分析

系统聚类分析（hierarchical cluster analysis，HCA）又称谱系聚类法，它采用非迭代分级聚类策略，其基本思想是：先认为每个样本都自成一类，然后规定类与类之间的距离（Bridges，1966；Romesburg，2004）。在系统聚类法中，类与类之间的距离定义有许多种，因此，也使系统聚类法按类间距离的定义分为多种方法，包括最短距离法、最长距离法、中间距离法、重心法、类平均法、可变类平均法、可变法和方差平方和法等。下面简单介绍最常用的 5 种距离方法。

短距离法：类与类之间的距离与两类间最近两个样本之间的距离相等。

最长距离法：类与类之间的距离等于两类间最远两个样本之间的距离。

中间距离法：在中间距离法中，类与类之间的距离取介于两者中间的距离。

重心法：重心法是从物理意义出发以类的重心代表此类，使用两类重心之间的距离来描述类间相似性。

方差平方和法：有文献也称 Ward 法，它采用不均匀的判断规则，从方差角度分析，认为正确的分类应当类方差尽量小而类间方差尽量大。

系统聚类分析的步骤如下：①首先是各样品自成一类，然后计算各样品间的距离，并将距离最近的两个样品归为一类；②选择并计算类间的距离，并将距离相近的两类合并为一类，如果是多类，则继续并类，直到所有样品归成一类为止；③绘制系统聚类谱系图。

系统聚类法能够得到完整的聚类谱系图，可以详细地说明从 1 类直到 n 类的所有聚类方案，是实践中应用最广的算法之一。一般来讲，在初次进行聚类分析处理时，可试探选择几种不同的距离方法进行对比分析，以确定合适的距离表达形式。

9.2.2　K 均值聚类分析

K 均值聚类分析是一种动态聚类方法。K 均值聚类通过设定聚类数 k 实现（Teknomo，2006）。

K 均值聚类方法的计算步骤如下：①随机选择 k 个初始聚类中心，并设定迭代终止条件；②计算样本到聚类中心的距离，按照最小距离准则确定样本归属的类；③更新聚类中心，以每一类样本平均值为新的聚类中心；④根据新的聚类中心，重新划分类别；⑤重复②~⑤步，直到聚类中心不再变化或目标函数最小，

$$J=\sum_{i}^{k}\sum_{j}^{m}\| x_{(j)}-\mu_{(i)}\|^2 \tag{9.1}$$

式中，$x_{(j)}$ 为划分为第 i 类的第 j 个样本；$\mu_{(i)}$ 为第 i 类聚类中心。

模糊聚类分析的基础理论为模糊数学，是由 Zadeh 教授为了建立模糊知识模型于 1965 年发展起来的。在将模糊数学引入聚类分析的研究中，解决具有模糊性事物的聚类

问题是比较合适的方法。事实上，模糊聚类分析是近几年来聚类方法中发展最为迅速的一种，其中，模糊 K 均值聚类算法是目前模糊聚类方法中比较流行的一种算法（Burrough et al.，2000）。

模糊 K 均值聚类方法的具体算法如下。

（1）确定分类数 k、加权指数 m 和收敛门限 ε（一般取 0.01）；选取初始隶属度矩阵为 $\boldsymbol{U}^{(0)}$，其元素应满足条件：

$$0 \leqslant \mu_{ij} \leqslant 1 \quad \forall i, j \tag{9.2}$$

$$\sum_{i=1}^{k} \mu_{ij} = 1 \tag{9.3}$$

（2）根据聚类中心计算公式和 $\boldsymbol{U}^{(q)}$ 求聚类中心，q 为迭代次数。

（3）根据求得的聚类中心和隶属度计算公式，求 $\boldsymbol{U}^{(q+1)}$。

（4）$\max\{|\boldsymbol{U}^{(q)} - \boldsymbol{U}^{(q+1)}|\} \leqslant \varepsilon$，则停止迭代，$\boldsymbol{U}^{(q+1)}$ 及相应的聚类中心为所求结果。否则，返回步骤（2），继续迭代。

（5）在得到的隶属度矩阵 $\boldsymbol{U}$ 中，令每列最大元素值为 1，其余为 0，则分类结果就是所得到一个分类矩阵。

9.2.3　自组织神经网络

自组织竞争人工神经网络（self-organizing neural network）是一种无监督的学习神经网络，它能根据人类过去的经验自动适应无法预测的环境变化，并通过自身学习训练，网络可自动对输入样本进行分类。由于无导师的监督信号，自组织神经网络依据竞争原则来进行网络学习（Ultsch，1993）。在竞争网络中把输出层称为竞争层，竞争网络的激活函数为二值型（0，1）函数。典型的自组织神经网络是 Kohonen 自组织特征映射神经网络（self organizing feature map，SOM），也称 Kohonen 网络。

Kohonen 网络结构是一个简单的双层网络。输入层神经元数为 m，竞争层由 q^2 个神经元组成，且构成一个二维平面阵列，该二维阵列竞争层即输出层。竞争层节点与输入层节点之间实行全互连接，有时竞争层各神经元之间还实行侧抑制连接。

Kohonen 网络的自组织学习过程可以归纳如下。

（1）赋予竞争层所有神经元初始权重矩阵 $\boldsymbol{W}$，其元素 w_{ij} 代表输入向量 x 第 i 个特征变量与竞争层神经元 j 之间的权重。

（2）计算输入样本向量 x 与所有权重向量 w_j 之间的欧氏距离 d_j，并确定对应距离最短的神经元为获胜神经元，并标示为 j^*。

（3）获胜的神经元按公式（9.4）进行调整

$$w_j^*(t+1) = w_j^*(t) + \eta\left[x - w_j^*(t)\right] \tag{9.4}$$

式中，w_j^*（t）为获胜神经元 j^* 第 t 次迭代次数的权重向量；η 为学习速率，通常，η 的初始值 η_0 相对选得较大，一般取 0.2~0.5，用于加快连接权的修正速度。随着迭代次数的增加，η 逐渐减小，用细调代替粗调，来避免网络学习过程中可能出现的振荡。η 的典型形式为 η（t）$=\eta_0$（$1-t/T$），t 为当前迭代次数，T 为总迭代次数。

（4）以获胜神经元 j^* 为中心，半径为 r（t）的附近领域中的神经元也进行调整，被调整区域一般是均匀对称的。

（5）令 $t=t+1$，返回步骤（2），直至权重向量无显著改变或 $t=T$ 为止。

9.3　有监督模式识别方法

有监督模式识别方法的基本思路是用一组事先已知类别的样本作为训练集，然后让计算机对这些已知样本进行“学习”，通过这种学习方法而求取分类器的模式识别方法称为有监督的学习。

常见的有监督的识别方法包括：距离判别法、贝叶斯（Bayes）判别法、Fisher 判别法、线性判别分析（LDA）、线性学习机（LLM）、*K* 最邻近判别法（KNN）、势函数判别方法、簇类独立软模式法（SIMCA）、人工神经网络和支持向量机（SVM）算法等。

9.3.1　距离判别法

距离判别的基本思路是通过计算训练集样本得出每一个分类的中心坐标，然后计算新的样本与各个类别中心的距离，根据距离值的大小进行分类，距离判别分析适用于对自变量均为连续变量的情况分类，它对变量的分布类型无严格要求（许禄和邵学广，2004）。

1. 欧氏距离

欧氏距离（Euclidean distance）是一个常用的距离定义。从数学的角度来讲，它是 n 维空间中两个点之间的真实距离。

在二维空间中其公式为

$$d=\sqrt{(x_1-x_2)^2+(y_1-y_2)^2} \tag{9.5}$$

在 n 维空间中其公式为

$$d=\sum_{i=1}^{n}(x_i-y_i)^{\frac{1}{2}} \tag{9.6}$$

2. 马氏距离

在判别分析中，因为欧氏距离没有考虑样本总体分布的分散性信息，而马氏距离则包含了这一信息。

设总体 $G=\{X_1,X_2,\ldots,X_m\}^{\mathrm{T}}$ 为 m 维总体（考察 m 个指标），样本 $X_i=\{x_1,x_2,\ldots,x_m\}^{\mathrm{T}}$。令 $\mu=E$（X_i）（$i=1$，2，…，m），则总体均值向量为 $\mu=\{\mu_1，\mu_2，\cdots，\mu_{\mathrm{m}}\}^{\mathrm{T}}$。总体 G 的协方差矩阵为

$$\boldsymbol{\Sigma}=\mathrm{Cov}(G)=E[(G-\mu)(G-\mu)^T] \tag{9.7}$$

设 X、Y 是从总体 G 中抽取的两个样本，则 X 与 Y 之间的平方马氏距离为

$$d^2(X,Y)=(X-Y)^{\mathrm{T}}\Sigma^{-1}(X-Y) \tag{9.8}$$

样本 X 与总体 G 的马氏距离的平方定义为

$$d^2(X,G)=(X-\mu)^{\mathrm{T}}\Sigma^{-1}(X-\mu) \tag{9.9}$$

3. 两总体距离判别

设有两总体 G_1 和 G_2 的均值分别为 μ_1 和 μ_2，协方差矩阵分别为 $\boldsymbol{\Sigma}_1$ 和 $\boldsymbol{\Sigma}_2$（$\boldsymbol{\Sigma}_1$，$\boldsymbol{\Sigma}_2>0$），$X_{m\times1}$ 是一个新样本，判断其属于哪个总体。定义 $X_{m\times1}$ 到 G_1 和 G_2 的距离为 $d^2(X,G_1)$ 和 $d^2(X,G_2)$，则按公式（9.10）判别规则进行判断：

$$\begin{cases} X\in G_1, & 若 d^2(X,G_1)\leqslant d^2(X,G_2) \\ X\in G_2, & 若 d^2(X,G_2)<d^2(X,G_2) \end{cases} \tag{9.10}$$

当 $\boldsymbol{\Sigma}_1=\boldsymbol{\Sigma}_2$ 时，该判别式可进行如下简化：

$$\begin{aligned} d^2(X,G_1)-d^2(X,G_2) &= (X-\mu_1)^{\mathrm{T}}\Sigma^{-1}(X-\mu_1)-(X-\mu_2)^{\mathrm{T}}\Sigma^{-1}(X-\mu_2) \\ &= \left(X-\frac{\mu_1+\mu_2}{2}\right)^{\mathrm{T}}\Sigma^{-1}(\mu_1-\mu_2) \\ &= -2A^{\mathrm{T}}(X-\overline{\mu}) \end{aligned} \tag{9.11}$$

式中，$\overline{\mu}=\frac{1}{2}(\mu_1+\mu_2)$，$A=\Sigma^{-1}(\mu_1-\mu_2)$。

注意到实数的转置等于实数自身，故有

$$\left(X-\frac{\mu_1+\mu_2}{2}\right)^{\mathrm{T}}\Sigma^{-1}(\mu_1-\mu_2)=\left(\Sigma^{-1}(\mu_1-\mu_2)\right)^{\mathrm{T}}\left(X-\frac{\mu_1+\mu_2}{2}\right) \tag{9.12}$$

令 $W(X)=A^{\mathrm{T}}(X-\overline{\mu})$，则判别规则就成为

$$\begin{cases} X\in G_1, & 若 W(X)\geqslant 0 \\ X\in G_2, & 若 W(X)<0 \end{cases} \tag{9.13}$$

9.3.2 Fisher 判别法

Fisher 分析方法是线性判别分析方法的一种，基本思路是设法找出一最佳投影方向，将高维空间的点投影到低维空间，然后在低维空间中再分类。一般对于线性可分的样本，Fisher 判别分析通过一个投影方向，使得降维后样本仍然线性可分，而且不同类别的样本之间的距离尽可能远，同一类的样本尽可能分布集中（Welling，2005）。Fisher 的线性判别式既适用于确定性模式分类器的训练，也适用于随机模式的训练，Fisher 还可以进一步应用推广到多类问题中去。

Fisher 算法步骤如下。

将两类 w_1/w_2 的训练样本集 X 分为 w_1 和 w_2 两个子集 X_1 和 X_2。

由

$$M_i = \frac{1}{n_i} \sum_{x_k \in X_o} x_k, \quad i = 1,2 \tag{9.14}$$

计算 M_i。

由

$$\overrightarrow{S_i} = \sum_{x_k = X_i} (x_k - M_i)(x_k - M_i)^{\mathrm{T}} \tag{9.15}$$

计算各类的类内离散度矩阵 $\overrightarrow{S_i}$，$i = 1,2$。

计算类内总离散度矩阵

$$\overrightarrow{S_w} = \overrightarrow{S_1} + \overrightarrow{S_2} \tag{9.16}$$

计算 $\overrightarrow{S_w}$ 的逆矩阵 $\overrightarrow{S_w}^{-1}$。

由

$$w^* = \overrightarrow{S_w}^{-1}(M_1 - M_2) \tag{9.17}$$

得出 Fisher 线性判别式 w^*。

9.3.3　贝叶斯判别法

贝叶斯（Bayes）统计是现代统计学的重要分支，其中心思想是：假定在抽样前对研究对象总体已有一定的认识，常用先验分布来表述这种认识，然后对抽取样本的先验认识进行修正，得到后验分布，而各种统计推断均基于所得到的后验分布进行。Bayes 判别方法是基于 Bayes 统计的思想并用于判别分析的方法（Hu and Li，2012；宫凤强等，2008）。

用统计学的语言来表述 Bayes 判别分析：已知有 g 个 p 维总体 G_1，G_2，…，G_g（每个总体 G_i 可认为是属于 G_i 的指标 $x=x_1$，x_2，…，x_g 取值的全体），它们的先验概率值分别为 q_1，q_2，…，q_g（可由经验给出，也可以估计出），显然应有 $q_g \geqslant 0$（$i=1$，2，…，g）且 $\sum_{i=1}^{g} q_i = 1$。各总体分别具有互不相同的 p 维密度函数 f_1（x），f_2（x），…，f_g（x）（在离散情形是概率函数），在观测到一个样本 x 的条件下，可用 Bayes 公式来计算它来自第 k 总体的后验概率：

$$P(k/x) = \frac{q_k f_k(x)}{\sum_{i=1}^{g} q_i f_i(x)} \quad k = 1,2,\cdots,g \tag{9.18}$$

并且当 $P(h/x) = \max_{1 \leqslant k \leqslant g} P(k/x)$ 时，则判定 X 来自第 h 个总体。

在一定情形下可以使用错判损失最小的概念作为判别函数。这时将 x 错判为第 h 总体的平均损失定义为

$$E(h/x) = \sum_{k \neq h} \frac{q_k f_k(x)}{\sum_{i=1}^{g} q_i f_i(x)} L(h/k) \tag{9.19}$$

式中，$L(h/k)$称为损失函数。它表示原本是第 k 总体的样品而被错判为第 h 总体的损失。很明显公式（9.19）对损失函数依概率加权平均损失。当 $h=k$ 时，有 $L(h/k)=0$，当 $h\neq k$ 时，有 $L(h/k)>0$。建立判别准则为

如果 $E(h/x)=\min\limits_{1\leqslant k\leqslant g} E(k/x)$，则判定 x 来自第 h 个总体。

一般考虑损失函数较为合理，但是在实际问题中 $L(h/k)$ 不易确定，因此常常在数学模型中假设各种错判的损失相等，即

$$L(k/x)=\begin{cases}0 & h=k\\ 1 & h\neq k\end{cases} \tag{9.20}$$

通过这种假设寻找 h 使后验概率最大和使错判的平均损失最小是等价的，即

$$p(h/x)\xrightarrow{h}\max \Leftrightarrow E(h/x)\xrightarrow{h}\min \tag{9.21}$$

9.3.4 K 最邻近判别法

最邻近法是计算它与所有训练样本之间的距离，而不是比较待测样本与各类均值的距离，距离最近者就归入所属类。最邻近法实际上是将训练集全体样本数据储存在计算机内，对待判别的未知样本，逐一计算该样本与训练集样本之间的距离。为了克服最邻近法错判率较高的缺陷，不是仅选取一个最邻近样本进行分类，而是取 k 个邻近样本，然后根据它们的类别，归入比重最大的那一类，因此，称为 K 最邻近法（K-nearest neighbor）（Cunningham and Delany，2007）。K 最邻近法的最大优点是它不需要训练集的几类样本是线性可分的，也不要求单独的训练过程，新的已知类别的样本可以非常容易地加入训练集中，而且能够处理多类问题，因此应用较为方便。该方法的关键是对 k 值的选取，因为每一类中的样本数量和分布不尽相同，选用 k 值不同，可能未知样本的判别结果会不同。k 值的选取尚无规律可循，只能根据具体情况或由经验来确定，通常不宜选取较小的 k 值。基于 KNN 算法有很多扩展算法，也都适用于判别分析。

9.3.5 簇类独立软模式

簇类独立软模式（soft independent modelling of class analogy，SIMCA）（de Maesschalack et al.，1999）法又称为相似分析法，SIMCA 分类方法是基于主成分分析的一种有监督的模式识别方法。此算法的基本思路是对训练集样本中每一类样本建立主成分分析数学模型，然后在此条件下对未知样本进行分类。现在 SCIMA 已经集入一些商业的软件，如 Unscrumber 和 Serius，也可编写 Matlab 程序运行 SIMCA 算法。

SIMCA 方法实现的主要步骤为：①建立每一类的主成分分析模型；②将未知样本逐一去拟合各类的主成分模型，从而进行判别归类。

对于 SIMCA 方法中所需的主成分分析可采用 NIPALS 法，主成分分析的原理与算法在前面已做了较为详细的介绍，此处不再详述。对训练集中的各类，建立各自的主成分分析模型：

$$X_k=T_K P_K^{\mathrm{T}}+E_K \tag{9.22}$$

式中，X_k 为训练集第 k 类所有样本的光谱矩阵（$n\times p$）；n 为第 k 类所有样本；p 为波长变量数；T_k 为得分矩阵（$n\times f$）；f 为最佳主成分数；P_k 为载荷矩阵（$p\times f$）；E_k 为光谱残差矩阵（$n\times p$）。

由于 SIMCA 方法是基于主成分光谱残差进行未知样本的识别，在实际应用中会存在这种现象，即未知样本尽管符合某一类的主成分分析模型，但该样本可能远离该类的训练集样本。因此，通常在 SIMCA 方法中增加一个步骤，通过主成分得分对其进行限制：

$$t_{\max} = \max\left(t_k\right) + 0.5 s_t \tag{9.23}$$

$$t_{\min} = \min\left(t_k\right) - 0.5 s_t \tag{9.24}$$

式中，max（t_k）和 min（t_k）分别为第 k 类训练集主成分分析所得得分向量中最大和最小的元素值，此处的 s_t 为对应主成分得分向量的标准偏差。如果未知样本的得分向量 t_{new} 不在[t_{max}，t_{min}]范围内，则该样本也不应判别属于第 k 类。

9.3.6　支持向量机

支持向量机（support vector machine，SVM）是由 Corinna Cortes 和 Vapnik 等于 1995 年首先提出来的建模方法，基于统计学习 VC 维理论和结构风险最小原理，对有限的样本信息在模型的复杂性和学习能力之间寻求最佳的平衡，以求获得最好的推广泛化能力。它适用于解决小样本、非线性及高维模式识别的问题（Smola et al.，2006；Schölkopf et al.，2001：http：//www.support-vector-machines.org/）。

SVM 方法是在线性可分情况下通过最优分类面提出的。最优分类面是要求所建立的分类面既能准确无误地将两类分开，又要使两类的分类间隔最大。前者保证经验风险最小，而分类间隔最大实际上是使推广性的界中的置信范围最小，从而使真实风险最小。

SVM 的关键在于核函数的选择。低维空间向量集通常难以划分，常将它们映射到高维空间。但这种方法使得计算复杂度增加，而核函数则巧妙地解决了这个问题。实际中，只要选用合适的核函数，就可以得到高维空间的分类函数。在 SVM 理论中，不同核函数的选取将影响不同的 SVM 算法的建立。当选定具体的核函数之后，考虑到已知数据也存在一定的误差及推广性问题，实际中常常引入松弛系数及惩罚系数两个参变量来加以修正。通过大量的对比实验等确定这两个系数。支持向量机的理解需要数据挖掘或机器学习的相关背景知识，在没有背景知识的情况下，可以先将支持向量机看作简单分类工具，再进一步引入核函数进行理解。支持向量机中使用的核函数主要有 4 类：线性核函数、多项式核函数、RBF 核函数及 Sigmoid 函数，核函数的选取取决于对实际数据处理的需求。而在实际的应用中，利用支持向量机来进行数据的分类和回归，也是通过对核函数选择或改写得以实现的。回归问题的要求是：给定一个新的模式，根据训练集推断它所对应的实数输出值 y。也就是使用 $y=f(x)$ 来推断任一输入 x 所对应的实数输出值。分类问题是：给定一个新的模式，根据训练集推断它所对应的类别。也就是使用 $y=\text{sign}[f(x)]$ 来推断任一输入 x 所对应的类别。综上，回归问题和分类问题具有相同的本质，不同之处仅在于它们输出值的范围不同。在分类问题中，输出值只允许取类别值；而在回归问题中，输出值可以取任意实数。

9.3.7　回归判别分析

在实际应用与研究中，回归分析方法也可被用于判别分析。人工神经网络方法在定量校正方法和聚类分析中已进行了较为详尽的介绍，其也可用于有监督的模式识别，通过已知类别的训练集建立识别模型对未知样本进行分类和预测。与定量校正唯一不同的是输出层的差异，对定量校正，输出层通常为单节点。而对模式识别，一般为多节点输出。如有 4 类，可分别用（1，0，0，0）、（0，1，0，0）、（0，0，1，0）和（0，0，0，1）代替。

在判别分析中，特别是有监督的分类，通过不同的标签代表不同的类别，最常用的数字，如 1、2、3 代表 3 个不同的类别，判别结果也会得到对应的代表类别的整数。回归方法用于判别分析时，尽管建立模型时仍以整数 Y 代表类别值，但是在预测时，得到的值不是类别值，而是实际的数值（带有小数）。以常用的偏最小二乘判别分析（partial least squares-discriminant analysis，PLS-DA）为例进行说明。

PLS-DA 是基于 PLS 回归分析的判别分析方法，计算过程与 PLS 回归一致。以代表类别值的整数或二进制编码（如整数 1、2、3 或–1、+1 或编码 01、10、11 及其他标签）为 Y，根据需要采用不同的交互验证方式建立 PLS 回归模型，然后基于建立的 PLS 回归模型对预测集数据进行预测，最终得到的也是实际的数值。因此需要设定阈值以确定类别归属，最常用的阈值为 0.5，即实际值与预测值之差的绝对值小于 0.5 则表明判别正确，否则判别错误，而对于未知样本，则确定与其最近的数为其类别。阈值也可以设定为其他值，如阈值为 0.1、0.2、0.3 等，但当判别正确率低于阈值 0.5 时，则可根据实际情况确定阈值，但要以 PLS-DA 模型的判别效果较好且较稳定为前提。除了神经网络和 PLS 算法以外，很多其他的算法也可以将回归分析过程用于判别分析。

9.4　小　结

模式识别是光谱分析中的重要组成部分。通过模式识别方法，可以知道样本所归属的类别、品质等级、是否损伤、农产品产地等各个方面的信息。光谱分析中，模式识别方法的应用只需要知道样本的光谱信息，不需要知道其他内在、外在信息，应用方便快捷。

参考文献

宫凤强，李夕兵，左宇军. 2008. 基于 Bayes 判别分析法的重大危险源分级研究. 沈阳：国际安全科学与技术学术研讨会论文集.

许禄，邵学广. 2004. 化学计量学方法. 北京：科学出版社.

Bridges J. 1966. Hierarchical cluster analysis. Psychological Reports, 18(3): 851-854.

Burrough P, van Gaans P, MacMillan R. 2000. High-resolution landform classification using fuzzy k-means. Fuzzy Sets and Systems, 113(1): 37-52.

Cunningham P, Delany S. 2007. K-Nearest neighbour classifiers. Multiple Classifier Systems: 1-17.

de Maesschalack R, Candolfi A, Massart D, et al. 1999. Decision criteria for soft independent modelling of class analogy applied to near infrared data. Chemometrics and Intelligent Laboratory Systems, 47(1): 65-77.

http: //www.support-vector-machines.org/.

Hu Y, Li X. 2012. Bayes discriminant analysis method to identify risky of complicated goaf in mines and its application. Transactions of Nonferrous Metals Society of China, 22(2): 425-431.

Romesburg C. 2004. Cluster Analysis for Researchers. North Carolina: Lulu Press.

Schölkopf B, Platt J, Shawe-Taylor J, et al. 2001. Estimating the support of a high-dimensional distribution. Neural Computation, 13(7): 1443-1471.

Smola A, Schölkopf B. 2004. A tutorial on support vector regression. Statistics and Computing, 14(3): 199-222.

Teknomo K. 2006. K-mean Clustering Tutorials. Medicine, 100(4): 3.

Ultsch A. 1993. Self-organizing Neural Networks for Visualisation and Classification. Berlin Heidelberg: Springer.

Welling M. 2005. Fisher linear discriminant analysis. Toronto: Department of Computer Science, University of Toronto.

第 10 章　回归分析方法

10.1　概　　述

回归分析是定量分析的重要内容之一。回归分析主要是研究变量之间的函数关系，建立回归模型（方程），用于进一步分析（如回归预测）。在光谱与图像分析中，就是采用光谱信息与图像信息研究对象理化性质值，研究其内在联系，建立校正模型，用于预测未知样本。回归分析可基于全部数据，也可基于提取的特征变量和选择的特征波长等。回归分析分为线性回归分析和非线性回归分析。

10.2　线性回归分析方法

10.2.1　一元线性回归分析

一元线性回归分析是基于一个自变量与一个因变量之间建立的用于回归预测的线性分析方法。其表达式为 $y=\beta_0+\beta_1 x+\varepsilon$，式中 x 为自变量，y 为因变量，β_0 和 β_1 为回归系数，ε 为测量误差。一元线性回归在计算及形式上在回归分析中最为简单。

分析过程主要是从多个测量值（x_i，y_i）中采用最小二乘法分析出 β_0 和 β_1 的估计值，使 $\hat{y}$ 与 y 的值最为接近，绘制出的曲线拟合度最高。

在光谱分析中，一元线性回归主要用于单波段或单参数与理化性质值建立校正模型，以及模型预测结果与实际结果的相关关系分析。

10.2.2　多元线性回归分析

为探究多个自变量与因变量之间的线性关系，所进行的回归分析就是多元线性回归（Fox，1997）。

设 y 为因变量，x_1，x_2，…，x_k 为自变量，自变量与因变量为线性关系，则多元线性回归模型为

$$y=\beta_0+\beta_1 x_1+\beta_2 x_2+\cdots+\beta_k x_k+\varepsilon \tag{10.1}$$

式中，β_0 为常数；β_1，β_2，…，β_k 为回归系数；ε 为测量误差。

多元线性回归适用于变量数少于样本数的情况，当变量数多于样本数时，多元线性回归模型（multiple linear regression）就无法运行，因此 MLR 一般基于提取的特征信息及特征波长建模。

10.2.3　偏最小二乘法

偏最小二乘法（partial least squares，PLS）是光谱数据分析中常用的一种多元统计数据分析方法（Wold，1985）。近几十年来，PLS 算法及其扩展算法都得到了迅速的发展。

PLS 算法在建模时，同时对 X 及 Y 进行分解，同时考虑光谱信息和对应的理化性质值信息，探究 X 与 Y 之间的线性关系。PLS 通过线性变换，将原始数据线性转换为相互正交、互不相关的新变量，新变量是原始数据的线性组合，称为隐含变量（latent variable，LV），也可以称为主因子或主成分。新变量要尽可能多地包含原数据的主要信息，与 PCA 类似，PLS 的前几个隐含变量能解释绝大多数的变量，包含原始数据的主要信息。

对 PLS 的第一步是同时对 n 个样本的 m 个波长的光谱矩阵（X，$n\times m$）和物质目标特性矩阵（$\boldsymbol{Y}$，$n\times 1$）进行矩阵分解：

$$\boldsymbol{X}=AM+B \tag{10.2}$$

$$\boldsymbol{Y}=CN+D \tag{10.3}$$

$\boldsymbol{A}$ 和 $\boldsymbol{C}$ 分别为 $\boldsymbol{X}$ 矩阵和 $\boldsymbol{Y}$ 矩阵的得分矩阵，$\boldsymbol{M}$ 和 $\boldsymbol{N}$ 分别为 $\boldsymbol{X}$ 矩阵和 $\boldsymbol{Y}$ 矩阵的载荷（loading weight，LW）矩阵，B 和 D 分别为用 PLS 算法拟合 X 和 Y 时的误差。

PLS 的第二步，将 $\boldsymbol{A}$ 和 $\boldsymbol{C}$ 作线性回归，其中 $\boldsymbol{E}$ 为关联系数矩阵：

$$\boldsymbol{C}=\boldsymbol{AE} \tag{10.4}$$

$$\boldsymbol{E}=\boldsymbol{AC}(\boldsymbol{AC})^{-1} \tag{10.5}$$

在对新样本进行预测时，通过其光谱矩阵 $\boldsymbol{X_p}$ 和校正得到的 P_Y 只求出未知样品 $\boldsymbol{X}$ 矩阵的得分 A_p 并进一步得到：

$$Y_p=A_pEN \tag{10.6}$$

在 PLS 模型中，主因子数对模型效果具有非常明显的影响，因此需要选择合适的主因子个数使模型效果最优。主因子数的选取有多种方法，在光谱分析中，普遍采用交互验证法来选取，最常用的判据是预测残差平方和（prediction residual error sum of square，PRESS），PRESS=$\sum_{i=1}^{n}(y_i-\hat{y}_i)^2$ 。

10.2.4　主成分回归

主成分回归（principal component regression，PCR）（Liu et al.，2003）首先对光谱数据进行主成分分析（principal component analysis，PCA），用 PCA 得到的前 f 个得分向量组成矩阵 $\boldsymbol{M}$=[m_1，m_2，…，m_f]，代替光谱变量进行 MLR 回归，便得到了主成分回归（PCR）模型：$y=M\beta+\boldsymbol{E}$，$\boldsymbol{E}$ 为误差矩阵，β 为回归系数。回归系数 β 的最小二乘解为：$B=(M^TM)^{-1}M^TY$。

10.2.5　逐步线性回归

逐步线性回归的基本思想是在每一次回归分析中都对参与回归分析的自变量进行显著性检验，将不显著的自变量剔除直到回归分析的自变量全部显著，从而重新将已剔除的自变量引入回归分析，并进行显著性检验，直到回归方程中包含且仅包含全部显著的自变量（Seber and Lee，2012）。逐步线性回归的具体步骤如下。

（1）进行回归分析，计算所有自变量 x 对因变量 y 是否显著，剔除不显著的自变量。

（2）基于剩余的自变量重新进行回归分析，并计算自变量对因变量的显著性，剔除不显著的自变量。

（3）重复（2）直到回归方程中所有的自变量都对因变量显著。

（4）重新引入已剔除的自变量，进行回归分析，并计算自变量的显著性，若显著则保留，不显著则删除，直到没有新的自变量引入与删除。

10.2.6 岭回归

岭回归分析是一种有效的分析共线性数据的回归估计方法。岭回归是一种改良的最小二乘法，对病态数据的耐受性远远强于最小二乘法（Hoerl et al.，1975）。岭回归通过放弃最小二乘法的无偏性，以损失部分信息、降低精度为代价获得更为符合实际、更可靠的回归系数。当$|X^{T}X|\approx 0$ 时，给 $X^{T}X$ 加上正常数矩阵λI（$\lambda>0$，I为单位矩阵），则矩阵（$X+\lambda I$）$^{-1}$相较于（X）$^{-1}$接近奇异的可能性小得多。设 $Y=\boldsymbol{X\beta}+\varepsilon$（其中 X 为回归分析的数据矩阵，Y 为因变量观测数据构成的向量，ε为模型残差），回归系数的岭回归估计表示为 $\hat{\beta}_{\lambda}=(X^{\mathrm{T}}X+hI)^{-1}X^{\mathrm{T}}Y$ 。岭回归与其他回归的区别主要在于其相关系数通常低于其他回归分析而显著性往往高于其他回归。当数据存在共线性和病态问题时，岭回归分析有较大的实用价值。

10.2.7 logistic 回归

logistic 回归与多重线性回归十分相似，它们都可以归为广义线性模型（generalized linear model，GLM）。广义线性模型家族成员之间的不同主要在于因变量的不同。logistic 回归分析可分为二分类 logistic 回归分析和多分类 logistic 回归分析（Hosmer et al.，2000）。

应用 logistic 回归首要的条件应该是自变量与 *logit*（p）符合线性关系[*logit*（P）= ln（P/（1−P））]，即自变量应与 ln（P/（1−P））呈线性关系。当然，这种情形主要针对多分类变量和连续变量。

logistic 回归模型有 3 个特点。第一，常见的回归分析变量一般是连续变量，而 logistic 回归则是分类变量，如“是否染病”变量取值只有两个状况；第二，若将事件发生概率 P 进行 logit 变换，则 *logit*（P）能等效替换因变量而进行回归；第三，logistic 回归可以计算某事件发生特定状况的概率，回归结果也大多更符合实际。

10.3 非线性回归分析方法

10.3.1 人工神经网络

人工神经网络（artificial neural network，ANN）是通过人工学习模仿动物神经网络的结构和功能，从而实现对信息的快速准确处理的算法。人工神经网络是一种数学模型，对大脑的结构和功能进行简单的抽象和模拟，以实现某个功能。人工神经网络是一种良好的非线性的数据建模方法，自组织、自适应与自学习能力强。

一个常见的人工神经网络主要由 3 部分组成：输入层、隐含层及输出层。一般隐含层可以含有单个隐含层也可以含有多个隐含层。一般输入层的节点为输入变量的个数，输出层的节点个数与输出的个数及输出的格式有关。隐含层的节点数则要相对复杂得多，它也是人工神经网络的关键。隐含层节点数的确定需要不断地尝试与训练。

1. 反向传播神经网络

人工神经网络模型的种类较多，其中反向传播神经网络（back propagation neural network，BPNN）是目前较为常见的神经网络模型之一，主要是采用误差反向传播算法（Hecht-Nielsen，1989），通过误差反向传播不断修正网络连接权值，使实际输出值与预测输出值之间的误差最小，本部分主要介绍 BPNN。图 10.1 为 BPNN 的拓扑结构图。

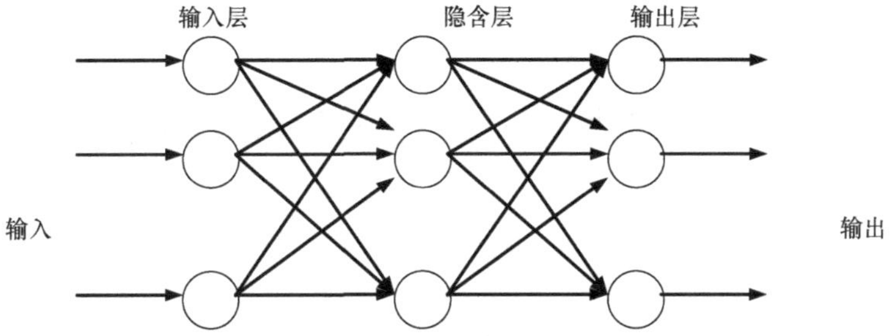

图 10.1 BPNN 的拓扑结构图

BPNN 的算法介绍如下。

（1）初始化权值和阈值 ω_{ij}（0）、θ_j（0）。

（2）令输入的学习样本为

$$O_{pj} = f(\sum \omega_{ji} O_i - \theta_j) \tag{10.7}$$

输入向量为 O_p（p=1，2，…，P）和目标输出为 T_p（p=1，2，…，P）。

（3）计算网络的实际输出及隐含单元的状态，f 为传递函数，BPNN 的神经元传递函数一般有阈值函数、线性函数及 Sigmoid 函数等。

（4）计算训练误差。

其中输出层为

$$\delta_{Pj} = O_{pj}(1 - O_{pj})(t_{pj} - O_{pj}) \tag{10.8}$$

隐含层为

$$\delta_{Pj} = O_{pj}(1 - O_{pj})\sum_k \delta_{pk}\omega_{jk} \tag{10.9}$$

式中，t_{pj} 表示各输出节点的期望输出值；k 是 j 节点所在层的上面一层的节点号。

（5）修改权值和阈值。

$$\theta_j(t+1) = \theta_j(t) + \eta\delta_j + \alpha(\theta_j(t) - \theta_j(t-1)) \tag{10.10}$$

$$\omega_{ji}(t+1)=\omega_{ji}(t)+\eta\delta_j O_{pi}+\alpha(\omega_{ji}(t)-\omega_{ji}(t-1)) \tag{10.11}$$

（6）当 p 经过 1–P 后，判断指标是否满足精度要求 E，这里 $E<\varepsilon$，其中 $E=\sum E_p$，$E_p=\sum$（$t_{pj}-o_{pj}$）^2/2。若满足要求则转到（7），否则转到（3）。

（7）停止，结束运算。

在 BPNN 中，样本集确定一般需要设置以下几个参数：①隐含层的层数；②各隐含层的节点数；③传输函数；④学习速率；⑤学习算法；⑥训练终止条件。

在 BPNN 中，大量数据输入会影响建模速度，而无用信息则影响建模效果，因此，为了增加计算速度，一般采用提取的特征信息或特征波长代替原始数据作为输入。

2. 径向基函数神经网络

除 BP 神经网络外，径向基函数神经网络（radial basis function，RBF）也是常用的神经网络（Schalkoff，1997）。RBF 是一种 3 层前馈神经网络，具有训练速度快、泛化能力强、可任意逼近等优点。

RBF 的学习主要分为以下两步：①确定隐含层神经元数目，RBF 函数类别，中心与宽度；②确定隐含层与输出层之间的权值。

对于一个简单的单输入单输出 RBF，输入样本 $X=[x_1,x_2,x_3,\ldots,x_{n-1},x_n]^T$，其 RBF 输出为

$$y=\sum_{i=1}^{K}w_i\varphi_i(\|X-C_i\|)+w_0\varphi_0 \tag{10.12}$$

式中，K 为隐含层节点数；$\varphi_i(\|X-C_i\|)$ 为径向基函数；w_i 为第 i 个隐含层与输出层的权值，C_i 为第 i 个隐含层节点中心；一般 φ_0 为 1。

RBF 的主要特点是使用径向基函数作为激活函数。常用的 RBF 函数有高斯函数、多二次函数、逆多二次函数等。研究人员针对 RBF 的学习，提出了多种不同的算法，可根据自己的需要选择合适的学习算法。

3. 极限学习机

极限学习机（extreme learning machine，ELM）算法是一种新的单隐含层前馈神经网络（single-hidden layer feedforward neural network，SLFNN）（Huang et al.，2006）。传统的前馈神经网络算法（如 BP 等）在运行过程中需要设定大量的参数，运行速度慢，且模型参数较难确定并容易使网络陷入局部最优。而极限学习机在运行时只需要设定一个参数值，即隐含层节点数，并根据实际需要选择合适的激励函数（activation function，AF），在算法运行过程中随机产生网络的输入权值及隐含层单元偏置，且不需要进行调整，比较容易实现，只需求输出权值得到全局最优解。极限学习机具有学习速度快、泛化能力强且产生唯一最优解的特点，在多数情况下具有很强的泛化能力，并且学习速度比传统的前馈神经网络快数千倍。

ELM 算法的具体思想及实现步骤如下。

对于含有 N 个样本的样本集，其特征变量为 X（Np），响应为 T（$N\times k$），设定隐含层节点数为 m，采用激励函数为 f（x）的标准单隐含层前馈神经网络模型可表示为

$$\sum_{i=1}^{m}\beta(i)f(X_j)=\sum_{i=1}^{m}\beta(i)f(W_iX_j+b_i)=Z_j \tag{10.13}$$

式中，W_i 表示连接输入层节点与第 i 个隐含层节点的权重向量；$\beta(i)$ 为连接第 i 个隐含层节点与输出节点的权重向量；b_i 是第 i 个隐含层节点的偏置；Z_j 则是第 j 个样本的输出。

基于 m 个隐含层节点及激励函数 $f(x)$ 标准单隐含层前馈神经网络能够以 0 误差逼近样本集样本，即

$$\sum_{j=1}^{m}\| Z_j - T_j \| = 0 \tag{10.14}$$

意味着存在 $\beta(i)$、W_i 及 b_i，使

$$\sum_{i=1}^{m}\beta(i)f(W_iX_j+b_i)=T_j \tag{10.15}$$

公式（10.15）可以表示为

$$\boldsymbol{H}\beta = T \tag{10.16}$$

式中，$\boldsymbol{H}$ 为神经网络的输出矩阵；H 中的第 i 列是隐含层第 i 个节点的输出向量。

$$\boldsymbol{H}(W_1,\dots,W_m,b_1,\dots,b_m,X_1,\dots X_m)=\begin{pmatrix} f(W_1X_1+b_1) & \cdots & f(W_mX_1+b_m) \\ \vdots & \ddots & \vdots \\ f(W_1X_N+b_1) & \cdots & f(W_mX_N+b_m) \end{pmatrix}_{N\times m} \tag{10.17}$$

$$\beta=\begin{bmatrix} \beta_1^{\mathrm{T}} \\ \vdots \\ \beta_m^{\mathrm{T}} \end{bmatrix}_{m\times k},T=\begin{bmatrix} T_1^{\mathrm{T}} \\ \vdots \\ T_N^{\mathrm{T}} \end{bmatrix}_{N\times k} \tag{10.18}$$

需要通过使公式（10.19）最小，来调整网络参数：

$$\min \| \boldsymbol{H}\beta - T \| \tag{10.19}$$

可以证明，当激励函数 $f(x)$ 无限可微时，网络参数并不需要全部调整，网络的输入权值及隐含层单元偏置可以随机产生并在训练过程中固定，输出权值可以通过求解以下线性方程的最小二乘解来获得。

$$\| H(W_1,\dots,W_m,b_1,\dots,b_m)\hat{\beta}-T \| = \min_{\beta} \| H(W_1,\dots,W_m,b_1,\dots,b_m)\beta - T \| \tag{10.20}$$

方程的最小二乘解为

$$\hat{\beta}=\boldsymbol{H}^{\dagger}T \tag{10.21}$$

式中，$\boldsymbol{H}^{\dagger}$ 为矩阵 $\boldsymbol{H}$ 的 Moore-Penrose 的广义逆矩阵。得到的最优解有以下重要特性：①最小化训练误差；②权值的最小范式；③范式的最小二乘解是唯一的。

因此 ELM 算法的具体步骤是：①随机产生输入权值与隐含层神经元节点偏置；②计算隐含层输出矩阵；③计算输出权值。

在实际应用中，隐含层节点数的确定没有固定的理论可以遵循，一般采用的是逐步尝试法，即设定隐含层节点数的范围，然后计算范围内每一个隐含层节点数下的 ELM 模型的效果以选择最佳的隐含层节点数。

人工神经网络的种类很多，在这里仅列举一些在光谱数据分析中常用的人工神经网络模型，本节介绍的人工神经网络均可以用于回归分析与模式识别。在光谱分析模式识别中，自组织映射神经网络（self-organizing map，SOM）也是经常会用到的神经网络，SOM 神经网络在模式识别方法一章中会专门介绍。

10.3.2 最小二乘支持向量机

最小二乘支持向量机（least-squares support vector machine，LS-SVM）是 Suykens 提出的对支持向量机（support vector machine，SVM）的一种改进（Suykens et al.，2002）。与普通支持向量机一样，最小二乘支持向量机同样在进行函数拟合时将输入数据从常规空间里映射到高维空间里，但同时用等式约束代替不等式约束，在高维空间中对最小化损失函数进行求解，获得一个线性拟合函数。最小二乘支持向量机只需要对一个等式方程组求解对偶空间中的二次规划问题，从而可以大大提高计算效率，降低计算复杂度。LS-SVM 可用于回归分析和判别分析（Suykens and Vandewalle，1999）。LS-SVM 的算法描述如下。

设训练集样本为 $D=\{(x^k,y^k)\,|\,k=1,2,\ldots,N\},x^k\in R^n,y^k\in\{-1,1\}$，其中 x 是输入向量，y 是目标值。

在权值 w 空间中的函数估计问题可以描述为求解下面问题：

$$\min J(w,e)=\frac{1}{2}w^{\mathrm{T}}+\frac{1}{2}\gamma\sum_{k=1}^{N}e_k^2 \tag{10.22}$$

约束条件为 $y_k=w^{\mathrm{T}}\phi(x)+b+e_k,k=1,\ldots,N$，其中 $\phi(x)$ 为 $R^n\to R^{nh}$ 的核空间映射函数，权向量 $w\in R^n$，误差变量 $e_k\in R$，b 是偏差量，γ 是可调超参数。利用拉格朗日法求解这个优化问题，由以上可得拉格朗日函数为

$$L(w,b,e,\alpha)=J(w,e)-\sum_{k=1}^{N}\alpha_k\{w^{\mathrm{T}}\varphi(x_k)+b+e_k-y_k\} \tag{10.23}$$

其中 α_k（$k=1,2,\ldots,N$）是拉格朗日乘子。根据优化条件

$$\begin{cases}\dfrac{\partial L}{\partial w}=0\to w=\displaystyle\sum_{k=1}^{N}\alpha_k\varphi(x_k)\\ \dfrac{\partial L}{\partial b}=0\to \displaystyle\sum_{k=1}^{N}\alpha_k\\ \dfrac{\partial L}{\partial e_k}=0\to \alpha_k=\gamma e_k,k=1,\ldots,N\\ \dfrac{\partial L}{\partial \alpha_k}=0\to w^{\mathrm{T}}\varphi(x_k)+b+e_k-y_k=0,k=1,\ldots,N\end{cases} \tag{10.24}$$

可得

$$\begin{bmatrix}0 & \vec{1}^{\mathrm{T}}\\ \vec{1} & \Omega+\gamma^{-1}I\end{bmatrix}\begin{bmatrix}b\\ \alpha\end{bmatrix}=\begin{bmatrix}0\\ y\end{bmatrix} \tag{10.25}$$

式中，$y=[y_1,\ldots,y_N],\vec{1}=[1,\ldots,1],\alpha=[\alpha_1,\ldots,\alpha_N],\Omega=\{\Omega_{kj}\,|\,k,l=1,\ldots,N\}$。核函数 $\Omega_{kl}=\phi(x_k)^{\mathrm{T}}$

$\phi(x_l)=K(x_k,x_l),k,l=1,...,N$ 是满足 Mercer 条件的对称函数。

常见的核函数有线性核函数、多项式核函数、RBF 核函数、多层感知核函数等，其中 RBF 核函数由于其良好的非线性求解能力应用较多，这里采用 RBF 核函数进行介绍。

$$K(x,x_k)=\exp(-\|x-x_{ki}\|^2/\sigma^2) \tag{10.26}$$

最后可得 LS-SVM 拟合模型：

$$y(x)=\sum_{k=1}^{N}\alpha_k K(x,x_k)+b \tag{10.27}$$

10.3.3　随机森林

随机森林（random forest，RF）是一种机器学习方法，由多个单独决策树组成，结合 Bagging（boostrap aggregating）算法与 Randomization 算法构造决策器组合，广泛应用于分类与回归分析中（Breiman，2001）。随机森林对线性和非线性数据都有较好的效果。

随机森林只需要设定两个参数，决策树个数及决策树的每个节点进行分裂时的输入特征个数。

森林法用于回归分析的基本思想与具体步骤如下。

（1）原始数据样本数量 N，采用 Bagging 法有放回地随机抽取 N 个样本形成新的训练集，而每次未被抽取到的样本则为袋外数据（out-of-bag，OOB），作为预测集样本估计模型的性能，称为 OOB 估计。

（2）原始数据变量个数 P，则在每一棵决策树的每个节点都随机抽取 *mtry* 个变量（$mtry<<p$），根据这些特征计算最佳的分裂方式并对节点进行分裂。每一棵树都完整生长而不进行剪枝，一般选择 $mtry=p/3$。

（3）不断生成大量的决策树直到达到预先设定的决策树的数目。

（4）随机森林用于回归分析时，采用的是以单棵树结果的平均值为输出。而在进行分类时，则是以简单多数投票法确定样本的类别。

随机森林中无论是进行回归或是预测，都可以计算单个特征变量的重要性。随机森林计算样本变量的重要性的步骤为：①对随机森林中的决策树，采用 OOB 计算其预测效果；②随机改变 OOB 中的某个变量的值（人为添加噪声），然后利用人为添加噪声的 OOB 计算随机森林的预测效果。

将原始数据得到的预测效果与噪声数据得到的预测效果的差异作为相应变量在决策树上重要性的衡量，计算变量的重要性并排序。

随机森林计算变量重要性，有助于提取特征变量，并可以作为光谱分析中特征波长选择的方法。

10.3.4　相关向量机

相关向量机（relevance vector machine，RVM）是 Micheal E. Tipping 提出的基于贝

叶斯框架的稀疏概率学习模型（Tipping，2001）。相关向量机自提出之后，就得到了广泛的研究和应用。实际中，一般都将 RVM 及 SVM 进行比较。研究表明 RVM 与 SVM 有相同的函数形式，且 RVM 具有与 SVM 相当甚至更强的泛化能力，RVM 能极大地减少核函数计算量，且核函数不需要满足 Mercer 条件。

相关向量机的基本实现步骤如下。

（1）训练集样本 $\{x_i, y_i\}_{i=1}^{n}$，其中 x_i 为输入变量，y_i 为对应的实际输出值。

（2）确定合适的核函数，将特征向量映射到高维空间。RVM 的核函数中也常用与 SVM 相同的那些核函数，也有研究提出新的核函数；初始化参数 α 与方差 σ^2，并通过迭代寻找最优的 α 与 σ^2。

（3）通过迭代寻找最优的权重分布。

（4）对于引入的新数据进行预测。

10.3.5　高斯过程回归

高斯过程是基于贝叶斯理论的概率模型，是随机过程中任意随机变量具有高斯分布的集合（Rasmussen，2006）。高斯过程在处理非线性、高维、小样本等问题上具有良好的适用性。一个高斯过程完全是由其均值函数及协方差函数决定的，假定均值函数为 $M(x)$，而协方差函数为 $C(x, x')$，则高斯过程的定义为

$$f(x) \sim gp(M(x), C(x, x')) \tag{10.28}$$

一般为了简洁，通常对数据进行处理使均值函数为 0。

对于高斯回归，具体的实现思路如下。

（1）首先假设目标值 Y 被噪声干扰，其与真实输出值之间的差异为 E，则可以表达成：

$$Y = f(x) + E \tag{10.29}$$

式中，E 为符合高斯分布的随机变量 $E \sim N(0, \sigma_n{}^2)$，$\boldsymbol{\sigma}_n$ 为 E 的方差。

（2）计算 Y 的先验分布为

$$Y \sim N(0, \boldsymbol{C}(\boldsymbol{X}, \boldsymbol{X}) + \sigma_n{}^2 \boldsymbol{I}) \tag{10.30}$$

式中，$\boldsymbol{C}(\boldsymbol{X}, \boldsymbol{X})$ 为 $n \times n$ 阶对称正定的协方差矩阵，而矩阵中的值 C_{ij} 表示 x_i 与 x_j 之间的相关性；$\boldsymbol{I}$ 为单位矩阵。

（3）计算目标值 Y 与预测值的联合先验高斯分布：

$$\begin{bmatrix} Y \\ Y_p \end{bmatrix} \sim N(0, \begin{bmatrix} \boldsymbol{C}(\boldsymbol{X}, \boldsymbol{X}) + \sigma_n{}^2 \boldsymbol{I} & C(X, x_p) \\ C(x_p, X) & C(x_p, x_p) \end{bmatrix}) \tag{10.31}$$

式中，$C(x_p, X)$ 为测试样本 x_p 与训练集 X 之间的 $n \times 1$ 阶协方差，而 $C(x_p, x_p)$ 是测试样本自身的协方差。

计算预测值 Y_p 的后验分布：

$$Y_p \mid X, y, xp \sim N(\hat{Y}_p, \sigma^2(x_p)) \tag{10.32}$$

则 Y_p 的均值和方差分别是

$$\hat{Y}_p = C(x_p, X)\left[K(X,X) + \sigma_n^2 I\right]^{-1} Y \tag{10.33}$$

$$\sigma^2(x_p) = C(x_p, x_p) - C(x_p, X)\left[C(X,X) + \sigma_n^2 I\right]^{-1} C(X, x_p) \tag{10.34}$$

Y_p 的均值和方差是测试样本对应的预测值和方差。

10.4　回归分析优化算法

在校正模型建立的过程中，常用到一些优化算法，用于优化模型参数，使模型达到最优最稳健的效果，优化的过程对分类与回归均适用。优化算法的另外一个用途是，基于自身寻优的特点，用于选择特征变量如特征波长。本节主要介绍 4 种常用的优化算法——遗传算法、蚁群算法、粒子群算法及模拟退火算法的实现思路和步骤。主要介绍这些方法应用于特征波长选择，但是同样的思想和方法步骤也用于优化模型参数，如 LS-SVM 模型的参数寻优、神经网络权值寻优等。

10.4.1　遗传算法

遗传算法（genetic algorithm，GA）是模拟自然界进化规律和生物遗传学原理的迭代搜索算法，是一种全局化优化搜索方法（Davis，1991）。GA 的一般操作步骤如下。

（1）参数编码：遗传算法需要通过将数据编码以使数据成为遗传算法可运行的类型。数据编码按照染色体中的基因形式进行。GA 编码算法的编码形式多样，一般简单地使用二进制编码，以“0”、“1”表示，“0”表示该基因未被选中，“1”表示该基因被选中。在光谱分析中，GA 的编码可以通过取区间方式，将整个区间分成若干组，以二进制编码形式选择使用的光谱区间；还可以对每一个波长进行编码，以二进制编码形式选择使用的光谱。

（2）群体初始化：设定染色体的数目及染色体长度（基因个数），一般染色体数目选 20~100，染色体长度根据需要确定。在光谱分析中，染色体长度可以是光谱数据点个数，也可以是光谱区间个数。

（3）适应度函数：选择合适的适应度函数以评价遗传个体的优劣，作为之后进行遗传操作的根据。适应度函数直接决定了遗传操作的目标并与最终的解直接相关。在光谱分析中，一般以校正模型为评价函数，而以模型效果为适应度函数，如相关系数（r）、均方根误差（RMSE）。

遗传操作步骤如下。

（1）选择：选择操作就是选择适应度高的个体遗传到下一代。

（2）交叉：两个相互配对的染色体按照一定的方式和概率交换部分基因位，形成两个新的染色体。

（3）变异：将染色体中的基因按照一定的规则进行变异操作，对二进制编码来说，是将染色体中基因位为“0”的基因，按照某种规则部分地变为“1”，而“1”的基因则部分地变为“0”。

（4）收敛判据：最优个体的适应度达到给定阈值。

（5）变量选取：由于遗传算法是一种随机的算法，在每一次计算中得到的结果可能不一致，因此一般可采用多次运行遗传算法的方式来确定最优变量。在光谱分析中，则可以采用多次运行，根据波长被选择的频率选择特征波长。遗传偏最小二乘法（GA-PLS）就是采用运行多次，根据变量被选择的频率选择最优的特征波长量，在运行 GA-PLS 的过程中，还采用了一些方式保证最终选择的是有代表性的特征波长（Leardi，2000；Leardi and Lupiãnẽz，1998）。

GA 在光谱分析中不仅用于选择特征波长与特征波长区间，同时也用于对校正模型进行优化，如 GA 对 LS-SVM 的参数进行优化、GA 优化 BPNN 算法等，都有实际的应用和意义。

10.4.2　蚁群算法

蚁群算法（ant colony optimization，ACO）是一种模仿蚂蚁觅食路径选择的概率型寻优算法（Dorigo and Birattari，2010）。ACO 的实现过程如下。

（1）初始化蚁群：初始化蚁群个数和初始化信息素。在光谱分析特征波长选择中，一个蚂蚁代表一个样本，而蚂蚁的信息素则代表的是样本光谱。

（2）蚁群的移动：根据之前蚂蚁留下的信息素，按照一定的规则（如概率）选择行进路径，完成一次循环。

（3）计算蚂蚁的适应度：根据目标函数计算蚂蚁的适应度，然后对适应度进行比较评价。在光谱分析中以校正模型为目标函数，以相关系数（r）、均方根误差（RMSE）等作为适应度。若达到最优解或迭代次数，则停止算法，若未达到最优解，则继续下一步。

（4）更新信息素向量：选择适应度最高的蚂蚁，适应度越高，所释放的信息素越多，根据适应度更新信息素向量。

（5）信息素的挥发：模拟实际环境中的信息素会随着时间不断消散，需要设定信息素挥发规则。

重复（2）~（5），直到满足算法终止条件。

10.4.3　粒子群算法

粒子群算法也称粒子群优化算法（particle swarm optimization，PSO），是一种基于群体智能的全局最优的算法。PSO 和遗传算法相似，但 PSO 比遗传算法规则更为简单（Kennedy，2010）。PSO 的实现过程如下。

（1）初始化随机粒子：一群初始化随机粒子，粒子数一般选择 20~40 个。随机初始化粒子在空间的位置和速度在特征波长选取中与 GA 相似，以二进制编码方式，“1”表示对应的波长或波段区间被选中，而“0”表示未被选中。位置代表是“0”或“1”，而速度则表示由“0”变“1”的概率。

（2）基于之前的粒子群、速度和位置，产生新的粒子群。

（3）适应度评价：对粒子进行建模分析，选择适应度评价指标并评价适应度。以单个粒子搜索到的最优位置为局部最优，而以整个粒子群搜索到的最优位置为全局最优。

在光谱分析中，适应度与 GA 及 ACO 一致。

（4）更新粒子的速度和位置。

（5）对每个粒子的适应度与粒子群所经历过的最好位置的适应度进行比较，若优于最好位置，则保留当前位置，若劣于最好位置，则保留原来的位置。

（6）更新当前结果，保留最优结果。

（7）若达到适应度函数目标或达到迭代次数，则算法运行终止，否则从（2）开始重复直到满足运算终止条件。选择最优结果。

10.4.4 模拟退火算法

模拟退火算法（simulated annealing，SA）是模拟固体退火过程原理的全局寻优算法（van Laarhoven and Aarts，1987）。模拟退火算法的实现过程与步骤如下。

（1）初始化：设置 SA 的初始温度、降温系数、终止温度、最大退火次数，并随机产生初始解，计算目标函数值。在特征波长选择中，以校正模型的效果为目标函数，如判别准确率、相关系数、均方根误差等，这里与 GA、ACO 及 PSO 的适应度函数一致。

（2）对当前解，通过随机扰动产生新解，计算新的目标函数值。

（3）判断新解是否为最优，若是，则保留；若不是，则计算新的目标函数与当前目标函数的差值 ΔE，针对 ΔE 的可能取值，有以下两种情况。

a）$\Delta E<0$，接受新解，以新解为新的当前解。

b）$\Delta E>0$，则以一定的概率接受新解 $P=\mathrm{e}^{-\Delta E/KT}$ 作为当前解，其中 K 为常数，T 为当前的温度值。

（4）按照设定好的降温系数进行降温。

（5）若达到目标函数值或达到最大模拟退火次数，则算法停止，反之则从（2）开始运行直到满足终止条件。

10.5 小　结

本章主要介绍了光谱与图像分析中的线性与非线性回归分析方法。回归分析是充分利用测量数据的有效方式，通过寻找光谱及图像信息与待测指标之间的线性与非线性联系，实现对待测指标的预测。同时介绍了 4 种不同的可用于回归分析的优化算法，这些优化算法同样也可用于特征波长选择。在采用回归分析方法计算时，根据数据特征和回归分析模型效果，选择最优的特征分析方法。

参考文献

Breiman L. 2001. Random forests. Machine Learning, 45(1): 5-32.

Davis L. 1991. Handbook of Genetic Algorithms (Vol. 115). New York: Van Nostrand Reinhold.

Dorigo M, Birattari M. 2010. Ant colony optimization//Sammut C, Webb G I. Encyclopedia of Machine Learning. New York: Springer: 36-39.

Fox J. 1997. Applied Regression Analysis, Linear Models, and Related Methods. Thous Oaks: Sage Publications, Inc.

Hecht-Nielsen R. 1989. Theory of the backpropagation neural network. Neural Networks, IJCNN, International Joint

Conference on. IEEE: 593-605.
Hoerl A E, Kannard R W, Baldwin K F. 1975. Ridge regression: some simulations. Communications in Statistics-Theory and Methods, 4(2): 105-123.
Hosmer D W, Lemeshow S, Sturdivant R X. 2000. Introduction to the Logistic Regression Model. Hoboken: John Wiley & Sons, Inc.
Huang G B, Zhu Q Y, Siew C K. 2006. Extreme learning machine: theory and applications. Neurocomputing, 70(1): 489-501.
Kennedy J. 2010. Particle swarm optimization//Sammut C, Webb G I. Encyclopedia of Machine Learning. New York: Springer: 760-766.
Leardi R, Lupiáñez G A. 1998. Genetic algorithms applied to feature selection in PLS regression: how and when to use them. Chemometrics and Intelligent Laboratory Systems, 41(2): 195-207.
Leardi R. 2000. Application of genetic algorithm-PLS for feature selection in spectral data sets. Journal of Chemometrics, 14(5-6): 643-655.
Liu R X, Kuang J, Gong Q, et al. 2003. Principal component regression analysis with SPSS. Computer Methods and Programs in Biomedicine, 71(2): 141-147.
Williams C K I, Rasmussen C E. 2006. Gaussian processes for machine learning. the MIT Presc, 2(3):4.
Schalkoff R J. 1997. Artificial Neural Networks. New York: McGraw-Hill.
Seber G A F, Lee A J. 2012. Linear Regression Analysis. Hoboken: John Wiley & Sons, Inc.
Suykens J A K, van Gestel T, de Brabanter J, et al. 2002. Least Squares Support Vector Machines (Vol. 4). Singapore: World Scientific.
Suykens J A K, Vandewalle J. 1999. Least squares support vector machine classifiers. Neural Processing Letters, 9(3): 293-300.
Tipping M E. 2001. Sparse Bayesian learning and the relevance vector machine. The Journal of Machine Learning Research, 1: 211-244.
van Laarhoven P J N, Aarts E H L. 1987. Simulated Annealing Theory and Applications Kluwer. Dordrecht.
Wold H. 1985. Partial least squares. Encyclopedia of Statistical Sciences.

应　用　篇

第 11 章　高光谱图像处理方法

11.1　概　　述

高光谱成像技术结合了光谱分析技术与成像技术，能同时获取待测样本的光谱与图像信息。高光谱图像包含一个三维的数据结构，即二维图像及作为第三维的光谱数据。高光谱图像由不同波长下的灰度图像组成，每一个波长下获得一幅灰度图像，而高光谱图像中的每一个像素点均包含一条光谱曲线。高光谱图像包含有丰富的信息，数据量大，且包含不同噪声，处理起来有一定的难度。根据实际需要，可对高光谱图像进行不同的处理以获取不同的信息。由于高光谱图像同时结合了成像技术与光谱分析技术，因此，高光谱图像的分析方法，可以采用数字图像处理与光谱分析的方法进行分析，本章简单介绍高光谱图像处理的一些基本方法。

11.2　图像预处理方法

11.2.1　裁剪

高光谱图像裁剪是将研究区域从原始图像中提取出来的方法。光谱图像进行裁剪的主要目的有两个：第一是从原始图片中裁剪出需要研究的部分便于分析；第二则是把不需要的背景去掉和部分去掉，减少图像的大小。

目前高光谱图像处理软件如 ENVI，提供了相关的工具进行图像裁剪。

11.2.2　感兴趣区域提取

高光谱图像在分析时，需要对研究对象进行分析，将高光谱图像中感兴趣的目标提取出来，即感兴趣区域（region of interest，ROI）提取。在目前基于近地高光谱成像技术的研究中，研究目标与背景之间差异明显，较易区分，因此，掩膜是最主要的感兴趣区域提取方法，但是当研究对象与背景的组成较为复杂时，简单的掩膜操作则无法获得满意的结果，需要采用其他的方法。而在高光谱遥感图像分析中，由于图像内容往往较为复杂，因此，针对复杂条件下感兴趣目标的探测提出了很多的算法，在这里简单介绍两种比较基本的算法：正交子空间投影算法及基于 Boosting 级联学习的目标检测。

1. 掩膜

高光谱图像进行掩膜主要是将感兴趣区域提取出来。掩膜是由 0 和 1 组成的二进制图像，应用于高光谱图像中，则高光谱图像对应掩膜为 0 的部分反射强度变为 0，而高光谱图像对应掩膜为 1 的部分则保留。因此，对不同样本，选择合适的掩膜可以将图像中不需要的部分作为背景均设置为 0，而需要研究的部分则保留，便于进一步研究。一般应用中，掩膜的构建根据不同的光谱特征进行。高光谱图像进行掩膜操作，可以对单独的一幅灰度图像进行图像分析，使其成为掩膜文件对高光谱图像进行掩膜，也可以基于背景与研究对象在某一波段具有较明显光谱差异进行掩模，设定阈值，将背景设置为 0 而保留研究对象。

掩膜操作是较为简单同时也较为准确的感兴趣区域选择方法，在近地高光谱用于农业、食品、医药等研究中，高光谱图像内容较为简单，图像与背景之间的差异较为明显，因此掩膜一般能满足感兴趣区域选择的需要，用于提取研究对象。

2. 正交子空间投影算法

正交子空间投影算法（orthogonal subspace projection，OSP）基于线性光谱混合模型的有监督分解算法（Chang，2005）。由于高光谱图像符合线性混合模型，通过线性光谱成分组合将混合像元各组分分为感兴趣目标和非感兴趣目标（背景等），同时增强感兴趣目标，抑制并削弱非感兴趣目标，从而提取出感兴趣目标。OSP 需要知道高光谱图像各组分光谱特征的先验知识，用于构造投影算子，而构造投影算子是 OSP 的关键。OSP 首先将数据投影到不感兴趣目标的正交补矩阵空间，从而消除不感兴趣目标的特征分量，然后再投影到目标光谱信号上。

3. 基于 Boosting 级联学习的目标检测

基于 Boosting 级联学习的目标检测方法（孙显等，2011），增强弱分类器的判别能力，然后采用动态级联结构制订新的学习算法，从而达到检测速度和检测性能的良好平衡。其主要包括：①级联学习框架，分为离线训练和在线检测两个步骤；②特征选择，构建弱分类器采用的特征；③级联分类器的训练；④级联分类器的检测。

11.2.3 校正

高光谱图像校正是高光谱图像分析中的必要步骤。在航空高光谱遥感中，需要对图像进行几何校正、大气校正等。由于近地高光谱成像系统多在室内，因此不需要进行类似的校正。但由于光源强度在不同波段下不均匀、样本不规则及成像光谱仪镜头中的暗电流的影响，造成获取的高光谱图像存在较大的噪声和误差。因此，需要对图像进行黑白校正。

11.3 图像压缩与特征提取方法

11.3.1 主成分分析

高光谱图像各波段光谱之间和各波段图像之间存在高度相关性及高度冗余，同时高光谱图像含有的噪声，也影响光谱图像的分析与应用。PCA 是一种常用的数据压缩方法。PCA 应用于高光谱图像主要是去除波段图像之间的冗余信息，将每个波段下的图像信息压缩到少数几个能代表原始高光谱图像主要信息的主成分图像中，同时去除噪声的影响。

PCA 在高光谱图像中同时对光谱与图像信息进行压缩。

PCA 在高光谱图像中不仅可以对高光谱图像进行压缩，也可以利用 PCA 的结果选择高光谱图像的特征图像。通过提取前几个主要 PCA 特征，并基于 PCA 特征选择特征波长光谱，一般根据每一个 PC 的特征曲线的峰或谷进行选择。而根据选出的特征波段图像进行相关的分析。PCA 的扩展形式如核 PCA、稳健 PCA 等也都可以进行相关的应用。

11.3.2　独立成分分析

独立成分分析（independent component analysis，ICA）可以从原始数据中提取出相互独立（或尽可能独立）的部分，应用于高光谱图像中可以很好地去除高光谱图像的高相关性信息，同时可以将高光谱图像中隐藏的噪声、异常等通过信息提取而分离。

与 PCA 类似，ICA 也可以用于选择特征波段图像。

11.3.3　最小噪声分离

最小噪声分离（minimum noise fraction，MNF）的主要目的是分离高光谱图像数据中的噪声和有用信号，确定数据的内在维数，实现数据的压缩变换，以便于分析和计算（Green et al.，1988；李海涛等，2007）。MNF 的提出主要是为了克服 PCA 的不足，且 MNF 的实现过程实质上是两次主成分变换，主要是：①从高光谱图像中提取噪声协方差矩阵，通过变换矩阵将原始图像变换到新的空间，使噪声数据方差最小，且波段之间不相关。②对噪声白化数据进行标准的 PCA 变换，对得到的图像特征值进行从大到小的排序，通过比较特征值及对应的相关图像，确定最终的内在维数。MNF 作为一种正交变换，其特征分量互不相关，且第一特征分量包含了最多的信息，而之后的分量包含的信息越来越少。小特征值及对应的图像被认为是以噪声为主的信息。

MNF 变换用于噪声去除，需要经过一次正向 MNF 变换及一次反向 MNF 变换，正向 MNF 变换的目的是确定包含噪声的波段，然后进行一次反向 MNF 变换，去除含噪声的波段及图像。

11.3.4　波段比算法

波段比算法是通过计算不同波段图像下的比值，以获得相对波段强度图像的算法。从而降低光源不均匀的影响，增强波谱之间的差异。

波段比算法通过计算两个不同波段下同一点位置像素值亮度的比值，进而得到相对波段强度的图像。

11.4　图像分析与可视化

11.4.1　特征波长提取

除了本章之前提出的 PCA 和 ICA 可用于特征波段图像获取，在实际中，由于高光谱图像光谱信息与图像信息的对应关系，可以基于高光谱图像的光谱信息，提取光谱特征波长，将特征波长下的图像作为特征波段图像，从而进行分析，基于光谱信息的特征波长选择见第 8 章。

11.4.2　纹理特征

纹理是图像分析中的重要方面，是物体表面的固有特征，通过纹理分析可以得到物体的内在信息和结构。对纹理特征没有统一精确的定义，也没有统一的提取标准与方法。主要有统计分析法和结构分析法两大类，这里介绍常用的统计分析法中的一些常用的纹理特征（与高光谱图像处理软件 ENVI 中包含的纹理分析特征一致）。

灰度直方图的统计矩是纹理最简单的描述方法，其与纹理在空间的位置无关，无法描述纹理图像邻域像素的空间关系。利用灰度直方图提取的纹理特征值主要有如下几个。

（1）均值（mean）

$$\text{mean}=\sum_{i=0}^{L-1} z_i p(z_i) \tag{11.1}$$

（2）方差（variance，VAR）

$$\text{VAR}=\sum_{i=0}^{L-1} (z_i - m)^2 p(z_i) \tag{11.2}$$

（3）熵（entropy，ENT）

$$\text{ENT}=-\sum_{i=0}^{L-1} p(z_i)\log_2 p(z_i) \tag{11.3}$$

灰度共生矩阵（gray level co-occurrence matrix，GLCM）是目前应用最广泛的统计分析法，它考虑了图像中像素点的空间位置，并利用像素点间相关性得到不同的纹理特征参数以表征这些联系。GLCM 以图像像素点的二阶概率统计特性来提取纹理特征。

Haralick 等（1973）提出了 14 种基于灰度共生矩阵的纹理特征参数，在 ENVI 软件中使用的纹理参数主要有 8 个。

（1）均值（mean）

$$\text{mean} = \sum_{i,j=1}^{G} iP(i,j) \tag{11.4}$$

（2）方差（variance，VAR）

$$\text{VAR} = \sum_{i=1}^{G}\sum_{j=1}^{G} (i-u)^2 P(i,j) \tag{11.5}$$

（3）一致性（homogeneity，HOM）

$$\text{HOM} = \sum_{i=1}^{G}\sum_{j=1}^{G} \frac{P(i,j)}{1+(i-j)^2} \tag{11.6}$$

（4）对比度（contrast，CON）

$$\text{CON} = \sum_{i=1}^{G}\sum_{j=1}^{G} (i-j)^2 P(i,j) \tag{11.7}$$

（5）差异性（dissimilarity，DIS）

$$\text{DIS} = \sum_{i=1}^{G}\sum_{j=1}^{G} P(i,j)\,|\,i-j\,| \tag{11.8}$$

（6）熵（entropy，ENT）

$$\text{ENT} = -\sum_{i=1}^{G}\sum_{j=1}^{G} P(i,j)\log[P(i,j)] \tag{11.9}$$

（7）角二阶矩（angle second moment，ASM）

$$\text{ASM} = \sum_{i=1}^{G}\sum_{j=1}^{G} P^2(i,j) \tag{11.10}$$

（8）相关性（correlation，COR）

$$\text{COR} = \sum_{i=1}^{G}\sum_{j=1}^{G} \frac{(i-\text{mean}_i)(j-\text{mean}_j)P(i,j)}{\sqrt{\text{VAR}_i\text{VAR}_j}} \tag{11.11}$$

式中，$P(i,j)=V(i,j)/\sum_{i,j=1}^{N}V(i,j)$，表示两个不同像素之间的联合概率；$V(i,j)$ 是移动窗口中第 i 行、第 j 列的像素灰度值；G 为移动窗口的大小；u 为 $P(i,j)$ 的均值。

均值：描述了灰度集中趋势的指标，为灰度平均值。

方差：用于度量灰度值与均值之间的偏离程度，反映了灰度波动情况。

逆差距：反映图像纹理的同质性，度量图像纹理局部变化的情况。逆差矩值大则说明图像纹理的不同区域间缺少变化，局部非常均匀。

对比度：反映了图像清晰度和纹理沟纹深浅的程度。对比度越大，其纹理沟纹越深，视觉效果越清晰；反之，则沟纹浅，效果模糊。

非相似性：用来度量相似程度，与对比度类似，但是线性增加。局部对比度越高，则非相似性的值越大。

熵：是图像拥有信息量的度量，它表示了图像中纹理的非均匀程度或复杂程度。熵是一个随机性的度量，当共生矩阵中所有元素有最大的随机性，空间共生矩阵中所有值几乎相等，共生矩阵中元素分散分布时，熵值越大。

角二阶矩：是灰度共生矩阵元素值的平方和，也称为能量，反映了图像灰度分布均匀程度和纹理粗细度。角二阶矩值大则表明一种较均一和规则变化的纹理模式。

相关性：它度量空间灰度共生矩阵元素在行或列方向上的相似程度，因此，相关值大小反映了图像中局部灰度相关性。如果图像中有水平方向纹理，则水平方向矩阵的相关性大于其余矩阵值。

纹理特征在近地高光谱图像分析中的作用是将不同波段图像的纹理特征与理化性质值关联，建立基于纹理特征的校正模型。纹理特征也可以作为特征信息，与光谱特征信息结合并建立校正模型。纹理特征可应用于农业中，如鉴定病害、肉的物理品质和化学品质等的研究。

11.4.3 光谱角制图

光谱角制图（spectral angle mapper，SAM）基于光谱矢量夹角的大小进行分类（Kruse et al.，1993）。首先设定参考光谱，设定矢量夹角大小的判别阈值，然后计算像元光谱与参考光谱之间的矢量夹角，通过夹角的大小确定光谱间的相似度，从而进行分类。夹角越小，则表明相似度越高，光谱角制图分类由于计算了夹角大小，需要设定阈值进行判断。实际应用中，参考光谱可以根据同一类别多个样本确定。

对于像元光谱与参考光谱而言，光谱夹角的计算公式是

$$\alpha = \cos^{-1}\left\{\sum_{i=1}^{N} x_i r_i /[(\sum_{i=1}^{N} x_i^2)^{\frac{1}{2}}(\sum_{i=1}^{N} r_i^2)^{\frac{1}{2}}\right\} \tag{11.12}$$

式中，r 为参考光谱；x 为像元光谱；x_i 为光谱 x 的第 i 个波段光谱；r_i 为参考光谱的第 i 个波段光谱；α 为求得的夹角。α 越小，代表与参考光谱的匹配越紧密，相似性越高，则更可能判为一类。通过设定角度阈值，若角度比设定的阈值大，则表示无法正确分类，若角度比设定阈值小，则能正确分类。光谱夹角不受向量本身长度的影响，且光谱角制图受地形、太阳辐射等影响较小。在近地高光谱的研究中，参考光谱需要自己确定，一般可选具有明显特征样本的光谱平均值为研究的标准曲线。

11.4.4 高光谱图像可视化

高光谱图像能同时提供样本的光谱信息与空间信息，基于图像与光谱或两者结合进行相关分析。由于光谱信息与空间信息的对应关系，基于样本平均光谱建立的校正模型可用于样本每一个像素点的预测，而基于每一个像素点的理化性质值则可以形成样本的理化性质值分布图（ElMasry et al.，2012；Kamruzzaman et al.，2012；Wu et al.，2012a；2012b）。

高光谱图像可视化的实现首先是基于样本像素点平均光谱及对应理化性质值建立校正模型；其次是将模型应用到每一个像素点，预测每一个像素点的理化性质值。目前由于高光谱图像数据量较大，在基于全波段范围光谱预测时对计算硬件要求高且计算速度慢，因此考虑到这些问题，在对每一个像素点进行预测之前，先采用特征波长选择方法选择特征波长，并基于特征波长建立相应校正模型，然后将校正模型用于预测每一点的理化性质值，从而实现高光谱图像的可视化分布。

在高光谱图像可视化研究中，应注意以下几点。

（1）首先对高光谱图像进行掩膜，使背景及图像中不需要的部分反射率变为 0。

（2）由于在采集高光谱图像中产生了噪声，因此在对每一个像素点进行预测时要考虑噪声的影响。

（3）尽量保证建模集样本的理化性质值范围足够大，包含了预测集样本的范围。

（4）尽量选择效果最佳的模型进行研究。

高光谱图像可视化提供了更直观的表现，能够反映样本理化性质值的分布，从而根

据分布图进行相应的决策。目前高光谱图像研究中对高光谱图像可视化的研究较多。

11.5 小　　结

本章主要介绍了在近地高光谱成像技术用于农业与食品等检测时的高光谱图像处理方法，包括高光谱图像预处理方法、高光谱图像压缩与特征提取方法及高光谱图像分析与可视化研究。实际上，高光谱遥感图像的分析与处理方法也较多，但近地高光谱图像与高光谱遥感图像的共性较多，很多可用于高光谱遥感图像分析的方法都可以用于近地高光谱图像。由于近地高光谱研究的过程中背景较为简单，研究目标较为单一，因此，使用本章节的内容就可以解决研究当中遇到的基本问题，但是同时也鼓励将高光谱遥感图像的分析与处理方法应用到近地高光谱图像中。

参 考 文 献

李海涛，顾海燕，张兵，等. 2007. 基于 MNF 和 SVM 的高光谱遥感影像分类研究. 遥感信息，(5): 12-15.

孙显，付琨，王宏琦. 2011. 高分辨率遥感图像理解. 北京：科学出版社.

Chang C I. 2005. Orthogonal subspace projection (OSP) revisited: a comprehensive study and analysis. Geoscience and Remote Sensing, IEEE Transactions on, 43(3): 502-518.

ElMasry G, Sun D W, Allen P. 2012. Near-infrared hyperspectral imaging for predicting colour, pH and tenderness of fresh beef. Journal of Food Engineering, 110(1): 127-140.

Green A A, Berman M, Switzer P, et al. 1988. A transformation for ordering multispectral data in terms of image quality with implications for noise removal. Geoscience and Remote Sensing, IEEE Transactions on, 26(1): 65-74.

Haralick R M, Shanmugam K, Dinstein I H. 1973. Textural features for image classification. Systems, Man and Cybernetics, IEEE Transactions on, (6): 610-621.

Kamruzzaman M, ElMasry G, Sun D W, et al. 2012. Prediction of some quality attributes of lamb meat using near-infrared hyperspectral imaging and multivariate analysis. Analytica Chimica Acta, 714: 57-67.

Kruse F A, Lefkoff A B, Boardman J W, et al. 1993. The spectral image processing system (SIPS)—interactive visualization and analysis of imaging spectrometer data. Remote Sensing of Environment, 44(2): 145-163.

Wu D, Shi H, Wang S J, et al. 2012a. Rapid prediction of moisture content of dehydrated prawns using online hyperspectral imaging system. Analytica Chimica Acta, 726: 57-66.

Wu D, Wang S J, Wang N F, et al. 2012b. Application of time series hyperspectral imaging (TS-HSI) for determining water distribution within beef and spectral kinetic analysis during dehydration. Food and Bioprocess Technology, 6(11): 2943-2958.

第 12 章　核磁共振成像方法

12.1　概　　述

核磁共振现象由科学家布洛赫和珀赛尔在 1946 年发现，在发现之初的几年内，主要用于精确测定各种原子核的磁矩。此后，由于“化学位移”现象的发现，核磁共振又被应用到研究物质分子化学结构方面。1966 年，Emst 研究出脉冲傅里叶变换方法，这一革命性的成果促进了高分辨率核磁共振波谱技术的飞跃发展。受到 X 射线计算机层析成像技术（X-ray computer tomography，X-CT）的启发，20 世纪 70 年代，纽约州立大学的 Lauterbur 引入线性梯度磁场对物体的核磁共振信号实施空间编码操作，进而获取到物质的核磁共振图像，这标志着核磁共振成像学科的正式诞生。1975 年，Emst 提出多维核磁共振谱理论，并在理论研究的基础上进一步发展了“傅里叶成像方法”。上述新理论和方法的提出为核磁共振成像奠定了坚实的理论基础和实验基础，区别于 X-CT，核磁共振层析成像技术被命名为核磁共振成像（magnetic resonance imaging，MRI）（俎栋林，2004）。近些年，随着软硬件技术的不断创新和发展，核磁共振成像的速度得到大幅度提高，最新的超导高磁场核磁共振成像仪每隔几十毫秒就可以完成一幅核磁共振图像。

与 X-CT 不同，核磁共振成像对被测试物质无电离辐射损伤，主要利用被测试对象中的质子在强磁场中运动时受到外加射频脉冲激发所产生的核磁共振信号来成像（熊国欣等，2007）。因此，如果测试对象的不同组织部位之间水分含量不同，就会导致不同组织部位之间的自旋-晶格弛豫时间（$T1$）和自旋-自旋弛豫时间（$T2$）都不相同，从而能够获取到对比度不同的核磁共振图像（Neményi et al.，2000；Salerno et al.，2005）。以人体为例，当某个组织或器官发生病变时，该组织或器官的水分、脂肪、蛋白质等组分含量就会产生变化；与正常的组织或器官相比较，其核磁共振信号就会产生相应的改变，导致获取的核磁共振图像出现差异。

相比于其他医学成像技术，核磁共振成像具有分辨率高、对比度好、信息量大的特点，尤其是在软组织显示方面更具优势，因此，核磁共振成像一经问世便受到临床医生和科研工作者的青睐，目前已广泛应用于医学和其他科研工作领域，成为一种不可或缺的先进探测手段。

12.1.1　成像原理

量子理论研究表明每个原子核都具有自旋角动量和磁矩。当原子核处于外部附加磁场时，其磁矩有一种趋向于能量最低的趋势，即处于与外部磁场方向平行的状态，并由此形成原子核的一组能级。然而，热运动的存在又使得原子核具有不同能级之间粒子数相同的趋势，热运动最终使得原子核各个能级上粒子数服从玻尔兹曼分布。当外加射频脉冲出现后，处于低能级的粒子会吸收射频能量，由此跃迁到较高的能级；而处于较高能级的粒子会释放能量到周围的环境中，由此跃迁到较低的能级；导致两能级之间的布局数相同，也就产生了饱和现象。最后，还有一个弛豫过程起作用，使整个体系从非平衡态回到平衡态，即各个能级的粒子数再次达到玻尔兹曼分布规律，产生的信号就是核磁共振信号。

核磁共振成像就是利用物质在外加磁场的作用下，其内部组织中的质子与外部磁场相互作用而产生核磁共振现象而释放出核磁共振信号来成像的，按照成像体素核磁共振信号的强弱，最终形成明暗对比空间灰度图像，进而分辨出不同的内部组织结构；其中核磁共振信号强弱与内部组织的质子含量密切相关，质子含量较高时，图像的核磁共振信号越强（Windt et al.，2006）。

12.1.2　系统组成

核磁共振成像系统主要包括磁体系统、梯度系统、射频发射与接收系统、信号采集与成像系统，辅助计算机等几个组成部分（俎栋林，2004；熊国欣和李立本，2007）。

（1）磁体系统是核磁共振成像系统的重要组成部分，它提供原子核产生核磁共振现象所需的物理环境，即在一定的空间范围内形成稳定均匀的主静磁场。依据产生主静磁场方式的不同，常见的磁体系统主要有常导磁体系统、永磁磁体系统、超导磁体系统及混合磁体系统等。

（2）梯度系统是核磁共振成像系统的另一个重要组成部分，它通过可快速开关的线性梯度场对主静磁场进行动态修改，从而实现核磁共振成像过程中物质核磁共振成像体素的空间定位编码。核磁共振成像系统一般包含 3 对梯度线圈，用于产生彼此相互正交的 3 个梯度磁场，它们分别用于层面选取、相位编码和频率编码，以便为图像重建提供空间定位依据。

（3）射频发射与接收系统由射频线圈、射频控制器、接收线圈等部分组成，射频系统既是氢核自旋发生核磁共振的激励源，又是核磁共振信号的探测器。射频线圈负责检测对象发射各种射频波，使其组织内的氢核发生核磁共振现象。射频控制器负责产生核磁共振系统的扫描序列供射频线圈使用。而接收线圈负责接受并存储核磁共振成像系统反馈而来的核磁共振回波信号。

（4）信号采集与成像系统主要负责对核磁共振回波信号进行模数转换，使连续的模拟信号成为离散的数字信号，而后通过图像重建模块对离散核磁共振的数字信号进行处理，最后形成可视的核磁共振图像。

（5）辅助计算机主要由主计算机和控制计算机两个部分构成，其中主计算机主要负责运行各种控制和应用软件，满足用户的所有应用要求，如参数设置、数据管理、图像处理等。而控制计算机则主要负责控制核磁共振成像系统的各种射频信号、梯度信号产生及机器检测等。

12.1.3　农业应用领域

核磁共振成像是一种先进的非接触式、无损检测方法，能够从微观角度解释样品内部的变化规律。与其他影像学探测技术相比，核磁共振成像具有高组织分辨率、空间分辨率和无硬性伤害的优点，它不会对样品产生像辐射一类的潜在危害，也不会对样品的外观和结构产生影响。随着核磁共振成像技术的进一步成熟和发展，以及小型低成本、高精度和高速度核磁共振成像仪的研制与开发，核磁共振成像技术在果蔬品质检测、植物生理信息获取等研究领域必将起到重要作用（Clark and MacFall，2003；Segal et al.，2008；Young，1998；Zhu et al.，2011；Thybo et al.，2004；Clearwater and Clark，2003）。

利用核磁共振成像可以对同一批果蔬样品在不同时间进行多次重复检测，通过定量计算弛豫参数随时间的变化，可以将弛豫参数与样品内的生化或者物化指标联系起来，从而研究样品内部品质的变化规律（Taglienti et al.，2009）。通过对核磁共振图像的分析，可以获得样品组织中水分，以及糖和油等的变化信息（Zhou and Li，2007；Zhang and McCarthy，2013；Song et al.，1998）。

在植物生理信息获取方面，核磁共振成像可以动态检测植物种子发芽时的膨胀、吸水及水分在种子内部组织间的运输过程，对种子幼芽的生长发育进行研究。作为一种非侵入式的探测技术，核磁共振成像也可以动态检测植物种子和果实的整个生长、发育及成熟过程，动态记录种子或果实不同组织间水分、碳水化合物、脂类的分布变化（Neményi et al.，2000；van As，2007；Edzes et al.，1998；Garnczarska et al.，2007a；2007b）。

核磁共振成像作为一种非接触式的无损检测技术，应用到根系研究领域，可以为植物根系的原位无损研究提供有效方法与手段，能够实现植物根系参数的原位无损检测、根系对养分和水分的动态吸收利用及根系与土壤的相互作用机理研究（张建锋，2012；Hillnhütter et al.，2011；Blossfeld et al.，2011）。

在植物根系原位无损检测方面，MRI 技术成功用于植物根系成像研究的报道最早出现在 20 世纪 80 年代，Omasa 等（1985）利用 MRI 技术对处于土壤和其他固体介质中的根系进行 MRI，但是并未涉及根构型的具体研究。Rogers 和 Bottomley（1986）选用美国东南部 30 处位置不同的农田土壤和 8 种常见人工配制的土壤基质作为生长介质，利用 1.5T 的 MRI 设备对生长在这些介质中的蚕豆进行根系成像评价，系统分析了土壤类型、铁磁颗粒含量及土壤水分含量对成像质量的影响，研究结果表明在水分胁迫周期的各个阶段，MRI 技术可以对生长在自然农业土壤条件下的植物根系实现无损检测。MacFall（1998）采用 2T 的核磁共振设备对 8 天大小的大豆根系进行扫描重建，获得了较清晰的三维影像，并计算出了 3 个根系样本的体积，与实际测量相比误差为 3%~18%。Timothy 和 Richard（1992）利用 MRI 技术研究植物根系时，发现梯度回波成像序列与自旋回波序列相比，土壤中的水分含量对其获取图像影响较小。采用梯度回波和自旋回波两种脉冲序列获取土壤毛细管道和 31 天大小的燕麦主要根系图像，发现前者获取的图像中具有较好的对比度，在土壤湿度较大时这种优势更为突出。但是对于较干燥土壤中的细小根系而言，采用自旋回波序列的检测效果优于梯度回波序列。国内方面，华南农业大学的研究人员于 2005 年采用 1.5T 的 MRI 设备对一些植物根系进行成像研究，选用大豆、番茄和榕树苗 3 种根系样本试验，除番茄根系外其他植物根系仅能观测到局部主根。张建锋等（2012）选用玉米、大豆和茄子 3 种植物根系为试验样本，利用 0.35T 和 1.5T MRI 设备对其进行成像研究，实现了根系的原位无损检测，并系统分析了生长介质、根系类型及三维重建方法对作物根系成像的影响。

在根系与土壤系统相互作用方面，由于核磁共振信号对水分和某些顺磁性物质比较敏感，因此可以用来研究根系与土壤系统中水分和矿物质的动态变化过程，揭示土壤和根系之间的交互作用。Brown 等（1990）在研究根系土壤水分之间的关系时，应用 MRI 技术检测水分在根系周围及根系内部的细微变化情况。基于 MRI 的快速图像获取技术，实现了在微观水平上研究水分在根系组织、根际区及邻近土壤区域内的动态分布过程。MacFall（1998）以 9 个月大小的火炬松为试验对象，利用 MRI 研究其主根、一阶横向根及细根对细潮湿砂中水分的吸收情况。试验时，根系样本每隔 3h 重复测量一次，单个根系水分吸收量按照重量、根系长度及表面积等来衡量和计算。研究结果发现按照重量和表面积，细根对水分的吸收效率高于横向根和主根。Segal 等（2008a）利用 MRI 和数值模拟技术，对根际区含水量的空间分布及动态变化进行测量和分析。结果表明：根毛的水分吸收功能主要是通过根毛的尖端面来实现的；根毛的生长垂直于根系表面，增大了吸收水分的柱体直径，因此增加了根系吸收水分的有效表面积；与增大根系直径或者根长等其他备选策略相比，由于具有机械阻力较少，针形根毛的生长需要最小的生物量投入。Segal 等（2008b）采用 MRI 和微张力计测量法两种相互独立的非侵入式方法，研究植物根系对水分的吸收。利用 MRI 技术产生三维、二维的高分辨率幼苗根系及其根际区土壤的含水量分布图像，建立单独根系周围的水分动态损耗模型，以此来研究根系的水分吸收。Moradi 等（2010）利用 MRI 结合数值模拟方法，通过研究可溶性 Ni^{2+}在镍富集植物 *Berkheya coddii* 根际区的动态分布，揭示根际区内根系与土壤的相互作用。首先利用 MRI 技术获取到根际区 Ni^{2+}二维分布的系列图像，发现在朝向根平面方面 Ni^{2+}浓度逐渐增加，揭示了 Ni^{2+}的一种富集模式。根据所建立的数学模型，阐明了根际区 Ni^{2+}从积累状态到损耗状态的转化与传递速率、溶质吸收速率及 Ni^{2+}溶液的浓度有关。

张建锋（2014）以典型作物玉米作为主要研究对象，采用医用核磁共振成像仪获取玉米根系核磁共振成像数据，并借助于数字图像处理技术和计算机图形学技术，建立了一套基于核磁共振成像的玉米根系形态构型信息识别获取方法。在玉米根系核磁共振试验最佳条件的建立方面，围绕影响玉米根系核磁共振成像的几个基本问题展开研究，从生长介质、根系类型及核磁共振成像参数 3 个方面，对影响根系核磁共振成像的多个因素进行分析研究。分析总结影响根系核磁共振成像质量的因素，交叉组合影响因素制备出 21 个根系试验样本，进行根系核磁共振成像试验。玉米根系核磁共振成像的最佳条件是：3.0T 主磁场强度+根系+普通土壤+35%土壤体积含水率。针对玉米根系系统呈类纺锤形的结构特点，提出了一种基于根系系统自身空间几何结构特性的三维图像分割算法。依据根系核磁共振序列图像之间，尤其是上下相邻的连续根系核磁共振序列图像之间的数据属性及根分支空间属性都呈现出规律性变化的特性，构造出根系核磁共振序列图像三维分割的约束条件。从玉米根系的根茎层出发，采用逐层递推的分割思路，在根系模糊分割的基础上，设计了基于根系系统几何特征的综合图像分割方法，清除各层图像中非根轴区域的伪根系成像，从而实现玉米根系核磁共振序列图像的三维精确分割。在根系形态构型参数的定量分析方面，首先对断层序列图像的三维重建技术进行了系统深入的研究，包括断层图像的层间插值、三维重建算法及模型简化算法等，重构了玉米根系形态的三维可视化模型，并校验了重构玉米根系模型的准确度和可靠性；然后利用计算机三维交互及测量技术，实现了全面的根系立体几何构型的定量分析，并依据玉米根系的拓扑结构和空间分布状况，建立了比根系形态特征、拓扑学结构、根系的分层分布等更为高级的，更能全面描述根系形态、结构特征及空间分布的根系构型定量描述参数，从而解决了玉米根系生长在非透明土壤介质中，难以进行精确地分析和定量测定的问题；最后应用所构建的根系构型参数评价体系，实现了对多梯度氮、磷胁迫下，玉米根系形态构型参数变化规律的定量分析研究。

12.2　核磁共振成像分析与处理方法

12.2.1　核磁共振图像特点分析

核磁共振成像时，体素是产生核磁信号的最小单元，每个体素所产生的核磁信号强度与核磁共振图像中相对应点的像素灰度强度之间有一一对应关系。物质的弛豫特性是相对固定的，物质组分不同其弛豫特性也就不相同（俎栋林，2004）。但是，体素信号的强度不仅与其组织结构体的弛豫特性有关，而且与其周围物质的组分情况相关。例如，在玉米根系核磁共振成像检测过程中，由于土壤介质中水分和其他铁磁性物质的影响，直径不同的玉米根系在核磁共振图像中表现出不同的特征（图 12.1）。对于直径较大的玉米根系，其形成的核磁共振信号较强，核磁共振图像中得到较为清晰的成像效果；而对于直径细小的根系，其形成的核磁共振信号较弱，被周围土壤介质信号所淹没，导致其信号与周围土壤介质之间无明显灰度差异，核磁共振图像中根系边缘模糊不清。

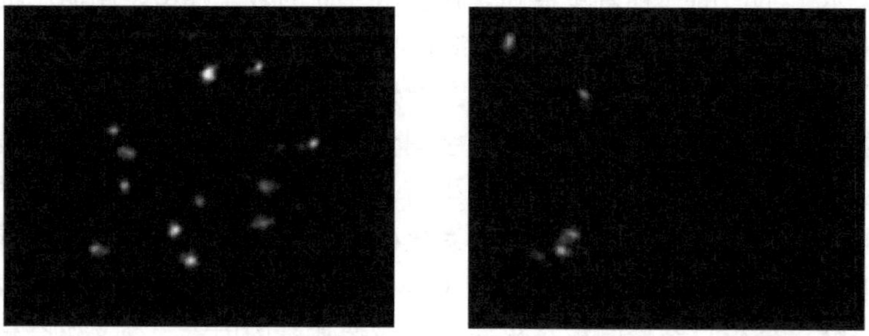

(a)直径较大的根系核磁共振图像　　(b)直径较小的根系核磁共振图像

图 12.1　玉米根系核磁共振图像

12.2.2　图像预处理过程

图像预处理一方面可以按指定条件突出展示和挖掘图中某些有用的数据，另一方面可以减少某些不重要或者冗余的数据。由于核磁共振成像仪电子器件和试验条件等诸多因素的影响，经过核磁共振成像仪扫描后产生的图像中会出现不同程度的噪声和伪影，造成核磁共振图像质量下降。这些噪声和伪影给后续的核磁共振图像分析与处理带来困难，因此需要对核磁共振图像实施必要的预处理操作。核磁共振图像预处理操作主要包括图像滤波、图像分割、层间插值、三维重建等。

图像滤波：在核磁共振成像过程中，由于物质组成结构特征、核磁共振成像仪自身电子系统及周围空气等诸多因素的影响，核磁共振图像中不可避免地存在噪声和伪影，故滤波处理往往成为核磁共振图像分析与处理的第一步，其滤波效果的优劣直接影响到后续的图像处理效果。与其他影像医学图像相类似，用于核磁共振图像处理的滤波算法也是多种多样的。从设计方法上可以将其大致分为线性滤波算法和非线性滤波算法两个大类（冈萨雷斯，2007），其中线性滤波算法由于思路明确，结构相对比较简单，在早期的图像滤波处理过程中得到广泛应用，比较典型的线性滤波算法有均值滤波、维纳滤波、卡尔曼滤波等。对于含有高斯型噪声的图像，线性滤波算法能够取得比较满意的处理效果；但是对于含有频谱重叠噪声或者非线性叠加噪声的图像，线性滤波算法往往难以获取令人满意的处理效果。非线性滤波算法利用图像信号和噪声信号所具有的统计学特性进行滤波降噪处理，能够在去除噪声的同时较好地保留图像信号的细节特征，从而在一定程度上弥补了线性滤波算法的不足。20 世纪 70 年代，著名学者 Tukey 首次提出了中值法非线性滤波器，由此开启了非线性滤波算法研究的序幕。至此以后新非线性滤波算法不断涌现，出现了诸如小波分析滤波算法、神经网络滤波算法、轮廓波分析滤波算法等新型非线性滤波算法，这些图像滤波算法为图像滤波处理提供了新的研究思路（李弼程等，2004）。

图像分割：由于物质自身组成成分的复杂性和多变性，以及核磁共振图像采集过程中难以避免的灰度偏差场等问题，都会引起图像边缘模糊和伪影增多，增加核磁共振目标成像的不确定性。这些特征使得核磁共振图像的分割比较困难，传统图像分割算法难以取得令人满意的处理效果。但是图像分割是医学图像分析与处理的基础和前提，几乎所有更高层次的图像处理任务都是以此作为基础的。图像目标分割是定量测量、图像配准、结构分析及三维可视化的先决条件，是医学图像分析与理解的关键技术。

与其他影像医学图像的分割历程类似，核磁共振图像也同样经历了一个从人工手动分割到人机交互式半自动分割和计算机全自动分割的过程（Bezdek，1993；林瑶和田捷，2002）。手工分割完全由人工依照经验来完成，直接在原始图像中勾勒出目标的边界，该方法费时费力，且重复性较差。计算机全自动分割则完全由计算机自主完成分割，整个过程不需要人为干预，但是由于影像医学图像的复杂性和多变性，计算机全自动分割算法效果无法令人满意，分割目标的准确性不能满足实际的应用要求。近些年，将人工手动分割与计算机自动分割相结合的人机交互式半自动分割方法受到越来越多的关注，该方法既充分利用了人脑的知识与经验，又同时利用计算机的高运算性能，达到了事半功倍的效果（田捷和罗希平，2008）。活动轮廓模型，活动形状模型及 Live-Wire 算法等半自动图像分割算法在医学图像的分割研究中得到比较广泛的应用（罗红根等，2006）。作者在这里简要介绍基于活动轮廓模型的医学图像分割方法。

活动轮廓模型是由 Kass 等在 1988 年提出的一种全新的符合人类视觉认知原理的图像分割模型，该方法假设在许多图像分析与理解任务中，底层信息的认知依赖于高层知识（Kass et al.，1988）。活动轮廓模型具有很强的生命力，能将待分割目标的知识经验和图像本身的低层次视觉属性，如边缘、纹理、灰度等，以一种有机的方式结合起来。这与人们通过视觉器官感知外部世界类似，将事物的图像信息与已经具有的人脑先验知识结合起来，以此作为认知外界事物的依据。活动轮廓模型用于图像分割的基本思想是：人为地在待分割目标周围给出带有能量函数的初始轮廓曲线，可以为一条或者多条封闭曲线，最小化能量函数，内力约束其形状，外力引导其行为，使轮廓曲线在固有内力和图像外力的共同作用下运动，最终逼近该目标区域的边界轮廓。该模型通过能量函数引入高层信息，属于一种自顶向下的分割过程，对一系列计算机视觉问题给出了全新的解决办法。目前，许多研究学者将活动轮廓模型理论及其变形模型成功应用到医学图像的边缘提取、目标分割及分类等影像医学图像研究领域（Hamameh and Gustaysson，2000；Ning et al.，2007；Wang and Liu，2010）。

图像层间插值算法：图像层间插值是医学图像三维重建过程中获取空间等立方体的关键，能够改善重建模型的质量。由于实际试验条件的限制，许多情况下会导致相邻两幅核磁共振序列图像之间的层间距与核磁共振图像内部相邻像素之间的间距往往不一致，这易引起片层图像之间的信息不确定性，给图像目标的分析与识别造成困难，进而影响到模型的最终三维重建效果。层间插值技术可以在相邻图像之间添加新的片层图像，从而减少片层图像之间的间距，提高模型三维重建的精度和模型的可视化效果（许为华和尹学松，2006）。

目前，国内外广泛研究的层间插值算法可以归结为两大类：基于灰度的插值和基于对象的插值（Herman et al.，1992）。基于灰度的插值方法是直接利用已知断层图像灰度信息获取层间图像的插值方法，具体思路是直接选取图像中的灰度值，在相邻图像中利用待插值点指定的邻域灰度信息来计算待插值点灰度值，依次逐步进行，获取到整幅灰度差值图像。常用的灰度插值方法很多，主要有最近邻域插值、线性插值、三次 B 样条插值、Lagrange 插值、Kriging 插值等。基于灰度的差值方法计算量小、容易实现，但是得到的层间插值图像中易于出现边界模糊现象。基于对象的插值方法是通过引入相邻片层图像中的一些组织轮廓信息，直接构造出层间图像的插值方法。该方法既考虑到图像灰度的变化又考虑到图像在组织形状上的过渡，因而相较于基于灰度的插值算法而言，获取的插值图像精度更高，得到的组织轮廓更加清晰和准确。基于对象的插值方法又可以细分为基于形状的插值和基于配准的插值。

12.3　三维重建算法

三维重建是指根据人眼的视觉感知特性，通过计算机图形学技术对一系列二维数字序列图像所形成的三维数据场进行重新采样、模拟或建模，使其转化为具有真实立体感的计算机三维虚拟实体，进而直观地显示出物体的外部形态和内部结构（石教英和蔡文立，1996）。常用的三维重建方法主要包括面绘制方法和体绘制方法两大类，其中面绘制方法是在对三维数据场构建中间几何单元基础上，利用计算机图形学技术拼接这些中间几何单元，最终拟合出物体的表面形态结构；体绘制方法则直接对三维数据场重新采样与合成，而后通过计算机图形学技术对采样合成后的数据场实施抽取操作，最终获得物体虚拟实体成像。这两类方法都有各自的优势和劣势，依据研究目的的不同，在不同的研究领域都有着广泛的应用。面绘制方法主要应用在仅需要了解物体外部形态结构的研究领域，如人体牙齿、肾脏及植物根系形态结构等。而体绘制方法则主要应用在需要探测物体内部组织结构的研究领域，如人体心脏、脑肿瘤检测及农产品内部品质检测等。

面绘制方法的基本思路如下（Lorensen and Cline，1987）：首先基于二维数字序列图像中的边缘或轮廓信息，从三维数据场中抽取一系列的相关中间几何图元（平面、曲面等），而后按照一定的方式拼接这些中间几何单元，通过光照模型计算其光照强度并实施三维渲染，生成比较清晰的等值面图像。面绘制方法主要用于提取物体感兴趣部位的表面轮廓，对物体内部信息则不予显示。由于面绘制方法仅绘制物体表面形态结构信息，未涉及物体的内部结构，其处理数据量相对较小，因而在绘制时表现出速度快、实时交互灵活等特点。常用的面绘制方法主要有轮廓线法、立体沟纹模型、移动四面体法和剖分立方体法等。

由于三维数据场所包含的物体组织结构复杂而细腻，通常情况下简单的几何单元并不能对其进行准确描述。此外，面绘制方法未能涉及物体的内部组织结构信息，而许多实际应用场合需要对物体内部组织信息进行系统的研究分析。体绘制方法很好地解决了这些问题，与面绘制方法形成很好的互补作用。它舍弃了传统图形学中体必须由面构成的约束，对三维数据场进行重新采样与合成，分析光线穿过整个三维数据场后所产生的变化状况，对三维数据场体素进行不透明度和颜色合成，并依据空间视点和空间相对位置显示绘制结果（Levoy，1988）。体绘制方法通过体素集合来表达实体，可以有效地显示物体内部细节信息，适用于物体内组织结构信息的重建与体可视化（Drebin et al.，1988）。

体绘制方法的基本思路如下：假设三维数据场中的体素都拥有自己的特性，对数据场中的每个体素分别赋予透明度和颜色两种属性，而后分析每个体素对入射光线的透射、发散和反射作用，通过计算机图形学理论计算方向积分，在二维平面上得到半透明的虚拟实体图像。由于体绘制方法是对三维数据场中的每一体素实施处理，因此很好地保留了序列图像中的细节信息。此外，在绘制过程中引入透明度这个概念，对三维数据场中的每一个体素赋予一个不透明度，通过不透明度将不同组成成分的器官组织的空间相对位置关系、几何特征及颜色属性展示出来，实现了图像内部结构信息的三维观测。由于体绘制方法需要对三维数据场中的每个体素进行处理，必然会增加计算机的运算存储开销，导致计算量的大幅度上升，因此体绘制方法一般是基于图像工作站或者硬件加速设备来进行显示实现的。常用的体绘制方法主要有基于物空间方法、基于象空间方法、基于频域直接绘制方法和基于纹理的绘制方法等。

12.4　模 型 简 化

随着现代影像医学硬件设备的不断发展，采集到的图像数据量不断加大，导致重建后的模型含有数以百万计的基本几何图元。在一些需要交互式的图形处理系统中，由于所绘制模型的复杂度远远超出图形系统硬件的实时绘制能力，模型的实时绘制无法实现。这些数据量过于庞大的重建模型对计算机的存储、处理、传输等性能都提出了相当高的要求，给后续的模型交互式操作和定量分析造成不便。由于硬件生产、加工及制作工艺等条件的限制，一味提升计算机硬件处理性能并不现实，也不是解决这一问题的理想途径。实际上并不是所有的场合都要求高分辨率的重建模型，可以在降低重建模型精确度和绘制性能方面寻求折中，对重建后的模型实施模型简化操作。

模型简化的基本原则是在保持原模型几何结构和拓扑关系不变或者改变很小的前提

下，最大限度地减少模型的基本几何图元数量（Cignoni et al.，1998）。目前，已有许多针对重建模型几何特征的简化算法，其中比较具有代表性的有三角网格简化算法、点模型简化算法、聚类算法等（何晖光等，2002）。目前现有的计算机重建三维模型大都是以三角形作为基本图元存在的，而且即使模型的基本图元不是三角形，也可通过相应转化算法将其转化为三角形图元表示（Chroeder et al.，1992），因此作者这里讨论的模型简化主要是指三角形网格模型简化。按照简化误差的估计方法不同，三角形网格模型简化方法主要有以下两种形式：①设定误差上限值，减少模型的顶点数目；②设定模型的顶点数目，保证简化误差最小。

在众多的三角形网格模型简化算法中，Garland 等提出的"二次误差变量"简化算法在时间复杂度和简化质量两个方面都有比较出色的表现（Garland and Heckbert，1997），很多新的网格模型简化算法都是在此基础上发展起来的，这里对该算法进行简单介绍。

这种算法属于边折叠简化方法的范畴，它以边折叠作为基本操作方式，选取顶点到所有与之相关三角形平面的距离平方和作为误差度量指标，通过最小二次误差确定边折叠后的新顶点坐标。

假设：在三维空间中，$n^{\mathrm{T}}v+d=0$，表示一个平面，其中 $n=[n_x, n_y, n_z]^{\mathrm{T}}$，表示平面的单位法线矢量，$d$ 是常量；D^2 表示点 $v=[x, y, z]^{\mathrm{T}}$ 到平面 $n^{\mathrm{T}}v+d=0$ 的距离平方，其数学表达式如下。

$$D^2 = Q(v) = v^{\mathrm{T}}Av + 2bv + c \tag{12.1}$$

定义 $Q=(A, b, c)=(nn^{\mathrm{T}}, dn, d^2)$，代表 D^2

$$D^2 = Q(v) = v^{\mathrm{T}}Av + 2bv + c \tag{12.2}$$

式中，Q 代表二次测度；$Q(v)$ 代表二次误差。

该算法的基本思路是：对网格模型基本图元三角形面片的每一顶点，求解出相应的二次测度 Q 和二次误差测度 $Q(v)$，并据此计算出三角形面片每条边的折叠代价及折叠后的新顶点坐标，判别其折叠是否具有合理性。对于满足折叠合理性的三角形面片边，按照折叠代价由小到大排序，选择其中折叠代价最小的边进行边折叠操作，并对该边邻域范围内的三角形边进行更新。

12.5 模型三维测量

模型三维测量是指在对图像数据进行预处理、目标分割与提取、模型重建与简化之后，对物体重建模型所进行的交互式测量操作。具有良好交互式三维测量功能的图形处理系统，对于研究物体内部复杂组织结构信息具有十分重要的意义。例如，在医学辅助诊断中，器官模型几何参数（如长度、角度、面积及体积等）的精确测量可以为各种疾病诊断提供依据，还可以有效地进行计算机手术模拟，给临床手术计划的制订提供参考和依据，从而提高手术成功率。

这里所介绍的模型三维测量是指通过计算机虚拟交互技术，利用传统的输入输出设备（如鼠标、键盘和操作手柄等）来完成重建模型的三维测量操作（袁果等，2008；周海燕，2006）。基本思路是首先利用鼠标等外部输入设备拾取到屏幕坐标，而后通过深度缓冲器获取到空间所在点的世界坐标，最后利用相应的空间几何计算公式完成测量计算。该过程主要包括以下 3 个环节：坐标变换，三维拾取和公式计算。

计算机图形学主要涉及 4 种坐标系统，分别是模型坐标、世界坐标、观察坐标及窗口坐标等。模型坐标是指各个模型中定义的坐标系统，该系统的 X、Y、Z 轴位置由该模型的生成者所决定。世界坐标是各种模型放置的三维空间。每个模型都有其自身的坐标系，但是只存在一个世界坐标系。在世界坐标系统中，设置相机的位置和方向，并定义各种光源。观察坐标代表了在相机上所能观察到的场景，观察范围是一对从–1~1 的观察平面位置 x 和 y 的值，以及相机处到所观察点之间的距离深度值 z。窗口坐标的窗口范围与观察坐标一致，坐标值代表的是实际的 x、y 在屏幕上的像素位置。由此可知，从模型重建到最后在计算机显示器窗口中显示，经过了一系列的坐标系变换。因此，实现三维测量操作需要进行一系列的三维坐标变换（包括平移、旋转、缩放、反射、错切等），使得模型自身坐标系与世界坐标系相重合。

三维拾取是指通过鼠标等输入工具在计算机屏幕上获取到虚拟模型上的点，并将其屏幕坐标转化为世界坐标的操作过程，它是计算机图形处理系统中的一个重要功能。在许多实际工作中，不仅需要建立精确的物体结构模型，还需要允许操作者对模型实施交互式的控制和测量操作，从而获取到模型的空间坐标或者其他几何图形数据，这些都是基于拾取操作来实现的。三维拾取的方法很多，下面简要介绍一种比较常用的“针刺取点”拾取方法（Schroeder et al.，2003）。

该方法基于以下事实：在现实世界中，人们观察非透明物体时，总是看到物体上距离观察者最近的点。假设用一根长度能够自由伸缩的针，平行于观察者目光方向刺入物体中，针与物体将出现多个交叉点。在这些交叉点中，针尖最先接触到的点就是距离观察者最近的点，也是观察者实际能看到的物体上的点。而这根针与物体的其他交点均被该点所遮挡，成为观察者的不可见点。

在计算机图形处理系统中，交互操作所需要拾取的物体点就是平行于观察者目光方向上的物体距离观察者最近的点，所以可以将其形象称为“针刺取点”。在平行投影的显示环境中，物体点的拾取机制与上述过程相类似，将物体具有相同坐标值（x，y）的点，依照 z 值的大小排成一个序列，而最终显示在计算机屏幕上的点（观察者能够看到的物体点）就是这些具有相同坐标值点中 z 值最小的点（平行于观察者目光方向上的物体距离观察者最近的点）。根据已有的物体坐标值，采用针刺取点的原理寻求（x，y）坐标值相同的物体点，而后判别这些物体点 z 值的大小，选择最小 z 值的点作为拾取点，该点为鼠标在计算机显示屏幕上点击后所拾取的物体点。

12.6　小　　结

本章具体介绍了核磁共振成像技术的发展历史，成像原理及核磁共振成像仪的基本组成。介绍了核磁共振成像图像的分析和处理方法，以及基于核磁共振成像的三维重建算法、模型的简化及重建图像的三维测量，为研究与学习人员了解核磁共振成像技术原理与分析处理方法提供了参考。

参 考 文 献

冈萨雷斯. 2007. 数字图像处理. 第 2 版. 北京: 电子工业出版社.

何晖光, 田捷, 张晓鹏, 等. 2002. 网格模型化简综述. 软件学报, 13(12): 2215-2224.

李弼程, 彭天强, 彭波. 2004. 智能图像处理技术. 北京: 电子工业出版社.

林瑶, 田捷. 2002. 医学图像分割方法综述. 模式识别与人工智能, 15(2): 192-204.

罗红根, 朱利民, 丁汉. 2006. 基于主动轮廓模型和水平集方法的图像分割技术.中国图象图形学报, 11(3): 301-309.

罗锡文, 周学成. 2005. 植物根系三维构型原位观测技术的研究进展.中国农业工程学会 2005 学术年会论文集第 III 卷: 421-425.

石教英, 蔡文立. 1996. 科学计算可视化算法与系统. 北京: 科学出版社.

田捷, 罗希平. 2008. 交互式分割在医学图像中的应用. 计算机辅助几何设计与图形学学报, 15(10): 1174-1176.

熊国欣, 李立本. 2007. 核磁共振成像原理.北京: 科学出版社.

许为华, 尹学松. 2006. 医学图像插值算法的研究.计算机仿真, 1(7): 111-114.

袁果, 叶峰, 杨玲, 等. 2008. 基于 VTK 的医学图像交互式三维测量技术研究.计算机工程与设计, 29(13): 3549-3551.

张建锋, 吴迪, 龚向阳, 等. 2012. 基于核磁共振成像技术的作物根系无损检测. 农业工程学报, 28(8): 181-185.

张建锋. 2014. 基于核磁共振成像技术的作物根系原位无损检测研究.杭州: 浙江大学: 博士研究生学位论文.

周海燕. 2006. 基于三维重建的肺部肿瘤的精确测量.杭州: 浙江大学: 硕士研究生学位论文.

俎栋林. 2004. 核磁共振成像学. 北京: 高等教育出版社.

Bezdek J C. 1993. Review of MRI images segmentation techniques using pattern recognition. Medical Physics, 20: 1033-1048.

Blossfeld S, Le M C A, van Dusschoten D, et al. 2011. Non-invasive investigation of root growth via NMR imaging. Communications in Agricultural and Applied Biological Sciences, 76: 11-13.

Brown J M, Kramer P J, Cofer G P, et al. 1990. Use of nuclear magnetic resonance microscopy for noninvasive observations of root-soil water relations. Theoretical and Applied Climatology, 42(4): 229-236.

Chroeder W J, Zarge J A, Lorensen W E. 1992. Decimation of triangle meshes. Computer Graphics, 26(2): 65-70.

Cignoni P, Montani C, Scopigno R. 1998. A comparison of mesh simplication algorithms. Computers and Graphics, 22: 37-54.

Clark C J, MacFall J S. 2003. Quantitative magnetic resonance imaging of 'Fuyu' persimmon fruit during development and ripening. Magnetic Resonance Imaging, 21: 679-685.

Clearwater M J, Clark C J. 2003. *In vivo* magnetic resonance imaging of xylem vessel contents in woody lianas.Plant Cell Environ, 26: 1205-1214.

Drebin R A, Carpenter L, Hanrahan P. 1988. Volume rendering. Computer Graphics, 22(4): 65-74.

Edzes H T, van Dusschoten D, van As H. 1998. Quantitative T2 imaging of plant tissues by means of multi-echo MRI microscopy. Magn Reson Imaging, 16(2): 185-196.

Garland M, Heckbert P S. 1997. Simplification using quadric error metrics. Computer and Graphics, 31(3): 209-216.

Garnczarska M, Zalewski T, Kempka M. 2007a, Water uptake and distribution in germinating lupine seeds studied by magnetic resonance imaging and NMR spectroscopy.Physiology Plant, 130: 23-32.

Garnczarska M, Zalewski T, Kempka M. 2007b. Changes in water status and water distribution in maturing lupin seeds studied by MR imaging and NMR spectroscopy.Journal of Experimental Botany, 58: 3961-3969.

Hamameh G, Gustavsson T. 2000. Combining snakes and active shape models for segmenting the human left ventricle in echocardiographic images. IEEE, Computers in Cardiology, 27: 115-118.

Herman G T, Zheng J S, Bucholtz C A. 1992. Shape-based interpolation. Computer Graphics and Applications, 12(3): 69-79.

Hillnhütter C, Sikora R A, Oerke E C, et al. 2011. Nuclear magnetic resonance: a tool for imaging belowground damage caused by *Heterodera schachtii* and *Rhizoctonia solanion* sugar beet.Journal of Experimental Botany, 63: 319-327.

Kass M, Witkin A, Terzopoulos D. 1988. Snake: active contour model. International Journal of Computer Vision, 1(4): 321-331.

Levoy M. 1988. Display of surfaces from volume data. IEEE Computer Graphics and Applications, 8(3): 29-37.
Lorensen W E, Cline H E. 1987. Marching cubes: a high resolution 3D surface construction algorithm. Computer Graphics, 21(4): 163-169.
MacFall J S. 1998. Visualization of root growth and development through magnetic resonance imaging. Current Topics in Plant Physiology, 18: 67-80.
Moradi A B, Oswald S E, Nordmeyer-Massner J A, et al. 2010. Analysis of nickel concentration profiles around the roots of the hyperaccumulator plant *Berkheya coddii* using MRI and numerical simulations. Plant and Soil, 328(1-2): 291-302.
Neményi M, Czaba I, Kovács A, et al. 2000. Investigation of simultaneous heat and mass transfer within maize kernels during drying. Computers and Electronics in Agriculture, 26(2): 123-135.
Ning J F, Wu C K, Liu S H, et al. 2007. NGVF: an improved external force field for active contour model.Pattern Recognition Letters, 28: 58-63.
Omasa K, Onoe M, Yamada H. 1985. NMR imaging for measuring root system and soil water content. Environmental Control in Biology, 23: 99-102.
Rogers H H, Bottomley P A. 1986. In situ nuclear magnetic resonance imaging of roots: influence of soil type, ferromagnetic particle content, and soil water. Agronomy Journal, 79(6): 957-965.
Salerno A, Pierandrei F, Rea E, et al. 2005. Definition of internal morphology and structural changes due to dehydration of radish (*Raphanus sativus* L. cv *suprella*) using magnetic resonance imaging spectroscopy. Food Qual, 28: 428-438.
Schroeder W J, Martin K M, Avila L S. 2000. The VTK User's Guide. New York: Kitware Inc.
Schroeder W J, Martin K M, Lorensen B. 2003. The Visualization toolkit: An Object Oriented Approach to 3D Graphics. 3rd edition. New York: Kitware Inc.
Segal E, Kushnir T, Mualem Y, et al. 2008a. Water uptake and hydraulics of the root hair rhizosphere. Vadose Zone Journal, 7(3): 1027-1034.
Segal E, Kushnir T, Mualem Y, et al. 2008b. Microsensing of water dynamics and root distributions in sandy soils. Vadose Zone Journal, 7(3): 1018-1026.
Semwal S K, Barnhart B K. 1995. Ray casting and the enclosing-net algorithm for extracting shapes from volume data. Computers in Biology and Medicine, 25(2): 261-276.
Song H P, Delwiche S R, Line M J. 1998. Moisture distribution in a mature soft wheat grain by three-dimensional magnetic resonance imaging. Journal of Cereal Science, 27: 191-197.
Southon T E, Jones R A. 1992. NMR imaging of roots: methods for reducing the soil signal and for obtaining a 3-dimensional description of the roots. Physiologia Plantarum, 86(2): 322-328.
Taglienti A, Massantini R, Botondi R, et al. 2009. Postharvest structural changes of Hayward kiwifruit by means of magnetic resonance imaging spectroscopy. Food Chemistry, 114(4): 1583-1589.
Thybo A K, Jespersen S N, Laerke PE, et al. 2004. Nondestructive detection of internal bruise and spraing disease symptoms in potatoes using magnetic resonance imaging. Magnetic Resonance Imaging, 22(9): 1311-1317.
Timothy E S, Richard A J. 1992. NMR imaging of roots: methods for reducing the soil signal and for obtaining a 3-dimesional descliption of the roots. Physiologia Plantarum, 86(2): 322-328.
van As H. 2007. Intact plant MRI for the study of cell water relations, membrane permeability, cell-to-cell and long distance water transport. Journal of Experimental Botany, 58(4): 743-756.
Wang Y, Liu L. 2010. Image segmentation using active contours with normally biased GVF external force. IEEE Signal Processing Letters, 17(10): 875-878.
Windt C W, Vergeldt F J, de Jager PA, et al. 2006. MRI of long distance water transport: a comparison of the phloem and xylem flow characteristics and dynamics in poplar, castor bean, tomato and tobacco. Plant Cell Environ, 29: 1715-1729.
Young I M. 1998. Biophysical interactions at the root-soil interface: a review. Agricultural Science, 130: 1-7.
Zhang L, McCarthy M. 2013. Assessment of pomegranate postharvest quality using nuclear magnetic resonance. Postharvest Biology and Technology, 77(3): 59-66.
Zhou R, Li Y F. 2007. Texture analysis of MR image for predicting the firmness of Huanghua pears (*Pyrus pyrifolia* Nakai, cv. Huanghua) during storage using an artificial neural network. Magnetic Resonance Imaging, 25(5): 727-732.
Zhu J, Ingram P A, Benfey P N, et al. 2011. From lab to field, new approaches to phenotyping root system architecture. Current Opinion Plant Biology, 14: 310-317.

第 13 章　光谱信息数据处理典型软件与工具

化学计量学的目的是从仪器获取的大量数据中提取有用信息用于分析。伴随着仪器制造技术及化学计量学的发展，配套的数据采集及处理软件得到了较大的发展，且开发了一些基于不同算法语言的数据处理工具包。同时，基于算法的原理与实现步骤，可以由相关研究人员自行编写相应的代码实现数据的处理与分析。利用数据采集处理软件及相应的工具包和代码可以方便快速地解决数据处理的大部分问题。

13.1　光谱数据分析软件

13.1.1　Unscrambler

当前市场上商用的光谱仪大多都自带配套的数据处理软件，这些软件在功能和结构上有很多相似的地方，也有不同的地方。总的来说，目前光谱分析仪器自带的数据处理软件能够实现的功能有限，因此在实际的研究应用中，往往都需要采用非自带的软件进行处理。这里简单介绍一个光谱数据软件 Unscrambler（CAMO AS，奥斯陆，挪威）。Unscrambler 软件包含有目前最常用的光谱数据预处理方法（http：//www.camo.com），以及最常用的光谱数据建模方法（回归与分类），是目前应用非常广泛也广受认可的数据分析软件。软件能够得到详细的数据分析结果，实现异常样本剔除、特征波长选择等功能。Unscrambler 能非常有效地实现对光谱数据的处理，除最基本的数理统计之外，可用于多种光谱的分析与建模。以 Unscrambler 10.1 为例，简介 Unscrambler 在光谱中应用的前景。

数据导入：Unscrambler 支持多种数据格式的导入，使 Unscrambler 的数据导入更灵活，应用范围更广，图 13.1 所示为 Unscrambler 软件界面，图 13.2 所示为 Unscrambler 数据导入格式及界面。

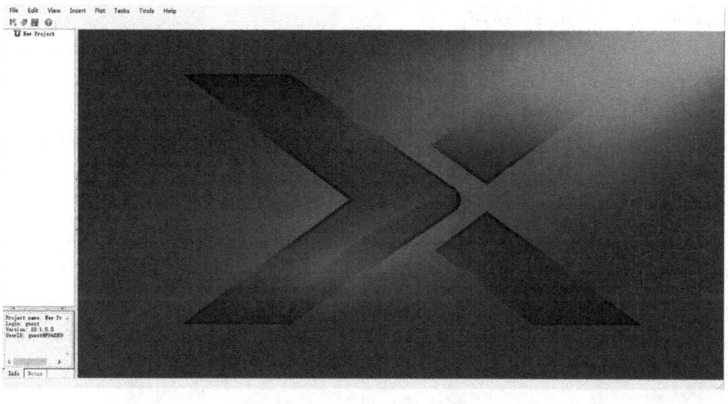

图 13.1　Unscrambler 软件界面

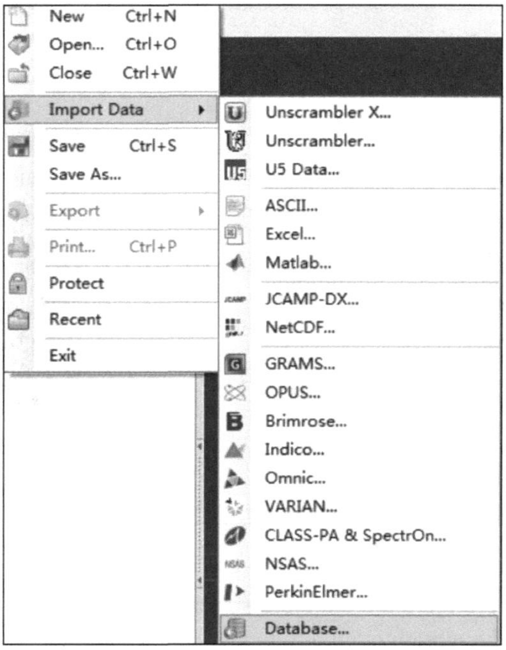

图 13.2　Unscrambler 数据导入格式

数据预处理：Unscrambler 提供了当前光谱数据分析中最常用的预处理方法（图 13.3），Unscrambler 还能实现不同光谱模式（透射、反射、吸收）之间的转换。Unscrambler 提供了 4 种平滑方法（图 13.4），3 种求导方法（图 13.5），可根据需要选择不同的平滑、求导方式。在 Unscrambler 中，不同的预处理方法可以相互结合，操作方便简单。

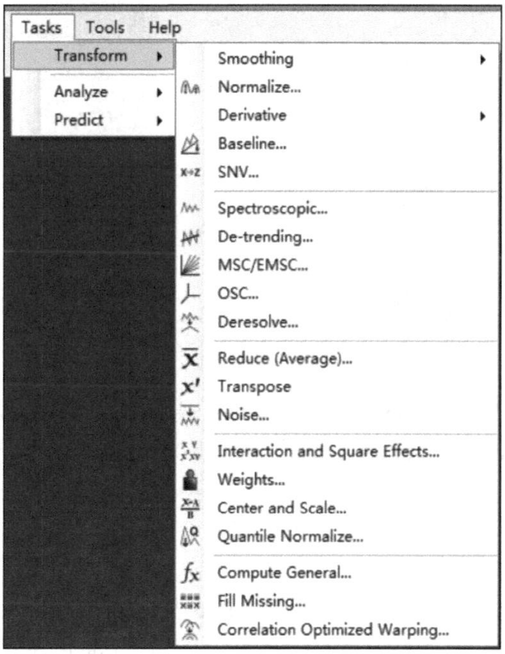

图 13.3　Unscrambler 预处理方法

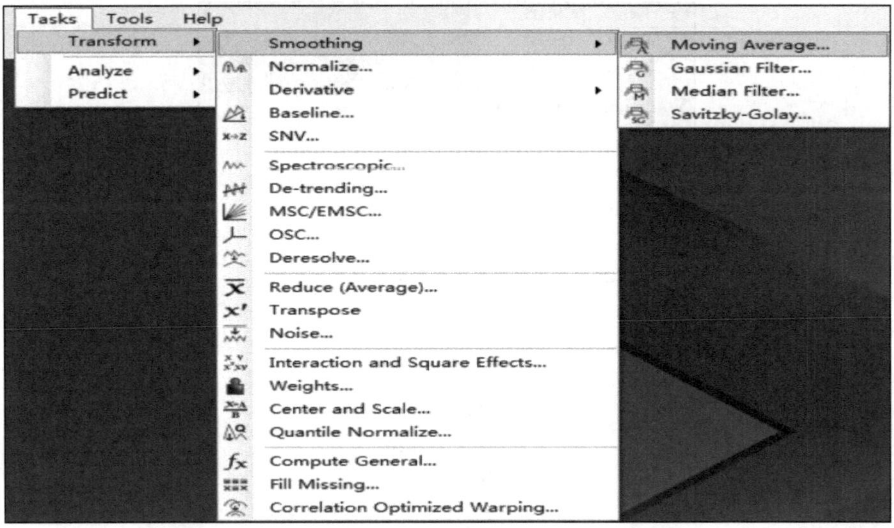

图 13.4　Unscrambler 中不同的平滑预处理方法

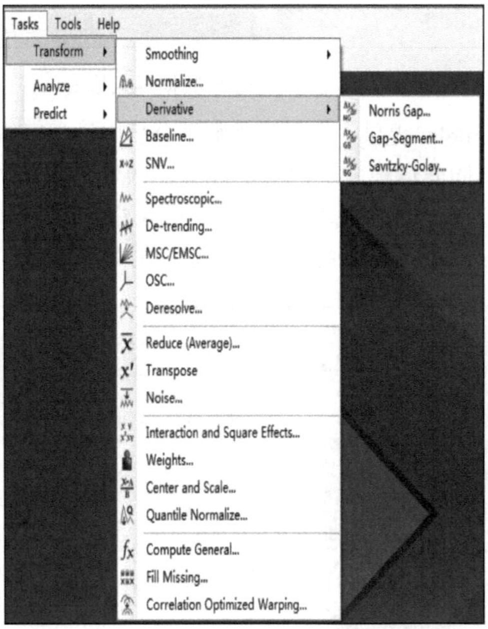

图 13.5　Unscrambler 中不同的求导方法

Unscrambler 回归分析：Unscrambler 提供了 4 种回归分析方法：多元线性回归分析（multiple linear regression，MLR）、主成分回归分析（principal component regression，PCR）、偏最小二乘法回归分析（partial least squares regression，PLSR）及 L-PLSR，其中 MLR、PCR 及 PLSR 在光谱数据分析中是最常用的回归分析方法，Unscrambler 以线性回归分析为主，未提供非线性回归方法（图 13.6）。

MLR 一般要求样本数比波长数要多，而 PCR 的应用限制较少。PLSR 是最常用的回归分析方法，如前文所述，PLSR 可用于数据压缩、特征波长选择等，PLSR 计算结果见图 13.7。

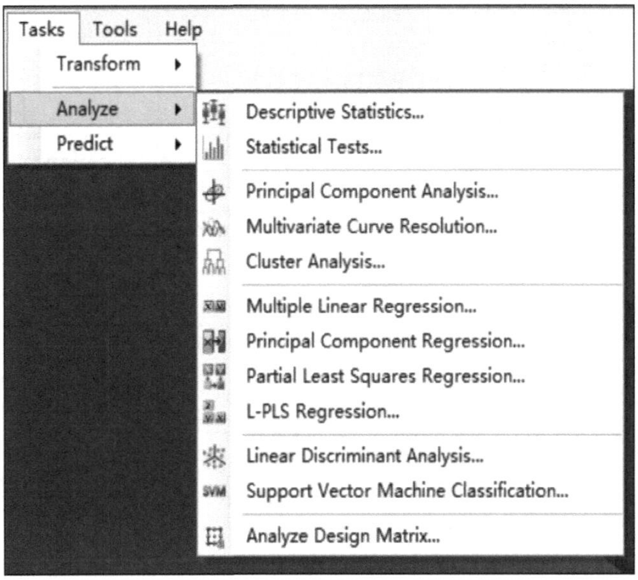

图 13.6　Unscrambler 数据分析方法

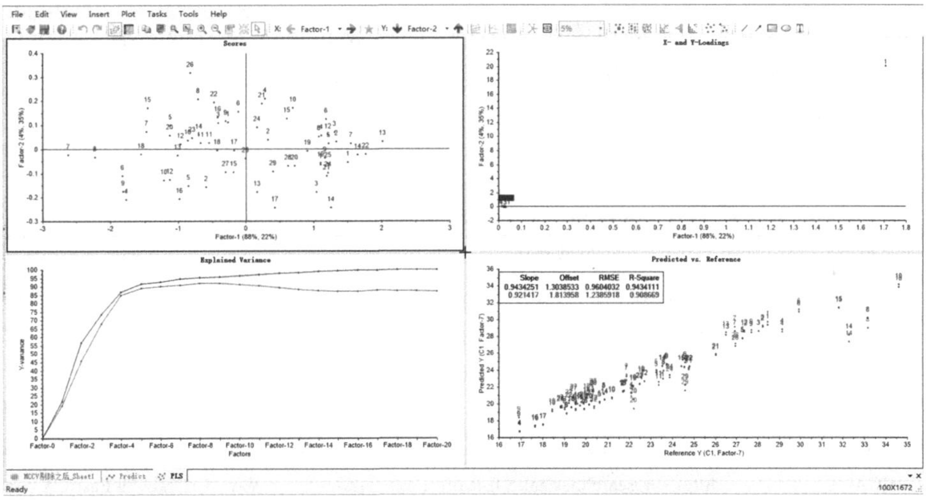

图 13.7　Unscrambler PLSR 计算结果界面

图 13.8 中所示为 PLSR 计算结果，在 Unscrambler 中，得到与 PLSR 相关的各种参数，基于这些参数，可以进行异常值剔除、特征波长选择等（见前文介绍）。

Unscrambler 判别分析：Unscrambler 用于判别分析主要有无监督的主成分分析（PCA）与聚类分析（CA），有监督的分类方法，如 LDA、SVM 及 SIMCA。Unscrambler 中进行有监督判别分析时可能需要对数据属性进行设置。PCA 的操作方式与 PLSR 的操作界面相似，解释方法也较为相近。

在 Unscrambler 中，模型首先需要被建立，然后基于建立的模型进行预测分析（图 13.6 中的 Predict）。Unscrambler 集成了数据分析常用的方法，操作简单方便，结果分析明了可靠，在光谱分析研究中得到了广泛的应用。

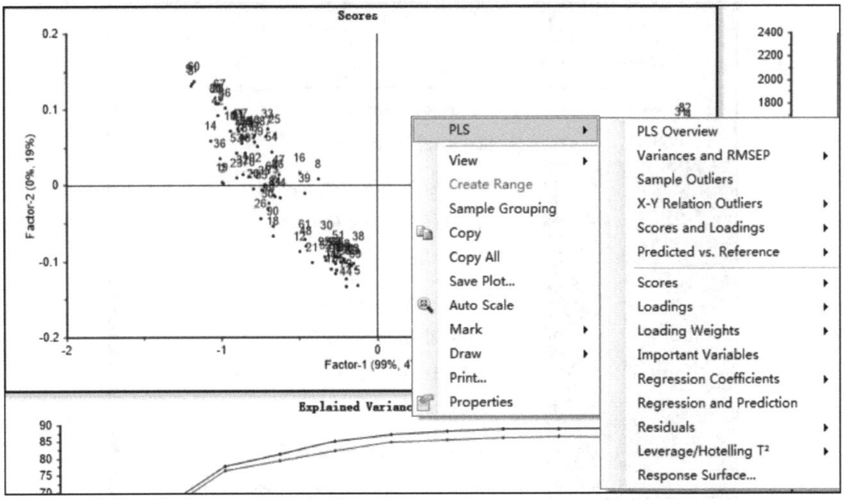

图 13.8 Unscrambler PLSR 计算结果具体内容

13.1.2 Matlab 工具箱

Matlab 是最常用的数据处理软件，基于已有的 Matlab 工具箱或者基于算法自编的 Matlab 程序可以实现对光谱数据的有效处理，许多研究者通过自己的努力，编写了大量免费的 Matlab 工具箱与源代码，为光谱数据分析提供了可靠的支持。表 13.1 列出了常用的一些工具箱。

表 13.1 光谱数据分析常用工具箱（Matlab 版本）

工具箱	下载地址	备注
PLS_Toolbox	http：//www.eigenvector.com/software/pls_toolbox.htm	需付费使用，包含了 PLS 的一些主要算法
libSVM	http：//www.csie.ntu.edu.tw/~cjlin/libsvm	非常实用的 SVM 模式识别与回归工具箱
LS-SVMlab	http：//www.esat.kuleuven.be/sista/lssvmlab/	实用的 LS-SVM 工具包
ChemoAC	http：//minf.vub.ac.be/~fabi/research/chemoac/	比较全面的化学计量学工具箱
iToolbox	http：//www.models.life.ku.dk/itoolbox	iPLS 等基于 PLS 算法的特征波长选择方法
FastICA	http：//research.ics.aalto.fi/ica/fastica/	基于 ICA 算法的 FastICA 实现
Pattern Recognition Toolbox	https：//github.com/newfolder/PRT	比较全面的模式识别工具箱
PLS-Genetic Algorithm Toolbox	http：//www.models.life.ku.dk/GAPLS	遗传算法结合 PLS 算法用于特征波长选择
Successive Projections Algorithm	http：//www.ele.ita.br/~kawakami/spa/	基于 SPA 算法选择特征波长
iPLS toolbox	http：//www.models.life.ku.dk/ipls	iPLS 等特征波长选择算法
libPLS toolbox	http：//www.libpls.net/	包含 PLS 回归与判别分析、CARS 算法等
Basic ELM Algorithms	http：//www.ntu.edu.sg/home/egbhuang/elm_codes.html	极限学习机算法的实现
Matlab Toolbox for Dimensionality Reduction	http：//homepage.tudelft.nl/19j49/Matlab_Toolbox_for_Dimensionality_Reduction.html	用于数据降维的工具箱，包含了很多有用的数据降维方法
Gaussian Processes	http：//www.gaussianprocess.org/gpml/code/matlab/doc/	用于高斯过程回归等分析

除以上工具箱之外，类似于小波变换及人工神经网络工具箱等 Matlab 均自带相应的工具箱，还有很多算法可以根据算法的原理和步骤编写，并在互联网上进行共享。在 http：//www.mathworks.cn/matlabcentral/中有关于各种算法的 File Exchange 及内容问答。

13.2　高光谱图像分析软件

从本质来说，地面高光谱成像技术与高光谱成像遥感的原理相同，在处理高光谱图像时，一般采用的是遥感图像处理软件 ENVI（the environment for visualizing image）（ITT Visual Information Solutions，博尔德，美国）。ENVI 是一款功能强大的遥感图像处理软件，能快速、便捷、准确地从高光谱图像中提取信息。对于地面高光谱成像技术的研究而言，ENVI 主要用于数据提取、感兴趣区域选择、图像预处理及图像纹理分析。高光谱图像中的光谱数据处理与可见–近红外光谱的数据处理一致。而高光谱图像的图像数据分析，除了 ENVI 软件自带的纹理特征分析外，一般都是基于 Matlab 实现的，与普通图像的分析处理方法一致。

ENVI 软件提供基于 IDL 编程语言的二次开发，因此，研究者可通过 IDL 编写程序实现新的功能或开发独立的高光谱图像处理软件以用于高光谱图像处理（图 13.9）。

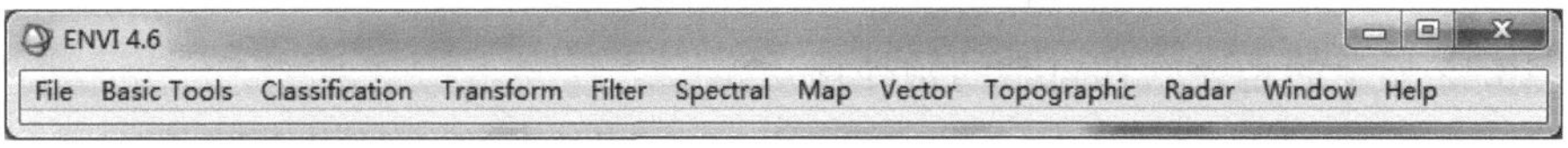

图 13.9　ENVI 软件主界面

13.3　拉曼图像分析软件

拉曼光谱与拉曼光谱成像数据的处理与其他光谱与成像数据处理思路基本一致，同时在处理上也有一定的差异。处理拉曼光谱数据的软件有很多种，这里介绍的 WIRE（Raman Environment）软件是专门配套于英国雷尼绍（Renishaw）公司研发生产的拉曼光谱分析仪。WIRE 是一款集采集光谱、分析数据、演示结果三位于一体的软件。操作这款软件非常简单，因其高度自动化的设置，省去了很多复杂的人为步骤。例如，用户想要转换不同激发波长的激光器，只需要用鼠标在电脑上点击操作即可实现。WIRE 软件也包含了一系列的工具，如 Analysis 和 Processing 可以实现光谱预处理、特征峰提取、曲线拟合、化学成像等功能。而用户自定义工具包（CAP）可以应对一些稍复杂的问题。除了 WIRE 自带的这些分析工具之外，还可以结合 Matlab 解决更具针对性的问题。此软件提供基本的对于拉曼光谱的定性与定量分析，但较为深入的分析需要结合 Matlab 等软件实现（图 13.10）。

图 13.10　WIRE 软件界面

打开的软件界面如图 13.11 所示。

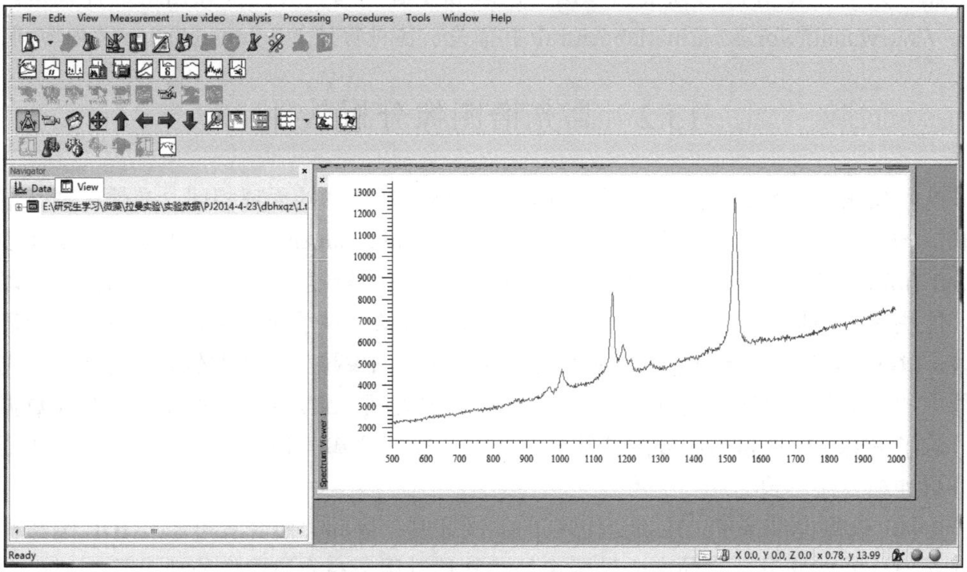

图 13.11　WIRE 操作软件界面

图 13.12 显示的是该软件自带的预处理功能。

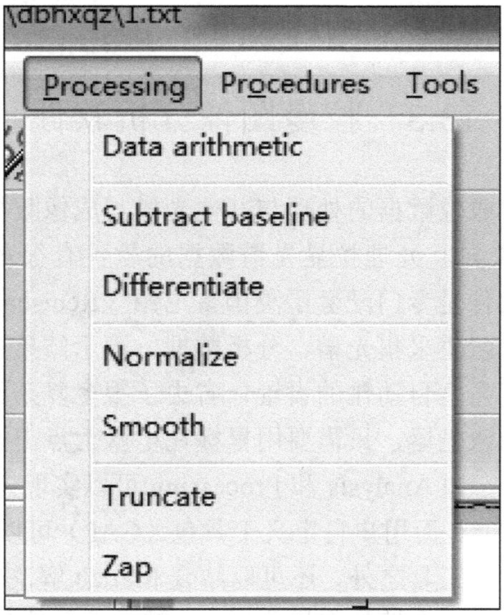

图 13.12　预处理功能界面

选择第二个 Subtract baseline，可以进行线性的基线校正，便于找出拉曼特征峰，点击后如图 13.13 所示，其中上面是原图，下面是校正后的图，可通过左右的加减号手工拖动，选择合适的位置进行去除，然后可在图 13.13 中右键选择 accept 确认。

可以对其进行平滑处理，通过 Processing 中的 Smooth 功能，在弹出的窗口中右键可以设置平滑系数和平滑形状（图 13.14）。

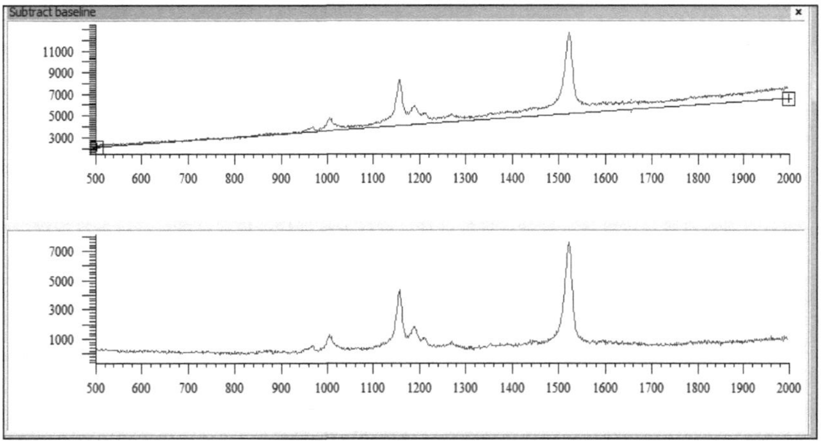

图 13.13　基线校正操作界面

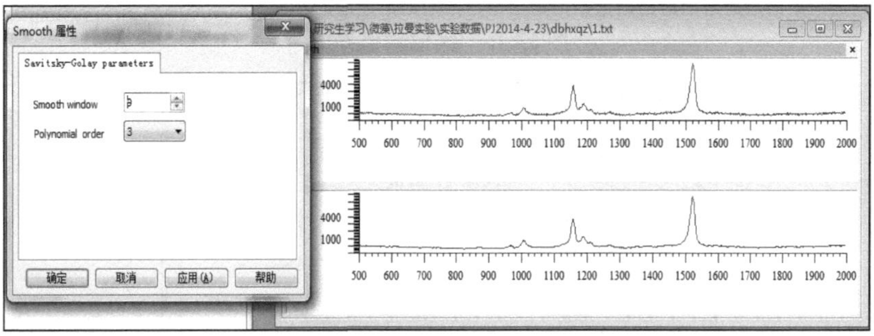

图 13.14　平滑处理操作界面

之后可以通过软件自带的顶点识别功能来找出拉曼的特征峰，即在图中右键 Tools 中选择 Peak pick。在下面数值栏中右键可设置峰的阈值，即在 Peak Thresholds 一栏中修改峰的高度即可，同时也可以修改属性中的其他数值来获得峰的位置(图 13.15~图 13.17)。

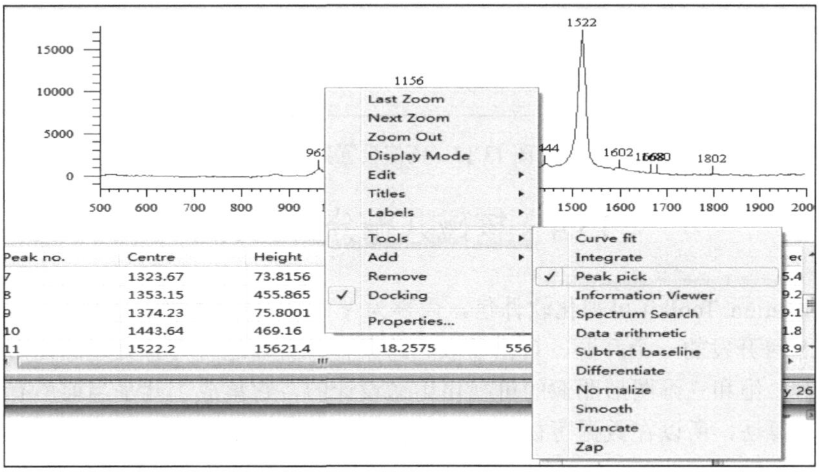

图 13.15　自动识别特征峰操作界面

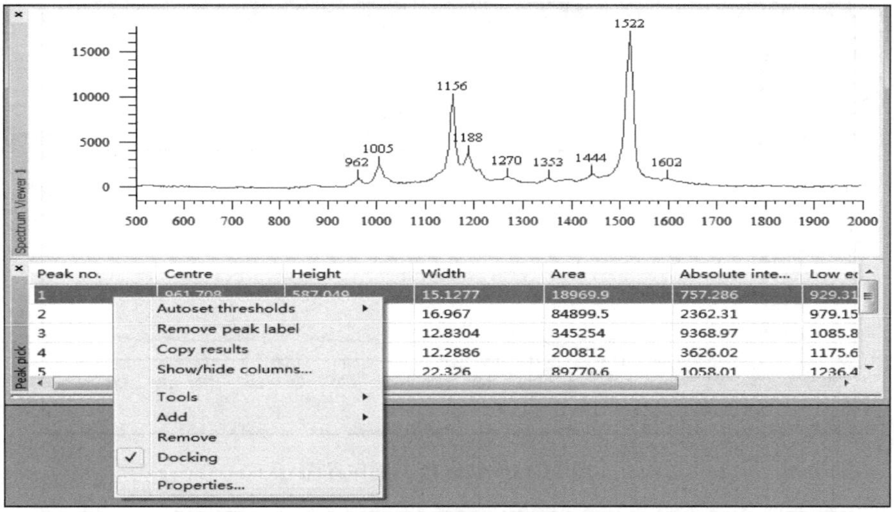

图 13.16　阈值操作界面

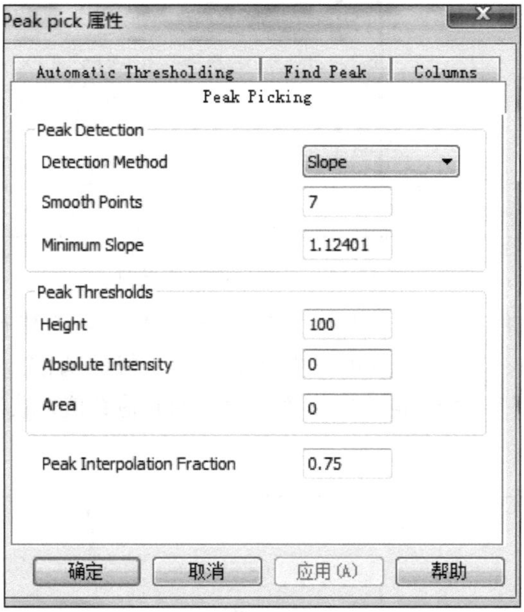

图 13.17　阈值设置界面

13.4　核磁共振分析软件

Visualization Toolkit 可视化软件包，简称为 VTK 可视化类库，是美国 Kitware 公司 William J.S 等开发的一个开源、自由获取、跨平台且可以进行并行处理的图形应用函数包，是针对二维和三维图形图像的可视化用途设计的。它集成了几乎当前所有优秀的图像图形处理算法，所以在数据可视化、计算机图形学等科研工程领域有着十分广泛的应用，特别是在影像医学研究领域更有其他图形处理软件难以企及的优势。VTK 可视化类库使用各种操作对象对数据对象进行各种处理，其主要包括以下 6 种操作对象：公共部分（common）、图形处理部分（graphics）、图像处理部分（imaging）、文件读写部分（IO）、绘制部分（rendering）、数据转换部分（filtering），每个部分都被编译成相应的动态链接库。

由于 VTK 可视化类库是以软件包的形式开发的，因此它可以方便嵌入任何一种语言开发环境中。将 VTK 可视化类库与 Matlab、Visual C++ 6.0、QT 等软件或开发环境组合使用和嵌入开发，可以获取到具有多种功能和用途的核磁共振图像分析与处理软件。

13.5　小　　结

本章介绍了光谱数据分析软件 Unscrambler，简单介绍了该软件的界面和一些基本功能，列出了一些比较实用的光谱数据分析的 Matlab 工具箱，读者可以根据自己的需要下载应用，工具箱里包含的算法基本覆盖了当前常用的一些算法。同时，也对高光谱图像分析软件、拉曼光谱分析软件、核磁共振分析软件进行了简单的介绍，选用的软件和工具包均可靠方便，适于研究人员与初学者学习应用。

第 14 章　土壤信息检测

14.1　概　　述

土壤中养分的丰缺是进行科学施肥，实现作物优质、高效、生态、安全生产的重要基础。准确、快速地获取土壤有机质、氮、磷和钾等养分含量信息，带动变量施肥技术和精细农业发展，对于我国农业现代化稳定健康发展具有非常紧迫的现实意义。近几年，我国每年投入 10 亿元推广“测土配方施肥技术”，该技术以农田土壤养分化学分析测试为基础，根据作物生长条件和需肥规律，提出土壤氮、磷、钾和其他一些微量元素等肥料的需求方案。但由于实验室化学分析过程复杂、周期长、成本高、实时性差，实际测试样本量偏少，很难客观地反映大面积农田的实际土壤养分分布情况，从而制约了测土配方施肥技术的大规模应用。另外，实验室化学测定土壤养分的方法由于产生的废液会对环境造成二次污染，因此农作物生产上迫切需要一种能够原位、快速和无污染的土壤养分检测方法。近红外光谱检测技术可以对土壤养分含量信息进行快速检测，光谱范围可以在可见光（350~780nm）和近红外（780~2560nm）区域。近红外光谱检测技术是一种简便、快速且无损的绿色分析技术，具有检测速度快、多组分同时测定等优点，而且待检测样本不需预处理或者进行简单的预处理，是一种非破坏性检测技术，具有实时、成本低和易于操作等特点。

土壤在可见及近红外波段的光谱特征，主要是由于矿物成分铁原子的电子跃迁和一些阴离子基团的倍频或合频引起的。土壤养分如有机质、氮、磷和钾等成分的分子振动过程主要是由 H_2O、OH^-、CO_3^{2-}等引起的。

土壤近红外的光谱特征受到检测位置、高度、测量角度、土壤粒径大小及外部一些环境，如土壤风化程度和空气湿度等因素的影响，相关的一些影响因素如下。

土壤颗粒等性状质地：土壤性状质地能对土壤光谱反射率产生影响主要有以下两方面原因：一是土壤质地可以对土壤的蓄水能力大小产生影响，如较大的颗粒之间能包含更多的水和气体；另一个是土壤粒径大小会对土壤光谱反射率造成比较大的影响；土壤粒径比较小的土壤样本由于土壤颗粒之间的缝隙小，因此粒径小的土壤样本紧密度要高于土壤粒径比较大的样本，土壤样本紧密度高导致土壤样本表面更平滑，光谱反射率也更高。近红外光在土壤表面的反射是一个漫反射过程，见图 14.1，在反射过程中，近红外光在土壤样本表面和土壤内部相互作用，最终反射出来的光能够携带土壤养分含量相关信息，反射出来的光进入光谱探头检测器进行光谱检测，检测器与光源分布在样本两侧，最终得到的光谱数据用于进一步的光谱建模分析。

有机质含量：实验表明，土壤有机质含量越高，光谱反射率越低，一般情况下，当土壤有机质含量大于 2%时，土壤光谱反射率下降可能会影响到检测土壤其他养分信息的准确性，如检测土壤氮、磷、钾等土壤养分含量信息。

铁氧化物：一般情况下，土壤光谱在可见光波长的一些吸收峰特征大多是由铁氧化物所致，铁氧化物还会致使土壤光谱在全段波范围内的土壤反射率下降，且下降的规律是土壤反射率沿着短波方向发展，甚至向紫外波长范围下降。

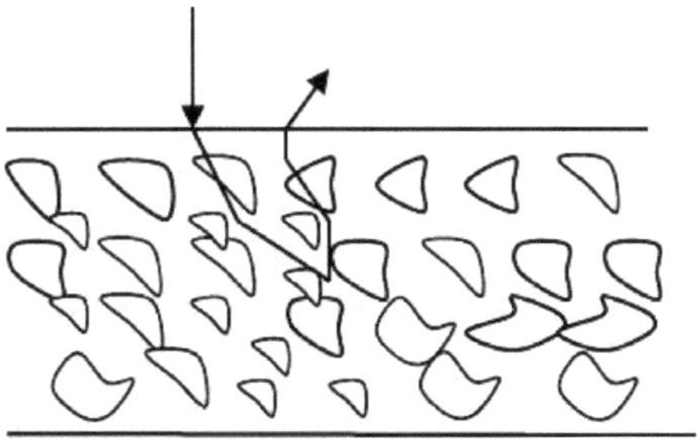

图 14.1　漫反射原理图

土壤的湿度：通过大量研究显示，土壤光谱的反射率随着土壤的湿度增加而降低，反射率值在水吸收带处降低最为明显，从这个意义来说，土壤含水率对光谱检测影响较大，同一批土壤样本，不同的含水率，检测得到的结果不一样，呈显著性差异。土壤光谱的吸收峰在 1400nm 和 1900nm 处吸收较为明显，强于光谱在 970nm、1200nm 和 1770nm 的吸收峰，这些光谱吸收峰都是由水分子的合频或倍频引起的。

光谱技术是集化学计量学、光谱学和计算机科学等多学科知识融合的现代科学分析技术。与传统的分析技术比较，光谱技术的检测时间在几秒到几分钟内；相对于其他化学检测方法，光谱检测方法的一个明显优势是一条光谱可以对应多种组分，即可以同时检测多种土壤养分，如一组光谱数据可以同时检测土壤有机质、氮、磷和钾等养分含量；近红外光谱检测土壤各种养分含量信息由于其不需要任何化学试剂和少量的前处理工作（没有化学处理工作），故不会对环境造成二次污染，这也是红外光谱检测受到热捧的一个重要原因。可见及近红外光可以进入轻物质内部，并与有机共价键发生相互作用，可以进行反射、透射或半透射检测，形成的光谱矩阵含有检测对象的理化值指标，基于此原理，近红外光谱检测被广泛应用于水果、水产、医药和土壤养分检测等领域。近红外光谱作为一种快速和无污染的检测技术被广泛应用于农业领域检测，其用于检测土壤有机质、氮、磷、钾和其他微量元素如钙、镁等，对于精细农业的发展具有重要的意义。

14.2　土壤水分检测

土壤水分是农作物水分的主要来源，一方面，作物进行生长主要依靠吸收土壤中的水分、有机质等营养物质；另一方面，土壤水分含量的丰缺，又直接决定着作物生长情况。所以，对土壤水分含量进行检测具有十分重要的意义。

裘正军等（2003）根据精细农业中关于精确灌溉的实际要求，开发了可同时获取土壤位置信息和含水率的测量仪。其系统组成结构详见图 14.2，该仪器的硬件部分由 89C-52 单片机、计算机、4×4 行列键盘、A/D 数模转换模块、GPS 接收机、16×2 LCD 显示器、X25045 看门狗电路、SWR-2 水分传感器及 RS-232C 通信接口等组成。关于传感器获取参数的输出、程序设计方法、GPS 数据的接收和处理方法是开发测量仪时解决的几个重要问题。测量仪器生成的土壤含水率分布图能为精确灌溉提供科学依据，试验用的数据采用 Arcview 软件进行分析和处理。

宋海燕（2006）采用近红外光谱仪对田间土壤养分进行检测，从几何学的角度进行实验设计，从而确定了检测土壤养分的最优几何位置。分别对 6 个培养皿采集的土壤光谱图进行了分析，采用主成分分析与人工神经网络（PCA-ANN）组合的分析方法建

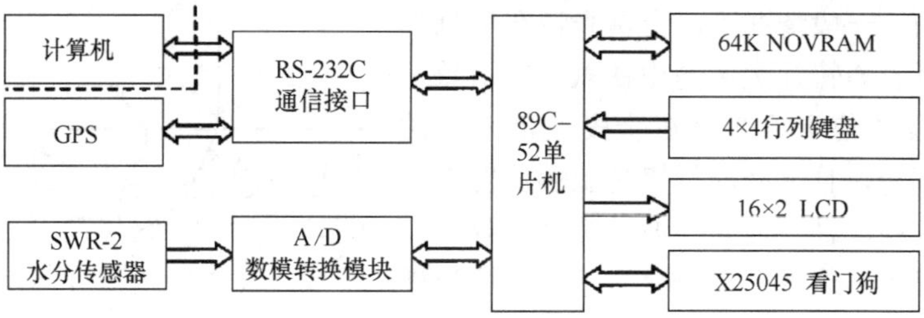

图 14.2　测量仪结构框图

立了土壤含水率的预测模型。通过研究表明，当光谱仪探头离桌面水平和垂直距离都为 17cm，且选用的器皿直径和高度分别为 12.5cm 和 2.2cm 时，对土壤含水率检测结果为最优。为了研究在特定测量条件下测量范围对土壤含水率预测能力的影响，原始光谱预处理分别采用了多元散射校正和平滑处理。

计算土壤含水率过程为：收集一定质量的土壤样本，其初始质量为 m_0，称取的质量精确至 0.0001g，然后将收集的土壤样本放至 50~60℃电热恒温干燥箱内风干 8~12h，此时再称取土壤样本质量为 m_1，称取的质量精确至 0.0001g，计算样本含水率（%）。

$$\text{含水率（\%）}=\frac{m_0-m_1}{m_0}\times 100\% \tag{14.1}$$

主成分分析结合 BP 神经网络算法是在 Matlab 软件中实现的。其运算结果为：当装土壤样本的培养皿直径为 12.5cm 时，模型的相关系数（r）为 0.912，预测均方根误差为 0.20%；当装土壤样本的培养皿直径为 14.7cm 时，模型的相关系数为 0.86，预测均方根误差为 0.37%；当装土壤样本的培养皿直径为 9.3cm 时，模型的相关系数为 0.547，预测均方根误差为 0.69%（图 14.3）。从实验结果分析表明，当装土壤样本的培养皿直径为 12.5cm 时，模型预测结果为最优。

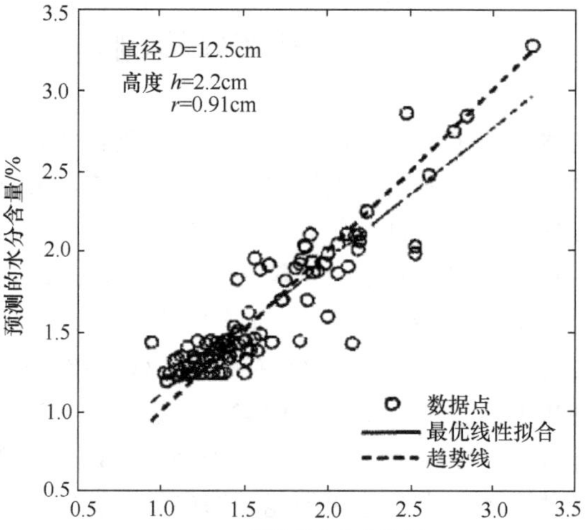

图 14.3　土壤容器对土壤含水量检测影响

宋韬等（2009）采用 ASD 近地可见–近红外光谱仪获取 52 份不同含水率土壤的反射光谱数据，首先通过常规方法获取土壤样品的含水率，根据相关系数和回归系数方法获取到了光谱对于土壤水分的敏感波段，根据单一特征波长的光谱数据建立了预测回归模型，预测土壤含水量。结果表明，该模型对土壤含水率的检测效果比较好，模型预测集相关系数为 0.9665，预测均方根误差为 0.012。

14.3　土壤养分检测

土壤养分检测对于精确施肥具有重要意义，农民往往凭借以前的种植经验施肥，由于不清楚农田养分分布情况，难以精确施肥导致农民的收成好一年坏一年。为了确保农业稳定生产，需要知道农田环境和养分信息，这样才可以保证作物健康生长。目前传统检测土壤养分信息的方法，需要将土壤取回实验室，在实验室再经过烘干、消解、过滤等烦琐的步骤，才能知道检测结果，检测耗时很长，且设备投资过高、操作复杂。光谱检测土壤养分方法操作相对简单，费用低，而且耗时短、方便携带，能随时了解土壤的环境和养分状况信息。

何勇等（2010）通过实验研究认为含水率越大，土壤的吸光度越大，土壤含水率比较大时，模型对土壤氮含量检测水平会有所降低。土壤粒径大小对模型检测土壤氮含量也有所影响，实验表明，当土壤粒径大小为 0.5~1.0mm、1.0~2.0mm、2.0~5.0mm 时，模型的相关系数 r 在 0.8 以上；但是当土壤粒径大于 5mm 或者小于 0.25mm 时，模型预测土壤氮含量水平的能力大大降低。

Shao 和 He（2011）应用光谱技术检测土壤养分速效氮、磷和钾含量。280 个土壤样品采自浙江不同地区 4 种类型土样，分别采用土壤近红外光谱（800~2500nm）数据、中红外光谱（4000~400cm^{-1}）数据，建模方法为最小二乘支持向量机（LS-SVM）和偏最小二乘回归（PLS）。模型的输入分别为近红外光谱（NIR）数据、中红外光谱（MIR）数据和 NIR-MIR 结合数据，结果为 LS-SVM 建模效果比 PLS 好，同时近红外光谱和中红外光谱结合后模型预测效果还没有单独采用 NIR 的数据和 MIR 的数据建模效果好。LS-SVM 以近红外光谱数据为输入，速效氮模型的相关系数和预测均方根误差分别为 0.90 和 16.28mg/kg；LS-SVM 以中红外光谱数据为输入，速效磷模型的相关系数和预测均方根误差分别为 0.88 和 41.62mg/kg；LS-SVM 以中红外光谱数据为输入，速效钾模型的相关系数和预测均方根误差分别为 0.89 和 33.47mg/kg。图 14.4 和图 14.5 为土壤样品的近红外图和中红外图，土壤 4 种土样 PC1×PC2×PC3 主成分分析聚类得分见图 14.6。

朱登胜等（2008）为了满足对土壤 pH 能够快速检测的要求，在土壤在未经过粉碎、过筛等预处理情况下，采集土壤的近红外光谱数据，采集的波长为 12 500~4 000cm^{-1}，获取到的土壤光谱图见图 14.7。对土壤光谱特性进行了分析研究，并采用 PLS 建模分析方法建立了一阶导数光谱的吸光度与 pH 之间的定量分析模型。所建立模型的建模集和预测集结果详见图 14.8，预测集 pH 相关系数 r 为 0.834，RMSEP 为 0.114。表明原始光谱数据采用一阶微分处理后可以比较好地检测土壤中 pH，结论为应用光谱技术检测土壤 pH 奠定了理论基础。

袁石林等（2009）应用近红外光谱技术对土壤中总氮与总磷含量进行了检测研究，以浙江省潮化盐土为研究对象，实时检测了土壤中总氮与总磷含量。试验样品共分 6 组，每组由 20 个样品组成，共 120 个土壤样品，不同土壤样本近红外光谱反射图见图 14.9，

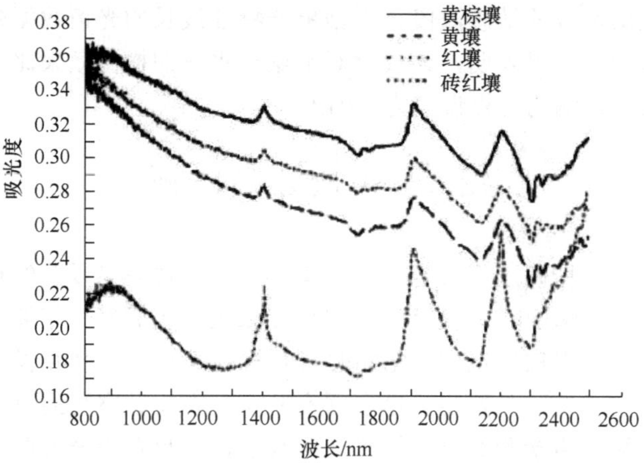

图 14.4　土壤样品的近红外图

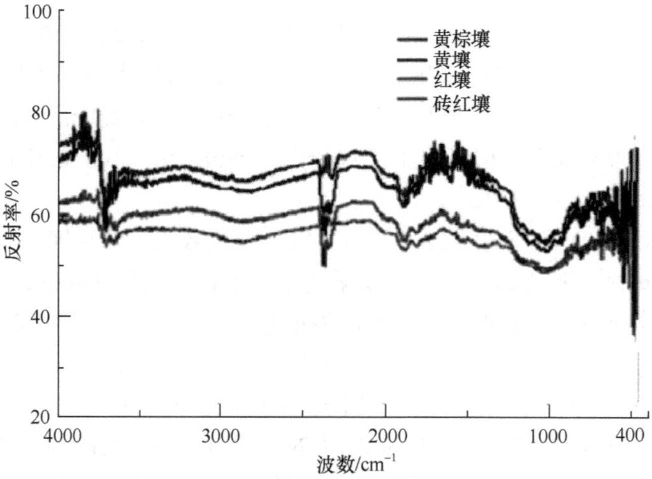

图 14.5　土壤样品的中红外图

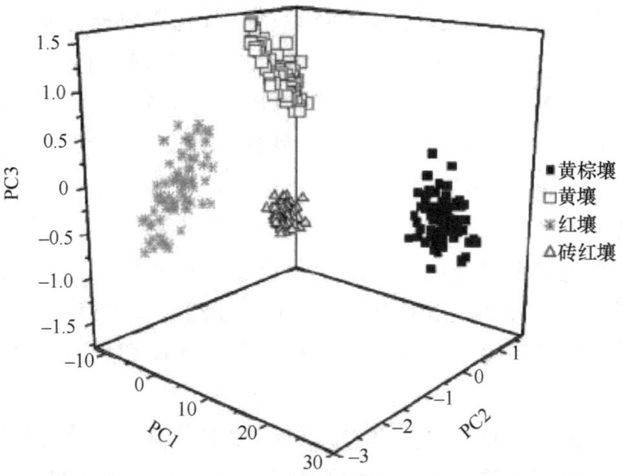

图 14.6　土壤 4 种土样 PC1×PC2×PC3 主成分分析聚类得分图

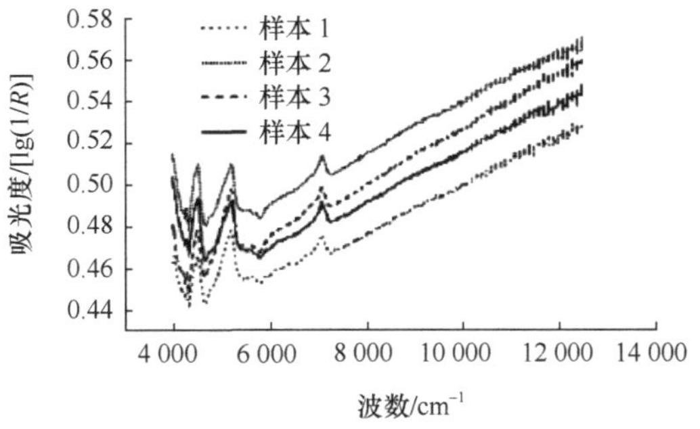

图 14.7　土壤光谱图

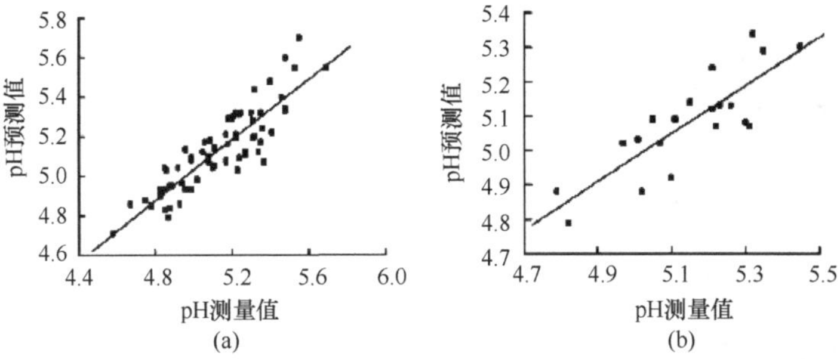

图 14.8　土壤 pH 建模与预测情况

（a）校正样本；（b）预测样本

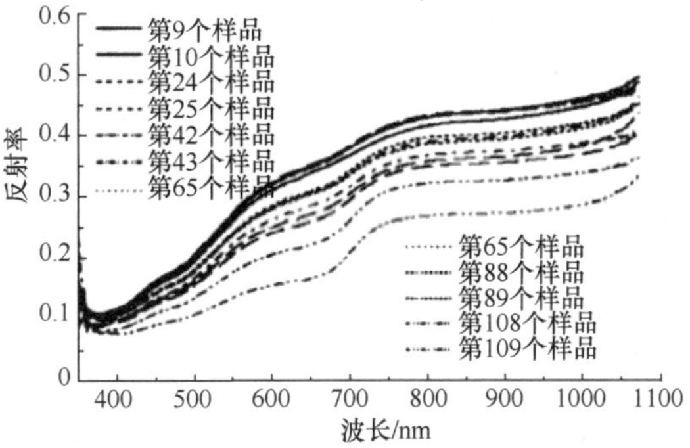

图 14.9　土壤样本的近红外光谱反射图

其中每组随机选择两个样品。原始光谱数据采用均值法、卷积滤波预处理，分别采用 PLS 及 LS-SVM 建模分析方法建立了土壤总氮和总磷的近红外光谱预测模型，结果显示应用 NIR 分析技术可以预测土壤总氮和总磷的含量。

宋海燕（2006）采用傅里叶变换光谱仪研究了经简单处理的潮泥土的光谱特性，波长为 12 500~4 000cm^{-1}，试验在室内进行。实验进行过程：从光谱仪中将光纤引出，在支架上固定。采集土壤光谱数据时，光纤探头离玻璃器皿表面的距离为 3mm。获取光谱时，分别采用向上和向下采集光谱数据两种方式，详见图 14.10 和图 14.11。实验室温度为 20℃左右，湿度保持在 40%左右，通过设定仪器检测参数实现光谱数据的获取和存储。测量时，分别 0°、180°、90°和 270°旋转培养皿，从 4 个角度对土壤样本进行测量，每个角度测量 3 次，取 3 次测量结果平均值作为该样本的最终光谱值。图 14.10 和图 14.11 是采用不同的检测方式得到的土壤光谱图。

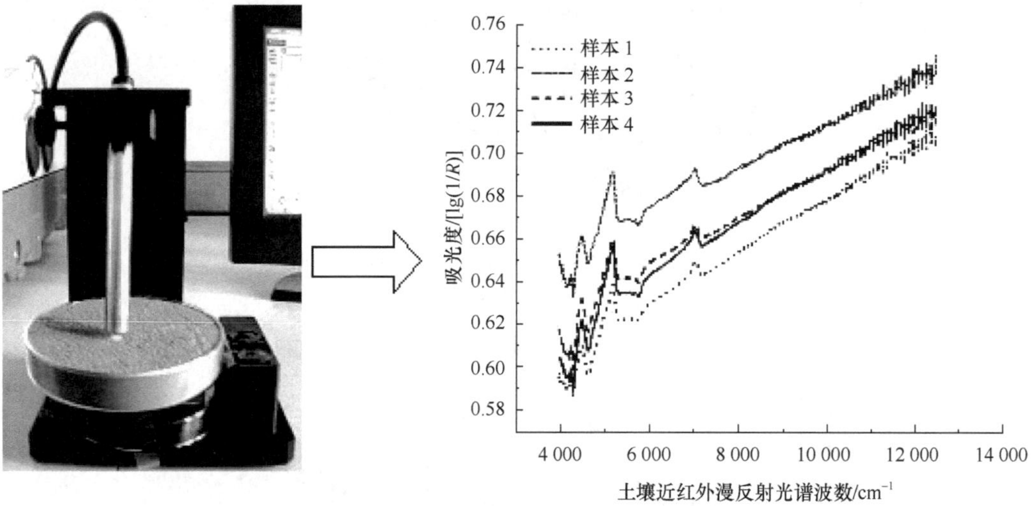

图 14.10　光纤向下照采集到的土壤光谱图

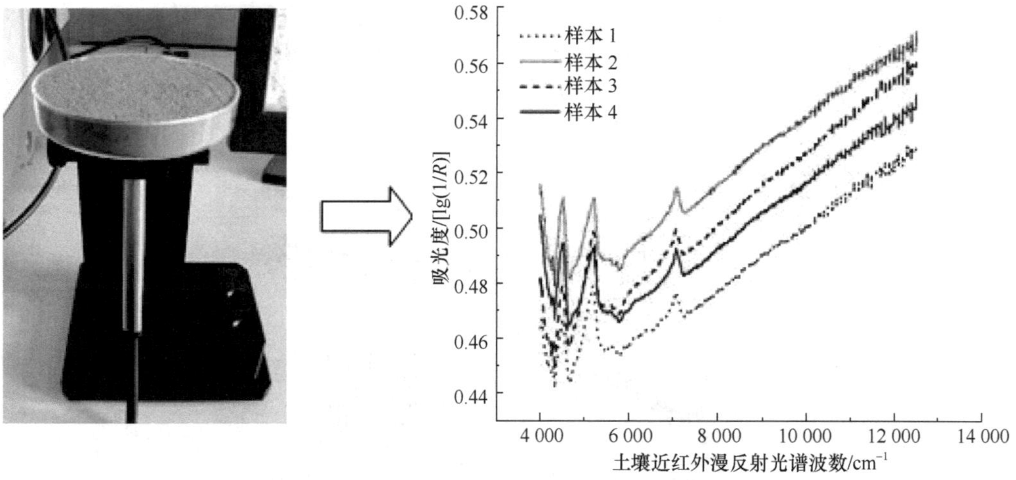

图 14.11　光纤向上照采集到的土壤光谱图

从图 14.10 和图 14.11 中可以看出，尽管土壤光谱获取方法即检测方法不一样，但是获取的土壤光谱图形大致是相同的，土壤吸光度随着波数的增加而变大，并且在光谱图形中可以看出明显的吸收峰，这些吸收峰是由土壤水分引起的。由于室内环境光的影响造成光谱图的波动性很大，光纤向上照采集到的土壤光谱比较稳定，稳定性要好于光纤向下照采集到的光谱，因此，研究采用向上照的方法来获取土壤光谱数据。首先对原始光谱数据采用一阶微分预处理，采用 PLS 建模方法建立速效磷、速效钾含量和 pH 之间的定量分析模型。实验结果见图 14.12 和图 14.13，pH 的预测相关系数为 0.834，RMSEP 为 0.114；磷、钾含量的预测相关系数分别为 0.661 和 0.721，RMSEP 值分别为 3.93mg/kg 和 21.9mg/kg，通过本次实验可以看出 pH 的预测效果优于磷和钾的预测效果。

He（2005）对 165 个土壤样品进行网格化取样，135 个土壤样品用于建模，其余 30 个样品用于预测，采用 PLS 建模分析。土壤颗粒的大小对模型预测土壤氮含量的能力较差，粒径不均匀的土壤含氮量模型其相关系数为 0.669，而颗粒大小较为均匀的土壤含氮

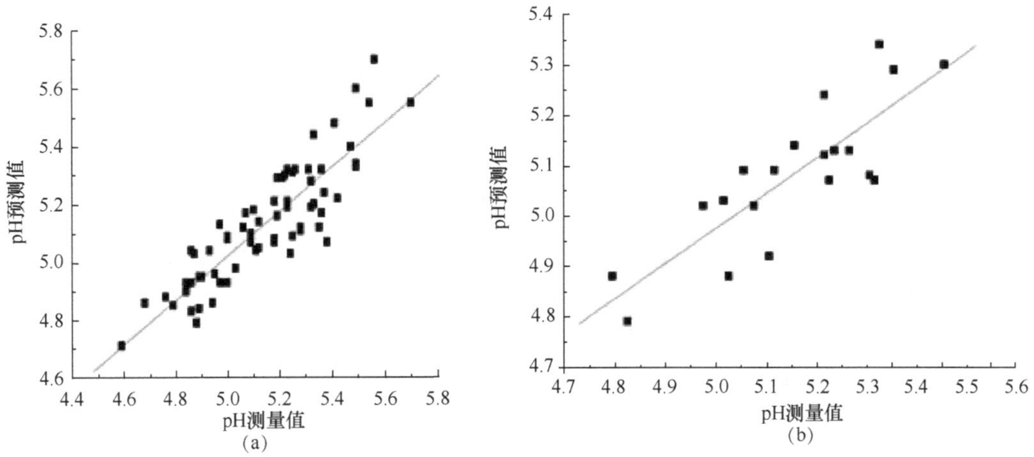

图 14.12　pH 建模与预测情况

（a）建模集；（b）预测集

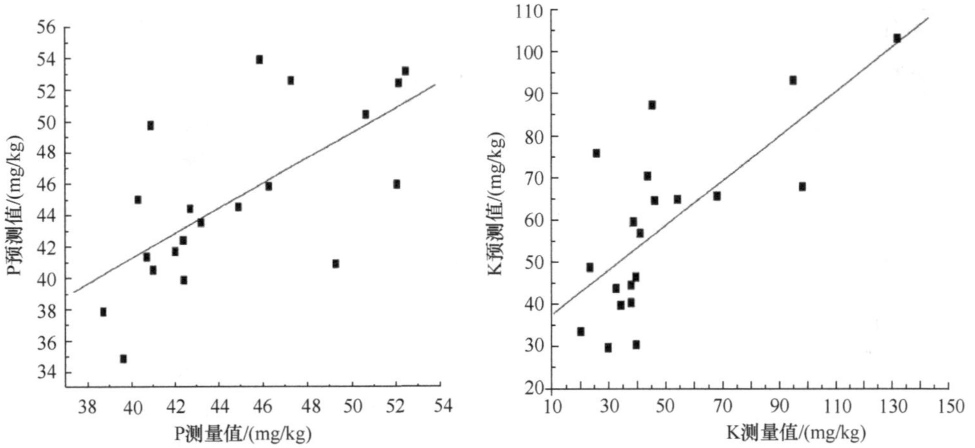

图 14.13　P、K 样本测量值与预测值之间的相关关系

量模型的预测相关系数为 0.804。采用克里金算法，将土壤各养分分布以图形化的形式呈现出来，土壤各养分分布图见图 14.14，通过实验分析同时得出土壤总氮、有机质和速效钾呈正相关关系，而速效磷同其他养分没有相关关系的结论。

另外，土壤有机质是植物生长发育中必不可少的营养元素，是各种营养特别是氮、磷的重要来源，也是鉴别土壤肥力的重要指标。因此，测定土壤中的有机质含量，对于农业、环境等方面的研究具有重要意义。土壤有机质一方面本身由于具有胶体性质，从而使其能够吸附土壤中较多的阳离子，增加土壤活性、土壤肥力和缓冲性，有利于作物的生长；另一方面，由于其属于轻物质，土壤有机质能够疏松土壤，增加土壤的透气性，有利于土壤中微生物生长，使土壤物理性状得到大幅改善，土壤有机质高的地方，作物生长就明显好于其他地方。传统测定土壤有机质含量一般采用化学分析法，操作相对复杂且费时，难以满足快速测定、实时性要求。

目前利用近红外光谱检测土壤养分含量，以检测有机质为最多，而且相对来说，检测土壤有机质得到的结果也比较理想。但利用近红外光谱检测土壤有机质也碰到一些通

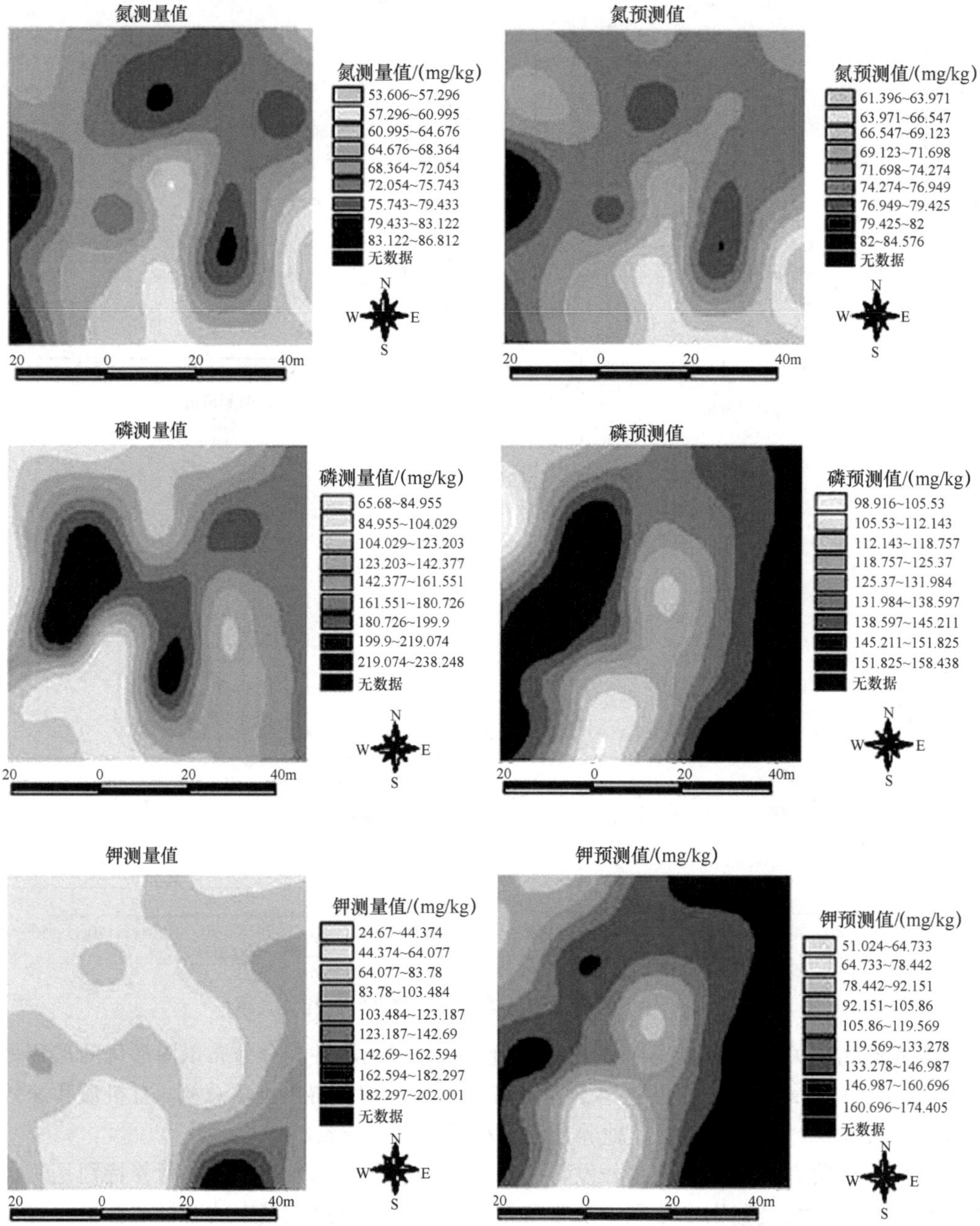

图 14.14　土壤各养分分布图

用性的问题，如模型可移植性差，因此，需要对采集到的光谱数据进行预处理分析，以去除或降低各种影响模型的精度因素，例如，对原始光谱采用多元散射校正预处理，或者采用特征波长提取方法提取特征波长，在此基础上再进行定量分析，可提高相应模型的通用性和预测能力。

宋海燕和何勇（2007）在光谱预处理方法中提出了采用正交信号校正（orthogonal signal correction，OSC）方法。采用 OSC 方法对原始光谱进行预处理时，应注意两个方面的问题：一是主因子数的选择，一般情况下，选 5 个左右主因子数即可，同时要考虑模型对未知样本的预测结果，最终确定主因子数的数量；二是理化值对 OSC 预处理结果有所影响，可以说，理化值测量准确与否对 OSC 结果影响很大，如果理化值参考测量方法不准确，用该数据对原始光谱进行 OSC 处理时，理化值和光谱中有用信息的相关性会被滤除掉，没有用的信号反而会被保留下来。因此，进行 OSC 预处理时，理化值必须确保准确。

其中 OSC 预处理程序在 Matlab 的环境中实现。正交主因子数的选取是根据累计贡献率确定的，即累计贡献率不低于 85%时所对应的因子数为最佳主因子数。本研究选取 4 个主因子数，此时的累计贡献率达 94.5%，图 14.15 是光谱经 OSC 校正前和校正后的光谱图。

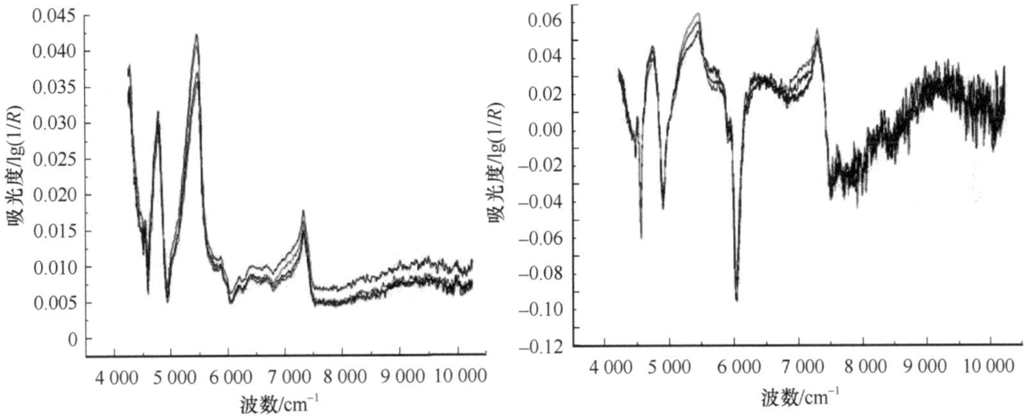

土壤光谱 (经基线校正)　　土壤光谱 (经基线、OSC校正)

图 14.15　OSC 校正前和校正后的土壤光谱图

实验采用偏最小二乘回归法（PLS）建立土壤有机质含量的定量模型。样本总数为 90 个，在对土壤有机质进行测量时，由于人为失误，存在 3 个异常样本，在建模时，将这 3 个异常样本剔除，将剩余的 87 个样本进行下一步的建模分析，其中 67 个样本用于建立模型，其余 20 个样本用于预测。先对原始光谱采用一阶导数预处理，分别采用 PLS 和 OSC-PLS 建模方法建模，波数为 10 000~4050cm^{-1}。从表 14.1 中可以看出，采用 PLS 方法，对原始光谱取一阶导数，可以很好地预测原土样中的土壤有机质含量。结果分析，由于采用了 OSC 预处理方法，消除了原始光谱中与理化值无关的无用信息，使得建模结果得到优化，OSC 作为一种光谱预处理方法，可以用于检测土壤有机质含量的光谱预处理，对于优化模型是一个比较好的选择。

需要指出的是，作者认为，采用近红外光谱检测土壤有机质时，不仅光谱预处理对于检测结果影响比较大，同时，土壤粒径、水分、盐度、形状和密度都会对检测结果产生影响。

表 14.1　不同土壤理化值建模结果分析

方法	建模集				预测集		
	r	SEC/%	RMSEC/%	LV	r	SEP/%	RMSEP/%
PLS	0.939	0.062	0.061	4	0.818	0.069	0.085
OSC-PLS	0.965	0.047	0.047	4	0.893	0.051	0.050

岑益郎等（2011）利用可见–近红外光谱技术，通过采集粒径为 0.169~2.000mm 和小于 0.169mm 的两种土壤样本（各 53 个）的可见–近红外光谱，来研究不同土壤粒径对土壤中有机质含量检测的影响，并分别建立了各自的主成分–反向传播神经网络（PCA-BPNN）、最小二乘支持向量机（LS-SVM）和偏最小二乘法（PLS）土壤有机质含量预测模型。结果表明：当土壤粒径为 0.169~2.000mm 时，相关系数 r 均在 0.84 以上，RMSEP 都在 0.20 以下；而当土壤粒径小于 0.169mm 时，相关系数 r 均不超过 0.71，而 RMSEP 都在 0.23 以上；当土壤粒径相同时，PLS 模型预测效果优于 LS-SVM 和 PCA-BPNN 模型。说明不同土壤颗粒粒径对土壤有机质含量的可见–近红外光谱的预测结果有显著影响。

韩瑞珍等（2010）研究采用水波段剔除和小波压缩方法来提高基于光谱技术的土壤有机质检测。实验采用 ASD FieldSpec 3 Hi-Res 光谱仪对 116 份不同有机质含量的土壤样本进行光谱测量（图 14.16），分析了土壤有机质含量与 350~2500nm 波段光谱反射率间的关系。同时比较了偏最小二乘法（PLS）与小波–神经网络（WT-BPNN）对 350~2500nm 整个波段和剔除水影响波段的预测能力，其中剔除的水波段有 1350~1416nm、1796~1970nm 和 2170~2300nm。建模结果显示，去除水波段的模型结果优于全谱模型结果，小波变换结合 BPNN 模型结果优于 PLS 模型，其模型相关系数（r_p）为 0.917，预测均方根误差（RMSEP）为 0.220，剩余预测误差（RPD）为 2.304。当 RPD>2 时表明模型具有极好的预测能力，说明采用小波对数据进行压缩结合神经网络的方法能够用于土壤有机质含量的预测。由于本实验的样品是经过风干、研磨和过筛等处理的，因此还不能完全用于田间的实时检测。

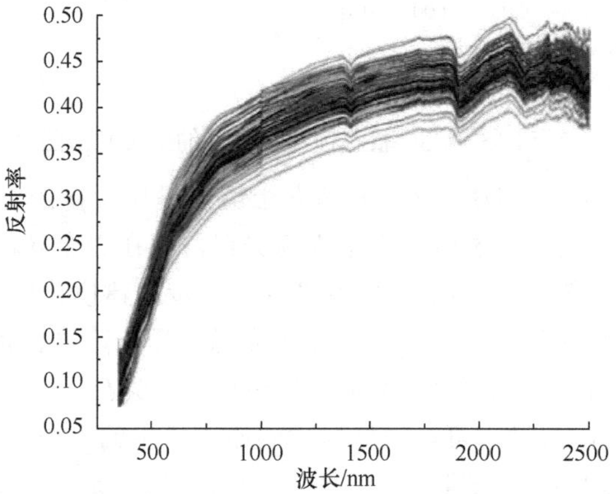

图 14.16　土壤光谱在 350~2500nm 波段的反射信息

朱登胜等（2008）对自然风干及未经过粉碎、过筛等处理的土壤，采集 12 500~4000cm^{-1} 的近红外光谱，由图 14.17 可知，吸光度随波数增加而变大，在 6000~4000cm^{-1} 和 8000~6000cm^{-1} 之间有较为明显的吸收峰，这些吸收峰是由水分引起的，反映了田间土壤的原始状态信息。同时也研究了土壤的光谱特性，并采用 PLS 建立了一阶微分光谱的吸光度与土壤有机质含量间的定量分析模型。试验分析结果：土壤有机质的预测相关系数（r_p）、预测标准偏差（SEP）和预测均方根误差（RMSEP）分别为 0.818、0.069 和 0.085，表明采用近红外光谱仪经一阶微分预处理能很好地预测简单处理过后的土样中有机质含量，为今后田间采用光谱测量技术快速检测土壤特性奠定了基础。

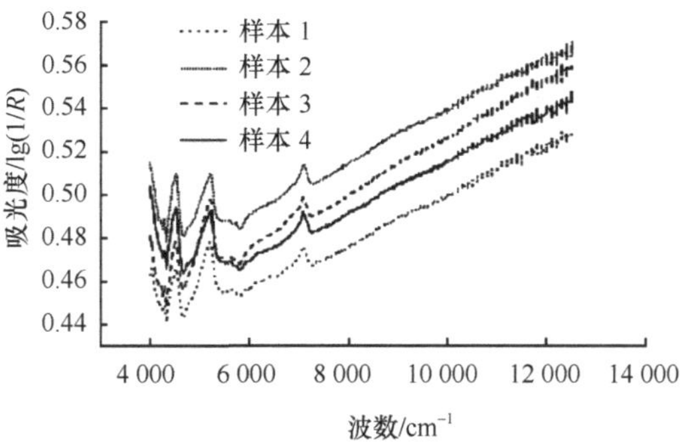

图 14.17　原始土壤光谱信息

宋韬（2010）尝试采用机器视觉技术对土壤有机质含量进行检测，将土壤样本放入直径为 7.5cm 的玻璃培养皿中，同时对土壤表面刮平处理。采用图像处理的方法去除背景，采用数学算法提取图像的平均灰度值，然后将图像的 3 个通道（绿光、红光和近红外）的平均灰度值与土壤有机质含量建立线性 PLS 模型和非线性 LS-SVM 模型。模型预测结果显示，线性 PLS 模型相关系数 r 为 0.7692，预测均方根误差为 0.3316；LS-SVM 的预测精度有所提高，预测模型的 r_p 为 0.7792，RMSEP 为 0.3163。结果表明，采用绿光（500nm）、红光（650nm）和近红外（800nm）3 个波长的图像信息对农田土壤中的有机质含量进行估测是可行的，但是由于实际应用中存在杂草等背景信息，涉及的图像处理技术要比该实验更为复杂，模型的精度及图像处理的时间都有待进一步提高。

章海亮等（2015）对应用遗传算法结合连续投影算法近红外光谱检测土壤有机质进行了研究。采集浙江省文城地区农田土壤样品近红外光谱数据，土壤光谱图见图 14.18。土壤样品数为 394 个。为简化模型，采用遗传算法结合连续投影算法挑选出 18 个特征波长建模，应用偏最小二乘法建立有机质预测模型，建模集的决定系数为 0.81，均方根预测误差为 0.22，剩余预测偏差为 2.31，预测集的决定系数为 0.83，均方根预测误差为 0.20，剩余预测偏差为 2.45。研究发现，遗传算法结合连续投影算法在简化模型的同时，模型的预测评价指标同采用全谱波长建模并没有明显降低。因此，遗传算法结合连续投影算法挑选的特征波长可以应用于近红外光谱检测土壤有机质含量。

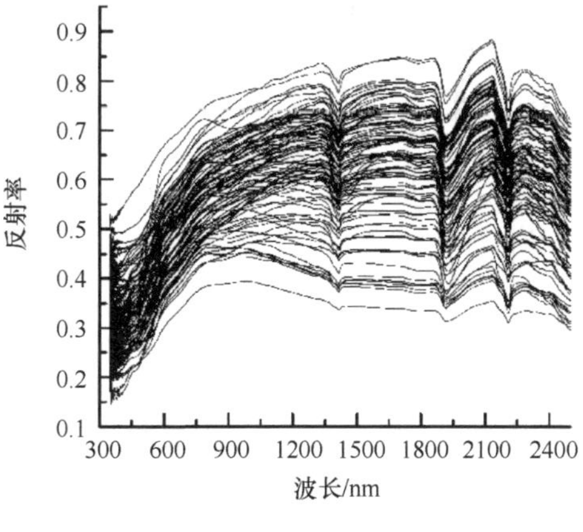

图 14.18　原始光谱

遗传算法是一种自适应的全局概率搜索算法，根据遗传算法机制，通过选择、比较和交换的运算，循环迭代，选择出最优的变量用于进一步的分析，无用的变量被删除，从而得到最优的变量组合，遗传算法返回结果见图 14.19 和图 14.20。图 14.19 中系统自动生成的频率图中有 3 根横线，这 3 根横线分别表示取不同数量的波长建模，意义很明显，即大于横线对应频率的变量用于建模，简单地说，就是取某条横线之上的变量用于建模。本研究中最上面的横线表示取波长数为 64，中间虚线表示取波长数为 102，最下面的横线表示取波长数为 167，这 3 个数值可以与参数 fin 中第一行数值中倒数 3 个数一一对应。很明显，横线对应频率越高，所用波长数的建模数量越少。从图 14.20 可以看出，当采用 64 个变量建模时，对应的预测误差和预测响应精度分别为 0.23 和 79.51，当采用 102 个和 169 个变量建模时，对应的预测精度时预测误差和预测响应精度分别为 0.22、81.99 和 0.22、81.97。结合图 14.19 和图 14.20，取中间虚线对应频率的 102 个变量用于遗传算法结合连续投影算法进一步分析。

图 14.21 中曲线为这 102 个波长的反射率，横坐标不是按波长大小排序，而是按波

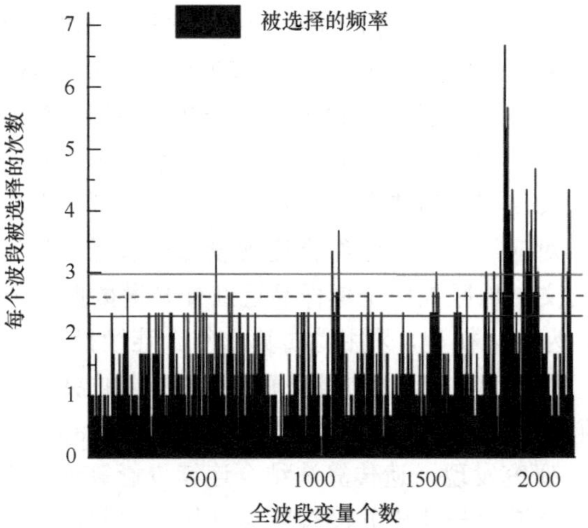

图 14.19　变量被选频率

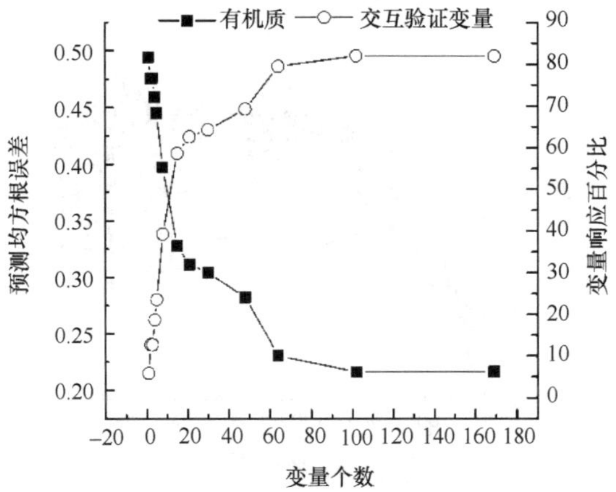

图 14.20　预测均方根误差和变量响应百分比

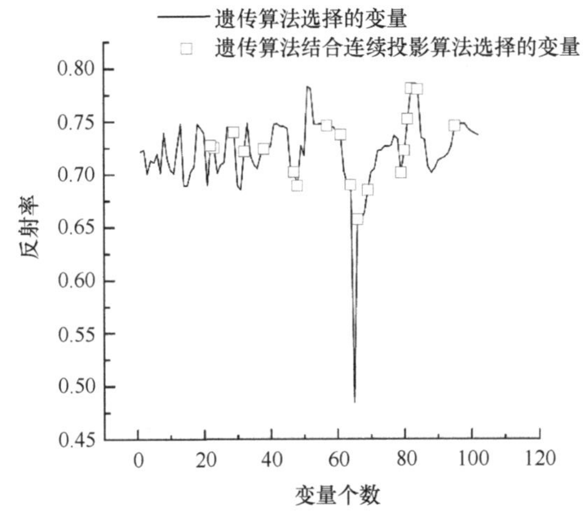

图 14.21　遗传算法结合连续投影算法选择特征波长

长被选择的频率大小排序，图 14.21 中 18 个方框表示 102 个变量采用连续投影算法后，筛选得到的 18 个贡献点波长，分别为 823nm、914nm、1431nm、1460nm、1903nm、1984nm、2027nm、2106nm、2149nm、2194nm、2227nm、2271nm、2307nm、2330nm、2343nm、2452nm、2476nm 和 2481nm。采用连续投影算法后，建模变量大量减少，极大地简化了模型。需要说明一点，图 14.22 是连续投影算法结合多元线性回归得到的结果，有关连续投影算法选择特征波长的原理和过程可参考相关文献刘飞等（2009）。选择出 18 个特征波长后再继续导入 PLSR 模型建模，以进行下一步的分析。在原始光谱基础上，采用遗传算法得到的特征波长为 102 个，在此基础上，进一步采用连续投影算法选择的特征波长数为 18 个，也就是说，遗传算法结合连续投影算法可以大大简化模型。

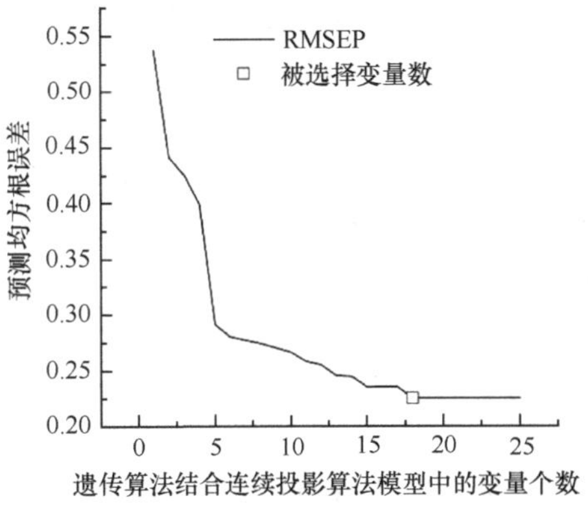

图 14.22　GA+SPA 选择特征波长数对应 RMSEP 值

由表 14.2 可以看出，遗传算法结合连续投影算法选择的特征波长建立的模型并不会明显降低模型预测精度。说明遗传算法得到的 102 个特征波长并不是最优波长数，还存在冗余信息，遗传算法得到的波长点还存在部分信息重叠，需要去除，而连续投影算法则可以进一步去除这些无用的变量，同时降低了模型运算量，遗传算法结合连续投影算法选择的特征波长更具有代表性。例如，波长在 823nm、2106nm、2149nm 和基团—NH_2

相关，波长在 914nm、1431nm、1460nm、1903nm 和羟基（—OH）相关，波长在 2027nm 和基团仲酰胺（—$CONH_2$）相关，波长在 2194nm 和基团芳羟（ArCH）相关，而波长在 2227nm、2271nm、2307nm、2330nm、2343nm、2452nm、2476nm、2481nm 和基团甲基（—CH_3）、亚甲基（═CH_2）及次甲基（≡CH）相关。这些基团及共价键都和土壤有机质密切相关，说明原始光谱经过遗传算法选择特征波长，再进一步应用连续投影算法选择的 18 个特征波长更具有代表性，可以用来建立土壤有机质预测模型。

表 14.2　不同光谱数据 PLSR 模型土壤有机质建模集和预测集模型评价结果

光谱数据	隐含变量	建模集			预测集		
		R^2	RMSEC	RPD	R^2	RMSEP	RPD
原始光谱	12	0.86	0.19	2.68	0.88	0.17	2.88
原始光谱结合遗传算法	12	0.83	0.22	2.31	0.84	0.20	2.45
遗传算法结合连续投影法	12	0.81	0.22	2.31	0.83	0.20	2.45

14.4　土壤电导率检测

土壤电导率也是土壤指标检测的一项重要内容，土壤盐渍化破坏环境，造成农业生产损失，是农业可持续发展的制约性因素之一。土壤含盐量和电导率均是衡量土壤盐渍化程度的重要指标。土壤电导率的高低反映了土壤中盐基分子或者离子的数目，土壤中盐基分子或者离子的数目越多，则土壤电导率越高，也就说明土壤盐渍化程度越深。传统监测土壤盐渍化程度的方法有诸多缺点，采样点少，费时也费力，破坏环境，不能满足检测实时性要求。

彭杰等（2014）以南疆地区的水稻土为研究对象，通过分析土样的高光谱数据和室内测定的盐分与土壤电导率的关系，深入探讨了土壤含盐量和土壤电导率两者之间的相关性及两者高光谱反演的精度。结果表明，南疆水稻土的含盐量与电导率的相关性较低，两者并没有必然的正相关关系；土壤电导率和土壤含盐量与土壤反射率及一阶导数的相关曲线形态较为类似，相应的特征波长点位置一样，研究表明，土壤含盐量相关性优于土壤的电导率，在土壤盐渍化程度高的地区尤其如此。以含盐量建立的多元线性回归、主成分回归、偏最小二乘回归模型的决定系数和相对分析误差均高于电导率，结果见表 14.3。研究表明高光谱信息对土壤含盐量的响应比电导率更敏感，以含盐量为监测指标的高光谱反演精度明显要优于电导率。该结果可为提高土壤盐渍化高光谱遥感监测精度提供理论依据。

研究还发现，土壤的含盐量会导致作物叶绿素和叶片的水分含量发生变化，从而导致叶片的特征光谱波段发生转移，基于此，研究叶片特征光谱的变化规律可以反推土壤盐分含量的变化规律和土壤盐分状况，因此，可通过高光谱遥感技术快速监测土壤中盐分的变化。

张雷等（2012）研究了棉田的土壤电导率和棉花生长期叶片的光谱反射率之间的关系，建立了棉田电导率检测模型。在近红外和中红外区域，棉花功能叶的光谱反射率均随着土壤盐分水平的升高而升高；实验综合了两个棉花品种在不同生育期的结果后发现，以特征波长 1350nm 和 2307nm 的反射率 R_{1350} 和 R_{2307} 为基础建立的归一化指数 NDSI

表 14.3　土壤含盐量和电导率的模型比较

模型方法	光谱指数	模型波段/nm	含盐量			电导率		
			校正集	预测集		校正集	预测集	
			R_C^2	R_P^2	*RPD*	R_C^2	R_P^2	*RPD*
MLR	反射率连续统去除一阶微分	707~855	0.9879	0.9968	16.52	0.9855	0.9884	9.06
		643~791	0.9149	0.9505	4.06	0.8770	0.9070	2.99
		640~760	0.8072	0.8660	2.15	0.7561	0.6767	1.32
PCR	反射率连续统去除一阶微分	707~855	0.5318	0.6398	0.76	0.2447	0.0.312	0.33
		643~791	0.5035	0.7027	0.89	0.2461	0.1357	0.52
		640~760	0.5271	0.6747	0.90	0.2208	0.0978	0.30
PLS	反射率连续统去除一阶微分	707~855	0.9410	0.9689	5.13	0.9352	0.9340	3.76
		643~791	0.4547	0.6981	0.80	0.3574	0.1834	0.56
		640~760	0.6826	0.8005	1.33	0.6682	0.4864	1.06

（R_{1350}、R_{2307}）和电导率的决定系数最高，基于此构建的棉田土壤电导率 EC 监测模型：EC=–42.899NDSI（R_{1350}、R_{2307}）+27.338，模型的预测决定系数（R^2）和预测均方根误差（RMSEP）分别为 0.887 和 1.09dS/m；在光谱微分参数中，以 TM 影像第 5 个波段的光谱反射率（TM5-SWIR）与棉田土壤 EC 的决定系数最高，构建了基于 TM5-SWIR 的棉田土壤 EC 监测模型：EC=0.0574(TM5-SWIR)^2–2.5928（TM5-SWIR）+30.21，预测模型的 R^2 和 RMSEP 分别为 0.814 和 1.29dS/m。实验结果表明，棉田土壤电导率通过棉花功能叶 NDSI（R_{1350}、R_{2307}）和 TM5-SWIR 均能较好地得以检测。

何勇等（2004a）开发了土壤电导率测量仪器。由于传统土壤电导率测量仪器存在准确性低、实时性差等问题。作者根据土壤电导率的测量原理，为解决传统存在的问题，采用虚拟仪器开发软件 Labview 和数据采集模块，可对土壤温度和电导率等参数进行采集。同时，设计了一种土壤电导率测量仪器，该仪器的程序前面板见图 14.23，可快速、简单地测量不同温度下的土壤电导率，并可将数据进行显示、保存、打印和网络传输等。该仪器通过温度校正的方法，消除了温度变化给电导率带来的测量误差。用氧化钾标准溶液进行电导率的测试。结果表明，该仪器具有较高的测量精度，说明可以广泛应用于土壤电导率的测量中。该研究为多参数的正确测量提供了一种简便、有效的方法。

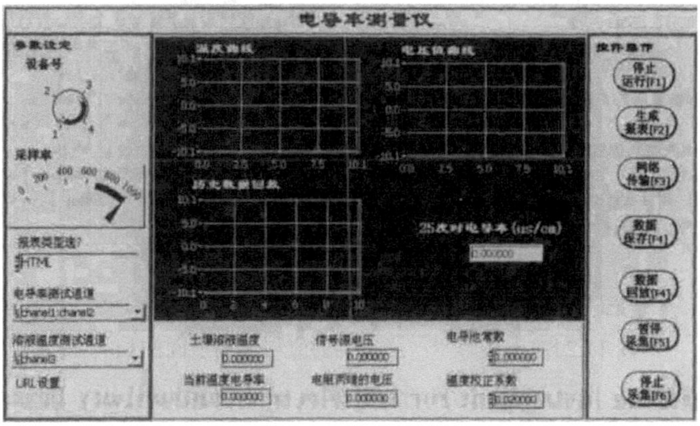

图 14.23　土壤电导率测量程序前面板

14.5　土壤压实度检测

土壤压实度也称土壤硬度或土壤坚实度。它是指土壤抵抗外力的压实和破碎的能力。同时它对农作物生长及农业生产十分重要，直接影响农业春播和施肥等作业，土壤压实度直接影响农作物的出苗和生长的各个环节，压实度过高，作物甚至停止生长，可以说，土壤压实度关系到作物的最终产量，因此农民通过松土作业降低土壤的压实度。评价土壤的压实度主要是划分土壤相对湿度，一般可划分成 3 个等级，即一类、二类、三类。评价土壤压实度时也要适当考虑其他一些因素，相对来说，土壤的一类墒的水分对于作物正常生长是可以满足要求的；二类墒可以保证作物基本维持生长，如土壤上的作物种类及作物生长情况；三类墒不能满足，甚至会令植物出现不良反应。

一般采用烘干法测量土壤含水量，即将取回的土样进行称量操作，之后放进烘箱，过12h，烘至恒重，然后再进行称重操作，两次称重之差为土壤含水量。为了实测时根据土壤负压力查找其对应的土壤含水量，在实地观测水分之前，要先制作待测土壤的含水量与其相应负压力之间的关系曲线。目前常见的是采用遥感技术实时了解土壤的墒情，基于相应的探测原理，选出适合的通道或通道组合方式，利用土壤的湿度指数，建立指数和湿度的相关模型，利用遥感技术来反演土壤的墒情。

Al-Asadi 和 Mauazen（2012）采用可见–近红外技术结合频域反射计检测土壤压实度，实验首先采用偏最小二乘回归（PLSR）建立土壤重量含水率（ω）的预测模型，其中模型的预测决定系数（R^2）、预测均方根误差（RMSEP）和剩余预测偏差（RPD）分别为 0.91、2.95%和 3.11。然后对同一批土样采用频域反射计获取土壤体积含水率（θ_V），其中 R^2 值为 0.95。最后将获得的土壤体积含水率/土壤重量含水率（θ_V/ω）即可得到土壤容重（ρ_d），结果显示对应土壤容重的 R^2 值为 0.72（图 14.24），说明采用可见–近红外技术结合频域反射计检测土壤压实度是可行的，该技术为土壤压实度的检测提供了一种新思路。

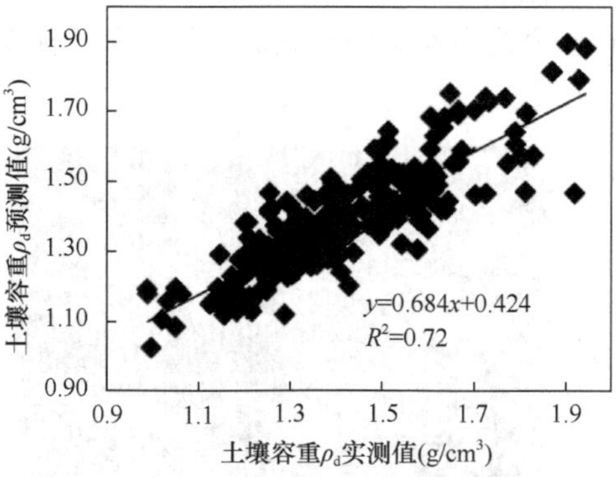

图 14.24　土壤容重（ρ_d）实测值与预测值间的相关图

赵勇等（2012）建立了土壤压实度的激光图像测量系统，首先对采集的土壤激光图像采用 4 邻域平均法进行平滑去噪；然后采用 Canny 算法提取出激光图像中的激光光斑，将含水量、激光光斑半径、吸收系数和散射系数作为分类器的输入特征参数。最后，建立了基于神经网络（BPNN）的压实度预测模型。实验结果表明，用 BP 神经网络的方法，经过 11 次学习后，可以达到测量精确度的要求。因此，提出的基于激光图像测量土壤压实度的方法是能够满足压实度检测要求的。

14.6 土壤重金属检测

随着中国工业化和城市化进程整体快速推进，土壤重金属对环境的污染日益加重，所产生的问题是不但对周边地区的生态环境、粮食生产、食品安全和人体健康构成严重威胁，甚至通过地表和地下径流、大气沉降等自然过程对和矿区有水文、气象联系的大范围区域产生不良环境影响，由此引发的一系列环境问题日益成为我国经济发展的重要因素之一，加之由于土壤污染的长期性、隐蔽性和不可逆性特点，这种影响一般是通过土壤-作物-食物链的方式最终对人体健康产生影响。以前评价土壤污染方式主要通过对土壤中一些物质的化学成分分析进行单因子评价或者通过公式进行综合因子评价，这种评价体系难以客观准确地评价土壤受污染的程度、土壤的整体状况，因此为了较好地对土壤重金属环境信息进行有效监测评价和控制，研究开发方便使用的检测土壤重金属含量的仪器及重金属污染监测方法都是十分有必要的。

龚海明等（2013）介绍了国内外通常用的实验室检测土壤重金属污染的技术和使用传统方法监测的局限性，重点介绍了基于激光诱导击穿光谱（LIBS）检测法和磁化率法这两种方法现场快速监测土壤重金属技术的发展现状和对将来发展需要解决的一些关键问题进行了探讨研究。对比分析了实验室监测方法和 LIBS、磁化率法这两种监测方式本身的优势和劣势，分析探讨了精细农业关于土壤重金属污染监测技术和方法的发展趋势。

王寅等（2013）研究设计了基于激光诱导击穿光谱技术的便携式土壤重金属探测仪的光学系统结构，见图 14.25 和图 14.26。系统的光路采用会聚透镜将激光光束会聚到土

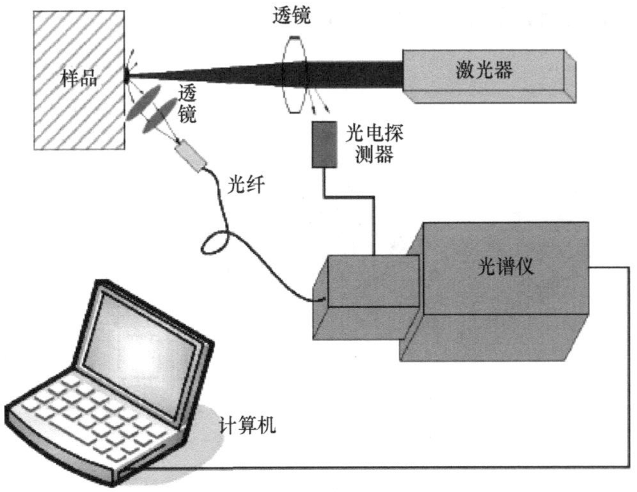

图 14.25 激光诱导击穿光谱原理示意图

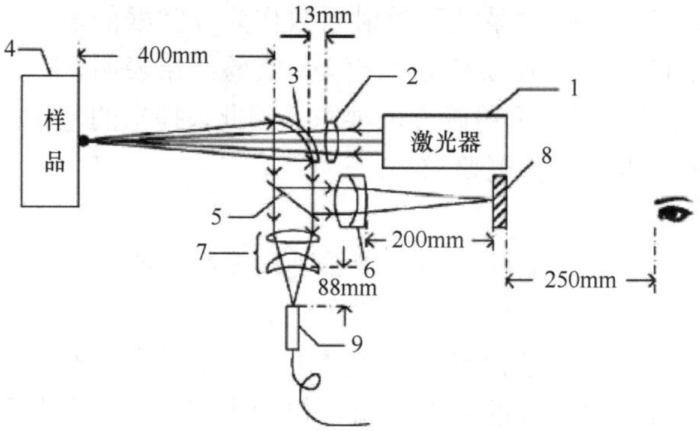

图 14.26　光学系统示意图

1. 激光器发射头；2. 激光会聚透镜；3. 抛物面镜；4. 样品；5. 反射镜；6. 胶合透镜组；7. 耦合透镜组；8. 毛玻璃；9. 光纤

壤样品上，系统的收集光路由抛物面镜和分离透镜组成，两者组合体将等土壤离子体光谱信号耦合后导入光纤，瞄准光路由反射镜、抛物面镜和胶合透镜组成，将待测物点成像投影到毛玻璃上。激光光束经过透镜会聚后投射到样本上的光斑尺寸合适，等离子体的光谱信号经过耦合后到光纤的效率高，耦合光束数值的孔径必须满足选用光纤的要求，瞄准系统对待测点成像清晰，整个光学系统长、宽、高分别小于 30cm、10cm 和 25cm，结构紧凑、体积小、轻便易携带。实验显示，基于激光诱导击穿光谱技术的便携式土壤重金属探测仪适用于土壤重金属现场非接触式探测的应用要求。

章炜等（2012）利用能量色散型 X 射线荧光光谱仪实验平台（图 14.27）检测镍重金属含量，在实验室的环境下获取土壤的 X 荧光光谱，应用 X 荧光光谱法检测分析了国家标准土壤样本中元素镍的含量。在研究中分析了土壤中镍元素的 X 荧光谱线特征，运用内标法获取了镍元素的定标曲线，并且根据实验得到的结果分析了内标元素选取方法。结果显示，对土壤样本进行内标法检测分析时，可以提取基体中适宜的化学元素作为内标参考元素；使用 Pb 的 Lα系谱线，铜和铁的 Kα系谱线作内标线时相对标准偏差分别为 6.24%、5.24%和 5.22%，实验结果得出选择合适的基体化学元素的特征谱线作为内标线，可以有效提高土壤中镍元素测量结果的准确性。

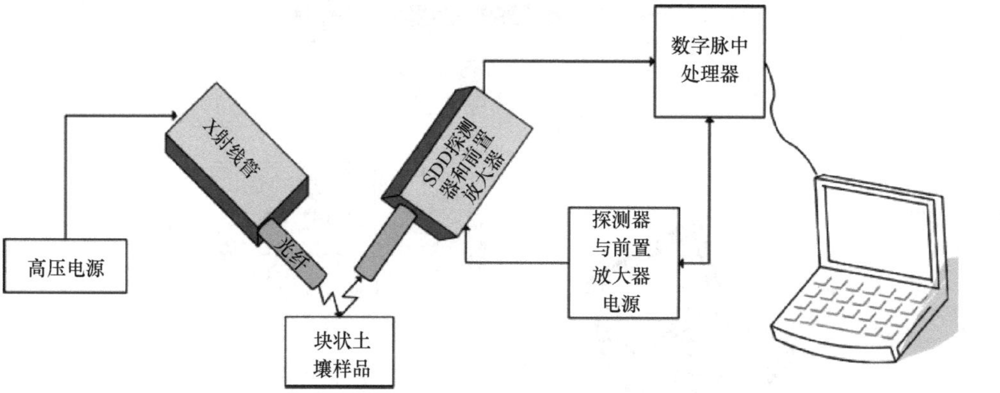

图 14.27　能量色散型 X 射线荧光光谱仪实验平台

张荣等（2013）采用 X 射线荧光光谱法对土壤重金属铅元素的含量进行检测分析。在实验室环境下，应用便携式 X 射线荧光光谱重金属检测仪对土壤中铅元素的荧光光谱特性进行了测量和分析。同时探讨研究了不同基体元素对分析线的影响，观察并测定了在不同铅浓度条件下的特征谱线强度变化规律。结果显示铅的质量分数为 10×10^{-6}~1800×10^{-6}，铅元素的 X 射线荧光光谱强度与浓度之间呈现出了较好的线性对应关系，研究建立了铅元素的定标测定曲线，并计算得到铅的检出限为 7.89mg/kg。

14.7　环境信息检测

张淑娟等（2003a，2003b，2004）以一块冬小麦农田为实验区，采用 GPS 定位仪定位，按 50m 间距设定网格，取 63 个数据采样点，检测有机质、氮、磷、钾、容重、含水率和电导率等土壤参数，同时研究了土壤特性空间变异规律，应用统计学方法分析相应的数据，利用软件 Arcview 绘制了反映土壤特性及结构性和随机性的空间分布图，应用 BP 神经网络分析作物产量与土壤空间分布信息之间的关系。研究表明：土壤的容重存在一定的弱变异强度，其他一些土壤特性如土壤含水率则存在中等变异强度：所有土壤各主要养分特性均呈正态分布，土壤各参数之间都有较强的相关性，如土壤总氮和有机质、速效钾和电导率等呈现中等强度的相关性。实验表明，在距离为 246.8~426.8m 时土壤各参数表现出较强的相关性，该研究可以为精细农业如精确施肥和精确灌溉提供相应的参考。

俞海红等（2006）针对农田信息采集的特点，提出了一种用 GSM 无线通信技术进行农田信息采集的测量系统，系统包括水分传感器、GPS 接收终端、土壤水分快速定位测量仪、GSM 无线通信模块及计算机。该套系统实现了将农田信息以手机短消息的形式实时发送到实验室接收端的功能，有效地解决了野外农田信息存储困难和实时移动测量不便等实际客观存在的问题。系统试验结果表明，该测量系统数据通信距离几乎不受限制，从而为无线测量农田相关信息提供了一种实际可行的方法（图 14.28）。

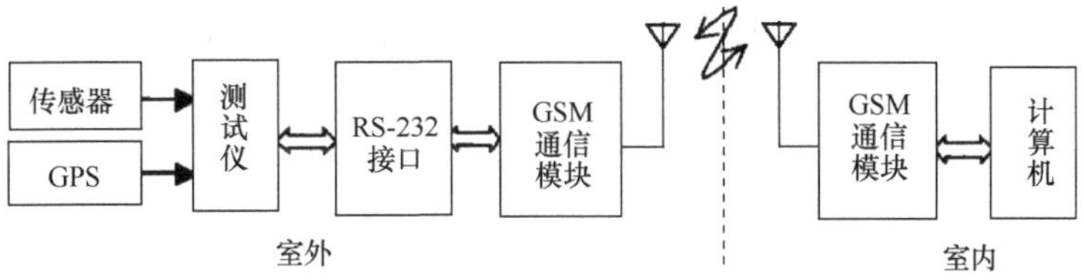

图 14.28　GSM 无线数据采集系统

何勇等（2004b）应用 BP 神经网络方法对获取农田信息进行了研究。提出了一种基于 BP 神经网络的农田信息获取插值新方法，通过 Arcview 软件描绘了碱解氮的 BP 神经网络插值空间分布图和克立格球状插值空间分布图，并对 BP 神经网络插值方法和克立格球状插值方法实验结果进行了误差对比分析。结果表明，基于 BP 神经网络的插值方法要优于克立格球状插值法，BP 神经网络插值方法可以准确直观地表达农田信息空间分布特性，该方法有利于精准农业如精确灌溉、精确施肥和精确播种等生产管理。

张伟等（2009）开发了一套基于无线传感网络（WSN）与模糊控制的农田精细灌溉系统。为满足相应的灌溉策略要求，首先需要知道作物生长的需水量，采用无线传感网络技术结合模糊控制方法组成精确灌溉控制系统，实现作物生长精确定位、精确施肥和精确灌溉，该控制系统实时获取与作物生长相关的环境信息如温湿度、光照、风速和太阳辐射等气象信息，根据监测得到的参数，经过控制系统比较分析，得到相应的控制指令，并将该指令实时发送给相应的执行机构或者单元，利用相应的数学公式计算农田水分蒸发量，将土壤水势和农田水分蒸发量两个参数作为控制系统输入量，建立多参数控制策略，形成控制指令，具有系统运行稳定可靠、经济实用和控制准确性高等特点，尤其适合于中小型灌溉区域的精细灌溉（图 14.29，图 14.30）。

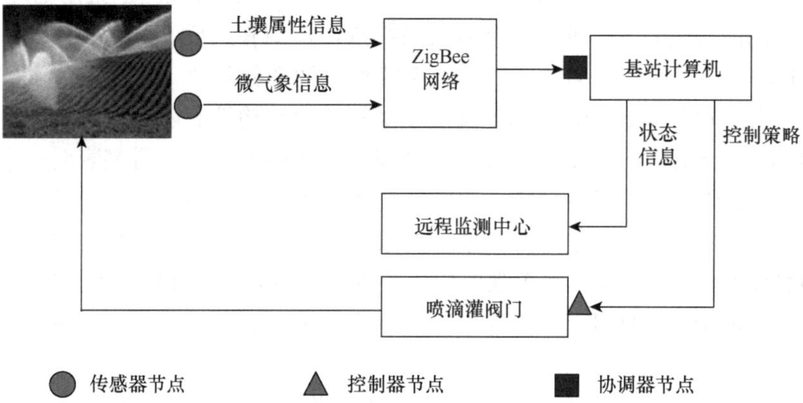

图 14.29　WSN 系统信息流图

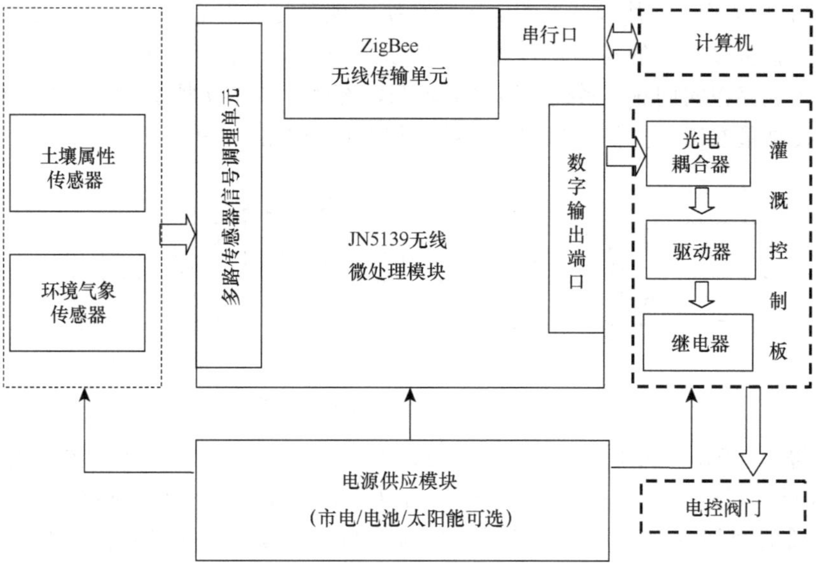

图 14.30　WSN 节点结构示意图

杨爱洁等（2011）设计开发了一套基于 WSN 的果园数字信息采集与管理系统。为充分感知环境温度、土壤水分、光照与环境湿度情况，实现适地、适时和适量灌溉，远程管理与精确施肥，设计了结合 GPS 定位（用于无线传输单元的定位）技术和无线传感器网络技术的数字果园信息采集与管理系统。该系统通过相应的环境传感器采集土壤水分、果园的温度和湿度及光照等参数，在无线传感网络的支持下，首先结合 GPS 定位确定部分无线传输单元的位置，再根据无线传输单元计算出相邻未知节点的相对位置，从而推算出所有节点的位置信息。采集到的相关信息参数经转换后直接接入专家系统，用专家系统输出辅助决策信息，评价结果包括环境控制建议与精确灌溉等给予用户，系统实现了果园数字化管理的可视化和便利化。

裘正军等（2006）以 Labview 为设计平台，开发了一套农田空间信息采集控制系统。系统由传感器模块、GPS 模块、数据采集模块和其他一些硬件如计算机等组成。系统将传感器采集到的环境参数作为输入，由开发的软件进行处理和分析。该控制系统可以获取多个环境参数，同时结合数据库管理技术测量到的数据，系统测量的参数可以进行扩展，为农业物联网和地理信息系统的结合提供技术支撑。

方慧等（2003）研究开发了基于掌上电脑的农田信息空间分析系统。农田信息获取和分析是实现变量作业的关键，而变量作业是精细农业生产的核心，为了实时分析农田采样数据，研制开发了基于掌上电脑的空间分析模块。该空间分析模块的主要目的是应用于掌上电脑的农田信息采集系统中，使应用掌上电脑的农田信息采集系统不但可以实时地获取农田数据，而且可以及时地分析获取到的相关农田数据信息，得到整个农田地块的产量信息或者土壤养分信息的空间分布情况，同时采用可视化技术，可以直观地显示分析结果。

徐林娟等（2011）研究了不同土壤水分供给条件下水稻叶的水势变化规律。研究发现，随着土壤含水率下降，水稻叶水势也随着下降，但当土壤一直为湿润状态时，水稻叶水势差异表现并不明显，研究还发现，在水分胁迫和湿润处理之间水稻叶水势差异明显，而且这种差异性随水分胁迫加大而增加。研究还发现，土壤含水率和水稻在分蘖期的叶水势之间具有很好的线性相关性。水稻叶水势随生育进程而降低，反映了水稻叶片随生育进程老化的规律。

朱登胜等（2008）研究了基于光谱技术和神经网络模型识别杂草与作物。利用波长 325~1075nm 的光谱对 3 种杂草凹头苋、空心莲子草、牛筋草与大豆幼苗进行了识别研究。采集作物的第 3 周和第 6 周杂草与作物的可见–近红外光谱数据，共采集了 378 个样本数据。250 个光谱样本用于建模集，其中包括第一期和第二期采集的光谱样本，应用小波算法经过 3 层分解后，将小波系数作为模型输入数据建模，建立了基于径向基函数的神经网络模型。然后，利用余下的光谱样本作为预测集，检验识别模型的识别能力。识别结果表明，识别模型对杂草与作物有较强的识别能力，样本全部正确识别，除了 3 个第二期的牛筋草样本被判断为空心莲子草。应用可见–近红外光谱技术可以识别大豆幼苗与 3 种伴随生长的杂草，尽管作物的生长阶段不同，但作物和杂草光谱的变化不会影响到种类识别。

He等（2005）基于光谱和神经网络模型对小麦产量和土壤养分之间的关系进行了研究。得到的结论显示，土壤含水率和速效氮含量同小麦产量呈线性关系，土壤有机质和速效钾含量同小麦产量呈多元线性关系，速效磷同小麦产量呈指数关系，见图 14.31 所示。

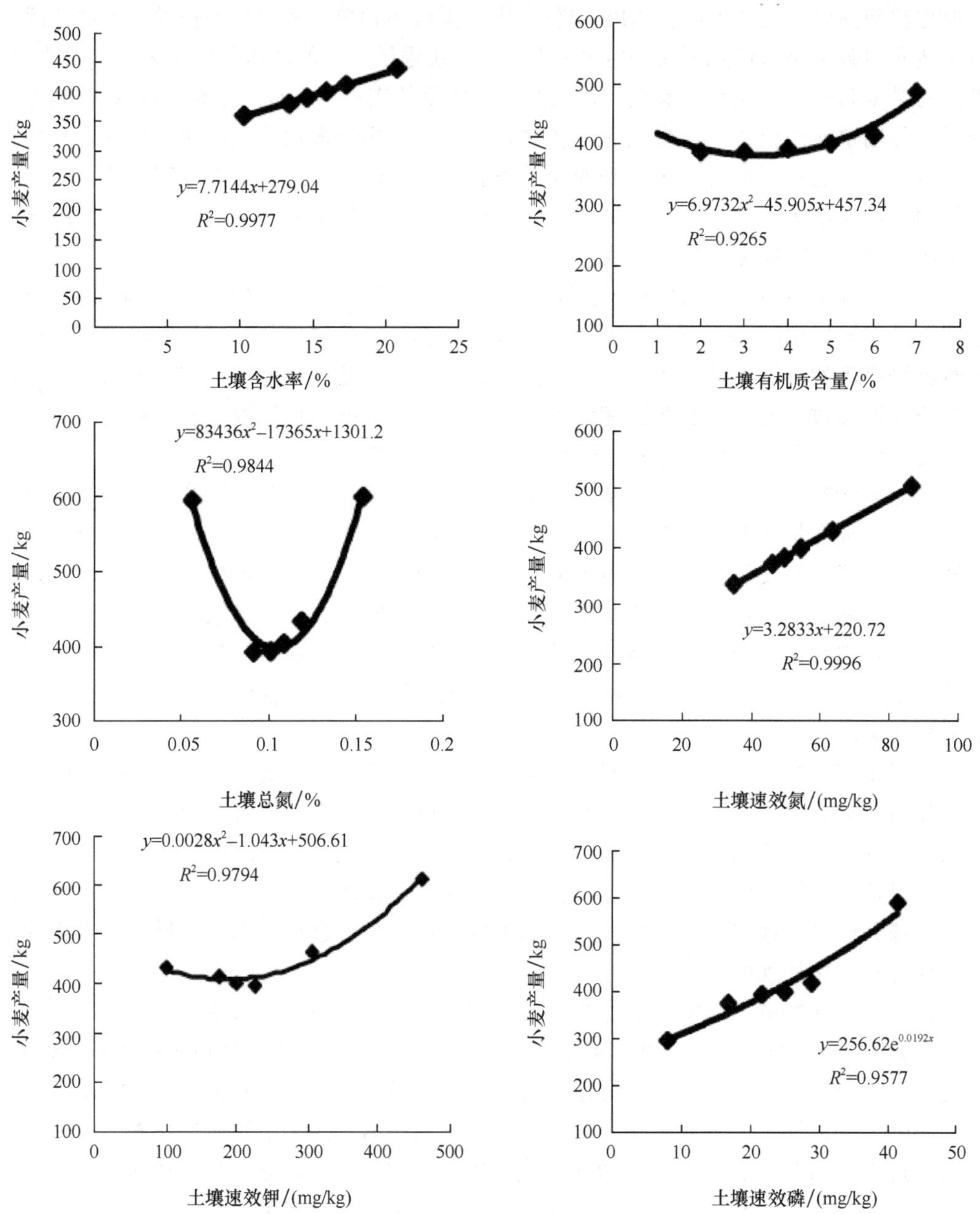

图 14.31 小麦产量和土壤养分之间的关系

14.8 小 结

土壤有机质、氮、磷、钾等养分含量及土壤环境信息都是作为不均体存在的，影响土壤养分和环境信息的因素是多种多样的。自然因素如地形高度和坡度、土壤母质等；人为因素如耕种和施水、施肥等，尤其是耕种、施水、施肥致使土壤营养成分分布不均匀，如施肥中的穴施和条施、起垄方式、耕作方式是深耕还是浅耕等，这些外在因素都会造成土壤各参数分布不均匀，这给采集土壤样本带来不小的困难。如何采集具有代表性的土壤样本是检测土壤各参数的前提条件，如果采集的土壤样本不具代表性，不能代表其他区域土壤养分分布情况，就不能用来指导农业生产，那么检测土壤样本的各种参数也就没有任何意义，因此采集某一区域土壤样品时应尽量寻找肥力比较均匀的土壤，以减少受土壤养分不均一性所带来的干扰。

参 考 文 献

鲍一丹, 何勇, 方慧, 等. 2007. 土壤的光谱特征及氮含量的预测研究. 光谱学与光谱分析, 27(1): 62-65.
鲍一丹, 汪开英, 何勇, 等. 2005. 基于虚拟仪器的精确灌溉信息系统的研究. 农业工程学报, 21(4): 7-10.
岑益郎, 宋韬, 何勇, 等. 2011. 基于可见/近红外漫反射光谱的土壤有机质含量估算方法研究. 浙江大学学报(农业与生命科学版), 37(3): 300-306.
方慧, 邵永华, 何勇. 2003. 基于掌上电脑的农田信息空间分析系统的研究. 浙江农业大学学报, 29(6): 679-683.
冯雷, 方慧, 周伟军, 等. 2006. 基于多光谱视觉传感技术的油菜氮含量诊断方法研究. 光谱学与光谱分析, 26(9): 1749-1752.
龚海明, 马瑞峻, 汪昭军, 等. 2013. 农田土壤重金属污染监测技术发展趋势. 中国农学通报, 2: 140-147.
韩瑞珍, 宋韬, 何勇. 2010. 基于可见/近红外光谱的土壤有机质含量预测. 中国科学: 信息科学, S1: 111-116.
何龙, 闻珍霞, 杨海清, 等. 2010. 无线传感网络技术在设施农业中的应用. 农机化研究, 12: 236-239.
何勇, 林丽兰, 俞海红. 2004a. 基于虚拟仪器技术的土壤电导率测量仪器研究. 农业工程学报, 20(6): 31-34.
何勇, 张淑娟, 方慧. 2004b. 基于人工神经网络的田间信息插值方法研究. 农业工程学报, 20(3): 120-123.
何勇, 赵春江, 吴迪, 等. 2010. 作物-环境信息的快速获取技术与传感仪器. 中国科学: 信息科学, S1: 1-20.
蒋璐璐, 张瑜, 王艳艳, 等. 2010. 基于光谱技术的土壤养分快速测试方法研究. 浙江大学学报(农业与生命科学版), 36(4): 445-450.
刘飞, 张帆, 方慧, 等. 2009. 连续投影算法在油菜叶片氨基酸总量无损检测中的应用. 光谱学与光谱分析, 29(11): 3079-3083.
彭杰, 王家强, 向红英, 等. 2014. 土壤含盐量与电导率的高光谱反演精度对比研究. 光谱学与光谱分析, 34(2): 510-514.
裘正军, 何勇, 葛晓峰, 等. 2003. 基于 GPS 定位的土壤水分快速测量仪的研制. 浙江大学学报(农业与生命科学版), 29(2): 20-23.
裘正军, 宋海燕, 何勇, 等. 2006. 基于虚拟仪器的农田信息采集与处理系统. 浙江大学学报(工学版), 40(11): 1931-1936.
宋海燕. 2006. 基于光谱技术的土壤、作物信息获取及其相互关系的研究. 杭州: 浙江大学: 博士研究生学位论文.
宋海燕, 何勇. 2007. 基于 OSC 和 PLS 的土壤有机质近红外光谱测定. 农业机械学报, 12: 113-115.
宋海燕, 何勇. 2008. 近红外光谱法分析土壤中磷、钾含量及 pH 值的研究. 山西农业大学学报(自然科学版), 3: 275-278.
宋韬. 2010. 基于光谱分析和数字图像处理技术的土壤信息检测研究. 杭州: 浙江大学: 硕士研究生学位论文.
宋韬, 鲍一丹, 何勇. 2009. 利用光谱数据快速检测土壤含水量的方法研究. 光谱学与光谱分析, 29(3): 675-677.
王寅, 赵南京, 马明俊, 等. 2013. 基于 LIBS 技术的手持式土壤重金属探测仪光学结构设计. 应用激光, 3: 327-332.
吴迪, 朱登胜, 何勇, 等. 2008. 基于地面多光谱成像技术的茄子灰霉病无损检测研究. 光谱学与光谱分析, 28(7): 1496-1500.
徐林娟, 徐正浩, 李舸, 等. 2011. 不同土壤水分供给下水稻叶水势的变化规律. 核农学报, 3: 553-558.
徐正浩, 朱丽青, 徐林娟, 等. 2011. 土壤水分供给对不同水稻的产量构成及其淀粉品质的影响. 核农学报, 6: 1249-1254.
杨爱洁, 沈焱鑫, 金丹娜, 等. 2011. 基于无线传感器网络的果园数字信息采集与管理系统. 农业工程, 01(1):

37-41.
俞海红, 何勇, 裘正军. 2006. 农田信息无线远程采集和处理系统的研究. 浙江大学学报(农业与生命科学版), 32(1): 106-109.
袁石林, 马天云, 宋韬, 等. 2009. 土壤中总氮与总磷含量的近红外光谱实时检测方法. 农业机械学报, 40(增刊): 150-153.
张雷, 唐明星, 张国伟, 等. 2012. 基于棉花功能叶高光谱参数的土壤电导率监测模拟. 应用生态学报, 23(3): 710-716.
张荣, 张玉钧, 章炜, 等. 2013. 土壤重金属铅元素的 X 射线荧光光谱测量分析. 光谱学与光谱分析, 33(2): 554-557.
张淑娟, 方慧, 何勇. 2004. 精细农业田间信息采样策略. 农业机械学报, 4: 88-92.
张淑娟, 何勇, 方慧. 2003a. 基于 GPS 和 GIS 的田间土壤特性空间变异性的研究. 农业工程学报, 19(2): 39-44.
张淑娟, 何勇, 方慧. 2003b. 人工神经网络在作物产量与土壤空间分布信息关系分析中的应用. 系统工程理论与实践, 12: 121-127.
张伟, 何勇, 裘正军, 等. 2009. 基于无线传感网络与模糊控制的精细灌溉系统设计. 农业工程学报, 25(增刊2): 7-12.
章海亮, 何勇. 2015. 应用遗传算法结合连续投影算法近红外光谱检测土壤有机质研究. 光谱学与光谱分析, 接收.
章炜, 张玉钧, 陈东, 等. 2012. 内标法在土壤重金属镍元素 X 荧光分析中的应用研究. 光谱学与光谱分析, 32(4): 1123-1126.
赵勇, 胡永彪, 金月康, 等. 2012. 土壤压实度的激光图像无损检测方法. 光电子·激光, 23(5): 950.
朱登胜, 吴迪, 宋海燕, 等. 2008. 应用近红外光谱法测定土壤的有机质和 pH 值. 农业工程学报, 24(6): 196-199.
Al-Asadi R A, Mouazen A M. 2012. Feasibility study on combining frequency domain reflectometry and visible and near infrared spectroscopy for measurement of soil compaction. Valencia: International Conference of Agricultural Engineering CIGR-Ageng.
Han S, He Y. 2002. Remote sensing of crop nitrogen needs and variable-rate nitrogen application technology. Transaction of the CASE, 5: 28-33.
He Y, Song H, Annia G P, et al. 2005. A new approach to predict N, P, K and OM content in a loamy mixed soil by using nearinfrared reflectance spectroscopy. Hefei: International Conference on Intelligent Computing, 3644: 859-867.
Shao Y N, He Y. 2011. Nitrogen, phosphorus, and potassium prediction in soils using infrared spectroscopy. Soil Research, 49(2): 166-172.

第15章 农作物信息检测

15.1 概 述

自20世纪90年代以来，随着全球定位系统（GPS）、地理信息系统（GIS）、遥感技术（RS）、变量处理设备（VRT）和决策支持系统（DSS）等的发展，作为基于信息技术的集约化农业——精细农业问世了。精细农业的核心是在利用信息技术及时获取地块中每个小区土壤、农作物信息的基础上，诊断作物长势和产量在空间或时间上存在差异的原因，并按每一小区的作物实际生长状况做出决策，准确地在每一个小区上进行播种、灌溉、施肥和喷药等作业，以达到最大限度地利用水、肥和农药等农资资源，提高作物产量，减少对环境的污染（何勇和赵春江，2010）。

精细农业的实践证明，实施精细农业不仅具有重要的经济效益，而且具有显著的社会和生态效益。目前世界上精细农业的实践已涉及配方施肥、精量播种、病虫害防治、杂草清除和水分管理等有关领域，成为发达国家合理综合利用农业资源、改善生态环境和实现农业可持续发展的重要途径。精细农业技术体系包括信息获取与采集、信息分析与可视化表达、农业作业决策分析与制订和精细农田作业的控制实施等主要组成部分（李民赞，2008）。

其中，信息获取是精细农业得以实施的前提。在信息获取领域，主要包括作物生长信息检测与解析、土壤信息检测与解析、农业小气候信息检测与解析，以及农产品信息检测与解析4个主要的检测内容。其中作物生长信息的检测与解析，以及后续的快速获取与综合应用，对提高农作物的产量和质量具有重要意义。作物的生长信息主要包括营养信息，生理生态信息，形态信息和病、虫、草害胁迫与重金属防治等。作物生长信息的快速检测与分析，是精细农业信息获取的关键和核心问题（何勇和赵春江，2010）。

15.2 作物养分信息检测

植物营养的光谱诊断是基于植物信息的光谱特性来体现的。植物光谱反射特性的变化主要是由其组织结构、生物化学成分及形态学特征等决定的，其中包括叶片的颜色、细胞结构和植物水分含量等。植被光谱的吸收特征是叶绿素的电子跃迁、水及其他化学成分中的O—H化学键的弯曲、伸缩等共同作用的结果。

氮素是植物必需的营养元素之一，是氨基酸、蛋白质、生物碱、核酸和叶绿素等物质的主要组成成分，植物器官的发育和成长都要维持一定的氮水平。邵咏妮（2010）采用红外光谱技术对水稻叶片的氮含量进行线性及非线性模型的建立，同时采用化学计量学方法寻找氮含量的特征波段。试验分别采用美国ASD（analytical spectral device）公司的便携式光谱仪（Handheld Spec）和FT-IR 4100红外光谱仪，采集叶片在可见/近红外及中红外区域的光谱反射信息。邵咏妮（2010）采用偏最小二乘法（PLS）建立氮含量预测的线性数学模型，并分别建立了可见（400~700nm）、近红外（700~1000nm）及中红外（4000~400cm^{-1}）3 个区域的氮含量预测模型。其中采用预测残差平方和（PRESS）值确定最佳主因子数，校正相关系数（r_c）、校正均方根误差（RMSEC）、交互验证相关系数（r_{cv}）和交互验证均方根误差（RMSECV）等参数用于模型的评估。表 15.1 中显示了各参数指标包括偏差（bias）、斜率（slope）等，基于可见光的模型对叶片氮含量的预测结果与近红外相近，好于中红外模型的预测结果。

表 15.1　基于偏最小二乘法的可见、近红外及中红外光谱对叶片氮含量的预测结果

模型	光谱区域	主因子	相关系数	均方根误差	偏差
校正集	可见	4	0.9123	0.1207	$1.834e^{-7}$
	近红外	3	0.8888	0.1282	$1.788e^{-7}$
	中红外	3	0.8902	0.1405	$-3.974e^{-8}$
预测集	可见	4	0.8982	0.1504	$-2.820e^{-2}$
	近红外	3	0.8961	0.0938	$-3.800e^{-3}$
	中红外	3	0.8162	0.4869	$2.029e^{-1}$

另外，还采用独立主成分分析（ICA）选取敏感波段作为最小二乘支持向量机（LS-SVM）校正模型的输入变量。通过建立独立成分与各个波长间的相关关系，可以分析出 3 个独立成分对应的敏感波段，分别是波长在 550nm、720nm、680nm、565nm、750nm 和 760nm 等附近的波段范围。其中 550nm 对应了叶片反射光谱曲线的绿峰位置，720nm 对应叶片的红边位置。将经过独立成分分析后的敏感波段作为 LS-SVM 校正模型的输入变量。预测结果显示，水稻叶片氮含量的校正和预测相关系数均达到 0.9 以上。其中校正集交互验证相关系数和预测相关系数分别为 0.9296 和 0.9289；RMSECV 和 RMSEP 值分别为 0.1140 和 0.1125。

目前国内外利用近红外光谱技术快速测量叶片氮含量的仪器相对较少，有些仪器测量点很小，如 SPAD-502 叶绿素计的测量接触面只有 6mm^2，这对测量点的要求很高，否则会影响研究结果。聂鹏程等（2010）在理论分析的基础上设计开发了一套基于光谱技术的水稻叶片 SPAD 值和氮素测定仪。该测定仪主要包括光路部分、调理电路和控制与数据采集器等。光路部分包括光源、检测点及光电传感器等元器件，主要作用是：控制光源的亮灭、收集透过叶片光线、将光信号转换为电信号；调理电路主要将所得微弱电信号进行电流电压转换及放大到合适的幅度；控制与数据采集器包括 AD 转换电路，液晶显示电路和 SD 卡存储电路。对该测定仪的性能进行了测试，试验分为两步：先建立 AD 采样电压信号与 SPAD 值之间的模型，然后建立 SPAD 值与氮素之间的模型。经过大量的试验测得：传感器转换的电压信号与 SPAD 值之间存在很高的正相关性（R^2=0.956），SPAD 值与氮含量建立的模型的决定系数为 R^2=0.802，结合以上两种模型得到该仪器的氮素模型的决定系数为 R^2=0.766。该仪器适合用于田间水稻叶片氮素含量的快速测量。

通过上述的研究表明，基于个体叶片的光谱特征能够很好地反映作物局部的氮含量信息，而作物冠层的光谱特性能够很好地反映整株作物的养分状况。因此，在实际农田管理中，利用作物冠层水平的光谱反射特征来量化植株的养分状况显得更加重要和迫切。

除了对水稻叶片氮含量进行研究，邵咏妮（2010）还对水稻拔节期冠层光谱反射率与氮含量之间的定量关系进行了研究。

将经过预处理的水稻冠层光谱数据和氮含量进行偏最小二乘分析，为了寻找特征波段，将相关系数和回归系数结合进行分析。波长为 408~419nm、475~485nm、542~565nm、672~682nm、718~728nm 和 950~960nm 的回归系数较大。在各个波段中，回归系数最大值对应的波长分别为 415nm、482nm、562nm、680nm 和 720nm。与水稻叶片氮含量的 PLS 预测模型相比，水稻冠层氮素含量的 PLS 预测模型精度稍低。另外，邵咏妮（2010）还采用不同波段或波长建立了水稻冠层氮含量的 PLS 模型，见表 15.2。结果显示，采用多个特征波段建立的水稻冠层氮含量模型要优于采用多个波长的预测结果。

表 15.2　不同波段水稻冠层氮含量 PLS 模型的校正和预测结果

波长/nm	主因子	校正集		预测集	
		相关系数	校正均方根误差	相关系数	预测均方根误差
400~1000	4	0.8808	0.1452	0.8692	0.1511
408~419、475~485、542~565、672~682、718~728、950~960	6	0.8727	0.1491	0.8504	0.1625
415、482、562、680、720	5	0.8492	0.1650	0.8201	0.1851

植物体内存在 70 多种化学元素，但植物需要的营养元素约十几种，它们是 C、H、O、N、P、K、Ca、Mg、Fe 等，其中 C、H、O 是构成一切有机质的主要元素，占植物总成分的 95%左右，其他元素只占 5%。植物中的营养元素可以分为宏量营养元素和微量营养元素（简称微量元素），它们的植物生理功能各不相同，不能相互替代。

邵咏妮（2010）建立了水稻微量元素的预测模型，分别采用 PLS、PLS-LS-SVM 和 ICA-LS-SVM 3 种方法进行建模。采用 PLS 对建模样本进行主因子提取，将微量元素铁、锌对应的主因子（分别为 6 和 5）作为 PLS-LS-SVM 的输入变量。在 PLS-LS-SVM 建模中，采用 RBF 核函数，利用格点搜索法和交互验证相结合，确定最佳惩罚系数和核函数参数，其中微量元素铁和锌对应的参数分别为 21.3、10.8 和 108.2、57.8。采用独立成分分析（ICA），选取敏感波段作为 LS-SVM 模型的输入，建立 ICA-LS-SVM 模型，得到铁和锌对应的最佳惩罚系数和核函数参数，分别为 35.6、12.4 和 98.2、50.6。由 3 种方法得到的数学模型和预测结果见表 15.3。

表 15.3　不同建模方法建立的水稻微量元素测量的预测结果

建模方法	元素	校正相关系数	校正均方根误差	预测相关系数	预测均方根误差
PLS	铁	0.9443	6.2663	0.6181	26.1431
	锌	0.9344	2.7948	0.7616	6.9637
PLS-LS-SVM	铁	0.9668	5.3200	0.6380	23.3845
	锌	0.9383	2.7564	0.7789	6.4869
ICA-LS-SVM	铁	0.9737	4.8746	0.7867	20.6510
	锌	0.9406	2.7367	0.8204	5.5919

由表 15.3 可知，采用独立成分分析（ICA）对原始光谱进行特征波长提取，并结合非线性 LS-SVM 回归模型可以大大提高模型的预测精度。其中，对于微量元素铁含量，

预测的相关系数 r_p 从 0.6181 提高到 0.7867（与线性 PLS 模型相比），预测集均方根误差 RMSEP 从 26.1431 减小到 20.6510。对锌含量，预测的相关系数 r_p 从 0.7616 提高到 0.8204（与线性 PLS 模型相比），预测集均方根误差（RMSEP）从 6.9637 减小到 5.5919。而采用 PLS 光谱数据降维方法并结合非线性的回归模型，效果要好于线性 PLS 模型，其相关系数与 PLS 模型相比，铁元素的预测相关系数提高到 0.6380，RMSEP 减少为 23.3845；锌元素的预测相关系数提高到 0.7789，RMSEP 减小到 6.4869。

经独立成分分析（ICA）结合非线性 LS-SVM 回归后的水稻微量元素铁、锌含量的近红外光谱模型，预测集的相关系数 r_p 分别为 0.7867 和 0.8204，预测均方根误差（RMSEP）分别为 20.6510 和 5.5919。这说明水稻微量元素铁与锌的含量与近红外光谱间存在着一定的相关性，基于近红外光谱技术快速检测水稻叶片微量元素铁、锌含量的方法是可行的。

叶绿素是作物生长中的重要因素，是植物营养胁迫、光合作用能力和生长状况的良好指示剂。方慧等（2007）采用便携式可见–近红外光谱仪，在室外自然光照条件下对不同氮肥水平下油菜叶片的光谱特性进行了研究，并根据作物特有的光谱特征，采用逐步回归分析方法建立了油菜叶片的叶绿素含量与红边位置和绿峰位置之间的定量分析模型。结果表明，将红边位置、绿峰位置两者作为自变量时，建立的模型效果优于采用单一的红边位置为自变量时建立的模型效果。其相关系数分别为 0.863 和 0.848；校正标准偏差（SEC）分别为 5.273 和 5.459，说明采用红边、绿峰位置两个变量建立的模型效果比单个红边位置建立的模型效果要好。

机器视觉在农业生产及农业现代化上的应用是国际上正在研究的课题。利用计算机视觉图像中植物与背景的颜色信息、形状信息和纹理信息对植物生长状况进行了检测和诊断研究是植物物理学、植物生理学、生物学、生物数学、信息技术和计算机技术等多学科交叉而形成的新研究领域。冯雷等（2006）提出了利用光谱技术分析不同养分水平的油菜在生长过程中的光谱反射特征，用包含绿、红和近红外 3 个波段通道的电荷耦合器件（CCD）成像技术对植物叶面氮素营养进行非破坏性检测。通过试验建立了叶绿素仪数值和全氮含量在油菜中的数学关系模型，结果显示，利用绿、红和近红外 3 个通道图像灰度和反射率关系的经验线性标定模型分析得到的油菜植被指数与叶绿素仪数值间的线性相关系数 r 可以达 0.927。综合绿、红和近红外 3 个波段的反射率数据的植被指数，能够对油菜氮素营养状况进行快速、准确和非破坏性诊断，为实现大面积油菜氮素营养状况的准确检测、实时地监测作物的长势、分析作物养分状况、科学地指导作物施肥管理提供了可靠的技术支持。

Zhang 等（2013）采用可见–近红外高光谱成像系统对油菜叶片的氮、磷、钾含量进行检测，共采集了 140 片油菜叶并获取其 380~1030nm 区域的高光谱图像信息，建立了油菜叶片氮、磷、钾含量的偏最小二乘回归（PLSR）和最小二乘支持向量机模型（LS-SVM）。另外，还采用回归系数法确定特征波长以降低高光谱数据的维数。实验结果显示，采用 LS-SVM 模型对油菜叶片的氮含量和磷含量的预测结果较优，其中模型的预测相关系数（r_p）分别为 0.882 和 0.710，PLSR 模型对油菜叶片的钾含量有较高的预测能力，预测相关系数（r_p）达 0.746。同时还采用不同的颜色表征不同施肥处理下叶片的养分分布情况。图 15.1 显示，样本 1 是过量施肥的叶片，样本 2 是未经处理的叶片，图中显示样本 1 对应的颜色普遍深于样本 2，其中样本 1 对应的氮、磷、钾的平均含量分别为 5.5%、0.5%和 2.7%，样本 2 对应的氮、磷、钾的平均含量分别为 4.5%、0.45%和 2.4%。

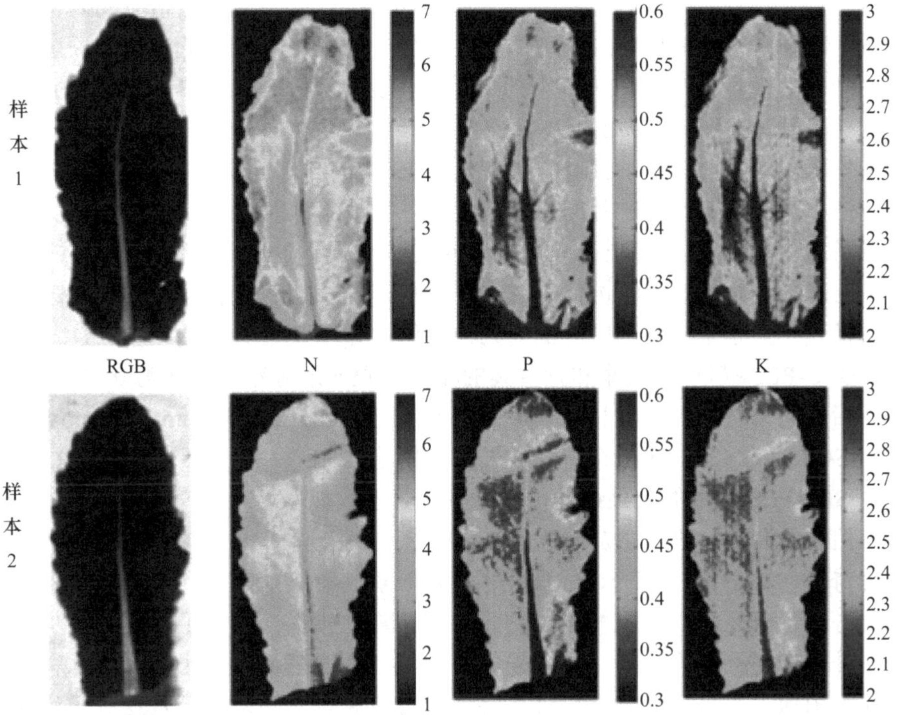

图 15.1　不同施肥情况下两个叶片样本的养分信息分布比较（单位：%）（彩图可扫描封底二维码获取）

15.3　作物生理信息检测

植物生理信息包括蛋白质、酶类、氨基酸类、抗氧化指标等，是植物不同生长状态的重要参数和指标，反映了作物的长势和生长特性。光谱与光谱成像技术用于作物生理信息检测的研究目前已经有了一定的进展，而浙江大学也进行了一些创新性的研究。

孔汶汶等（2012）采用可见–近红外光谱（350~1075nm）对除草剂胁迫下大麦叶片的丙二醛含量进行检测。丙二醛是植物与植物衰老及逆境抗性相关的重要生理指标。对大麦叶面喷施不同浓度的丙酯草醚，一共设置 5 个喷施梯度，并采集 5 个不同生长阶段的大麦叶片的可见–近红外光谱及对应大麦叶片的丙二醛含量。采用不同的预处理方法对光谱数据进行预处理，建立的 PLS 模型表明，基于直接正交信号校正（DOSC）预处理的 PLS 模型效果最好，相关系数 r 为 0.9157。基于 PLS 模型的最优隐含变量建立 LS-SVM 模型取得了比 PLS 模型更好的效果，以及基于 PLS 模型回归系数法选择的 5 个特征波长下建立的 LS-SVM 模型效果略差，但变量个数大量减少。研究结果表明，可见–近红外光谱可用于检测大麦叶片除草剂胁迫下的丙二醛含量。Kong 等（2012）还采用近红外光谱对除草剂胁迫下大麦叶片的超氧化物歧化酶（superoxide dismutase，SOD）进行了研究，取得了较好的效果。Bao 等（2012a）也对丙酯草醚胁迫下大麦叶片的总氨基酸含量采用近红外光谱进行了研究。

孙光明等（2010）采用近红外光谱技术对除草剂胁迫下油菜叶片脯氨酸含量进行了检测分析。脯氨酸是逆境胁迫下油菜叶片的重要指标之一。通过对油菜喷施不同浓度的丙酯草醚，将不同叶位的叶片采集并烘干研磨成粉末，采集其光谱信息并测量脯氨酸含量。基于预处理光谱建立的PLS模型的相关系数r达0.971，表明近红外光谱可用于检测油菜叶片脯氨酸含量。基于PLS模型的最优隐含变量数分别建立BPNN模型及LS-SVM模型，相关系数r分别为0.972和0.995，进一步说明近红外光谱结合化学计量学方法可以有效地检测除草剂胁迫下油菜脯氨酸含量。Bao等（2012b）也采用近红外光谱研究对除草剂丙酯草醚胁迫下油菜叶片的谷氨酸含量进行检测，取得了较好的结果。

方慧等（2012）采用高光谱成像技术对受重金属铜胁迫的番茄叶片的过氧化物酶（peroxidase，POD）含量检测进行研究。在番茄苗生长期，施以不同浓度的铜元素，以造成胁迫梯度。分别采集番茄叶片的高光谱图像，并提取光谱信息。基于DOSC预处理光谱的DOSC-PLS模型，建模集和预测集的相关系数r分别为0.9785与0.8717。采用SPA对预处理后的光谱进行特征波长选择，得到926nm、426nm、402nm、401nm、410nm、413nm、464nm和443nm等8个特征波长，分别建立PLS、MLR、BPNN及LS-SVM模型，其中SPA-PLS模型的效果最优，预测集相关系数r为0.9353。结果表明，高光谱成像技术可用于检测铜胁迫下番茄叶片POD含量。

谢传奇等（2012）采用高光谱成像技术对灰霉病胁迫下的茄子叶片过氧化氢酶（CAT）含量检测进行了研究。CAT是植物体内重要的抗氧化指标。对茄子叶片接种灰霉病菌，造成茄子叶片的不同程度病害。分别采集健康、轻度病害、中度病害、重度病害茄子叶片的高光谱图像，并测量相应的CAT含量。剔除异常样本后对光谱数据进行预处理，发现13点平滑处理的中值滤波的预处理效果最好，PLS模型的决定系数为0.7240。通过独立成分分析（ICA）得到8个有用的波长，1030nm、743nm、711nm、459nm、496nm、448nm、473nm和685nm。基于最优PLS模型的最优隐含变量建立的BPNN的建模集和预测集决定系数r分别为0.9155与0.8930，LS-SVM模型的建模集和预测集决定系数r分别为0.8648与0.6780。而基于最优PLS模型的前两个隐含变量的得分分布图可知，健康与不同病害程度叶片可以明显被区分。研究结果表明，高光谱成像技术可用于CAT含量检测及番茄叶片染病状态检测。

可见–近红外光谱分析技术结合不同的特征波长选择方法与不同的化学计量学方法被用来对除草剂胁迫下油菜的生理指标进行了深入而全面的研究，取得了较好的结果（刘飞等，2009a，2009b；Liu et al.，2008，2010，2012），包括油菜叶片鲜叶和干叶乙酰乳酸合成酶活性、鲜叶和干叶蛋白质含量、17种氨基酸含量及总氨基酸含量。

研究结果表明，采用光谱与光谱成像技术研究作物的生理指标具有可行性，对不同作物，通过生理指标参数的变化研究作物的生长状态是有效的方法，需要进一步的深入研究。

15.4 作物形态信息检测

植物的形态结构展现了植物地上和地下部分在三维空间内的分布方式，在很大程度上决定植物的竞争能力和资源获取能力，如冠层对光辐射的截获能力、相邻植株根系之间对土壤养分等的竞争能力。虚拟植物作为现代农业技术与信息技术的有机体，是指将植物生长信息进行重构以便采用直观的方法在计算机上对其进行模拟，是实现植物形态仿真及对植物生长发育进行分析和预测的基础和关键。

虚拟植物可视化在植物的生理信息等方面的精确性研究具有很大的优势，如植物冠层的光分布在过去很难进行实验测定和模拟研究，而在虚拟植物模型中，基于在计算机上建立的植物三维模型，应用计算机图形学方法模拟光线在植物冠层内的传输、反射和透射等，就能精确计算每个叶片的光截获值。其中植物形态模拟是虚拟植物研究的关键技术之一，它是指利用计算机图形学技术，用二维或三维图形直观地显示植物生长与形态建成，包括几何、光照、纹理、渲染等建模技术。近年来，农作物的形态建模和可视化研究获得了越来越多的关注。Rodkaew 等（2002）利用 L 系统方法和遗传算法生成具有对称叶脉结构，曲面为二维平面的植物叶片几何模型。Mundermann 等（2003）基于单幅叶片图像，经过提取叶片轮廓、计算叶脉骨架及旋转变换等步骤实现植物叶片三维模型的建立。Loch 等（2005）利用三维激光扫描仪扫描叶片，通过线形三角和 CT 技术对叶片进行精确建模。Oqielat 等（2007）利用 Loch 的方法结合 CT 技术和 RBF（radial basis function）获得了更加真实的叶片模型。中国学者对植物形态结构的建模也开展了大量的研究。谢秋菊等（2011）将二维大豆叶模型重构形成三维模型，得到更加真实的大豆叶片模型。杨亮等（2009）利用机器视觉获取叶片三维特征，使用 B 样条曲线模拟叶片轮廓和叶脉，通过 Delaunay 三角化方法建立模型，该模型的曲面网格精度不高且部分曲面难以恢复。上述植物形态建模的方法在某些植物功能-结构模型或计算机视觉研究中得到应用，大多只针对某一特定植物，不具有普适性，其共同的特点是植物形态只是近似的外部轮廓重建，某些程度上很难反映植物叶片的细节特征。随着虚拟植物定量研究的不断深入，植物形态结构模拟的高精度是研究的必然趋势。

方慧等（2013）针对基于基准体的植株点云配准问题，提出采用基准体点云平均法向量计算的方法。由于基准体是由金属球组成，金属球未经特殊处理，不同位置处获取球表面的反射率不一样，最后得到的三维点云的球面度不理想，由点云数据计算出来的球心有 2 个，且 2 个球心的误差较大。由此球心合成的基准轴线会产生误差，影响配准结果。针对该问题方慧等（2013）指出使用法向量均值法来剔除噪声，保留较为准确的数据，具体为对获取到的球表面三维点云，计算较为精确的法向量，在法向量的计算过程中根据法向量的变化过滤一部分的噪点；对一次去噪的球面点云进行法向量平移，根据平移后的点位置，再过滤一部分噪点；最后得到球心位置。

表 15.4 显示，直接计算即直接计算点云法向量，并去除离散的噪声点的球心位置，按法向量均值法得到的对角球心中点误差仅为 0.009mm，因此，采用后者进行点云配准也取得了很好的效果。

针对上述方法获得的植物叶片的三维点云提供精度和准确性的支持，方慧等自行开发了一套测量长度和角度的三维测量基准体，通过三维结构光信息采集系统获取长度和角度基准体三维点云，通过逆向工程软件实现基准体的长度和角度测量。使用游标卡尺测量的实际基准体的长度和角度与逆向工程软件测量的对比结果见表 15.5 和表 15.6。

结果表明，该系统获取的三维点云数据在长度测量方向的精度在 98%以上，在角度测量方向的精度达到 96%以上。该系统获取的点云数据精度高，可以进行后续的数据处理。

表 15.4　按直接计算法向量与按法向量均值得到的球心位置对比

序号	直接计算/mm	点数	中点/mm	法向量集成技术/mm	点数	中点/mm
1	[57.560，30.532，1213.308]	7490	[11.807，20.666，1244.014]	[58.157，29.112，1214.145]	7264	[12.102，19.957，1244.412]
2	[−33.945，10.800，1274.720]	5991		[−33.954，10.802，1274.679]	5661	
3	[41.122，7.823，1290.500]	6339	[12.167，19.942，1244.380]	[41.108，7.820，1290.450]	5900	[12.145，19.932，1244.329]
4	[−16.788，32.060，1198.259]	7720		[−16.792，32.044，1198.208]	7558	
	中点距离		0.787	中点距离		0.009

表 15.5　长度测量精度校准

游标卡尺测量/mm	系统测量误差（10 次平均值）/mm	相对误差/%
10.00	0.0977	0.98
30.07	0.5988	1.99
42.02	0.1964	0.47
80.09	0.5154	0.64
129.96	0.6626	0.51

表 15.6　角度测量精度校准

量角器测量/（°）	系统测量误差（10 次平均值）/（°）	相对误差/%
15.0	0.134	0.89
29.9	0.195	0.65
45.1	1.552	3.44
60.0	0.936	1.56
90.1	0.278	0.31

在上述方法的基础上，为了获得细节更加真实的植物叶片三维形态结构，提高点云数据配准的精度，作者将基于外部基准体的配准方法与迭代最近点（ICP）法联合使用。即经过外部基准体的配准方法配准后，在局部范围内，对配准后的 2 个视场点云，在可视化类库（VTK）中使用 ICP 算法再次配准。图 15.2 是未经 ICP 算法配准前的图像，图 15.3 是经过 ICP 算法配准后的图像。经过 ICP 配准的图像更加真实，细节更加形象、逼真。

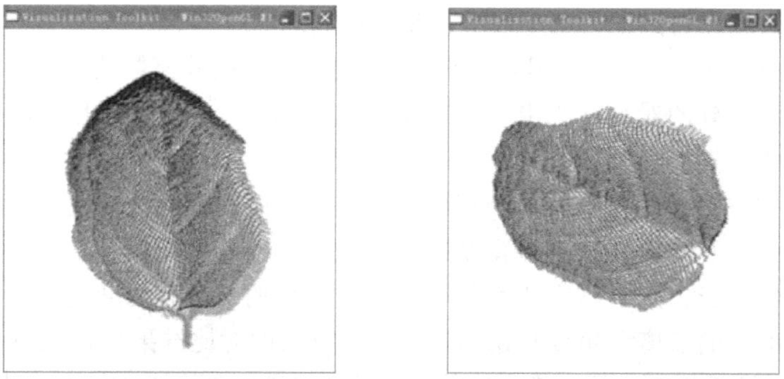

图 15.2　未经 ICP 算法配准前的图像（彩图可扫描封底二维码获取）

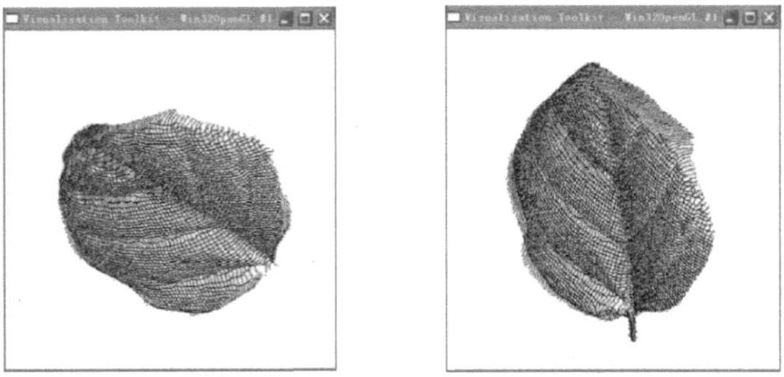

图 15.3　经过 ICP 算法配准后的图像（彩图可扫描封底二维码获取）

植物根系作为植物生命活动的一个重要的器官，是研究植物生命活动过程中必不可少的部分。现实中，由于植物根系的复杂性与不可见性，以及测量技术和理论方法的局限性，加之根系自身的可塑性，研究建立植物根系的三维可视化模型较为困难。所以植物根系的建模和三维可视化是研究植物形态结构重建和可视化的难点之一。传统的挖掘法、根室法和同位素法等研究方法破坏性大，实际操作中易产生误差且对植物后期生长发育有影响。许多学者利用计算机图形学模拟获得根基的形态结构的三维可视化，徐其军等（2010）以水稻单根根系的三维模型作为基础，通过水稻拓扑结构建立水稻根系的三重结构模型，但模型缺乏验证，可靠性和适用性需要进一步验证。现有的研究多集中于根系的形态特征和适宜生长条件，未考虑环境对作物根系构型的影响，也未对模拟结果精度作进一步的分析。因此基于更为先进的测量技术手段的全面、准确、无损的根系检测技术是目前主要的研究方向之一。

张建锋等（2012）基于核磁成像技术实现了根系的无损检测。具体试验材料是选用玉米、大豆和茄子 3 种具有根系代表性的作物作为研究对象，在大田普通壤土中培育至根系适合做实验。实验以普通壤土、南方典型红壤土和自制砂土 3 种土壤作为作物生长介质。对上述 3 种作物各挖取 3 株，立即进行根系冲洗、人工测量和拍照，之后移植到盛有生长介质的塑料花盆中，每种作物 3 株种植到 3 种不同土壤的花盆中，共得实验样本 9 个，另取 3 株玉米进行上述清洗、测量和拍照后种植到盛有普通壤土（体积含水率 25%±2%）、湿壤土（体积含水率 40%）和干壤土（体积含水率 5%）的花盆里。对上述 12 个实验样本放置 3 天，待植物在生长介质中成活后进行实验。实验前减去作物茎以上部分，并用自制的水袋环绕花盆以增强核磁共振的信号强度。实验选择 0.35T MRI 永磁型核磁共振成像仪和 1.5T MRI 超导型核磁共振成像仪，以头线圈作为测试线圈，采用头部扫描模式，T2 加权成像方法成像，对根系样本进行扫描。

实验发现 1.5T MRI 仪的成像结果在细节显示上优于 0.35T MRI，故以 1.5T MRI 仪测量数据作为主要分析对象。采用 MRI 仪自带的三维重建方法包括：最大密度投影（maximum intensity projection，MIP）、容积再现技术（volume rendering，VR）和多平面重构（multi-planar reconstruction，MPR）3 种。通过分析比较三维重建的结果发现以 VR 重建方法获取的图像相对比较好，MIP 次之，MPR 最差。实验结果表明生长介质对根系的 MRI 没有明显的影响，根系周围介质中产生的噪声较小，根系与介质的图像灰度值明显易于区分，生长介质的含水量对根系成像有明显影响，在含水量 40%介质中生长的大豆根系比在含水量 5%介质中生长的大豆根系重建图像中侧根能形成更加完整连续的根系图像。不同类型作物根系对 MRI 有一定的影响，实验作物大豆、玉米和茄子根系的 MRI 中，玉米根系比较好，大豆根系含有很多根瘤，许多根瘤颗粒形成较为明显的伪影附在大豆根系上，后期重建效果不佳。1.5T MRI 仪扫描的三维图像中能清晰区分直径 2mm 及其以上根系，在 2mm 以下，接近 2mm 的根系图像显示为断点组成的虚线，远小于 2mm 的则没有任何显示，缺乏有效地针对作物根系重建的分割提取算法是其重要原因。应用 MRI 技术进行作物根系三维构型的研究是可行的。该研究为作物根系三维构型的定量描述和分析提供了一种新的途径。

方孝荣等（2014）在张建锋等的研究基础上进一步研究含水率为5%~20%时对核磁共振成像质量的影响，借助计算机图形学技术和可视化工具包 Visualization Toolkit 5.4 实现玉米根系模型的重构，并将重构根系几何参数与实测几何参数对比，验证重构模型的精度。具体试验方法：以玉米作为实验对象，采用常规田间管理办法，实验前制备出不同土壤含水率（5%、10%、15%和 20%）的玉米根系样本。采用 3.0T 超导型核磁共振成像仪对样本进行核磁共振实验，获取玉米根系的断层 MR 序列图像。实验前减去植株样本地上部分，采用膝关节线圈作为测试线圈，T2 加权成像方式进行 MR 图像采集。为提高成像质量，方孝荣等（2014）比较了在 4 种土壤体积含水率情况下 3 种滤波算法（领域平均法、中值滤波法和轮廓波滤波法）对根系 MR 图像的降噪效果。结果表明，轮廓波滤波法对玉米根系 MR 图像平滑、降噪效果最佳，处理后的图像信噪比远高于前 2 种滤波算法。因此选用 Otsu 阈值法对轮廓波滤波后的根系 MR 图像进行分割处理。根系在 Visual C++ 6.0 中结合可视化工具包 Visualization Toolkit 5.4 采用改进的光线投射算法来实现玉米根系体绘制重建。重建图见图 15.4。

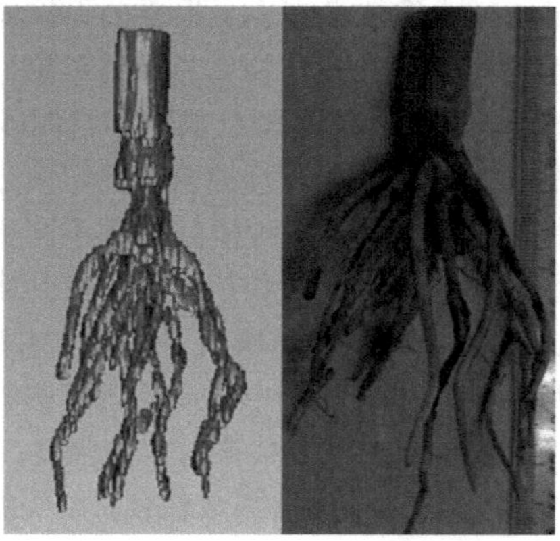

(a)　(b)

图 15.4　根系模型（a）与真实根系（b）对比示意图（彩图可扫描封底二维码获取）

实验分析发现土壤体积含水率为 5%~20%时不会对玉米根系的核磁共振成像质量造成显著影响；选取根系总体积、最大根长、根系数目和最大直径值（根与茎相连的结节处的直径）4 个便于测量的几何参数进行比较，发现模型的几何测量值与根系真实值之间的误差均小于 3%，与标准方法测定结果具有很好的一致性，见表 15.7。MRI 技术可以用于植物根系的原位无损检测，实现根系几何参数的精确测量，这便于认知根系与周围土壤介质的相互作用规律的研究。

表 15.7　玉米根系模型误差分析

根系参数	样本标号	实测值	模型	差值	误差
体积/cm^3	1	7.65	7.79	0.14	1.83%
	2	6.90	7.05	0.15	2.17%
	3	7.15	6.96	−0.19	−2.66%
根系数量	1	13	13	0	0
	2	16	16	0	0
	3	14	14	0	0
最大直径/cm	1	1.530	1.561	0.031	2.03%
	2	1.780	1.746	−0.034	−1.94%
	3	1.670	1.699	0.029	1.74%
大根长/cm	1	12.400	12.667	0.267	2.15%
	2	13.800	14.141	0.341	2.47%
	3	12.700	13.038	0.338	2.66%

15.5　农作物病害检测

传统检测作物病害的技术主要有理化检测和人工感官检测。理化检测包括聚合酶链反应技术、酶联免疫吸附试验、荧光原位杂交和生物标志物检测技术等，但理化检测需要专业人员操作、工作量大、对样本具有破坏性；人工感官检测易受到各种主客观因素的影响，两种检测方法的时效性都较差。因此，研究一种快速、无损、准确的作物病害检测方法极其重要。

光谱、多光谱成像和高光谱成像技术具有快速、无损、环保等优点，目前已经广泛应用在农业领域。

15.5.1　基于光谱技术的检测

刘飞等（2010b）利用光谱技术结合预处理算法与连续投影算法（SPA）对油菜菌核病进行了早期诊断研究，建立了偏最小二乘法（PLS）、多元线性回归（MLR）和最小二乘支持向量机（LS-SVM）模型。结果显示：Raw-PLS、DOSC-PLS 和 De-trending-PLS 模型的识别率分别为 95.7%、100%和 95.7%；DOSC-SPA-MLR、DOSC-SPA-PLS、Raw-SPA-LS-SVM、DOSC-SPA-LS-SVM 和 De-trending-SPA-LS-SVM 模型的识别率均为 100%。结果表明，利用光谱技术早期检测油菜菌核病是可行的。刘飞等（2010a）还对水稻冠层叶瘟病进行了检测研究，结果见表 15.8。用 DOSC-SPA 对样本光谱数据进行直接正交化处理，然后用 SPA 提取特征波长，建立了特征波长（775nm）与叶瘟诊断判别的直接线性方程：Y=5.283X。利用此方程对病害进行检测，识别率达 95.0%。表明 775nm 处的光谱信息可有效地检测水稻冠层叶瘟病。

吴迪等（2007）利用可见–近红外光谱技术对水稻穗颈瘟染病程度分级方法进行了研究。先将光谱反射率进行变量标准化（SNV）和多元散射校正（MSC）预处理，然后利用无信息变量消除法（UVE）结合连续投影算法（SPA）提取特征波长，将提取的特征

表 15.8　不同模型对水稻冠层叶瘟的识别结果

模型	建模集（n=80）		验证集（n=40）		
	健康（n=40）	染病（n=40）	健康（n=20）	染病（n=20）	合计（n=40）
DOSC-PLS	100，（0）	100，（0）	90，（2）	100，（0）	95，（2）
DOSC-SPA-PLS	100，（0）	100，（0）	90，（2）	100，（0）	95，（2）
Y=5.283X	100，（0）	100，（0）	90，（2）	100，（0）	95，（2）

波长（459nm、546nm、569nm、590nm、775nm 和 981nm）作为输入变量建立最小二乘支持向量机（LS-SVM）模型，结果见表 15.9。SNV-UVE-SPA-LS-SVM 效果最好，决定系数（R^2）和剩余预测偏差（RPD）分别为 0.979 和 6.580，说明 UVE-SPA 对水稻穗颈瘟染病程度进行特征波长提取十分有效。

表 15.9　不同处理后 LS-SVM 模型的识别结果

变量选择方法	预处理	变量个数	建模集		预测集		RPD
			R^2_c	RMSEC	R^2_P	RMSEP	
None	None	600	0.993	0.320	0.944	0.842	3.915
	MSC	600	0.955	0.756	0.960	0.697	4.548
	SNV	600	0.955	0.759	0.957	0.717	4.423
UVE	None	202	0.996	0.250	0.961	0.700	4.984
	MSC	42	1.000	0.025	0.969	0.569	5.597
	SNV	112	0.978	0.523	0.982	0.480	6.869
UVE-SPA	None	13	0.992	0.317	0.895	1.283	2.704
	MSC	10	0.973	0.582	0.936	0.817	3.884
	SNV	6	0.976	0.551	0.979	0.507	6.580

吴迪等（2008）还分别对番茄叶片灰霉病感染程度和茄子叶片灰霉病进行了研究。将每个番茄的光谱反射率值分别进行主成分分析（PCA）处理后作为输入变量，建立 BP 神经网络模型，番茄模型对未知样本预测的相关系数达 0.930，SEP 为 0.0687。另外，对每个茄子样本的光谱反射率值分别进行主成分分析（PCA）处理后作为输入变量，分别建立 BP 神经网络模型。茄子模型的识别率为 85%。然后基于 PLS 提取隐含变量（LV），将 LV 作为新的输入变量建立 BP 神经网络模型，识别率为 70%。说明可见–近红外光谱技术能够有效地检测出茄子和番茄叶片灰霉病。

冯雷等（2012b）先利用光谱技术对大豆豆荚炭疽病进行了检测研究，建立了 PLS、PCA-LS-SVM 和 SPA-LS-SVM 模型，结果见表 15.10。冯雷等（2012a）还利用可见–近红外光谱技术对大豆豆荚炭疽病严重度进行检测。分别将数据进行 PCA 和 SPA 处理，将得到的新的输入变量建立 BP 神经网络模型，SPA-BPNN 的识别率最高，为 90%。表明 SPA 能够有效地进行波长选择。光谱技术结合化学计量学方法可有效检测出大豆豆荚炭疽病。

程术希等（2014）利用高光谱成像技术对番茄叶片早疫病进行了检测研究。用连续投影算法（SPA）、载荷系数法（x-LW）和格拉姆–施密特正交（GSO）提取特征波长，然后分别建立最小二乘支持向量机（LS-SVM）和线性判别分析（LDA）模型。除了 GSO-LDA 模型的识别率为 97.83%，其余模型识别率均为 100%（表 15.11）。同时基于

表 15.10　不同模型的识别结果

模型	阈值		
	±0.5	±0.2	±0.1
PLS	100%	86.36%	61.36%
PCA-LS-SVM	93.18%	93.18%	93.18%
SPA-LS-SVM	95.45%	95.45%	95.45%

表 15.11　不同模型之间的比较

模型	输入变量	建模集			预测集		
		样本数	正确数	识别率/%	样本数	正确数	识别率/%
LS-SVM	396	94	94	100	46	46	100
SPA-LS-SVM	4	94	94	100	46	46	100
x-LW-LS-SVM	3	94	94	100	46	46	100
GSO-LS-SVM	2	94	94	100	46	46	100
SPA-LDA	4	94	94	100	46	46	100
x-LW-LDA	3	94	94	100	46	46	100
GSO-LDA	2	94	94	100	46	45	97.83

SPA、x-LW 和 GSO 所建模型的输入变量分别是 4 个（492nm、550nm、633nm 和 680nm）、3 个（631nm、719nm 和 747nm）和 2 个（533nm 和 657nm），较少的特征波长便于实时检测仪器的开发。表明高光谱成像技术可有效地检测番茄叶片早疫病。

孔汶汶等（2013）利用高光谱成像技术对番茄茎秆灰霉病进行了检测研究，利用偏最小二乘法（PLS）模型的隐含变量载荷分布选取了 7 个特征波长（432nm、544nm、666nm、683nm、740nm、975nm 和 1028nm），建立最小二乘支持向量机（LS-SVM）模型。结果表明，经过变量标准化（SNV）及多元散射校正（MSC）预处理所建立的 EW-LS-SVM 模型获得了较好的识别效果（表 15.12）。

表 15.12　PLS 和 LS-SVM 模型的识别结果

模型	预处理	预测集				
		γ	σ^2	样本数	正确数	识别率/%
EW-PLS	Raw	/	/	38	26	68.42
	SNV	/	/	38	29	76.32
	MSC	/	/	38	29	76.32
EW-LS-SVM	Raw	1.697×10^3	81.782	38	37	97.37
	SNV	2.076×10^3	160.649	38	38	100
	MSC	2.044×10^3	216.058	38	38	100

注："/" 表示此处 PLS 模型中无 γ、σ^2 参数，故无对应的值

15.5.2　基于图像技术的检测

谢传奇等（2013）应用高光谱图像中的纹理特征值对番茄叶片早疫病进行检测研究。首先将番茄叶片高光谱图像进行 PCA 处理，然后在每个样本的前 8 个主成分的每幅主成

分图像（图 15.5）的感兴趣区（ROI）中提取对比度（contrast）、相关性（correlation）、熵（entropy）和同质性（homogeneity）这 4 个基于灰度共生矩阵的纹理特征值，再结合 PCA 和 SPA 建立 LS-SVM 模型，每个模型都取得了较好的识别结果（表 15.13）。

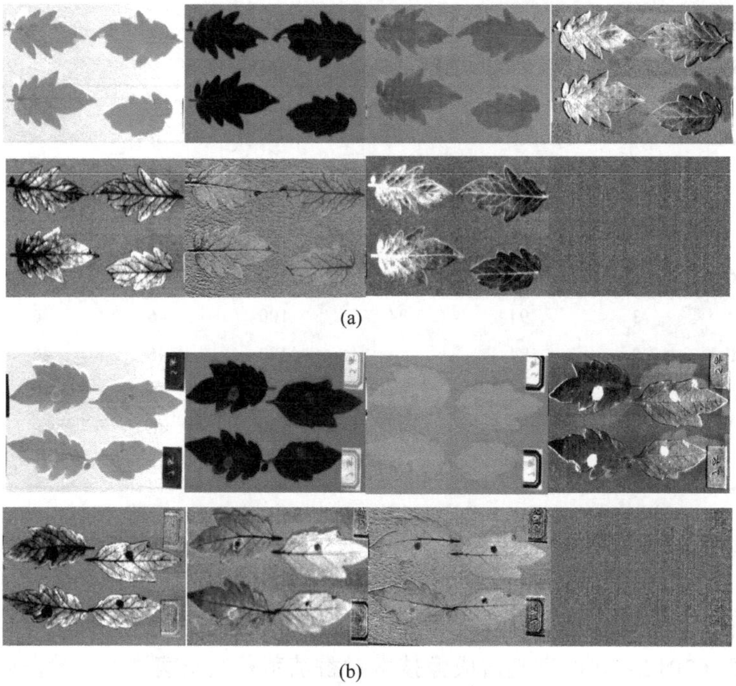

图 15.5　前 8 个主成分图像
（a）健康；（b）染病

表 15.13　不同模型之间的比较

序号	模型	输入变量	识别率/%
1	LS-SVM	317	98.11
2	PCA-LS-SVM	8	92.45
3	SPA-LS-SVM	2	96.23

冯雷等（2012c）分别从每个茄子叶片高光谱图像中提取 3 个特征波长（554nm、684nm 和 764nm）下的均值、方差、同质性、对比度、差异性、熵、二阶矩和相关性 8 个基于灰度共生矩阵的纹理特征变量，通过连续投影算法（SPA）提取 13 个特征变量，建立茄子叶片灰霉病的最小二乘支持向量机（LS-SVM）识别模型，模型判别准确率为 97.5%。

虞佳佳和何勇（2013）提出了基于簇类的独立软模式法（SIMCA）的番茄叶片灰霉病特征波段图像的提取，通过多元线性回归（MLR）提取波段融合图像、最小距离法得到番茄灰霉病患病信息的技术路线。再利用 680~740m 波段的方差图像和建模能力参数提取特征波段，建立 MLR 模型，模型的识别率均大于 90%，结果如表 15.14 所示。表明特征波段可以实现番茄叶片灰霉病的检测，这也同时大大提高了高光谱图像的数据处理效率。

吴迪等（2008）利用基于地面的包含绿、红、近红外 3 个波段灰度图的多光谱成像技术对茄子叶片灰霉病进行了检测研究，实现对植物健康状况进行快速无损检测。结果表

表 15.14　MLR 模型的识别结果

处理	分类	样本数	建模集			预测集		
			准确率阈值/%			准确率阈值/%		
			0.2	0.3	0.5	0.2	0.3	0.5
全波段	患病点	829	96.26	98.67	100	91.79	97.58	99.63
	健康点	830	97.83	99.87	100	94.21	98.55	99.87
特征波段	患病点	829	78.89	89.38	99.39	78.65	89.26	99.39
	健康点	830	92.65	98.55	100	92.65	98.55	100

明，利用绿、红和近红外 3 个通道图像信息算法模型，能够在有干燥的土壤和枯叶等干扰下对灰霉病斑进行有效识别，为植物生产中病害的在线无损检测提供了新的方法。

15.6　作物虫害信息检测

作物虫害是影响作物生长的主要因素之一，容易造成农作物减产及农产品质量下降，危害粮食安全。作物虫害是世界性的难题，防治作物病害的方法有生物方法如转基因、化学方法如农药、物理方法如利用昆虫趋光性等，其中转基因技术在世界范围内尚存在争议，物理方法的效果有限，目前喷施农药仍是最主要的作物虫害防治方法，但是会导致环境污染。研究表明，光谱分析技术可作为快速无损的检测方法被用于作物虫害检测，为作物虫害检测提供了新的方法和思路，为作物虫害的精准防治提供指导，也有助于减少农药的喷施。

吴达科等（2007）采用近红外光谱技术和图像处理技术，对美洲斑潜蝇（*Liriomyza sativae*）虫害的黄瓜叶片和番茄叶片进行分析。不同破损率番茄叶片近红外光谱特征形成差异。在 1450nm 左右与 1930nm 左右的吸收峰随破损率增加有增强的趋势，而在 1600~1800nm 处的反射率则随着破损率增加而降低。通过测量受虫害叶片的干鲜比，并基于图像处理技术计算虫害叶片的破损率。黄瓜叶片 1450nm 的反射率与干鲜比的决定系数 R^2=0.79，而番茄叶片 1452nm 的反射率与干鲜比的决定系数为 R^2=0.70，且不同波长下（1436~1466nm）黄瓜叶片反射比与干鲜比的决定系数大于 0.76，而不同波长下（1436~1468nm）番茄叶片反射比与干鲜比决定系数 r 大于 0.70。而不同波长下（1436~1466nm）反射率与黄瓜叶片破损率的决定系数 r 大于 0.81，不同波长下（1436~1468nm）反射率与番茄叶片破损率的决定系数 r 大于 0.69。结果表明，近红外光谱能很好地反映美洲斑潜蝇的虫害程度。

孙红等（2010）采用光谱技术对水稻稻纵卷叶螟虫害进行检测。通过采集虫害小区的冠层反射光谱与健康对照小区的冠层反射光谱，并根据受虫害程度，将虫害分为轻度受害、中度受害与重度受害。对原始光谱与一阶微分光谱分析可知，在 550nm 对照小区冠层光谱反射率高于中度受害小区冠层反射率，而低于重度受害小区冠层反射率。在 600~700nm 时，虫害小区的光谱吸收比健康对照小区小，而在 700~1000nm 时，虫害小区反射率与健康对照小区的反射率差异不大，只是在 750~770nm 时，虫害小区反射曲线出现尖峰波动。通过计算归一化植被指数（NDVI）和斜率指数（KI）进行虫害检测，判别正确率达 70%。表明光谱分析技术可用于水稻稻纵卷叶螟虫害检测。

许章华等（2013）对马尾松松毛虫危害进行了研究，分别对健康、轻度虫害、中度虫害与重度虫害的马尾松冠层反射光谱进行分析。研究发现，马尾松冠层光谱反射率随着虫害程度的增加而降低，随着虫害程度增加，光谱反射曲线中的“绿峰”和“红谷”逐渐消失，虫害导致马尾松反射光谱“绿峰”红移和红边蓝移。通过计算 7 个不同的植被指数与虫害程度的相关关系，发现叶绿素吸收比值指数、红边斜率、红边面积、红边差值植被指数与松毛虫害等级显著相关，红边位置、红边比值植被指数、红边归一化植被指数与虫害等级的相关性较弱，而基于所有 7 个参数的多元线性回归模型的检测精度达 0.85。表明光谱技术可用于检测马尾松松毛虫虫害。

Genc 等（2008）采用可见–近红外光谱对小麦麦扁盾蝽虫害进行了研究。实验将 40 株作为一个小区置于尼龙袋中，设置对照组，并分别将 24 只及 48 只麦扁盾蝽放入不同的小区以造成不同的虫害。分别在麦扁盾蝽第 3 虫龄期、第 4 虫龄期及成虫期进行光谱数据采集。发现随着虫数越多，小麦冠层反射光谱在近红外波段的反射率越来越低。分别选择基于归一化植被指数（NDVI）的 3 个植被指数（NDVIsg、NDVId、NDVIr）及结构不敏感色素指数（SIPI）等 4 个植被指数建立与不同龄期虫数的线性回归模型。结果表明，随着虫龄期的增加，其决定系数也是增加的，在成虫期决定系数普遍达 0.90 以上，最高的决定系数是成虫期 NDVIsg。研究结果表明，光谱技术可用于检测小麦麦扁盾蝽虫害，也能检测不同龄期害虫密度。

Zhao 等（2012a）采用高光谱成像技术研究了菜粉蝶幼虫虫害的油菜叶片。油菜叶片在遭受菜粉蝶幼虫虫害时，不仅叶片内部会出现空洞，其边缘也会出现空洞，边缘空洞会影响虫害造成的孔洞面积的计算，因而影响对虫害程度的测量。而对虫害破坏边缘的重构，则有助于完整地计算孔洞面积，了解害虫对叶片的破坏。Zhao 等（2012a）提出了新的确定未封闭孔洞（边缘被破坏地方）位置的算法，并基于遗传–小波神经网络重构算法（genetic-wavelet neural network reconstruction algorithm，G-WNNRA）对叶片进行重构，修复边缘被破坏的部分。与小波神经网络（wavelet neural network，WNN）、遗传神经网络（genetic neural network，GNN）和反向传播神经网络（back propagation neural network，BPNN）的重构结果相比，G-WNNRA 的均方误差最小而决定系数最大。结果表明，提出的定位方法与 G-WNNRA 算法能用于重构油菜叶片被破坏的边缘区域。

Zhao 等（2012b）采用高光谱成像技术研究了受稻褐飞虱虫害的水稻冠层。采用不稳定指数（instability index，ISI）计算光谱的敏感性，而采用权衡指数（tradeoff index，TI）将不敏感的波长剔除，选择特征波长。基于不同数量的特征波长建立的 LS-SVM 模型结果表明，判别正确率达 90%以上，以 16 个特征波长建立的 LS-SVM 模型的判别正确率最高，达 98%。基于 LS-SVM 建立了受虫害像素百分比与虫害时间的模型，决定系数接近 1。研究结果表明，基于高光谱成像技术与提出的特征波长选择方法能有效地判别水稻稻褐飞虱虫害。

余俊霖（2014）采用近红外高光谱成像技术对菜青虫的生死状态及死亡时间进行了检测研究。通过提取菜青虫样本光谱数据，以 951.5~1649.2nm 光谱的菜青虫光谱信息，结合不同的光谱预处理方法，建立 PLS-DA 模型对菜青虫生与死状态进行判别分析，判别正确率接近或达 100%。采用 SPA 及加权回归系数（BW）对菜青虫生死状态的判别选择特征波长，分别得到 17 个和 20 个特征波长，基于特征波长分别建立 PLS-DA、KNN、

BPNN 及 SVM 判别分析模型，取得较好的效果，判别正确率接近或达 100%。而对菜青虫不同死亡时间诊断的探究中发现，死亡时间在 120min 内的检测效果较好。该研究结果表明，近红外高光谱成像技术可以有效地对菜青虫的存活与死亡的状态进行判别分析，而对不同状态及不同死亡时间的诊断则效果较差。

韩瑞珍（2014）基于机器视觉对稻纵卷叶螟、斜纹夜蛾、玉米螟、大螟、稻螟蛉、二化螟、金龟子、小地老虎、黄杨绢野螟、蝼蛄、桃蛀螟和白背飞虱等 12 种典型农田害虫进行检测与识别研究。提出基于色调（H）、饱和度（S）、亮度（V）的颜色模型的害虫图像分割技术；利用 Otsu 自适应阈值分割算法获得了害虫图像色调（H）分量的阈值，并应用数学形态学算法和简单有效的空洞填充技术完成了图像分割的后续处理。采用 SVM 模式识别方法，选用 RBF 核函数，通过交叉验证的方法确定了参数 C 和 γ，建立了害虫的识别模型。采用由形态特征、颜色特征组成的 25 个低层视觉特征的正确识别率为 85%；采用由形态特征、颜色特征和纹理特征组成的 35 个低层视觉特征的正确识别率为 87.4%；采用经过蚁群优化的特征子集的正确识别率为 89.5%；采用去背景图像的局部特征的正确识别率为 83.6%；采用原图的局部特征的正确识别率为 79.2%。研究结果表明，基于机器视觉技术能够有效地检测与识别农田害虫。

15.7　作物重金属含量检测

随着我国工业化的发展，土壤重金属污染越来越严重，从而导致农作物的重金属污染。土壤重金属污染、农产品重金属超标，严重危害我国农业生产，严重危害食品安全，严重危害国民的身体健康。

实验室物理化学方法对农作物与农产品重金属含量的检测耗时费力、成本高昂。光谱与光谱成像技术作为快速无损的检测方法，吸收了众多的研究人员开展了农作物与农产品重金属污染方面的相关研究。

李娜等（2010）通过采集江西德兴铜矿附近污染程度不同的 14 个采样区长势较好的盐肤木，采集其可见–近红外光谱，并通过计算吸收谷深度。基于波长为 611nm、669nm、678nm、689nm、707nm 和 728nm 的吸收深度值与作物重金属 Cu、Cr、Mn、Ni、Pb、Cd 和 Zn 含量之间建立多元线性回归模型。结果表明，吸收深度值与重金属之间的相关性显著，其中相关性最大的为 Mn 和 Pb，相关系数为 0.954，其次为 Zn 和 Ni，相关系数分别为 0.879 和 0.856。研究结果表明光谱分析技术在作物重金属检测中具有可行性。研究指出，若与高光谱遥感技术结合，则可以更大范围地检测植被重金属污染。

修丽娜等（2011）研究了不同镉污染程度下水稻的高光谱特征，采用基于 Daubechies 小波系的 db5 对高光谱数据进行 9 层分解，得到第 5 层分解系数对水稻镉污染信息检测效果最佳。分别以小波能量系数与水稻镉含量进行回归分析，发现前 5 层能量系数与镉含量之间的相关性较高，其中第 3 层小波能量系数与镉含量之间的决定系数达 0.958。

吕杰和刘湘南（2012）采用支持向量机对水稻高光谱与镉含量进行了研究。通过受镉污染不同地区的水稻样本的光谱与镉含量信息，采用小波变换对光谱数据进行预处理，采用支持向量机建立的预测模型的决定系数达 0.8674，均方误差为 0.0012。结果表明，支持向量机可有效应用于水稻镉污染检测，而涉及遥感大范围研究则需要进一步根据遥感实际情况进行分析。

朱叶青等（2014）对铜污染胁迫下莴苣和小麦的光谱响应及扫描电镜进行了研究。研究指出，在铜污染胁迫下的作物光谱的变化与作物的生长期及作物的种类有关。采用光谱角法研究发现，光谱角对轻微与严重铜胁迫环境敏感。研究表明，铜污染作物叶片的结构参数值要比健康叶片结构参数值大，且叶片结构参数与其红外肩峰之间的线性相关性达 0.978，叶片结构参数的变化可用于作物铜污染状态的指示。

Shao 和 He（2013）采用可见–近红外光谱分析技术对水稻叶片的铁（Fe）与锌（Zn）含量进行了检测研究，分别基于 PCA 提取了特征信息，基于 PLS 的隐含变量（LV）及 ICA 的 IC 挑选了特征波长，并分别建立 LS-SVM 模型。其中基于 ICA 选择的 6 个特征波长的 LS-SVM 模型效果要优于其他模型，对 Fe 含量的预测决定系数是 0.6189，对 Zn 含量的预测决定系数是 0.6731。结果表明，可见–近红外光谱可用于检测 Fe 与 Zn 含量，而 ICA 可以有效提取特征波长。

15.8　小　　结

精细农业要求快速、准确、数字化和定位化地获取农业生产和管理信息，而农作物生长过程信息的快速、准确、动态获取和监控方法，以及技术需求尤为紧迫。传统实验室的化学测量分析已经不能满足农业对信息快速、准确、动态、高效获取的要求。本章主要围绕农作物信息，主要包括作物养分信息、生理生态信息、形态信息、病虫害信息、重金属胁迫等的快速获取、检测和识别等的关键技术展开，通过光学传感器快速无损地获取农作物的上述信息，研究不同的农作物信息检测模型，及时监控农作物的生长发展状况，构建农作物病虫害、重金属胁迫等的预报系统，为变量施肥、喷药等决策系统的实施提供决策支持。

参 考 文 献

程术希，谢传奇，王巧男，等. 2014. 不同波长提取方法的高光谱成像技术检测番茄叶片早疫病的研究. 光谱学与光谱分析, 34(5): 1362-1366.

方慧，杜朋朋，胡令潮，等. 2013. 基于可视化类库的植株三维形态配准方法及点云可视化. 农业工程学报, 29(22): 180-188.

方慧，宋海燕，曹芳，等. 2007. 油菜叶片的光谱特征与叶绿素含量之间的关系研究. 光谱学与光谱分析, 27(9): 1731-1734.

方慧，邹强，何勇，等. 2012. 基于高光谱的番茄叶片过氧化物酶活力测定. 光谱学与光谱分析，32(8): 2228-2233.

方孝荣，王南飞，张建锋，等. 2014. 基于核磁共振的玉米根系 3 维可视化研究.浙江大学学报(农业与生命科学报), 40(2): 181-187.

冯雷，陈双双，冯斌，等. 2012a. 大豆豆荚炭疽病严重度的光谱检测. 农业机械学报, 43(8): 175-179.

冯雷，陈双双，冯斌，等. 2012b. 基于光谱技术的大豆豆荚炭疽病早期鉴别方法. 农业工程学报，28(1): 139-144.

冯雷，方慧，周伟军，等. 2006. 基于多光谱视觉传感技术的油菜氮含量诊断方法研究. 光谱学与光谱分析, 26(9): 1749-1752.

冯雷，张德荣，陈双双，等. 2012c. 基于高光谱成像技术的茄子叶片灰霉病早期检测. 浙江大学学报(农业与生命科学版), 38(3): 311-317.

韩瑞珍. 2014. 基于机器视觉的农田害虫快速检测与识别的研究. 杭州: 浙江大学: 博士研究生学位论文.
何勇, 赵春江. 2010. 精细农业. 杭州: 浙江大学出版社.
孔汶汶, 刘飞, 方慧, 等. 2012. 除草剂胁迫下大麦叶片丙二醛含量的光谱快速检测方法.农业工程学报, 28(2): 171-175.
孔汶汶, 虞佳佳, 刘飞, 等. 2013. 基于高光谱成像技术的番茄茎秆灰霉病早期诊断研究. 光谱学与光谱分析, 33(3): 733-736.
李民赞. 2008. 精细农业特征、现状与发展. 农机市场, 3: 38-41.
李娜, 吕建升, Altermann W. 2010. 光谱分析在植被重金属污染监测中的应用. 光谱学与光谱分析, 30(9): 2508-2511.
刘飞. 2011. 基于光谱和多光谱成像技术的油菜生命信息快速无损检测机理和方法研究.杭州: 浙江大学: 博士研究生学位论文.
刘飞, 方慧, 张帆, 等. 2009a. 应用光谱技术无损检测油菜叶片中乙酰乳酸合成酶. 分析化学, 37(1): 67-71.
刘飞, 张帆, 方慧, 等. 2009b. 连续投影算法在油菜叶片氨基酸总量无损检测中的应用. 光谱学与光谱分析, 29(11): 3079-3083.
刘飞, 冯雷, 柴荣耀, 等. 2010a. 基于直接正交信号校正的水稻冠层叶瘟光谱诊断. 光学学报, 30(2): 585-589.
刘飞, 冯雷, 楼兵干, 等. 2010b. 基于组合模拟波段的油菜菌核病早期诊断方法研究. 光谱学与光谱分析, 30(7): 1934-1938.
吕杰, 刘湘南. 2012. 利用支持向量机构建水稻镉含量高光谱预测模型. 应用科学学报, 30(1): 105-110.
聂鹏程, 袁石林, 章伟聪, 等. 2010. 基于光谱技术的水稻叶片氮素测定仪的开发. 农业工程学报, 26(7): 152-156.
邵咏妮. 2010. 水稻生长生理特征信息快速无损获取技术的研究. 杭州: 浙江大学: 博士研究生学位论文.
孙光明, 刘飞, 张帆, 等. 2010. 基于近红外光谱技术检测除草剂胁迫下油菜叶片中脯氨酸含量的方法. 光学学报, 30(4): 1192-1196.
孙红, 李民赞, 周志艳, 等. 2010. 基于光谱技术的水稻稻纵卷叶螟受害区域检测. 光谱学与光谱分析, 30(4): 1080-1083.
吴达科, 马承伟, 杜尚丰. 2007. 斑潜蝇虫害叶片受害程度对其近红外反射光谱的影响. 农业工程学报, 23(2): 156-159.
吴迪, 曹芳, 张浩, 等. 2009. 基于可见–近红外光谱技术的水稻穗染病程度分级方法研究. 光谱学与光谱分析, 29(12): 3295-3299.
吴迪, 冯雷, 张传清, 等. 2007. 基于可见–近红外光谱技术的番茄叶片灰霉病检测研究. 光谱学与光谱分析, 27(11): 2208-2211.
吴迪, 朱登胜, 何勇, 等. 2008. 基于地面多光谱成像技术的茄子灰霉病无损检测研究. 光谱学与光谱分析, 28(7): 1496-1500.
谢传奇, 冯雷, 冯斌, 等. 2012. 茄子灰霉病叶片过氧化氢酶活性与高光谱图像特征关联方法. 农业工程学报, 28(18): 177-184.
谢传奇, 王佳悦, 冯雷, 等. 2013. 应用高光谱图像光谱和纹理特征的番茄早疫病早期检测研究. 光谱学与光谱分析, 33(6): 1603-1607.
谢秋菊, 苏中滨, 孙红敏. 2011. 大豆叶片三维重建及形变技术研究. 农机化研究, 33(9): 220-223.
修丽娜, 刘湘南, 刘美玲. 2011. 镉污染水稻高光谱诊断分析与建模. 光谱学与光谱分析, 31(1): 192-196.
徐其军, 汤亮, 顾东祥, 等. 2010. 基于形态参数的水稻根系三维建模及可视化. 农业工程学报, 26(10): 188-194.
许章华, 刘健, 余坤勇, 等. 2013. 松毛虫危害马尾松光谱特征分析与等级检测. 光谱学与光谱分析, 33(2): 428-433.
杨亮, 郭新宇, 陆声链, 等. 2009. 基于多幅图像的黄瓜叶片形态三维重建. 农业工程学报, 25(2): 141-144.
余俊霖. 2014. 昆虫实时捕捉、监测与死亡时间诊断的研究.杭州: 浙江大学: 硕士研究生学位论文.
虞佳佳, 何勇. 2013. 基于高光谱成像技术的番茄叶片灰霉病早期检测研究. 光谱学与光谱分析, 33(8): 2168-2171.
张建锋, 吴迪, 龚向阳, 等. 2012. 基于核磁共振成像技术的作物根系无损检测. 农业工程学报, 28(8): 181-185.
朱叶青, 屈永华, 刘素红, 等. 2014. 重金属铜污染植被光谱响应特征研究.遥感学报, 18(2): 335-352.

Bao Y D, Kong W W, He Y, et al. 2012a. Quantitative analysis of total amino acid in barley leaves under herbicide stress using spectroscopic technology and chemometrics. Sensors, 12(10): 13393-13401.

Bao Y D, Kong W W, Liu F, et al. 2012b. Detection of glutamic Acid in oilseed rape leaves using near infrared spectroscopy and the least squares-support vector machine. International Journal of Molecular Sciences, 13(11): 14106-14114.

Genc H, Genc L, Turhan H, et al. 2008. Vegetation indices as indicators of damage by the sunn pest(Hemiptera: Scutelleridae) to field grown wheat. African Journal of Biotechnology, 7(2): 173-180.

Kong W W, Zhao Y, Liu F, et al. 2012. Fast analysis of superoxide dismutase (SOD) activity in barley leaves using visible and near infrared spectroscopy. Sensors, 12(8): 10871-10880.

Liu F, Jin Z L, Naeem M S, et al. 2010. Applying near-infrared spectroscopy and chemometrics to determine total amino acids in herbicide-Stressed oilseed rape leaves. Food and Bioprocess Technology, 4(7): 1314-1321.

Liu F, Kong W W, Tian T, et al. 2012. Estimation of acetolactate synthase activity in *Brassica napus* under herbicide stress using near-Infrared spectroscopy. Transactions of the ASABE, 55(4): 1631-1638.

Liu F, Zhang F, Jin Z L, et al. 2008. Determination of acetolactate synthase activity and protein content of oilseed rape(*Brassica napus* L.)leaves using visible/near-infrared spectroscopy. Analytica Chimica Acta, 629(1-2): 56-65.

Loch B, Belward J A, Hanan J S. 2005. Application of surface fitting techniques for the representation of leaf surfaces. Melbourne: International Congress on Modeling and Simulation: 1272-1278.

Mundermann L, MacMurchy P, Pivovarov J, et al. 2003. Modeling lobed leaves. Tokyo: In Proceedings of Computer Graphics International, Conference: 60-65.

Oqielat M N, Belward J A, Turner I W, et al. 2007. A Hybrid Clough-tocher Radial Basis Function Method for Modeling Leaf Surfaces. Christchurch: International Congress on Modeling and Simulation: 400-406.

Rodkaew Y, Siripant S, Lursinsap C, et al. 2002. Modeling leaf shapes using L-system and genetic algorithms. Tokyo: In Proceeding of Nicograph International 2002[NICO2002]: 73-78.

Runiins A, Fuhrer M, Lane B, et al. 2005. Modeling and visualization of leaf venation patterns. ACM Transactions on Graphics, 24(3): 702-711.

Shao Y, He Y. 2013. Visible/near infrared spectroscopy and chemometrics for the prediction of trace element(Fe and Zn)levels in rice leaf. Sensors, 13(2): 1872-1883.

Wu D, Feng L, Zhang C Q, et al. 2008. Early detection of botrytis cinerea on eggplant leaves based on visible and near-infrared spectroscopy. Transactions of the ASABE, 51(3): 1133-1139.

Zhang X, Liu F, He Y, et al. 2013. Detecting macronutrients content and distribution in oilseed rape leaves based on hyperspectral imaging. Biosystems Engineering, 115(1): 56-65.

Zhao Y, He Y, Xu X. 2012a. A novel algorithm for damage recognition on pest-infested oilseed rape leaves. Computers and Electronics in Agriculture, 89: 41-50.

Zhao Y, Xu X, Liu F, et al. 2012b. A novel hyperspectral waveband selection algorithm for insect attack detection. Transactions of the ASABE, 55(1): 281-291.

第 16 章　农产品品质与安全检测

16.1　概　　述

农产品质量检测对于保障农产品品质与安全、实现农产品加工增值、增强我国农产品的国际竞争力具有重要意义。农产品质量无损检测是在不破坏被检测农产品的情况下，应用热、声、光、电、磁等技术和方法对农产品的内在品质和外在品质加以测定和分析，可以大大提高农产品检测效率、降低检测成本。

从农产品品质无损检测所采用的技术手段来看，目前主要有计算机视觉技术、光谱分析技术、超声波技术、力学检测技术、电子鼻、电子舌技术及多技术融合等。从技术层面上看，农产品无损检测装备的研究和开发呈现出由静态取样检测走向动态在线检测，由外观品质检测走向内部品质检测及内外品质检测兼顾，由单一常规检测技术走向新的高精检测技术和融合技术的发展趋势。从应用对象层面上，呈现由早期的大宗农产品、果品检测延伸到畜禽水产品，以及茶叶、烟草等特种经济作物检测分级的发展趋势。

16.2　谷物品质检测

随着人们对食品安全的日益重视，粮食作物的检测技术不断发展，传统的化学方法和检测仪器因检测速度慢、效率低、成本高、劳动量大等特点不能满足人们对粮食作物检测效率、精度等的要求，于是一些先进的新技术如计算机视觉、光谱技术等已逐步应用到谷物等无损检测中。

16.2.1　谷物分级检测

稻谷的工艺品质，主要是指与加工工艺效果直接有关的物理性质和化学性质，如稻谷的品种、形状、结构、水分、气味及化学成分等内容，不同品种和不同等级、年份的稻谷，具有不同的工艺品质，它直接影响到成品质量的优劣和出米率的高低。Li 等（2008b）采用可见–近红外光谱技术对稻谷的年份进行检测，用 3 种分类器进行建模，包括线性内核 LS-SVM 分类器、高斯径向基函数核分类器（RBF-LS-SVM）及径向基函数神经网络分类器（RBF-NN）。此外还选择小波变换对光谱数据进行提取，通过小波变换将数据信号分为低频系数和高频系数，低频系数可以表征频谱数据的特征信息，高频系数则包含较多的噪声。该研究说明采用可见–近红外光谱技术对稻谷年份鉴别的可行性，同时也表明将小波变换结合 LS-SVM 分类器具有很好的品种判别能力（表 16.1）。

大米是当今全世界最重要的粮食作物之一。在我国，有 3100 万人每年消耗掉 200.5t 大米。因此，如何对大米更好地加工处理是当今一项相当重要的任务，对大米的等级、

表 16.1　基于不同分类器的模型预测精度比较

输入向量	输入参数	RBF-NN		线性内核 LS-SVM		高斯径向基函数核 RBF LS-SVM	
		精确度/%	γ	精确度/%	γ	σ^2	精确度/%
cA_2	152	86	0.0944	68	2.0915	25.1450	98
X	601	85	0.0178	58	6.3152	38.1985	93
cD_2	302	61	0.0178	61	17.7052	78.5642	77
cD_1	152	49	0.0178	60	84.7545	377.8507	50

种类自动识别是进行更快、更准确的加工处理的前提条件。陈孝敬等（2009）提出了一种利用多光谱图像纹理特征进行大米分类的新方法。图像由 MS3100-3CCD 光谱成像仪获得，光谱成像仪提供 3 个波段的图像，由近红外（NIR）、红色（R）和绿色（G）组成，因此它能够获取普通数码照相机所不能获取的信息。对 3 个 CCD 近红外波段图像进行二层小波包分解，得到 16 个子频带，由于纹理图像的特征信息主要集中在中频，因此提取 8 个中频频带（带通频带）的熵值，并且作为支持向量机的特征值输入。最后应用支持向量机技术分别对有和没有经过小波包分解的 NIR 波段纹理图像的熵值进行建模，建模样本和预测模型各为 80 个，每种大米各为 20 个。对 4 种大米（图 16.1）进行处理，结果表明，经过小波包分解的纹理图像的识别率达到了 100%，而没有经过小波包分解的纹理图像的识别率只有 93.75%，说明结合小波包和支持向量机进行多光谱图像的纹理识别是一种非常有效的技术，同时也为大米的分类提供了一种快速和无损的新方法。

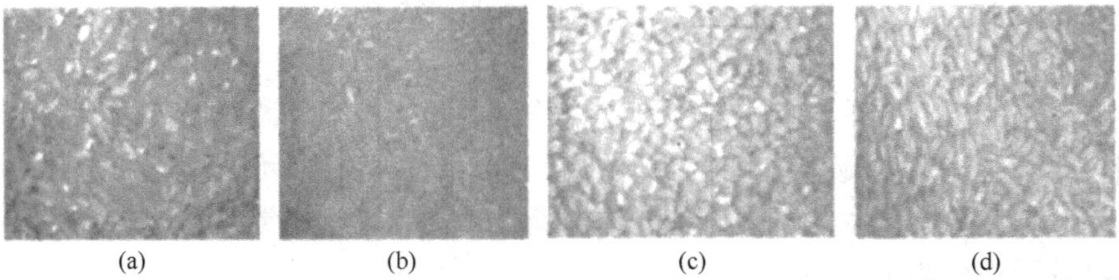

图 16.1　4 类大米的纹理图
（a）散装籼米；（b）泰国糯米；（c）散装糯米；（d）东北糯米

整精米率是最新修订的《稻谷》标准中新增的质量检测指标之一（GB 1350—1999）。整精米是指糙米碾磨成国家标准一等大米时，米粒发生断裂，其中米粒长度仍能达到完整米粒平均长度的 4/5 或以上的米粒。整精米率为整精米占净稻谷试样质量的百分率，由整精米率的定义可以看出，正确识别整精米是检测整精米率的关键所在。Lin 等（2010a）采用计算机视觉技术结合速度描述法对 3 类米粒（泰国米、珍珠米和长粒香米）的完整性进行检测。实验首先利用图像处理方法提取米粒的轮廓，通过对轮廓曲线进行一阶求导得到速度曲线，速度曲线能够很好地表征米粒轮廓的突变点，即特征点。将各被检测米粒的速度曲线与标准速度曲线相比较，标准速度曲线是完整大米的速度曲线，得到相关系数 r，相关系数越大说明米粒越完整，缺损部分越少，相关系数小，说明米粒缺损越多。通过相关系数的大小可以判断米粒的完整程度。该检测过程的流程图见图 16.2。

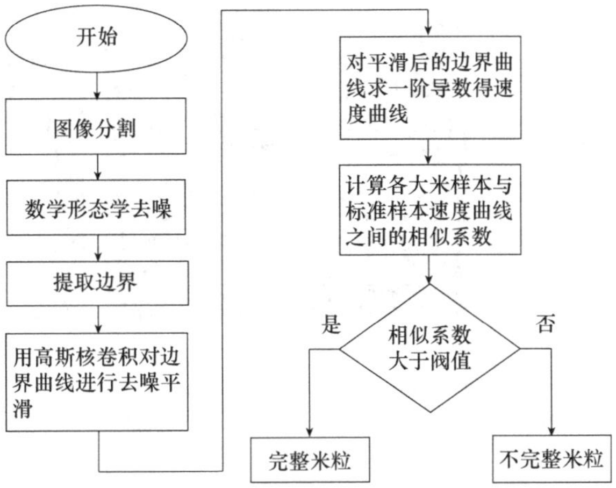

图 16.2　大米粒型完整度检测过程流程图

表 16.2 是预测样本用测试得到的最佳相似系数阈值进行检测得到的结果。泰国米、珍珠米和长粒香米的识别率分别为 96.70%、98.73%和 97.14%。预测结果说明用速度描述法来检测米粒的完整度是可行的。与传统的测量长宽比相比，本方法灵活性更强，并且此算法不需要将大米按一定的位置方向摆放，即大米可以随意摆放，可以满足实际应用的要求。

表 16.2　速度描述法得到的预测集的主要参数

大米品种	样本总数	相似系数阈值	不完整率/%	不完整个数	实际不完整率/%	实际不完整个数	识别率/%
泰国米	91	0.95	16.48	15	13.19	12	96.70
珍珠米	158	0.70	18.99	30	17.72	28	98.73
长粒香米	140	0.85	29.29	41	26.43	37	97.14

大米由于受各种外界因素影响如干燥温度和降水速率等，容易出现裂纹，出现裂纹的米粒称为裂纹粒。裂纹粒作为大米分级的重要依据之一，需要按照国家标准 GB/T 5496—85 采用人工肉眼目测的方法进行检查。然而，人工肉眼目测的方法存在如主观性及随意性较大、检测效率低、可重复性差等缺点。Lin 等（2010b）针对采用 Canny 和 Sobel 算子容易检测出大米中的伪裂纹，提出了一种基于样条小波多分辨率空间大米裂纹检测的方法。如图 16.3（a）中的裂纹 A，Canny 算法检测后对应图 16.3（b）的 A 和 B 两条裂纹。而用 Sobel 算子检测则会得出一些伪裂纹。图 16.3（c）是用 Sobel 算子在梯度方向上裂纹检测的结果。图 16.3（c）中 A 处所标的是检测出的伪裂纹。图 16.3（d）是用 Sobel 算子仅在梯度方向上的检测结果，可以看出检测效果更差，检测出 A~D 4 条伪裂纹。

为了消除 Canny 和 Sobel 算子检测出的伪裂纹，在用梯度法检测边缘时保留了梯度方向的信息，并考虑用正的小波系数来检测裂纹。

另外还指出，当有一些边缘轮廓线没有检测出来时，可以通过直接检测外部轮廓曲线的方法补全。同时还采用了不同的 γ 值来增强图像，见图 16.4。图 16.4 是分别采用 γ 值为 1.5、2 和 3 在分辨率为 8 时得到的。

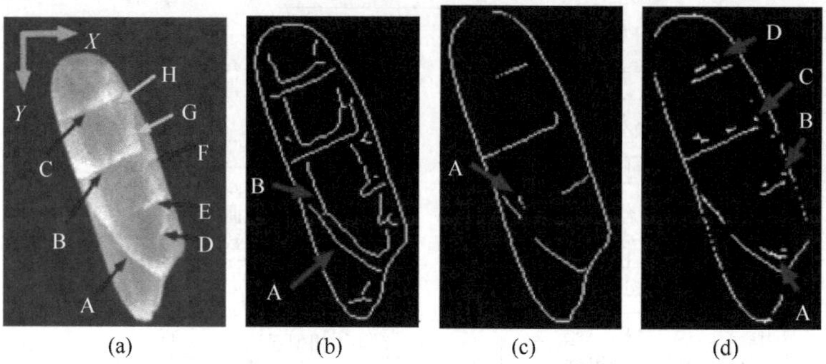

图 16.3 不同方法对大米裂纹的检测结果
（a）原始大米图；（b）Canny 算子裂纹检测结果；（c）Sobel 算子裂纹检测结果；（d）Sobel 算子在梯度方向上的检测结果

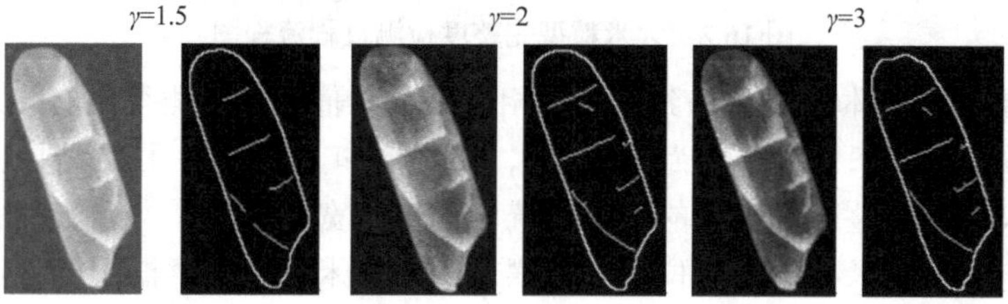

图 16.4 使用 γ 值为 1.5、2 和 3 增强后的大米图像（左侧）和检测出的大米裂纹（右侧）

本实验实现了对大米裂纹客观、快速、准确地检测，为进一步完善大米品质的计算及视觉检测提供了实践基础。

16.2.2 谷物成分检测

辐照技术是粮食作物进行改良的一种重要手段，但是不同的辐照剂量对作物的内部成分会产生一定的影响。同样对于经过辐照处理的谷物，根据其不同的辐照剂量，内部成分如直链淀粉、蛋白质含量等会有不同程度的改变。Shao 等（2011）采用近红外光谱技术对不同辐照计量处理后稻谷的内部成分主要是蛋白质和直链淀粉含量进行检测。

中红外光谱是波长为 2500~25 000nm 的电磁波。物质在此范围的吸收峰是基频、倍频或合频吸收，具有分子结构的特征性，不同化合物有其特异的红外吸收光谱，其谱带的数目、位置、形状和强度均随化合物及其聚集态的不同而不同。它与近红外光谱的区别在于近红外光谱是物质分子振动的倍频或合频的吸收，其信息及强度较弱，而且不同组分、不同官能团的谱带容易重叠，这使得谱图解释非常困难，模型的稳定性受外界的影响较大；而中红外光谱是分子振动的基频吸收，其信息和强度较强，信息抽取比较容易。因此选取中红外波段对谷物的辐照剂量进行分析。

在对辐照后谷物直链淀粉含量的研究中，近红外光谱模型的预测结果要优于中红外区域的模型。对光谱曲线进行独立成分分析后，对应的敏感波段在 1215~1220nm、1317~1329nm、1581~1613nm、1634~1658nm、1896~1909nm 和 2335~2356nm 等附近，正好对应淀粉的部分有机基团。在 1527nm、1539nm 和 1580nm 处淀粉有机基团的振动方式为二阶 O—H 伸缩振动，在 1900nm 处是一阶 O—H 伸缩振动和二阶 C—O 伸缩振动，在 2000nm 处是一阶 C—O 变形振动和二阶 O—H 变形振动，在 2276nm 处是一阶 O—H 伸缩振动和一阶 C—C 伸缩振动。因此，近红外对直链淀粉的预测结果要优于中红外区域。预测结果还显示，LS-SVM 模型对辐照后水稻直链淀粉含量的预测要优于 PLS 模型。

对辐照后谷物蛋白质含量的研究中，中红外光谱模型的预测结果要优于近红外区域的模型。对光谱曲线进行独立成分分析后，对应的敏感波段在 1082~965 cm^{-1}、1296~1238cm^{-1}、1492~1480cm^{-1}、1556~1521cm^{-1}、1662~1620cm^{-1}、2053~2016cm^{-1}、2861~2839cm^{-1}和 3235~3206cm^{-1}等附近，对应了蛋白质的部分有机基团。在 850cm^{-1}和 1250cm^{-1}处为不同碳水化合物中 C—O 键的振动吸收波谷，在 1545cm^{-1}和 1656cm^{-1}左右处存在两个蛋白质吸收波谷，在 2856cm^{-1}处存在脂肪吸收波谷。在近红外区域存在有用的光谱信息吸收强度弱，谱峰宽，信噪比低，基团的倍频、合频信息重叠等缺点，而中红外区域拥有更多的光谱信息，分子基本振动引起的吸光度比近红外更加稳定，因此中红外对蛋白质的预测结果要优于近红外区域。预测结果同样表明，LS-SVM 模型对辐照后稻谷蛋白质含量的预测要优于 PLS 模型。

16.3　水果品质检测

我国是世界水果生产大国，果树种类资源丰富，栽培历史悠久。随着农产品产后处理技术的发展，水果品种鉴别及水果内外品质检测将越来越凸显出它的必要性。传统的水果内部品质检测方法操作烦琐、成本高，而且容易造成样本破坏等，光谱及光谱成像技术具有快速、无损、多组分同时分析的特点，已被广泛应用于定性或定量进行水果品种的鉴别及水果损伤的检测等。

16.3.1　水果品种（产地）鉴别

中国是盛产杨梅的少数几个国家之一。杨梅果实柔软极不耐贮藏和运输，不同品种之间口感、大小、品质等方面差别较大，随着杨梅产后处理和加工技术的发展，品种鉴别显得越来越重要。Li 等（2007）提出了一种用可见-近红外漫反射光谱技术快速鉴别杨梅品种的新方法。首先用主成分分析法对典型的 4 个杨梅品种进行聚类分析，获取杨梅的近红外指纹图谱，再结合人工神经网络技术进行品种鉴别。同时，上述主成分分析可以把原始波长变量压缩成能代表原始变量的少数相互正交的主成分，用这些新变量作为神经网络的输入，建立杨梅品种的判别模型。将 120 个样本建立其 BP 神经网络模型，其中 100 个样本用于建模，其余的 20 个样本用于预测。结果表明，品种识别准确率达 95%，为杨梅的品种鉴别提供了一种新方法。同时为了检验该方法及模型的普适性，Cen 等（2006a）对橘子进行了品种鉴别研究，结果表明主成分分析和人工神经网络结合的方法要优于偏最小二乘判别法（表 16.3），也证明了该方法在水果品种鉴别的可靠性。

16.3.2　水果内部品质检测

除了对杨梅的品种进行鉴别以外，Li 和 He（2006a）还对杨梅的酸度进行了基于可

表 16.3　主成分-BP 人工神经网络法和偏最小二乘判别法的结果比较

模型	r	SEP	RMSEP	预测准确率/%
PCA+BPNN	0.997 56	0.183 46	0.179 72	90
PLS-DA	0.978 43	0.244 97	0.242 68	100

见–近红外光谱技术的无损检测。实验采用偏最小二乘法（PLS）建立了杨梅可见–近红外反射率与酸度间的相关模型，其中模型的预测相关系数 r_p=0.963，预测均方根误差 RMSEP=0.249。

Shao 等（2008）采用可见–近红外光谱技术对草莓酸度进行研究，首先采用主成分分析得到各波长对应的载荷图，然后提出了采用小波变换对原始光谱信号进行预处理，并对 65 个样本建立其酸度预测模型，结果表明经小波变化处理后建立的草莓酸度预测模型（WT-PLS）要优于未经小波变换处理的结果，模型的预测相关系数 r_p=0.856，预测均方根误差 RMSEP=0.026。其中所采用的 PLS 模型属于常规的化学计量学方法，它在处理一些非线性问题时存在一定的弊端。Shao 等（2009a）开展了线性和非线性模型的精度比较，用于桃子的可溶性固形物和酸度检测。采用 PLS 建立线性模型，最小二乘支持向量机（LS-SVM）建立非线性模型。同时还采用潜在变量分析（LVA）和独立主成分分析（ICA）对全波段变量进行特征波段提取，分别建立了 LV-LS-SVM 和 ICA-LS-SVM 模型。实验结果表明，对于桃子可溶性固形物和酸度的预测，非线性模型 LS-SVM 要优于线性模型 PLS，特征波段的选取方法 ICA 要优于 LVA。

上面的实例介绍了常用的特征波段提取方法 LVA 和 ICA，另外，遗传算法也是常用的光谱预处理方法之一。Cao 等（2010）采用可见–近红外光谱研究葡萄的品种及内部品质。首先采用遗传算法对全波段进行处理，得到有效波长 636nm、649nm、693nm 和 732nm，然后将选取的特征波长作为 LS-SVM 模型的输入，得到葡萄品种的鉴别率为 96.58%，对葡萄可溶性固形物和酸度的预测结果 r_p 和 RMSEP 分别为 0.907、0.958 和 0.978、0.126。

水果内部品质除了常规的可溶性固形物、酸度等，硬度也是一个重要的评价指标，Shao 等（2007c）采用可见–近红外光谱技术对番茄内部品质（可溶性固形物、pH、硬度）进行检测，表 16.4 为基于主成分回归（PCR）和偏最小二乘（PLS）的番茄可溶性固形物、pH 及硬度的校正和交互验证结果。结果显示，PLS 模型的预测效果要普遍优于 PCR 模型，其中对番茄 SSC 的预测结果最优。

表 16.4　基于 PCR 和 PLS 的番茄 SSC、pH 及硬度的检测结果

参数	尺寸	方法	校正				交叉验证		
			LV	r	SEC	RMSEC	r	SEP	RMSEP
SSC	13	PLS	3	0.95	0.11	0.11	0.91	0.01	0.16
	13	PCR	5	0.92	0.14	0.14	0.86	0.19	0.19
pH	9	PLS	4	0.92	0.07	0.07	0.85	0.08	0.09
	9	PCR	7	0.90	0.07	0.07	0.83	0.09	0.09
F_c（N）	13	PLS	6	0.88	1.18	1.17	0.81	1.50	1.48
	17	PCR	7	0.87	1.21	1.2	0.82	1.45	1.43
F_p（N）	21	PLS	3	0.92	0.79	0.78	0.87	0.98	0.97
	17	PCR	5	0.91	0.83	0.82	0.87	1.00	0.99

注：硬度由压力（F_c）和穿刺力（F_p）两个指标来衡量

16.3.3　基于图像技术的水果研究

机器视觉又称计算机视觉，具有较好的适应性和鲁棒性，已逐渐被应用于水果品质的无损检测中。曹芳等（2011）提出了将可见–近红外光谱技术和多光谱成像技术相结合用于鸭梨损伤随时间及程度变化的检测。比较了偏最小二乘（PLS）和最小二乘支持向量机（LS-SVM）方法对鸭梨受损程度和受损天数的预测精度。结果表明，LS-SVM 方法对鸭梨轻度损伤的损伤天数的预测精度较高，但重度损伤天数的预测效果不如 PLS 方法；然后利用多光谱图像预测鸭梨受损天数，研究发现：利用 LS-SVM 建立的模型预测效果较稳定，预测结果相关系数在 0.85 左右。说明利用可见–近红外光谱分析技术和多光谱成像技术能够快速无损地检测出鸭梨的损伤程度及时间，为水果无损检测提供了一种新方法。

叶旭君等（2010）利用机载高光谱成像仪获取较早生长季节（2003 年 4 月、5 月和 6 月）的柑橘果树高光谱图像，然后采用偏最小二乘回归（PLS）确定高光谱图像数据的输入变量，分别建立柑橘产量的多元线性回归（MLR）和人工神经网络（ANN）预测模型。其中高光谱图像数据是采用 ERDAS Imagine 86 图像处理软件的嵌入式程序，提取图像中选定的各个树冠的平均反射值。通过这些波段的平均反射值反映不同柑橘果树个体的树冠构成特点，并作为预测变量用于建立柑橘产量的预测模型。研究结果表明，利用 5 月获得的高光谱图像建立的模型具有最优的产量预测效果，而且 PLS-MLR 模型的预测精度高于 PLS-ANN 模型。该研究结果为今后研制和开发基于高光谱成像技术的水果产量预测方法提供了重要的理论和技术基础。

水果打蜡是国际上允许和经常使用的一种果蔬保鲜方法，打蜡不仅能使水果表面的光泽更好，还能有效防止内部水分的蒸发，抑制微生物的入侵等。高俊峰等（2013）探讨应用高光谱成像技术对不同苹果蜡（打食用果蜡、工业蜡和未打蜡）的鉴别研究。采用 380~1024nm 的高光谱图像仪获取三类苹果的高光谱图像信息，采用 ENVI 软件提取苹果高光谱图像的漫反射光谱信息。其中，共采集 126 个样品，随机取出 84 个样品建模，其余 42 个样品预测。对光谱数据分别采用偏最小二乘（PLS）、最小二乘支持向量机（LS-SVM）和 BP 神经网络建立其高光谱反射特性与不同苹果是否打蜡的关系模型。结果显示，采用 MSC-SPA-LS-SVM 模型可以较好地区分食用果蜡、工业蜡和未打蜡的 3 类苹果，预测结果的正确率分别为 100%、100%和 92.86%。

Wei 等（2014a）采用高光谱图像技术检测柿子的成熟度（生、中熟、成熟和过熟），采用连续投影算法（SPA）和灰度共生矩阵（GLCM）分别提取特征光谱和图像的纹理信息，并将这些特征信息变量单一或结合作为分类模型的输入，表 16.5 显示了 518nm、711nm 和 980nm 波长下的 GLCM 参数值（相关性、对比度、能量和一致性）。采用了 3 种分类器，包括线性判别分析（LDA）、簇类独立软模式法（SIMCA）和最小二乘支持向量机（LS-SVM）。实验结果显示，将特征光谱信息与纹理特征相结合作为输入的 LDA 分类器对柿子成熟度的判别率达 95.3%，3 类分类器的判别效果排序为：LDA＞LS-SVM＞SIMCA。

表 16.5　在 518nm、711nm 和 980nm 波段下的 4 种不同成熟度柿子的纹理特征图像

项目	518nm	711nm	980nm
未成熟			
中等成熟			
成熟			
过熟			

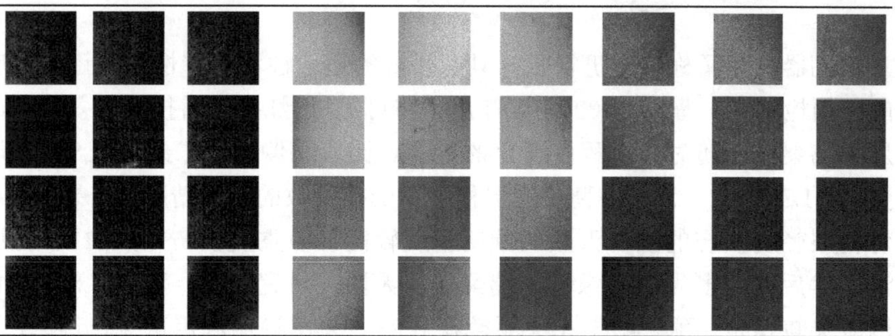

章海亮等（2013）应用高光谱成像技术对柑橘缺陷进行检测。试验选取缺陷果蒂腐、黑斑、褐腐、结痂和正常果各 30 个，提取并分析了 5 类果皮感兴趣区域光谱曲线并结合主成分分析确定了 2 个最佳波长（615nm 和 680nm），然后基于特征波长进行主成分分析，选取第 2 主成分 PC2 作为分类识别图像，提出采用特征波长主成分分析法与波段比算法相结合的判别方法。试验结果表明，结合掩模算法、特征波段主成分法、波段比算法及简单图像处理算法，能有效识别蒂腐、黑斑、褐腐、结痂和正常果样本，平均识别率为 94%。因此基于高光谱成像技术对带有蒂腐、黑斑、褐腐、结痂缺陷的柑橘分类识别是可行的。

裂纹是衡量鲜枣品质的重要指标之一，果皮裂纹加速鲜枣的腐烂，以致缩短货架期，严重降低鲜枣的经济价值。余克强等（2014）和 Yu 等（2014）研究采用高光谱成像技术在 380~1030nm 波段对鲜枣裂纹的位置及大小进行快速识别研究。采用偏最小二乘回归（PLSR）、全波段图像主成分分析（PCA）和全波段图像独立成分分析（ICA），分别得到鲜枣裂纹相关的敏感波段。然后利用选取的鲜枣裂纹的敏感波段对建模集的 132 个样本建立最小二乘支持向量机（LS-SVM）判别模型，并对预测集的 44 个样本进行判别。对 PLSR-LS-SVM、PCA-LS-SVM 和 ICA-LS-SVM 判别模型采用 ROC 曲线进行评判，得出 PLSR-LS-SVM 模型（area=1，std=0）对鲜枣裂纹定性分析的准确率达 100%。选取 PLSR 权重系数挑选出的 5 个鲜枣裂纹敏感波段（467nm、544nm、639nm、673nm 和 682nm）对应的单波段图像进行主成分分析，其中主成分 PC4 的图像结合图像处理技术最终识别出鲜枣裂纹的位置、大小等信息，图 16.5 为鲜枣裂纹识别的流程图。结果表明，采用高光谱成像技术可以对鲜枣裂纹进行定性和定量的研究，为进一步开发相关仪器提供理论方法和依据。

核磁共振成像（MRI）是一种先进的非接触式无损检测方法，在水果内部品质检测方面具有巨大潜力，可以实现水果内部品质的可视化检测。张建峰等（2013）将核磁共振成像技术与人工神经网络理论相结合，对香梨内部褐变进行了检测，图 16.6 为香梨数码图像和对应的核磁共振图像。在磁共振 T2 加权图像中选取果核区域作为感兴趣区域，提取出反映褐变特性的 10 个微观纹理特征参数，建立了 BP 神经网络模型进行识别研究。针对 BP 神经网络模型存在的不足，利用遗传算法对网络模型的权值和阈值进行优化。通过验证性试验发现：对于 4 组香梨样本，优化后 BP 神经网络模型的平均正确识别率为 92.50%，比未优化模型的平均正确识别率（80.83%）提高了 11.67%；同一组香梨样本相比较，优化后模型的识别效果也均优于未优化模型，每组香梨的识别率都得到了不

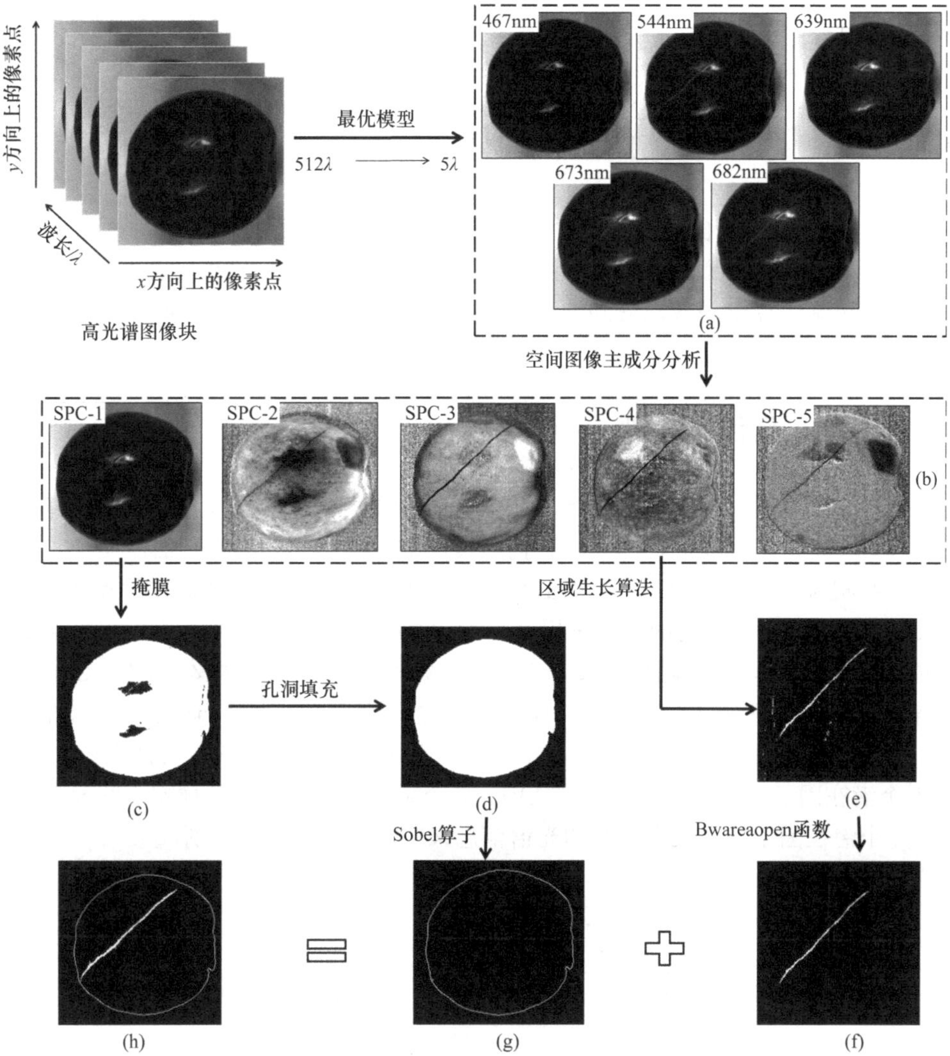

图 16.5　鲜枣裂纹识别流程图

（a）5 个特征波长下的单波段图像；（b）基于 5 个特征波长下 PCA 的前 5 个 PC 下的图像；（c）SPC1 掩膜后的图像；（d）空洞填充后的图像；（e）SPC4 预支分割后的特征；（f）经过区域生长算法后的特征；（g）鲜枣的轮廓特征；（h）裂纹特征信息

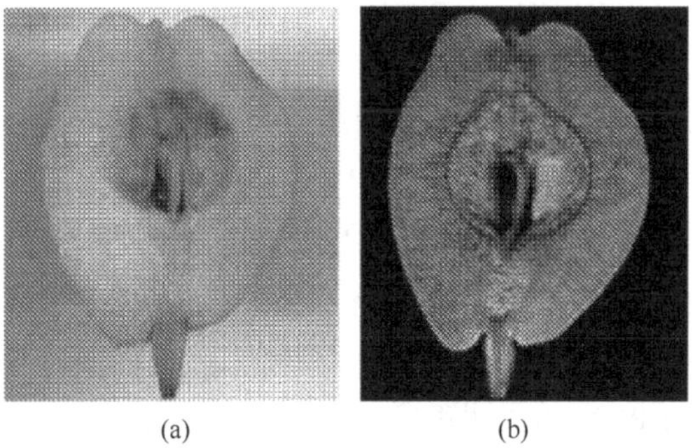

图 16.6　香梨数码图像和对应的核磁共振图像

（a）香梨数码图像；（b）对应的核磁共振图像

同程度的提高。结果表明：遗传算法优化后的 BP 神经网络模型具有很好的预测精度和泛化能力，可以实现香梨内部褐变的无损检测。

16.4　蔬菜品质检测

蔬菜是人们日常饮食中必不可少的食物，可提供人体所必需的多种维生素、矿物质，蔬菜中的水分和膳食纤维的含量也是重要的营养品质指标。蔬菜具有瘦身、美肤、抗癌、清除自由基等保健功效，受到消费者的喜爱，因此其品质和安全的检测一直受到广泛关注。

16.4.1　产地、品种的鉴别

黑木耳营养丰富，含有较多的蛋白质、脂肪、碳水化合物、膳食纤维等营养成分，同时还具有一定的药理作用，作为一种健康食品被广泛食用。黑木耳的品质受其产地生长环境的影响而具有很大的差异，有必要快速、准确地对黑木耳产地进行鉴别。Liu 和 He（2011）针对黑木耳产地的鉴别采用可见–近红外光谱进行了研究，收集来自 4 个不同产地的 240 个黑木耳样本，随机分成 180 个建模集和 60 个预测集样本。采集 325~1075nm 的光谱数据，经过 Savitzky-Golay 平滑、标准正态变换（SNV）、一阶导数、二阶导数的预处理后，通过偏最小二乘（PLS）建立了光谱数据与不同产地的相关性模型，图 16.7 是前 3 个潜在因子变量的三维空间聚类图，4 个不同产地的黑木耳样本之间没有重叠，说明前几个潜在因子能代表大部分的光谱信息来实现不同产地的鉴别。

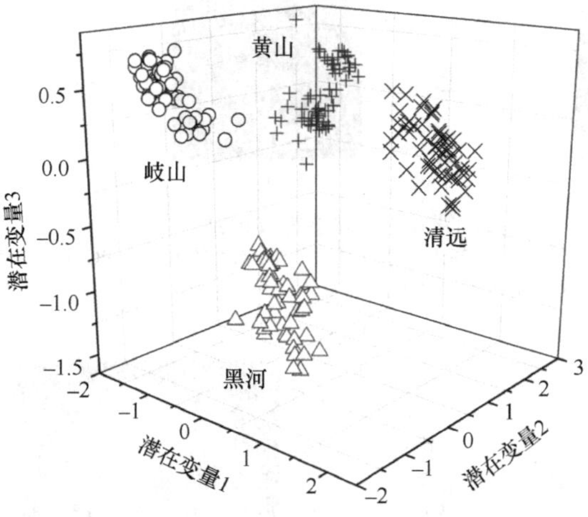

图 16.7　前 3 个潜在因子变量的三维空间聚类图

之后，将 PLS 的前 4 个潜在因子分别作为 BP 神经网络（BPNN）、最小二乘支持向量机（LS-SVM）的输入，建立了黑木耳产地的鉴别模型。模型对预测集样本的结果显示，误差阈值设为±0.1 时，BPNN 的预测正确率为 98.3%，LS-SVM 的预测正确率为 96.7%，见图 16.8。说明可见–近红外光谱技术对于黑木耳产地的鉴别有很好的效果。

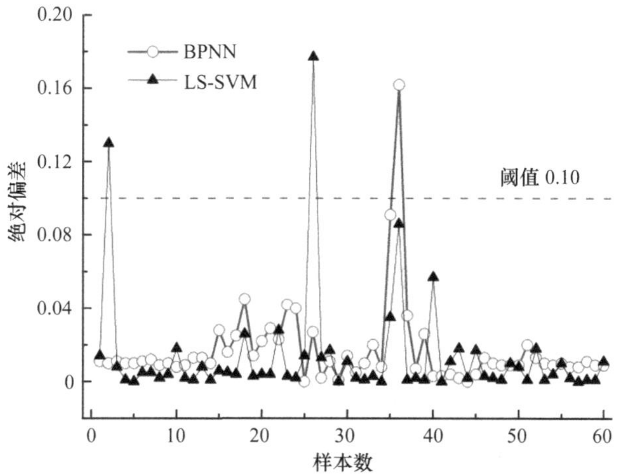

图 16.8 BPNN 和 LS-SVM 模型的预测结果绝对偏差

蘑菇是一种常见的食用菌，富含蛋白质、维生素、矿物质、食用纤维等营养成分，经常食用还能提高机体免疫力。杨海清等（2008）应用可见–近红外光谱（375~1025nm）对不同品种的香菇进行无损鉴别研究。选取了 195 个样本，其中 150 个用于样本建模，其余 45 个用于检验模型的预测能力。通过主成分分析（PCA）将光谱数据进行压缩和主成分提取，将前 3 个主成分（累计可信度达 94.37%）作为三维空间的 3 个变量（*X*、*Y*、*Z*），应用遗传算法确定了样本空间分割平面。还将 PCA 和 BP 神经网络（BPNN）相结合建立了比较模型。结果表明，两个模型取得了相近的预测结果，准确率均高于 91%。而且相比于 BPNN，样本空间分割平面方法更为直观、简便，为仪器化鉴别提供了新途径。

16.4.2 品质成分的检测

Liu 等（2009a）基于近红外（1100~2500nm）光谱技术结合化学计量学方法实现了黑木耳蛋白质含量的快速测定。对采集的光谱数据用 Savitzky-Golay 平滑、标准正态变换（SNV）、多元散射校正（MSC）、一阶导数、二阶导数、直接正交信号校正（DOSC）方法进行预处理，再通过连续投影算法（SPA）提取特征波长并建立偏最小二乘回归（PLSR）、多元线性回归（MLR）和最小二乘支持向量机（LS-SVM）蛋白质含量预测模型。最佳的预处理方法是 MSC，最优的模型为 SPA-LS-SVM 模型，其预测相关系数（*r*）为 0.9839，预测均方根误差（RMSEP）为 0.16%。图 16.9 为 MSC-SPA-LS-SVM 模型的预测值与真实值的相关图，从图中也可以看出模型可以满足预测要求。

Nie 等（2011）基于中红外光谱技术及化学计量学方法检测蘑菇的蛋白质含量，利用偏最小二乘回归（PLSR）模型的前 8 个潜在因子作为输入变量建立最小二乘支持向量机（LS-SVM）模型，再对未参与建模的 40 个样本的蛋白质含量进行预测，预测相关系数（*r*）达到 0.9275，预测均方根误差（RMSEP）为 0.2596%。

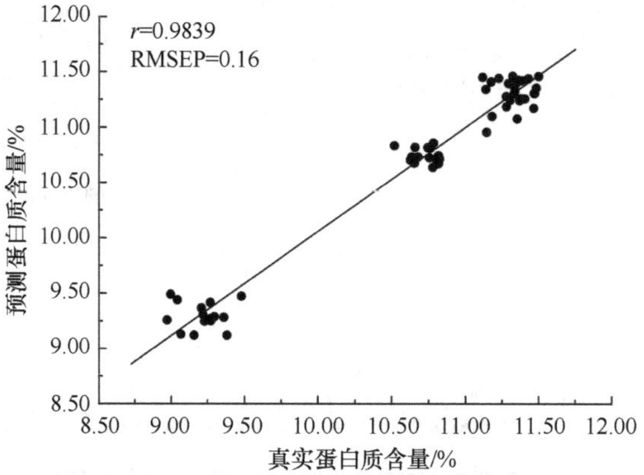

图 16.9　MSC 预处理的 SPA-LS-SVM 模型的预测值与真实值的相关图

毛竹笋是中国饮食中的重要食料，因为它含有丰富的膳食纤维，所以有利于人体对食物的消化吸收，同时摄取足够膳食纤维还可以预防心血管疾病、糖尿病及其他疾病。余心杰等（2013）采用红外光谱检测毛竹笋的不溶性膳食纤维含量，选用春笋和冬笋各 40 个，每个笋体分割成笋尖、笋中和笋基三部分，共得 240 个样本。随机选取 60 份春笋和 60 份冬笋样本组成了近红外样本集，剩余的 120 个样本为中红外样本集。分别在 400~960nm 的近红外和 2500~25 000nm 的中红外区间采集光谱数据，首先运用自编码网络（AN）流形学习进行非线性降维，再用偏最小二乘回归（PLSR）对降维后的光谱数据和毛竹笋中不溶性膳食纤维的含量建立回归校正模型，并与采用多元散射校正（MSC）、矢量归一化（SNV）、一阶导数对原始光谱进行预处理后再建立的 PLSR 模型和不经过任何预处理、直接用 PLSR 建立的模型进行比较。对近红外和中红外样本集分别用其 90 个样本作为建模集以建立上述模型，并用其余 30 个样本的预测集数据来评价模型的预测能力，结果见表 16.6。可以看出，对于两种样本集，采用 AN-PLSR 建立毛竹笋不溶性膳食纤维含量的校正模型及预测结果最优，说明近红外和中红外光谱都可用于毛竹笋不溶性膳食纤维含量的检测，并且 AN 是一种有效的光谱数据降维方法（表 16.6）。

表 16.6　AN-PLSR 与其他 PLSR 模型对毛竹笋不溶性膳食纤维含量检测的结果比较

建模方法	NIR 样本集				MIR 样本集			
	校正集（90 个）		预测集（30 个）		校正集（90 个）		预测集（30 个）	
	RMSECV	R^2	RMSECP	R^2	RMSECV	R^2	RMSECP	R^2
AN-PLS	0.0139	0.9051	0.0138	0.9062	0.0131	0.9070	0.0135	0.9071
MSC-PLS	0.0188	0.7999	0.0191	0.7999	0.0201	0.7718	0.0204	0.7717
SNV-PLS	0.0153	0.8700	0.0175	0.8261	0.0132	0.9008	0.0134	0.9007
Savitzky-Golay-PLS	0.0150	0.8720	0.0154	0.8743	0.0215	0.7386	0.0223	0.7312
PLS	0.0221	0.7252	0.0233	0.7242	0.0197	0.7896	0.0204	0.7876

腺苷三磷酸（ATP）是生物体内最重要的化合物之一，它作为高能化合物，既是生物生命活动的直接能源物质又可以储存能量。生物细胞体内的 ATP 含量水平直接反映细

胞的活性。食品和农产品在贮藏期间其细胞内的 ATP 会自动分解、含量会逐渐降低。因此，细胞内 ATP 的含量水平可以作为动植物产品新鲜度和品质的评价指标。针对恒温（25℃）存储 5 天的菠菜细胞的 ATP 含量水平，叶旭君等（2012）每 24h 定时选取完整菠菜叶片 3 或 4 片，采用紫外–可见–近红外（240~2400nm）分光光度计获取叶片的光谱数据，并采用常规物理化学方法制备细胞原生质体悬浮液，采用萤火虫荧光素酶生物发光技术测定其细胞原生质体的 ATP 含量。菠菜叶片细胞原生质 ATP 含量随贮藏时间延长的变化动态见图 16.10。由图中可以看出，温控贮藏 24h 后，细胞原生质体的 ATP 含量有所增加，该现象可能与呼吸作用增强及其伴随而来的氧化磷酸化有关，因为刚刚收获的植株丧失了土壤的养分供应，为了维持 ATP 的合成和细胞活力，以上生理机制被激活。之后，由于持续缺乏养分供应，随着贮藏时间的延长 ATP 水平迅速降低。

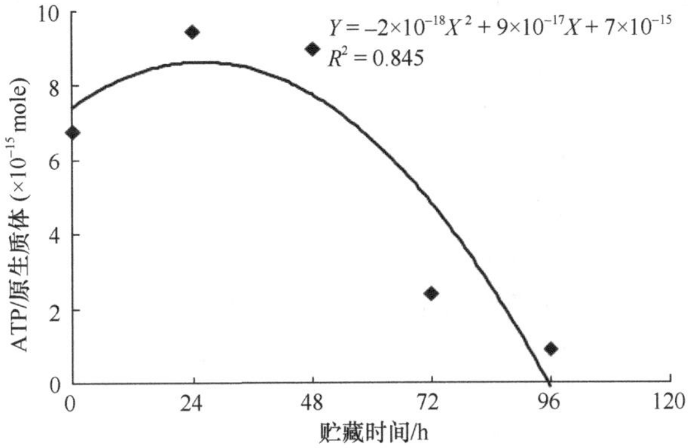

图 16.10　菠菜叶片细胞原生质 ATP 含量在贮藏期间的变化动态

对获得的菠菜叶片光谱数据和细胞原生质 ATP 含量采用 Person 相关系数评价相关程度，图 16.11 是 Person 相关分析结果。由图 16.11 可见，298nm 紫外光呈现最大的正相关性，730nm 近红外光呈现最大的负相关性。再分别基于这两个最优特征波长，建立叶片细胞原生质体 ATP 含量的校正模型，并用预测集数据进行验证。结果显示，采用 298nm 所建模型的预测决定系数 R^2 为 0.7765，采用 730nm 所建模型的 R^2 为 0.8691，说明 298nm 和 730nm 两个特征波长具有预测菠菜细胞原生质体 ATP 含量的潜力，为准确、快速、无损地评价蔬菜新鲜度提供了一种新的技术途径。

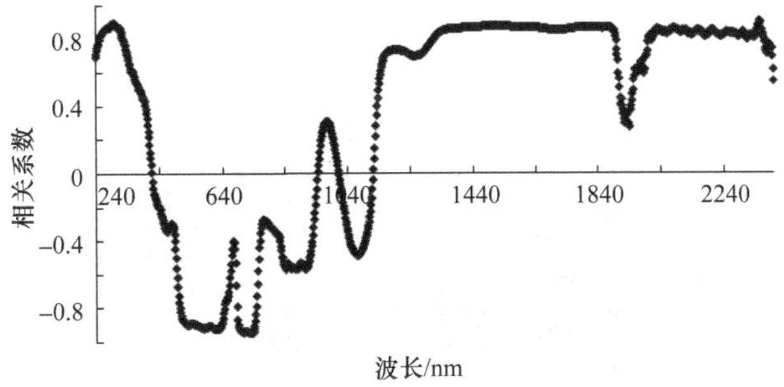

图 16.11　菠菜叶片光谱数据和细胞原生质 ATP 含量的 Person 相关分析

16.4.3　煮沸时间的研究

长豇豆是餐桌上常见的蔬菜之一，富含粗蛋白质、粗脂肪、矿物质和维生素，同时它还具有一定的药用价值。长豇豆含有植物血凝素和皂苷类化合物。植物血凝素会损害肠道壁腔，导致大肠杆菌过量生长，降低骨骼肌中蛋白质的合成率。皂苷类化合物味苦，降低了长豇豆的适口性。食用不熟的长豇豆会造成恶心、呕吐、腹泻等中毒症状，高温（100℃）煮沸可将植物血凝素和皂苷类化合物的含量减少到正常食用值。因此，在食用前，须将长豇豆经过高温煮沸。判断煮沸程度的方法通常是肉眼观察和品尝，但是这些方法比较主观，不够精确。因此，需要一种快速无损的方式鉴别长豇豆的煮沸时间。Nie 等（2012）采集不同煮沸时间（0s、30s、60s、90s、120s、150s、180s、210s、240s、270s 和 300s）的长豇豆的可见–近红外（325~1075nm）光谱，对光谱数据进行 Savitzky-Golay 平滑、多元散射校正（MSC）、标准正态变换（SNV）、一阶导数等预处理，并与不同的煮沸时间建立偏最小二乘回归（PLSR）模型。其中，Savitzky-Golay 平滑-MSC 预处理后的建模和预测效果最佳。再对经过上述最佳预处理的全波段数据用偏最小二乘回归（PLSR）和最小二乘支持向量机（LS-SVM）建立长豇豆煮沸时间的预测模型，均取得了不错的预测效果。然后，分别基于 PLSR 和 LS-SVM 模型的回归系数，消除无信息光谱变量，提取有用波段。该过程需要设定一个阈值，大于阈值的回归系数所对应的变量是要保留的变量。Nie 等提出了如下公式进行回归系数阈值的选择：

$$F=\frac{r_{cal}^{2}}{1+abs(\mathrm{RMSEC}-\mathrm{RMSECV})} \tag{16.1}$$

式中，r 是建模相关系数；RMSEC 和 RMSECV 分别为建模和交互验证均方根误差。r 越大，RMSEC 和 RMSECV 的差值越小，该模型越好。因此，越好的模型其 F 值越大，F 值最大时对应的变量选择阈值即最佳阈值。对于 PLSR 模型，建模时还要考虑到不同的潜在因子个数对模型结果的影响。图 16.12 为不同的阈值及不同的潜在因子个数相互组合下的 F 值分布图。经过分析，当阈值为 12，潜在因子个数为 11 时得到的 F 值最大，即模型最佳。挑出回归系数绝对值大于 12 的所有光谱变量，并建立 PLSR 和 LS-SVM 模型以预测长豇豆的煮沸时间，模型均取得了与全波段建模相近的结果。同样，对基于

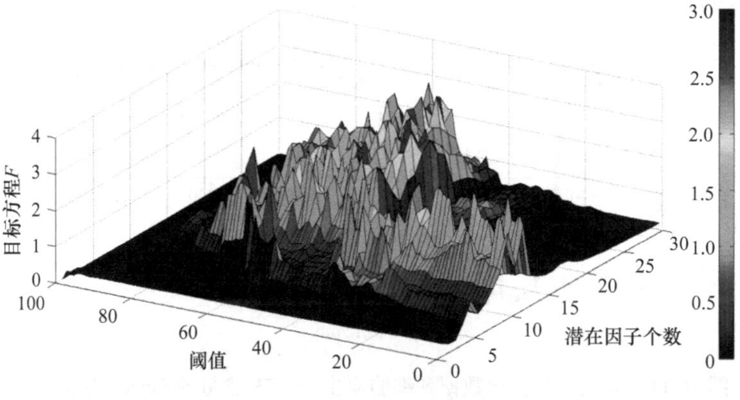

图 16.12　不同的阈值及不同的潜在因子个数相互组合下的 F 值分布图

LS-SVM 模型的回归系数，也用上述方法确定了 F 值最大时的阈值，并用大于阈值的光谱变量建立 PLSR 和 LS-SVM 模型，也取得了与全波段建模相近的结果。

16.5　酒水饮料品质检测

饮料除提供水分外，由于在不同品种的饮料中含有不等量的糖、酸、乳及各种氨基酸、维生素、无机盐等营养成分，因此还具有一定的营养。饮料一般可分为含酒精饮料和无酒精饮料。无酒精饮料又称软饮料。酒精饮料是指供人们饮用且乙醇（酒精）含量为 0.5%~65%（*V*/*V*）的饮料。随着人们物质水平的不断提高，对饮料的品质要求也随之提高。饮料的品种繁多，如只凭感官评定，受主观因素影响较大，准确性难以保证。而常规的化学方法进行饮料的品牌及品质鉴别费时、费力，且不便于进行快速在线检测。因此研制一种简单、快速、无损的饮料品质鉴定技术是很有必要的。

16.5.1　品牌检测

水果中含有丰富的糖质资源，是酿醋用的上等原料，与粮食醋相比，果醋的营养成分更为丰富，富含乙酸、琥珀酸、苹果酸等多种氨基酸、维生素及生物活性物质。Liu 等（2008a）采用近红外光谱技术对不同品种的果醋进行鉴别。实验将收集到的 4 个品种的果醋（芦荟、苹果、柠檬和桃醋）样本随机分为校正集（各 45 个样本）、验证集（各 15 个样本）及独立预测集（各 6 个样本）。然后采用偏最小二乘判别分析（PLS-DA）和最小二乘支持向量机（LS-SVM）建立判别模型。其中对于建模的输入变量分别采用潜在变量（LV）、载荷分析（x-Loading）、回归系数分析、建模能力分析和独立成分分析（ICA）进行提取。基于 LS-SVM 模型的果醋判别效果要优于 PLS-DA 模型，其中基于回归系数的 LS-SVM 模型判别效果最佳，模型的决定系数 R^2、预测均方根误差（RMSEP）分别为 1.00、0.025，其中模型判别率达 100%。

咖啡作为饮料有着悠久的历史，适当饮用能起到消除疲劳、振奋精神、促进血液循环等作用。在中国常见的是品牌咖啡，不同品牌咖啡也因为所选用咖啡豆的不同而存在着差异。王艳艳等（2007）利用可见–近红外光谱技术对 3 种不同品牌咖啡进行鉴别。分别采用主成分分析法（PCA）与 BP 神经网络（BPNN）结合和小波变换（WT）与 BP 神经网络（BPNN）结合两种组合模型进行分析预测。实验将 3 个品牌共 60 个样本进行建模，对 30 个样本进行预测。结果表明，两种模型的咖啡品牌鉴别率均为 100%。同时也表明，WT 用于数据压缩无论是在压缩时间上还是在压缩能力上都优于 PCA。说明通过 WT 和 BPNN 相结合建立模型进行不同品牌咖啡鉴别具有分析速度快、鉴别能力强的特点，为快速鉴别纯品咖啡提供了新的方法。

杨梅汁作为一种绿色饮料，其口感、糖分含量、酸度和维生素含量等内部品质，都得到了广泛重视。但不同品种间的显著差异直接影响了它的口感和营养成分。Cen 等（2006b）将可见–近红外光谱技术应用于杨梅汁的品种鉴别，提出了偏最小二乘法（PLS）与人工神经网络（ANN）相结合的模式识别方法，并呈现优良的预测性能。在 PLS 分析时，根据剩余方差对 PLS 的主成分数进行优化，提取前 9 个主成分作为 BPANN 的输入，得到模型的鉴别准确率为 100%。表 16.7 所示，模型前 9 个主成分对应最低的 RV 值（0.170）、最大相关系数 r（0.8653）和最低的 SEC（0.4150）。

表 16.7　前 10 个主成分对应的剩余方差、相关系数和标准误差

主成分数	残余方差	r	SEC
1	0.442	0.5808	0.6707
2	0.408	0.6286	0.6439
3	0.337	0.7065	0.5854
4	0.279	0.7646	0.5328
5	0.261	0.7826	0.5153
6	0.200	0.8381	0.4511
7	0.214	0.8259	0.4662
8	0.182	0.8544	0.4306
9	0.170	0.8653	0.4150
10	0.176	0.8606	0.4221

16.5.2　品质检测

橙汁是一种深受人们喜欢的饮料，在果汁行业中占有重要的地位。橙汁中富含有机酸、维生素、还原糖等，这些都成为衡量橙汁品质的重要指标。Cen 等（2007）使用可见–近红外光谱技术检测橙汁中的柠檬酸和酒石酸含量，其中真实的柠檬酸和酒石酸含量采用高效液相色谱法获得。采用偏最小二乘（PLS）建立回归模型，结果显示对橙汁中柠檬酸和酒石酸的预测结果 r_p 和 RMSEP 分别为 0.944、0.930 和 0.596、0.013。另外，主要对柠檬酸和酒石酸的特征谱带进行了分析，采用 x-Loading 和回归分析获得的柠檬酸和酒石酸特征波段，其中对应载荷值越大说明该波段与柠檬酸或酒石酸的相关性越大，反之相关性越小；回归系数分析也是通过寻找谱图中的波峰或波谷确定特征波长。

Wu 等（2010）对葡萄汁中的可溶性固形物（SSC）和 pH 进行了基于可见–近红外光谱技术的研究，对特征波长的选择算法和建模方法进行了比较分析。提出了采用无信息变量消除（UVE）和连续投影算法（SPA）相结合的特征波段提取，另外，比较了偏最小二乘（PLS）和多元线性回归（MLR），结果表明 UVE-SPA-MLR 的预测效果好于 UVE-SPA-PLS，模型对葡萄汁中 SSC 和 pH 的预测结果：决定系数（R^2）和剩余预测偏差（RPD）分别为 0.979、6.971 和 0.951、5.432。

有机酸是评价果醋的一项重要指标，同时也是消费者在选择果醋时参考的重要依据。Liu 等（2009b）研究了基于可见–近红外光谱技术的梅子醋中乙酸、酒石酸和乳酸含量的检测，并采用连续投影算法结合最小二乘支持向量机（SPA-LS-SVM）建立各含量的模型。作为算法和模型的比较，实验还采用了回归系数分析（RC）进行有效波长的提取（表 16.8），另外，还将多元线性回归（MLR）和偏最小二乘（PLS）用于建模分析。模型的评价指标使用常规的相关系数（r）和预测均方根误差（RMSEP），实验结果显示，SPA-LS-SVM 模型的预测效果最佳，对应乙酸、酒石酸和乳酸含量的 RMSEP 分别为 0.3581、0.0714 和 0.0201。

表 16.8　采用 SPA 和 RC 方法提取的特征波段

有机酸	方法	个数	选取的特征波长/nm
乙酸	SPA	12	944、951、462、902、431、978、988、409、406、944、947、940
	RC	8	406、417、918、925、944、979、993、998
酒石酸	SPA	15	944、951、462、902、431、978、988、409、406、944、981、947、940、995、992
	RC	8	406、417、918、925、944、979、993、996
乳酸	SPA	19	431、771、963、959、940、970、880、891、951、932、954、403、902、998、989、417、978、406、946
	RC	6	406、417、918、944、979、993

Liu 和 He（2009）还对果醋中的有机酸、pH 等进行了无损检测，实验采用 FTIR-4100 光谱仪采集了果醋近红外区域（7800~4000cm^{-1}）的波长，然后对这些原始的波长采用 SG 平滑、标准正态变量（SNV）、求导处理等，表 16.9 为采用不同光谱预处理得到的有机酸和 pH 的建模与验证结果，说明对于果醋中乙酸和甲酸的检测，采用原始光谱数据的预测结果最佳，而对于酒石酸和 pH 的检测，采用 SG 平滑结合 SNV 的效果最佳。最后采用潜在变量分析（LV）、回归系数分析及小波变换（WT）对模型的输入特征变量进行筛选（表 16.10），结果显示，采用回归系数的最小二乘支持向量机（EW-LS-SVM）预测结果要优于 LV-LS-SVM，WT-LS-SVM 模型对乙酸、酒石酸和 pH 的预测要优于 EW-LS-SVM 模型。

表 16.9　不同光谱预处理方法的有机酸和 pH 的建模与验证结果比较

参数	预处理方法	潜在变量	校正集			验证集		
			r	RMSEC	Bias	r	RMSEP	Bias
乙酸/（g/L）	None	8	0.9962	0.6060	1.7×10^{-6}	0.9954	0.6809	0.1302
	SG+SNV	5	0.9933	0.8009	-1.9×10^{-7}	0.9935	0.8136	−0.0909
	一阶导数	15	0.9930	0.8186	4.4×10^{-6}	0.9446	2.2885	0.0354
	二阶导数	17	0.9923	0.8619	-1.2×10^{-6}	0.9379	0.4228	0.1582
酒石酸/（g/L）	None	5	0.9834	0.1704	2.3×10^{-8}	0.9830	0.1734	0.0229
	SG+SNV	5	0.9929	0.1119	-9.5×10^{-8}	0.9944	0.0998	−0.0015
	一阶导数	10	0.9875	0.1483	5.6×10^{-7}	0.9633	0.2572	0.0481
	二阶导数	1	0.9065	0.3969	-2.7×10^{-7}	0.9205	0.3681	0.0042
甲酸/（g/L）	None	3	0.9923	0.0982	-8.1×10^{-8}	0.9946	0.0824	−0.0010
	SG+SNV	1	0.9896	0.1137	-1.1×10^{-7}	0.9906	0.1085	−0.0067
	一阶导数	3	0.9899	0.1122	3.9×10^{-7}	0.9855	0.1373	0.0174
	二阶导数	1	0.9754	0.1747	-3.1×10^{-7}	0.9850	0.1394	0.0046
pH	None	9	0.9959	0.0319	1.2×10^{-8}	0.9934	0.0406	−0.0011
	SG+SNV	6	0.9933	0.0409	-1.3×10^{-7}	0.9936	0.0403	−0.0029
	一阶导数	17	0.9923	0.0439	9.7×10^{-8}	0.9163	0.1420	0.0030
	二阶导数	19	0.9907	0.0482	-1.2×10^{-7}	0.9024	0.1524	−0.0029

黄酒以其富含的氨基酸、维生素、矿物质等营养物质和独特的滋味著称于世，同时还以其营养保健功能而闻名。黄酒种类繁多，而其含糖量可以作为黄酒分类的一个标准，

表 16.10　基于 LS-SVM 模型的有机酸和 pH 的建模与验证结果比较

模型	(γ, σ^2)	校正集			验证集		
		r	RMSEC	Bias	r	RMSEP	Bias
乙酸/(g/L)							
LV-LS-SVM	2.0×10^3，972.6	0.9971	0.6034	3.3×10^{-9}	0.9970	0.6508	0.0113
EW-LS-SVM	129.3，4.6	0.9981	0.5412	1.4×10^{-8}	0.9978	0.5658	0.0336
WT-LS-SVM	1.0×10^6，3.4×10^3	0.9998	0.2951	7.4×10^{-5}	0.9997	0.3534	−0.0110
酒石酸/(g/L)							
LV-LS-SVM	73.4，170.0	0.9938	0.2825	-2.4×10^{-10}	0.9972	0.2407	−0.0053
EW-LS-SVM	10.5，6.6	0.9952	0.2500	2.2×10^{-10}	0.9982	0.2104	0.0031
WT-LS-SVM	7.2×10^5，1.2×10^5	0.9953	0.2462	1.2×10^{-5}	0.9985	0.1906	0.0025
甲酸/(g/L)							
LV-LS-SVM	970.0，35.2	0.9970	0.2089	-3.4×10^{-10}	0.9941	0.2190	−0.0137
EW-LS-SVM	2.4×10^3，35.8	0.9977	0.1862	3.7×10^{-11}	0.9987	0.1734	0.0012
WT-LS-SVM	2.7×10^5，4.1×10^4	0.9973	0.2004	1.8×10^{-9}	0.9986	0.1862	−0.0064
pH							
LV-LS-SVM	7.0×10^4，623.9	0.9974	0.1384	8.4×10^{-12}	0.9948	0.1602	−0.0030
EW-LS-SVM	1.1×10^3，0.3	1.0000	0.0500	-5.4×10^{-8}	0.9992	0.0839	0.0031
WT-LS-SVM	2.4×10^6，1.2×10^4	0.9999	0.0653	-2.0×10^{-4}	0.9996	0.0842	0.0012

同时含糖量在黄酒发酵过程中也是一个重要的指标。因此，黄酒糖度的快速检测是黄酒品质理化指标分析中的一个重要方面。Liu 等（2007）通过将可见–近红外光谱结合偏最小二乘法证实了黄酒中可溶性固形物和 pH 无损检测的可行性，同时通过对各波长进行载荷分析及回归系数分析，确定了检测黄酒中可溶性固形物和 pH 的特征波长，为黄酒品质的在线、快速检测提供了理论基础。

16.6　调味品品质检测

调味品是指能增加菜肴色、香、味的辅助食品，主要功能是满足消费者的感官需要，从而促进食欲，增进人体健康。广义上讲，调味品包括咸味剂、甜味剂、酸味剂、鲜味剂和辛香剂等。近年来，随着社会经济的发展，消费水平的提高，调味品产品越来越趋向专业化、功能化，市场需求不断增长。而且，调味品行业与居民日常饮食息息相关，其品质检测和质量控制关系到广大消费者的身体健康。

16.6.1　品牌、品种的鉴别

食醋是人们日常生活中不可或缺的调味佳品，它不仅具有很高的食用价值，而且还有广泛的保健治疗、杀菌消毒等功效。食醋品牌繁多，不同品牌口味差别较大，而通过常规化学分析的方法区别品牌费时费力，因此需要一种快速有效的识别方法。Liu 等（2011）研究了可见–近红外光谱检测米醋品牌的方法，采集来自 5 种品牌的 300 个米醋样本在 325~1075nm 的透射光谱，见图 16.13。由于米醋中含有较多的水分，在 980nm 处有较明显的水分吸收峰。

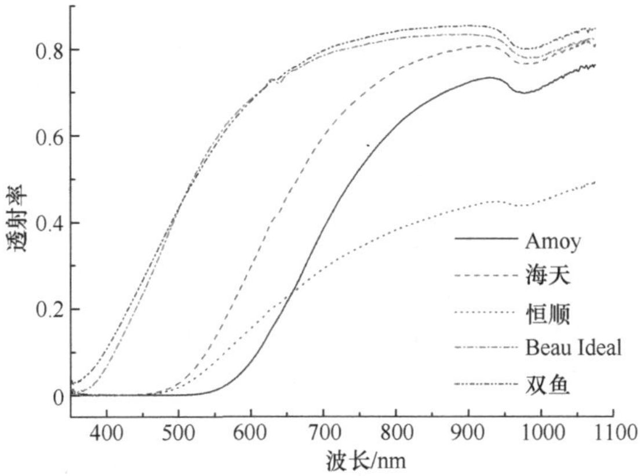

图 16.13 5 种品牌米醋的可见–近红外透射光谱

对 225 个建模集样本利用偏最小二乘鉴别分析（PLS-DA）提取光谱数据的前几个潜在因子，图 16.14 为前 3 个潜在因子变量的聚类散点图，前几个潜在因子能够代表大部分的光谱信息，以实现不同品牌米醋的鉴别。

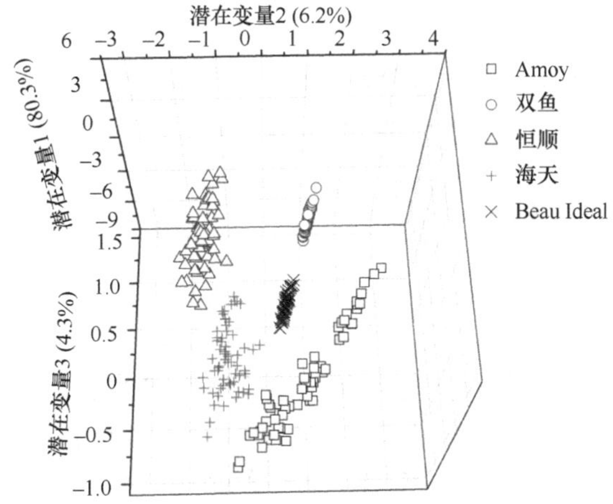

图 16.14 前 3 个潜在因子变量的三维空间聚类图

然后，基于前几个潜在因子变量，建立 BP 神经网络（BPNN）和最小二乘支持向量机（LS-SVM）模型，再对 75 个预测集样本进行预测，结果表明，两个模型都能 100%地正确预测米醋的品牌。在以上基础上，又通过载荷分析和回归系数分析方法提取了 5 个光谱特征波长（538nm、584nm、899nm、902nm 和 978nm），作为 BPNN 和 LS-SVM 模型的输入。特征波 LS-SVM 和 BPNN 模型的预测正确率分别为 100%和 66.7%。结果表明，载荷分析和回归系数分析是有效提取特征波长的方法，可以提高建模速度，减少检测时间，并便于开发便携式检测仪器。

王莉等（2008）提出了一种基于可见–近红外透射光谱技术快速判别白醋品牌的方法。

首先对获得的原始光谱数据进行平滑、变量标准化及一阶导数等预处理，再采用主成分分析（PCA）结合 BP 神经网络（BPNN）的方法建立白醋品牌鉴别的模型。结果表明在阈值设定为±0.1 的情况下该模型对预测集样本的品牌鉴别准确率达 100%。

酱油也是人们常用的调味品之一，它不仅味道鲜美，而且富有营养。不同品牌的酱油品质存在较大的差异，因此需要一种快速简单的技术鉴别酱油品牌。童晓星等（2008）采用近红外透射光谱快速鉴别酱油品牌。首先选取市场上 8 种典型品牌的酱油，各品牌分别采样 40 余次，共计采样 322 个样本，其中 242 个作为建模样本，80 个作为预测样本。采集的光谱数据经过 Savitzky-Golay 三次多项式拟合平滑处理，采用主成分分析（PCA）进行聚类分析，选取前 8 个主成分作为 BP 神经网络（BPNN）模型的输入。模型的预测结果表明，在 98%的置信区间里取得了 98.75%的识别正确率。因此，近红外光谱技术结合 PCA 和 BPNN 算法能够快速准确地判定酱油品牌。

糖作为人类最早的调味品之一，已经在各种饮食领域中得到广泛应用。不同品种的糖口味不同，功效不用。因此，需要一种快速识别糖品种的方法。魏俞涌等（2012）提出了一种应用可见-近红外光谱技术与偏最小二乘（PLS）及模糊聚类相结合的方法用于快速鉴别糖的品种，采集白砂糖、木糖醇、麦芽糖、葡萄糖 4 类糖的漫反射光谱，运行 PLS 提取前几个潜在因子变量，并建立模糊聚类预测模型，预测结果准确率达 100%。此外，作为糖类中较常见的红糖，在市场中有很多品牌，且不同的品牌口感不同。Yang 等（2007）采用短波近红外光谱（800~1050nm）进行了红糖品牌的鉴别研究，采集 3 个品牌的共 150 个红糖样本的反射光谱，105 个样本作为建模集，45 个作为预测集。采用主成分分析法（PCA）提取前 2 个主成分建立最小二乘支持向量机（LS-SVM）分类模型，并对预测集进行预测，取得了 100%的正确鉴别率。

16.6.2 品质成分的检测

醋可以从各种材料如酒、水果、麦芽、大米或纯酒精等发酵而成。除了酿造醋的原料味道外，可溶性固形物（SSC）和 pH 对醋的味道有着显著影响。对醋的 SSC 和 pH 进行快速、准确地测定无论对于生产厂家还是消费者来说都具有非常重要的意义。Liu 等（2008b）采用可见-近红外光谱技术对米醋的 SSC 和 pH 进行定量分析，选取 5 种品牌（每种 65 个样本）的 325 个样本，225 个样本作为建模集，75 个作为验证集，25 个作为独立样本集。首先，分别采用 400~780nm、781~1000nm、400~1000nm 和 550~1000nm 4 个不同的光谱波段建立 SSC 和 pH 预测的偏最小二乘回归（PLSR）模型，其中 550~1000nm 波段的模型具有最好的预测效果。然后，采用 PLSR 提取光谱信息的潜在因子，分别采用前 5 个、6 个、7 个、8 个潜在因子建立最小二乘支持向量机（LS-SVM）模型。结果表明，利用前 6 个潜在因子建立的 LS-SVM 模型具有最好的预测结果。最后，基于 PLSR 的回归系数提取出光谱特征波段，得到携带 SSC 信息较多的特征光谱波段为 560~563nm、775~789nm、797~803nm、966~968nm 和 974nm；携带 pH 信息较多的特征光谱波段为 560~564nm、780~790nm、794~804nm、974nm、977nm 和 978nm。采用以上特征波段建立 LS-SVM 模型，得到了最佳的预测结果，见表 16.11，SSC 和 pH 的预测相关系数（r）均为 0.999。结果表明，LS-SVM 模型的预测能力优于 PLSR，说明可见–近红外光谱和 SSC、pH 之间存在一定的非线性关系；基于特征波段的 LS-SVM 模型不仅预测能力最强，而且建模、预测效率最快，为以后的工业化实时检测提供了可能。

表 16.11　基于特征波段的 LS-SVM 模型的 SSC 和 pH 预测结果

数据集	指标	（γ，σ^2）	相关系数	RMSEC/RMSEP	偏差	斜率	偏移
建模集	SSC	（1.7×10^3，5.4）	1.000	0.074	3.9×10^{-5}	1.000	0.007
	pH	（2.0×10^4，15.1）	1.000	0.003	1.4×10^{-4}	1.001	–0.002
验证集	SSC	（1.7×10^3，5.4）	0.999	0.189	0.051	0.989	0.213
	pH	（2.0×10^4，15.1）	0.999	0.008	-1.7×10^{-3}	0.995	0.009
独立样本集	SSC	（1.7×10^3，5.4）	0.999	0.102	–0.018	1.003	–0.062
	pH	（2.0×10^4，15.1）	0.999	0.004	0.001	0.998	0.005

白醋与米醋不同，它呈无色或淡黄色，并且是透明的。由于白醋的无色性，烹饪中不会影响到食物原有的色泽，因此越来越多的家庭选择使用白醋作为调味品。含糖量同样是白醋品质和口感的重要指标。Liu 等（2008c）采用可见–近红外透射光谱技术检测白醋的含糖量，选取 320 个样本，随机选 240 个作为建模集，其余的 80 个作为预测集。首先用原始光谱建立偏最小二乘回归（PLSR）预测模型；然后将原始光谱预处理后，建立 PLSR 预测模型；最后，通过 PLSR 提取潜在因子并建立 BP 神经网络（BPNN）预测模型。结果表明，原始光谱的 PLSR 模型优于经过预处理的 PLSR 模型；BPNN 模型的预测相关系数（r）达 0.995，优于 PLSR 模型。因此可推断，经过预处理光谱信息部分丢失，同时白醋的含糖量与光谱信息存在非线性关系。

16.6.3　辐照剂量的研究

食品辐照是一种常用的消除食物中病原体的有效方法，辐照剂量大小是辐照食品的重要品质指标。国际粮食及农业组织、国际原子能机构和世界卫生组织通过了一项决议，在辐照剂量 10kGy 以下不会引起食物的营养损失。传统的检测辐照剂量的方法非常复杂并且对食物具有破坏性，采用可见–近红外光谱技术可以实现快速、无损地检测辐照剂量。Gong 等（2012）采用可见–近红外进行了蔗糖辐照剂量的检测研究。收集 5 组不同辐照剂量（0kGy、1.5kGy、3.0kGy、4.5kGy 和 6.0kGy）的样本共 250 个，200 个作为建模集，50 个作为预测集。采用主成分分析（PCA）提取光谱的主成分进行聚类分析，图 16.15 为前 2 个主成分的聚类散点图。如图所示，PCA 取得了较好的分类效果。再将前 5 个主成分作为 BP 神经网络（BPNN）的输入，建模集和预测集样本的鉴别正确率均为 100%，说明可见–近红外光谱可以准确地预测蔗糖的辐照剂量。

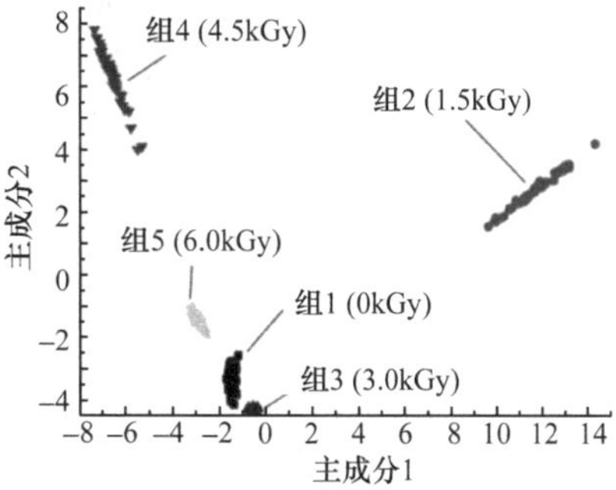

图 16.15　前 2 个主成分的聚类散点图

16.7 奶制品品质检测

传统的奶制品质量检测主要是使用一些化学分析方法，其结果准确，但过程耗时、费力，一般需要试剂，对样本具有破坏性。此外，由于各种掺假现象的层出不穷，传统化学方法的应对显得迟缓和烦琐。因此，研究一种简单、快速、无损的奶制品品质检测技术和开发相应的检测仪器很有必要。

16.7.1 酸奶品质检测

酸奶起源于保加利亚，我国晋朝已有关于酸奶的记载。近年来我国一批大中型乳品企业在市场竞争中迅速崛起，随着市场上酸奶品种的加速发展，品种鉴别将越来越凸显出它的必要性，所以研究一种简单、快速、无损的酸奶品种鉴别方法很有必要。

He 等（2006a）采用经典的主成分分析（PCA）结合 BP 神经网络（BPNN）对 5 种超市中常见的酸奶进行鉴别，不同品种酸奶的光谱曲线有明显区别，并具有一定的特征性和指纹性，这为酸奶的品种鉴别奠定了基础。

Shao 等（2007b）比较了不同光谱预处理方法结合偏最小二乘（PLS）对酸奶可溶性固形物（SSC）和 pH 的检测比较，其中采用小波包变化（WPT）结合 PLS 的模型对 SSC 和 pH 的预测效果最佳，对 SSC 和 pH 的预测相关系数（r）和预测均方根误差（RMSEP）分别为 0.91、0.36 和 0.90、0.04。同时通过 PLS 中的潜在变量分析对特征波长进行提取，由此得知，载荷权重的绝对值越大说明该波长与所测指标具有越大的相关性，可以作为特征波长进行提取。分析中的 5 个主成分对应酸奶中 SSC 的特征波长为 493~501nm（PC1）、506~507nm（PC2）、506~507nm（PC3）、637~638nm（PC4）和 930nm（PC5）；同理可以得到对应 pH 的特征波长。从实验得知基于可见-近红外光谱技术可以实现酸奶内部品质的检测，同时特征波长的选取为进一步开发在线品质检测提供理论依据。

16.7.2 奶粉品质检测

蛋白质对于生命物质来说非常重要，在新陈代谢、免疫和生命进化等方面发挥重要作用。同时蛋白质也是决定奶粉品质的重要因素。因此必须建立准确的方法来定量检测奶粉中的蛋白质含量。Wu 等（2008a）采用近红外及中红外光谱技术检测不同品牌奶粉中的蛋白质含量，实验采用最小二乘支持向量机（LS-SVM）对光谱透射率值和蛋白质值建模。模型在全波段对样本蛋白质含量预测得到了较好的结果，决定系数（R^2）达到 0.981，预测均方根误差（RMSEP）为 0.412。预测结果要优于传统的偏最小二乘回归（PLS）的预测结果，说明红外光谱技术能够实现奶粉蛋白质含量的无损检测，且检测过程比传统化学检测方法简单，操作性强。同时还研究了分别基于中红外光谱范围和近红外光谱范围的建模，模型预测结果显示中红外光谱区域的建模效果要优于近红外光谱区域。该研究为今后奶粉蛋白质含量快速无损检测提供了新方法。

另外，Wu 等（2009a）采用近红外和中红外光谱进行了奶粉中铁和锌含量的检测，对特征波长的选择算法和建模方法进行了比较分析。提出了采用无信息变量消除（UVE）和连续投影算法（SPA）相结合的特征波段提取，另外，比较了偏最小二乘（PLS）和最小二乘支持向量机（LS-SVM）模型。分别提取了近红外区域的 18 个特征波长和中红外区域的 18 个波长用于铁含量的预测，17 个近红外区域的特征波长和 12 个中红外区域的特征波长用于锌含量的预测。结果显示 LS-SVM 模型的预测效果要好于 PLS 模型，中红外区域比近红外区域更适合对铁、锌进行检测。中红外区域的最优 LS-SVM 模型对奶粉中铁和锌的预测结果：决定系数（R^2）和剩余预测偏差（RPD）分别为 0.920、3.321 和 0.946、4.361。

Wu 等（2008b）还采用短波近红外实现了奶粉其他成分的检测，包括脂肪、碳水化合物等。实验首先采用标准正态变量进行光谱数据的预处理，然后采用潜在变量分析（LV）和回归系数分析提取特征波段，分别建立了偏最小二乘（PLS）和最小二乘支持向量机（LS-SVM）模型，最终得到了基于特征波段的奶粉蛋白质、脂肪和碳水化合物的线性表达。如表达式（16.2）、表达式（16.3）和表达式（16.4）所示为碳水化合物的线性表达式，分别采用的特征波段数为 7、6 和 2。同样对脂肪含量的预测结果决定系数（R^2）和预测均方根误差（RMSEP）为 0.981 和 0.247。该研究进一步证实了短波近红外区域对奶粉中脂肪、碳水化合物进行检测的可行性。

$$Y_{\text{carbo}} = 71.17 - 1.82\lambda_{835} + 11.49\lambda_{861} + 17.88\lambda_{897} - 10.44\lambda_{919} + 9.41\lambda_{945} - 5.32\lambda_{958} + 7.18\lambda_{982} \quad (16.2)$$

$$Y_{\text{carbo}} = 72.66 - 11.87\lambda_{861} + 15.43\lambda_{897} - 9.25\lambda_{919} + 11.23\lambda_{945} - 5.13\lambda_{958} + 7.18\lambda_{982} \quad (16.3)$$

$$Y_{\text{carbo}} = 61.00 + 16.33\lambda_{861} + 13.69\lambda_{982} \quad (16.4)$$

16.7.3　其他奶制品检测

奶酪是牛奶经浓缩、发酵而成的奶制品，它基本上排除了牛奶中大量的水分，保留了其中营养价值极高的精华部分，被誉为乳品中的“黄金”。邹强等（2011）综述了近红外光谱技术分析在奶酪成分、奶酪的加工生产、缩水收缩控制、成熟过程、货架期、组成成分和品牌分类鉴别等几个方面的应用，表明近红外光谱技术在奶酪品质分析中应用潜力巨大。另外指出随着研究的深入，学者将注意力逐渐转向对成熟过程中奶酪的质构、肽的识别、矿物质成分（Ca、P、Mg、K、Na）和奶酪掺杂的研究。同时，随着高光谱技术的发展，传统的光谱和图像进行整合将会更加促进奶酪行业的发展。

奶粉的质量好坏直接影响消费人群的生命健康。劣质奶粉以次充好，营养成分含量严重不足，长期食用对身体不利，严重时甚至会危及生命。“三鹿奶粉”事件就是一个案例，主要是奶粉中添加了有机化工原料三聚氰胺。袁石林等（2009）探讨了基于可见–近红外光谱技术快速检测牛奶中是否含有三聚氰胺的可行性。通过往液态奶中添加不同含量的三聚氰胺，共 7 个浓度梯度（各 20 个样本），再加上对照奶液 20 个样本，共制备样本 160 个。从 160 个样本中随机取出 120 个样本建模，剩下的 40 个样本作为验证集。采用偏最小二乘法（PLS）和最小二乘支持向量机（LS-SVM）方法分别建立预测模型，其中对应 PLS 和 LS-SVM 模型的预测结果决定系数（R^2）分别为 0.917 和 0.911，预测标准误差（RMSEP）分别为 0.030 和 0.047。研究结果表明可见–近红外反射光谱可以作为一种快速检测牛奶中三聚氰胺的方法。

奶茶作为一种营养丰富的饮品，受到人们的广泛喜爱。目前，市场上有多种品牌及不同口味的奶茶，其品质不同，价格也不相同，因而可能导致一些假冒违法行为的发生。Liu 等（2009d）比较了 BP 神经网络（BPNN）和最小二乘支持向量机（LS-SVM）模型对 5 个不同品牌奶茶的鉴别效果，并采用潜在变量分析（LV）和回归系数分析提取的特征波长作为上述两种模型的输入。波长对应的载荷和回归系数的绝对值越大，说明该波长与奶茶的品种相关性越大。本实验选择有效波长主要依据以下两个原则：①使该波长对应的载荷和回归系数绝对值较大；②该波长应该处于载荷和回归系数曲线的波峰和波谷。综合以上原则，将载荷图和回归系数图联合考虑，共选取了 18 个波长作为奶茶品种鉴别的有效波长，分别为 400nm、401nm、452nm、453nm、502nm、503nm、534nm、535nm、594nm、595nm、635nm、636nm、688nm、689nm、987nm、988nm、995nm 和 996nm，得到 LS-SVM 模型的判别率为 98.7%。说明应用可见–近红外光谱的 18 个有效波长对奶茶品种进行鉴别是可行的，建立的 LS-SVM 模型能获得满意的预测结果。

16.8 肉制品品质检测

肉类及其肉制品在很多国家的贸易中占有很重要的地位，在普通居民的日常生活中也是必不可少的。肉类营养成分，如蛋白质、脂肪、水分、碳水化合物、矿物质、维生素等的含量和组成决定其食用价值；肉类冷藏和冷冻过程中的新鲜度决定其品级和价格。因此，在生产过程中只有严格控制和检测这些理化指标才能保证肉类的品质和安全。传统的湿化学测定方法费时、费力、污染环境，不适用于肉类生产过程中的实时和在线检测，也不便于相关质检部门的快速抽检。光谱及光谱成像技术具有快速、无损、环保、多组分同时分析的特点，在肉类的品质检测中已经有所报道。

16.8.1 肉类化学成分的检测

肉类的化学营养成分是评价肉类品质的重要指标，因为肉类最主要的价值在于它的食用价值和营养价值。Zhu 等（2014）用近红外（900~1700nm）高光谱成像技术实现了大西洋鲑鱼肉脂肪和水分含量的检测及其分布可视化。采集来自 5 个不同整鱼片的共 100 个样本的高光谱图像，提取每个样本图像的平均光谱数据，对 4 个整鱼片的共 80 个样本的平均光谱与相应的脂肪、水分含量分别建立偏最小二乘回归（PLSR）模型，再对剩余 20 个样本的化学值进行预测，脂肪和水分模型的预测均方根误差（RMSEP）分别为 1.24% 和 1.06%，模型取得了较为满意的结果。最后，用模型预测所有 20 个预测集样本图像上每个像素点的化学值，采用图像编程技术将不同的含量用不同的颜色表示，最终以伪彩图的形式实现大西洋鲑鱼肉脂肪和水分含量的可视化。图 16.16 为脂肪和水分的预测分布图，从中也验证了其在鱼肉组织中的天然分布变化，即脂肪含量从背部到腹部逐渐增加，从尾部到头部逐渐增加，而水分含量的分布与脂肪的分布正好相反。该图进一步揭示了鱼肉组织中化学成分含量分布的非均一性，在将来的实际生产中可用来对不同成分含量的鱼片进行分级和切割。

Wu 等（2013a）应用可见–近红外高光谱成像检测牛肉干燥脱水过程中的水分含量及其分布变化，获取不同脱水时间的牛肉的高光谱图像，光谱波段：①380~1030nm；②900~

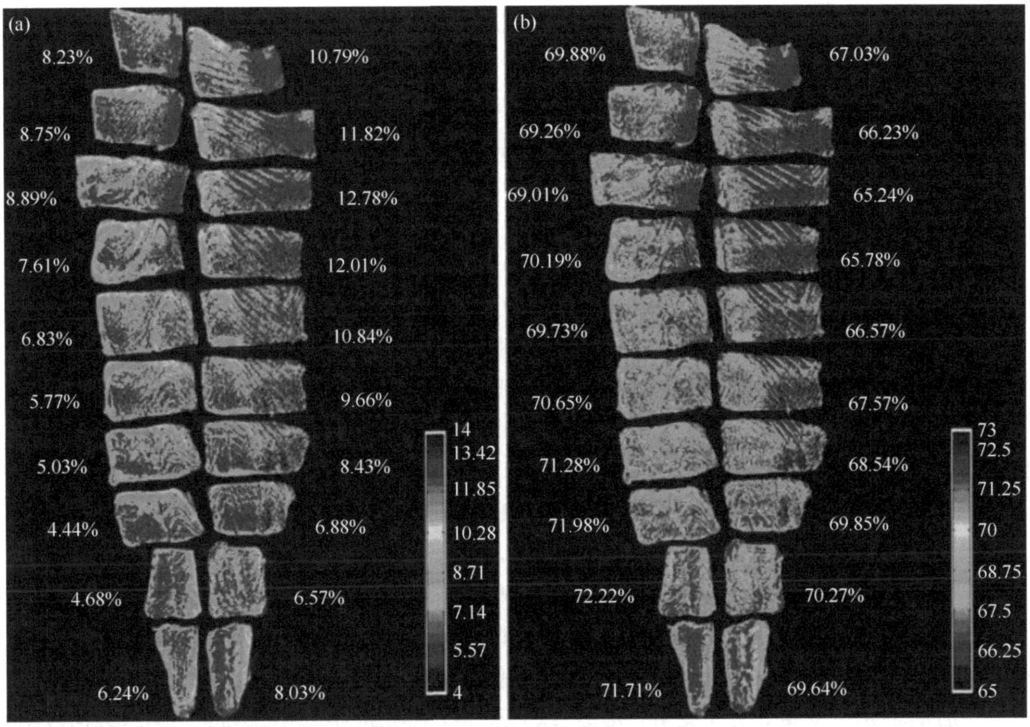

图 16.16 大西洋鲑鱼片的脂肪和水分含量预测分布图（彩图可扫描封底二维码获取）

1700nm；③前两者的组合。首先提取每个样本图像的平均光谱，对提取的平均光谱数据采用主成分分析（PCA）进行聚类分析，再基于全波段光谱建立水分预测的偏最小二乘回归（PLSR）和最小二乘支持向量机（LS-SVM）模型。然后采用连续投影算法（SPA）选择特征波长并对特征波长变量和水分含量建立 PLSR、LS-SVM 和 MLR 模型。对模型结果进行比较，基于波段 I 的 SPA-MLR 模型取得了最佳的结果，交互验证集的决定系数和均方根误差分别为 0.953 和 1.280%。最后，用获得的最佳模型对样本图像上每个像素点的水分含量加以预测，并用伪彩图的形式展示牛肉脱水过程中的水分分布变化（图 16.17）。

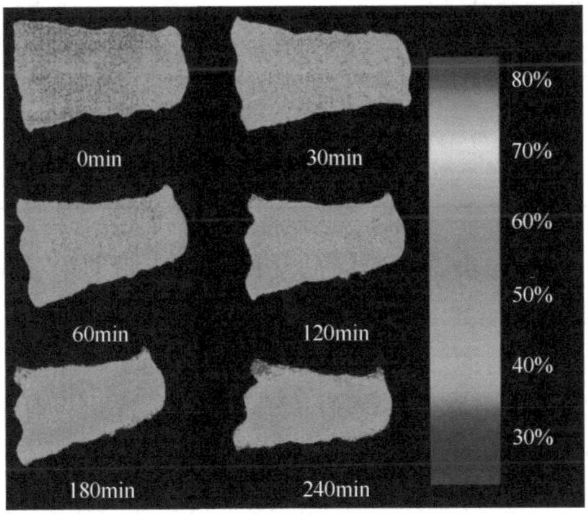

图 16.17 牛肉脱水过程中的水分含量分布变化（彩图可扫描封底二维码获取）

对虾肉干燥脱水过程中水分含量分布的检测，Wu 等（2012c）采集不同脱水时间的虾肉的可见–短波近红外（380~1100nm）高光谱图像，对提取的平均光谱数据采用连续投影算法（SPA）选择特征波长以建立不同的回归模型，并用所建的多元线性回归（MLR）模型实现了虾肉水分含量分布及其变化的可视化。

16.8.2　肉类冷冻和冷藏状态的研究

冷冻和冷藏依然是目前延长肉类存储时间的主要方式，但在冷冻–解冻和冷藏过程中肉类会发生一系列的品质劣化，如蛋白质变性、脂肪氧化、系水力下降等，且低温下依然有很多嗜冷菌能够繁殖，存储时间越长，细菌数量越多，肉类品质越差，而在冷冻或冷藏的初期，腐败的特征并不明显，肉眼很难观察出存储时间。所以肉类冷冻和冷藏存储状态的研究具有重要的意义。

Zhu 等（2013）应用可见–近红外（380~1030nm）高光谱成像对新鲜和冷冻–解冻的多宝鱼鱼肉进行鉴别。新鲜鱼肉样本共 48 个，快速冷冻（–70℃）和慢速冷冻（–20℃）的样本各 30 个。先用最小噪声分离变换（MNF）去除高光谱图像上的噪声，选取去噪后图像的感兴趣区域（ROI）并提取 ROI 图像的平均光谱。再采用主成分分析（PCA）对 ROI 图像进行降维，保存前 3 个主成分图像并用灰度共生矩阵（GLCM）提取其纹理变量，分别基于光谱变量、纹理变量、光谱+纹理变量，建立最小二乘支持向量机（LS-SVM）分类模型。表 16.12 是预测集样本的 2 种（新鲜、冷冻–解冻）和 3 种（新鲜、快速冷冻–解冻、慢速冷冻–解冻）鱼肉的鉴别结果。对 2 种鱼肉的鉴别而言，仅仅应用光谱和纹理变量的模型都取得了不错的正确分类率，基于光谱+纹理变量的模型更优，达到了 97.22% 的正确分类率，说明冷冻–解冻过程中鱼肉的理化特征和纹理特征的变化都较为剧烈。对 3 种鱼肉的鉴别而言，仅仅采用纹理变量的模型结果较差，而基于光谱和纹理变量的模型取得了相同的正确分类率，说明仅用纹理信息难以区分不同冷冻速率的鱼肉，不同的冷冻速率对鱼肉理化特征的变化影响较大，而对纹理特征的变化影响很小。

表 16.12　鱼肉的鉴别结果

类别	2 种鱼肉的鉴别			3 种鱼肉的鉴别			
	新鲜	冷冻–解冻	2 种鱼肉综合	新鲜	快速冷冻–解冻	慢速冷冻–解冻	3 种鱼肉综合
光谱	93.75	90	91.67	93.75	70	70	80.56
纹理	87.5	95	91.67	81.25	50	50	63.89
光谱+纹理	93.75	100	97.22	93.75	70	70	80.56

朱逢乐等（2014）还对鱼肉冷藏时间的快速无损检测采用高光谱成像技术进行了研究，获取 8 种不同冷藏时间的共 160 个多宝鱼鱼肉样本的可见–近红外（380~1030nm）高光谱图像，从每种冷藏时间的 20 个样本中随机抽取 15 个样本，共 120 个样本作为建模集，其余 40 个样本作为预测集。提取样本图像的平均光谱，对建模集样本的光谱数据与其对应的冷藏时间建立偏最小二乘回归（PLSR）模型，再对预测集样本的冷藏时间进行预测，预测决定系数（R^2）为 0.9662，预测均方根误差（RMSEP）为 0.6799 天，获得了满意的预测精度。最后，用模型对所有预测集图像上每个像素点的冷藏时间加以预测，

并以伪彩图的形式实现多宝鱼鱼肉冷藏时间的可视化（图 16.18），便于在实际生产中形象、直观地展示出鱼肉的新鲜度和分布情况。

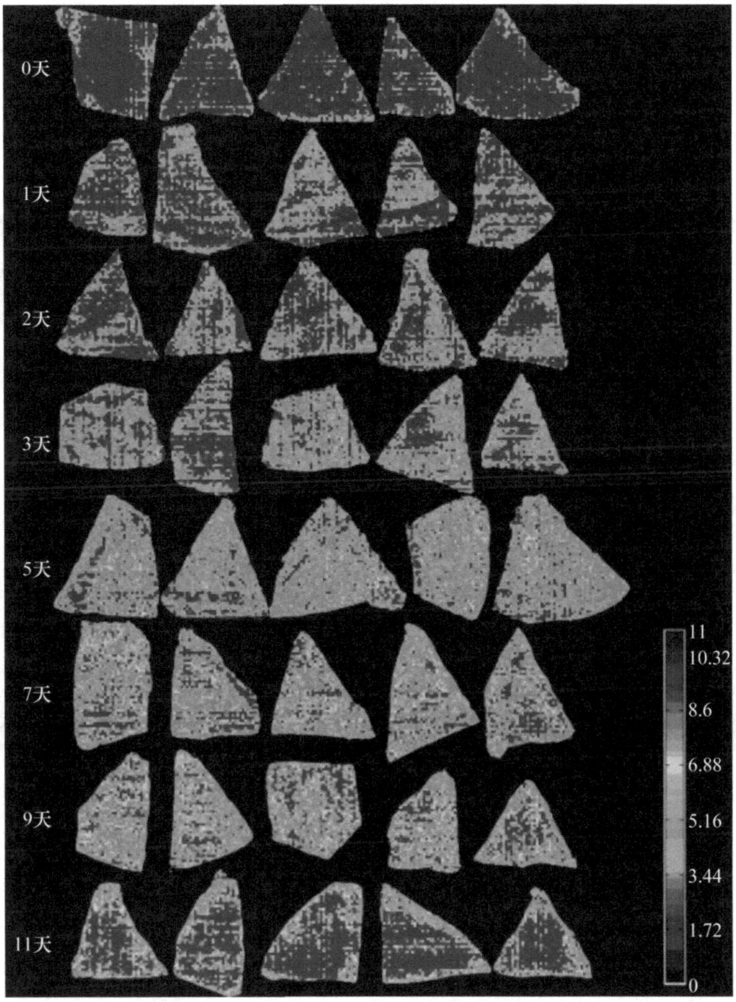

图 16.18　多宝鱼鱼肉预测冷藏时间的可视化（彩图可扫描封底二维码获取）

此外，石慧等（2013）采用可见-近红外高光谱成像预测了虾肉的不同冷冻和冷藏时间，连续投影算法（SPA）和无信息变量消除（UVE）作为特征波长的选择算法，最小二乘支持向量机（LS-SVM）作为建模方法，取得了满意的结果。

16.8.3　肉类其他方面的研究

肉类的质构参数直接影响其口感、鲜度和食用可接受性。Wu 等（2014）采用可见-近红外高光谱成像技术检测大西洋鲑鱼片的多个质构参数（硬度、黏性、咀嚼性、弹性、内聚性、胶着性等），波段分为可见-短波近红外（400~1000nm）和长波近红外（900~1700nm）。提取所有样本的平均光谱数据并与其相应的质构参数分别建立偏最小二乘回归（PLSR）模型，可见–短波近红外模型的结果更优，弹性指标的预测结果最差。然后采用回归系数的方法在可见–短波近红外区间选取具有代表性的特征波长，经过一系列优化后，建立特征波长和质构参数的 PLSR 和多元线性回归（MLR）模型。对硬度、内聚性、黏性、胶着性和咀嚼性所建的特征波 MLR 模型的建模相关系数（r）分别为 0.744、0.657、0.720、0.742 和 0.739。再用特征波 MLR 模型预测图像上每个像素点的质构参数，实现了质构参数的分布可视化（图16.19）。同时，还采用灰度共生矩阵（GLCM）提取了高光谱图像的纹理变量，用来预测质构参数，但是纹理模型的预测效果不甚理想。

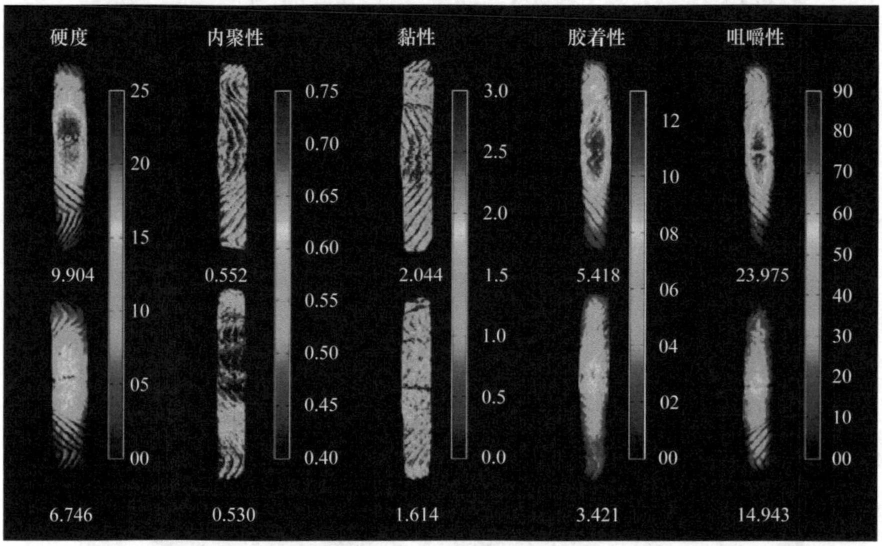

图 16.19　大西洋鲑鱼片质构参数的分布可视化（彩图可扫描封底二维码获取）

颜色是消费者购买肉类时用于评价肉质和鲜度的第一指标。针对大西洋鲑鱼的肉色，Wu 等（2012d）通过长波近红外高光谱成像快速、无损地实现了 3 个颜色参数 L^*、a^*、b^*的预测和分布可视化。对提取的平均光谱数据用连续投影算法（SPA）选择特征波长，再对特征波长进行精简和优化并建立颜色参数的预测模型，最后用所建的多元线性回归（MLR）模型完成图像上所有像素点的颜色参数预测和可视化。

将明胶注入解冻后的虾中使其饱满、增重，是不法商家采用的欺骗消费者的做法，因此需要一种无损、快速的技术鉴别注胶虾。Wu 等（2013a）采用可见–近红外高光谱成像检测虾体的注胶量，无信息变量消除（UVE）与连续投影算法（SPA）相结合以选择特征波长并作为输入变量建立最小二乘支持向量机（LS-SVM）模型，UVE-SPA-LS-SVM 模型的预测决定系数（R^2）为 0.965，该模型还对图像上每个点的注胶量进行预测，以伪彩图的形式展示虾体的不同注胶量及其分布。

此外，在可见–近红外光谱技术的研究应用中，有研究者（吴迪等，2009）采用无信息变量消除（UVE）结合连续投影算法（SPA）进行特征波长的选择并建立最小二乘支持向量机（LS-SVM）模型，对 3 种典型白虾属：脊尾白虾、秀丽白虾和东方白虾进行分类，50 个预测集样本的正确分类率达到了 92%。姚璐（2012）采用近红外高光谱成像对不同等级的金华火腿进行分类，对平均光谱数据进行偏最小二乘鉴别分析（PLS-DA），预测集的总体识别率为 89.52%。

16.9　功能性食品检测

功能性食品是指具有营养功能和生理活动调节功能的食品，包括增强人体免疫能力、预防疾病、恢复健康、调节身体节律和延缓衰老的食品。随着人们对健康关注程度的提高，功能性食品得到越来越多的关注和研究。

16.9.1　品牌、品种的鉴别

鱼油是具有高附加值和高营养价值的鱼产品，富含多种营养物质，能够缓解甚至治疗许多疾病。随着经济和生活水平的日益提高，人们已经开始逐渐意识到鱼油的各项保健功效，鱼油产品的需求日益扩大。目前市场上出现了众多品牌的鱼油，各生产厂商规模大小不一、良莠不齐，不同品牌的鱼油无论是在不饱和脂肪酸的含量上还是保健功效上都有较大的区别。因此，鱼油品牌的鉴定很有必要。曹芳（2012）针对 7 种不同品牌的鱼油样本采用可见–短波近红外光谱、长波近红外光谱、中红外光谱和核磁共振技术鉴别鱼油品牌，用采集的 4 种光谱数据分别与不同的鱼油品牌建立偏最小二乘判别分析（PLS-DA）模型。在阈值为±0.4 时，可见–短波近红外光谱模型的结果最佳，鉴别正确率达 97.14%，这可能与不同品牌的鱼油在颜色上有一定的差异有关；长波近红外原始光谱判别模型的鉴别正确率为 78.26%，二阶导数处理后所建模型的鉴别正确率为 97.14%，相比于可见–短波近红外光谱，长波近红外光谱排除了颜色的干扰，适用性更强；中红外光谱模型的鉴别正确率为 74.29%，不如前两种技术；核磁共振技术无法鉴别鱼油品牌，得到的模型鉴别正确率仅为 50%。

蜂蜜被誉为“百花之精”，是一种天然的营养食品，富含单糖、低聚糖、多糖等糖类物质，以及多种维生素、氨基酸、脂肪酸、微量元素。同时，蜂蜜还有药用价值，可促进消化吸收、镇静安眠、提高机体抵抗力。蜜源植物是蜂蜜品种划分的重要依据之一，不同蜜源品种的蜂蜜在感官、内在品质和营养价值上都存在一定的差异。杨燕等（2010）采用可见–近红外光谱技术结合机器学习方法对蜂蜜的品种进行快速无损识别。选择 4 个蜜源品种，分别是椴树、紫云英、洋槐和野菊花，每个品种蜂蜜采集 58 个样本，共 232 个样本。随机选取 212 个样本作为建模集以构建分类器，剩余的 20 个样本用于评估分类器的预测能力。为消除干扰和噪声，采用平滑、基线校正和数据标准化作为光谱数据预处理方法。再基于主成分分析，结合贝叶斯线性判别构造线性分类器。同时将前几个主成分作为输入变量建立 BP 神经网络（BPNN）非线性分类器，对两个分类器的分类效果和泛化学习能力进行比较。结果表明，贝叶斯线性判别分类器和 BPNN 的分类正确率分别为 91.95%和 100%。

一般情况下，消费者通过蜂蜜的品牌来衡量其品质，而市场上冒牌蜂蜜的现象也日趋严重，所以需要一种快速鉴别蜂蜜品牌的技术。邵咏妮等（2008）基于独立成分分析（ICA）结合 BP 神经网络采用可见–近红外透射光谱技术快速鉴别蜂蜜品牌。收集 3 个品牌的共 75 个蜂蜜样本，60 个为建模集，15 个为预测集。用 ICA 方法获取蜂蜜的可见–

近红外光谱载荷图，将载荷图中相关性最大的波段作为 BPNN 模型的输入，预测鉴别准确率达 100%。说明基于 ICA 的方法具有很好的鉴别效果，为蜂蜜的品牌鉴别提供了一种新方法。

螺旋藻是一类低等植物，属于蓝藻门、颤藻科。螺旋藻粉干物质中蛋白质含量能够达到 55%~70%，营养丰富，且易于吸收，受到广大消费者的青睐。不同藻种的螺旋藻粉含有不同含量的营养物质，传统的定量检测方法存在破坏样本、操作复杂、测试时间长等缺点。吴迪等（2009）研究了基于可见–近红外光谱技术的螺旋藻粉类别无损鉴别方法。采集 3 个品种的共 90 个螺旋藻粉样本在 325~1075nm 的光谱数据，先用主成分分析（PCA）进行品种聚类，再基于 PCA 分析采用簇类独立软模式法（SIMCA）进行类别区分，全波段光谱模型得到了 93.33%的预测正确率。然后，采用间隔偏最小二乘法（iPLS）进行最优光谱区域的选择，在该最优区域用连续投影算法（SPA）选取特征波长，得到 5 个最优的有效波长，作为 SIMCA 模型的输入，得到了 96.67%的预测正确率。结果说明，可见–近红外光谱可以用于对螺旋藻粉类别的无损检测，基于 iPLS 的 SPA 可以提高预测正确率，并有效地减少了计算时间。

人参被人们称为“百草之王”，是驰名中外、老幼皆知的名贵药材。西洋参有减压、降血糖、调节免疫力的保健功能，西洋参的人参皂苷成分（具有抗自由基活性）要高于亚洲人参，因此西洋参具有更高的医药价值，其售价也更高。在中国，西洋参有美国西洋参和中国西洋参 2 种，美国西洋参比中国西洋参有更好的药用价值，所以美国西洋参价格要更高。但从形态上，普通消费者难以区别 3 种人参，Chen 等（2011）采用可见–短波近红外光谱技术进行了人参品种的鉴别研究。选取亚洲人参、美国西洋参、中国西洋参各 26 个样本，采集样本在 325~1075nm 的光谱，研究了 4 种类型的鉴别：模型 1 为亚洲人参和中国西洋参鉴别；模型 2 为西洋参（美国+中国）和亚洲人参的鉴别；模型 3 为美国西洋参和中国西洋参的鉴别；模型 4 为亚洲人参、美国西洋参、中国西洋参的鉴别。先使用主成分分析（PCA）提取前几个主成分以建立最小二乘支持向量机（LS-SVM）模型，PCA-LS-SVM 的正确分类率达 100%。同时，还采用全波段光谱建立了 LS-SVM 模型及基于主成分分析的簇类独立软模式法（SIMCA）模型。然后，分别采用 Modeling power、Discrimination power、偏最小二乘判别分析（PLS-DA）模型的回归系数（regression coefficient）和载荷系数（Loading weight）及遗传算法（GA）5 种方法选取特征波长，并分别建立 LS-SVM 模型。图 16.20 为上述各方法对 4 种模型的鉴别正确率，由图可见，基于特征波的模型中，采用 GA 选取的波段具有最好的分类效果，分类率达 100%。

16.9.2 品质成分的检测

鱼油中最有效的成分是 ω-3 多不饱和脂肪酸，包括二十碳五烯酸（EPA）、二十二碳六烯酸（DHA）、二十二碳五烯酸（DPA）等。DHA 是人类神经系统细胞生长及维持的一种主要元素，是大脑和视网膜的重要构成成分，对大脑细胞生长发育，神经突触的结构完整、功能发挥，视网膜光感细胞的成熟及抗衰老有重要作用；EPA 和 DPA 具有调节血脂、软化血管、降低血液黏度、促进循环系统健康等功能。尽管一般鱼油中都含有一定量的 EPA、DHA 和 DPA，但不同人群对这 3 种 ω-3 多不饱和脂肪酸的需求也大不相同，

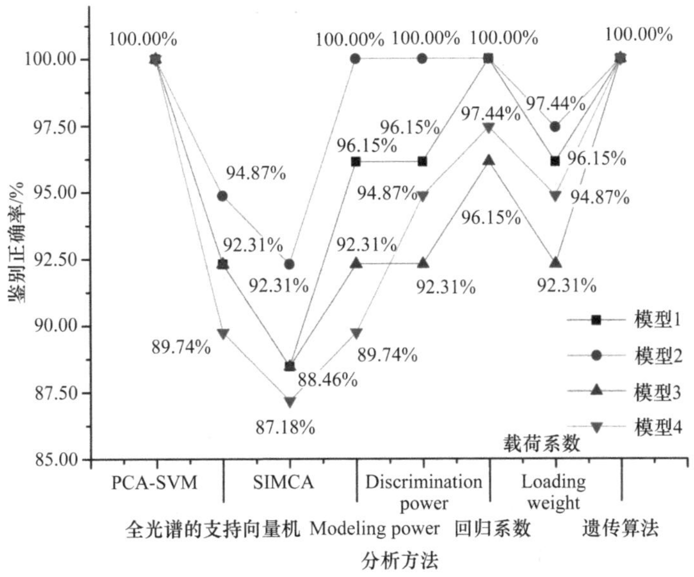

图 16.20　PCA-LS-SVM、全谱 LS-SVM、全谱 SIMCA 及各特征波 LS-SVM 对 4 种模型的鉴别正确率

以降血脂、降血压为目的的人群应服用 EPA 和 DPA 含量较高的鱼油产品，以增进神经系统功能、益智健脑、保护视力为目的的人群应服用 DHA 含量较高的鱼油产品。因此鱼油中不同 ω-3 多不饱和脂肪酸的含量检测对消费者来说意义重大。曹芳（2012）应用可见–短波近红外光谱、长波近红外光谱、中红外光谱和核磁共振技术检测鱼油中 EPA、DHA 和 DPA 的含量，气相色谱方法作为化学参考值的测定方法。采用偏最小二乘回归（PLSR）分别对光谱数据和各成分含量建立相关性模型，再基于连续投影算法（SPA）提取特征波长并建立 PLSR 模型，SPA-PLSR 模型均取得了与全谱 PLSR 模型相近的结果，EPA、DHA、DPA 含量检测最佳模型均是基于核磁共振技术结合 SPA 波长选择，其预测相关系数（r）分别为 0.9768、0.9859 和 0.9859。而且，在 SPA 分析这 3 种成分的特征波长时，均选择了 0.92ppm①、1.35ppm、2.39ppm、4.12ppm 和 5.32ppm 附近的 5 个特征波长，说明这些波长与 EPA、DHA 和 DPA 的预测都密切相关。

发酵冬虫夏草菌粉是分离自冬虫夏草寄生真菌经过生物技术发酵生产的保健食品，富含腺苷、多种氨基酸、D-甘露醇等活性物质，具有抗疲劳、提高免疫力等重要功效。目前主要采用高效液相色谱仪、氨基酸自动分析仪等对冬虫夏草发酵菌粉的腺苷、水分、甘露醇、氨基酸等品质指标进行检测。这些传统的化学检测方法费时费力、破坏样本，无法满足企业对大规模产品质量信息获取的要求。徐宁等（2012）采用近红外（800~2500nm）光谱技术定量分析发酵冬虫夏草菌粉的水分和腺苷含量。选取不同批次的 162 个样本，108 个作为建模集，54 个为预测集，水分和腺苷含量的参考值分别采用干燥失重法和高效液相色谱法测定。先对光谱数据进行不同的预处理并建立相应的偏最小二乘回归（PLSR）模型，水分最优预处理方法为 Savitzky-Golay 平滑处理，腺苷不需预处理就能获得较为理想的定量模型。然后根据 PLSR 模型的相关系数图和回归系数图

① $1ppm=1\times10^{-6}$

选取水分和腺苷的特征波长，并分别建立基于特征波长的 PLSR 预测模型，对水分和腺苷的最优模型的预测相关系数（r）分别为 0.8691 和 0.8290，均好于全波段最优模型。

此外，发酵冬虫夏草菌粉富含支链氨基酸，这类氨基酸是人体所必需的，可以促进合成代谢。Wei 等（2014b）采用近红外光谱进行了发酵冬虫夏草菌粉中亮氨酸、异亮氨酸和缬氨酸 3 种支链氨基酸含量的检测研究，收集来自不同批次的共 160 个发酵冬虫夏草菌粉样本，随机选取 112 个作为建模集，其余 48 个构成预测集。采集 800~2500nm 的近红外光谱，将氨基酸分析仪测得的氨基酸含量作为化学参考值。对全波段光谱数据与其相应的氨基酸含量建立偏最小二乘回归（PLSR）和最小二乘支持向量机（LS-SVM）模型，再分别采用遗传算法（GA）和竞争性自适应重加权算法（CARS）提取 3 种氨基酸的特征波段，并建立偏最小二乘回归（PLSR）或最小二乘支持向量机（LS-SVM）模型。预测结果表明，CARS 选取的特征波段效果更优，CARS-PLS 模型对亮氨酸和异亮氨酸的预测相关系数 r 分别为 0.90 和 0.83，预测均方根误差（RMSEP）分别为 0.068% 和 0.059%；CARS-LS-SVM 模型对缬氨酸的预测相关系数（r）为 0.80，RMSEP 为 0.067%。图 16.21 为 CARS 所选的 3 种氨基酸的特征波段分布。由图可见，3 种氨基酸的特征波段集中在 12 010~10 050cm^{-1}、7500~6000cm^{-1} 和 5000~4000cm^{-1}。研究表明，近红外光谱可以实现对发酵冬虫夏草菌粉中支链氨基酸含量的预测，并且 CARS 是一种有效地提取特征波段的方法。

发酵冬虫夏草菌粉还富含另外一种重要的氨基酸——天冬氨酸，该氨基酸可以消除疲劳、增强机体免疫力，还可作为离子载体向心肌输送电解质，改善心肌收缩功能等。Zhang 等（2014）进行了发酵冬虫夏草菌粉中天冬氨酸含量的近红外光谱分析，选取 169 个样本，113 个为建模集，56 个为预测集。对光谱数据进行 6 种预处理并建立天冬氨酸预测的偏最小二乘回归（PLSR）模型，其中基线校准的方法所建的模型最佳，后续处理均基于基线校准预处理后的数据。然后分别采用回归系数分析法（RCA）、连续投影算法（SPA）和遗传算法–偏最小二乘（GA-PLS）3 种方法提取特征波长（图 16.22），并分别建立 PLSR、MLR 和 LS-SVM 模型，结果表明，GA-PLS-MLR 得到最佳的预测效果，预测相关系数（r）为 0.9223，预测均方根误差（RMSEP）为 0.0751%。综上所述，近红外光谱可以有效地检测发酵冬虫夏草菌粉中天冬氨酸的含量。

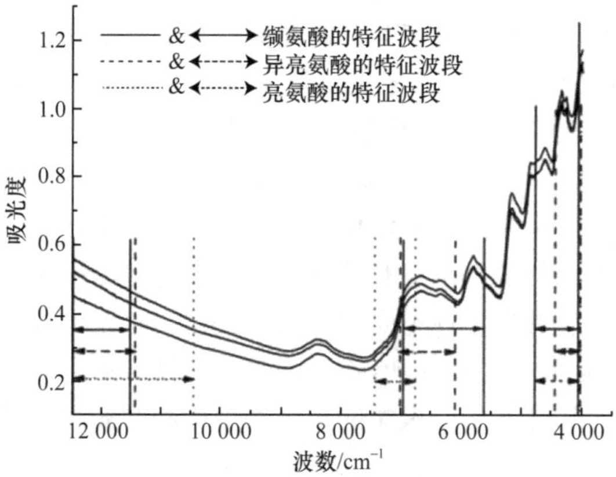

图 16.21　CARS 所选的 3 种氨基酸的特征波段分布

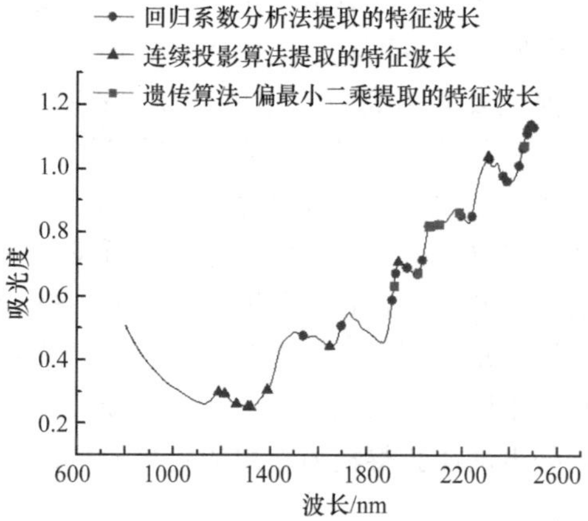

图 16.22　3 种方法所提取的特征波长

随着人们对健康和保健的关注，天然抗氧化剂因其具有抗衰老、治疗疾病等功效受到消费者的欢迎。Wu 等（2012a）基于近红外光谱研究了竹叶提取物中的 2，2-二苯基-1-苦肼基（DPPH）、铁还原/氧化能力（FRAP）和 2，2′-联氮双（3-乙基苯并噻唑啉-6-磺酸）（ABTS）3 种抗氧化活性物质的含量。采集 66 个竹叶提取物样本的近红外（800~2500nm）光谱，44 个为建模集，22 个构成预测集。对光谱数据采用不同的预处理方法并分别建立偏最小二乘回归（PLSR）模型以预测 DPPH、FRAP 和 ABTS 的含量，分别确定 3 种成分检测的最佳预处理方法，再采用连续投影算法（SPA）分别提取 3 种成分的特征波长，作为 PLSR、MLR、LS-SVM、BPNN 模型的输入。模型均取得了不错的预测结果，其中 MLR 作为最简单的建模方法对 DPPH、FRAP、ABTS 的预测相关系数分别为 0.863、0.910 和 0.966。

16.9.3　掺假研究

作为富含 ω-3 多不饱和脂肪酸的保健食品，鱼油受到消费者的热捧，生产鱼油的厂家也越来越多。部分不良商贩会在鱼油中掺杂劣质鱼油、大豆油、菜籽油等，以次充好。为保护消费者利益，需要对掺假鱼油进行检测。张瑜等（2013）利用可见–近红外（325~1075nm）光谱进行鱼油掺假研究，向 3 个不同品牌的鱼油中分别掺入不同比例的大豆油，向另外 3 个不同品牌中分别掺入不同比例的菜籽油，共 300 个样本。分别对原始光谱，以及经过平滑、标准正态变换（SNV）、多元散射校正（MSC）、一阶导数、二阶导数预处理后的光谱建立掺假大豆油和菜籽油含量预测的偏最小二乘回归（PLSR）模型。掺假大豆油模型采用原始光谱最佳，掺假菜籽油模型采用 MSC 预处理最佳。进一步基于连续投影算法（SPA）进行特征波长提取以减小计算量和复杂度，基于特征波长的 PLSR 模型对掺假大豆油和菜籽油的预测相关系数分别为 0.9412 和 0.9326。研究表明，可以采用可见–近红外光谱技术实现对鱼油掺假物含量的检测。

由于螺旋藻粉是一种昂贵的营养品，一些不法商贩为了获取巨额利益，在螺旋藻粉中添加一些廉价的面粉或绿豆粉，因此螺旋藻粉的掺假成分检测尤为重要。吴迪（2011）应用可见–近红外（325~1075nm）光谱检测螺旋藻粉中掺假物质的含量，通过往螺旋藻粉中添加面粉和绿豆粉，制造掺假物质含量不同的 600 个样本：仅添加不同比例面粉的样本有 200 个，仅添加不同比例绿豆粉的样本有 200 个，同时添加不同比例面粉和绿豆粉的样本有 200 个。分别对单种物质掺假、两种物质掺假、单种+两种物质掺假采用全波段（400~1050nm）和近红外（700~1050nm）光谱建立 PLSR 和 LS-SVM 模型。结果表明，单种物质掺假时，在全波段和近红外波段下 PLSR 和 LS-SVM 模型都可以有效检测掺假物质的含量；两种物质掺假时，在全波段下 PLSR 和 LS-SVM 模型都可以有效检测掺假物质的含量，而仅仅 LS-SVM 模型可以在近红外波段下有效检测掺假物质的含量；单种+两种物质掺假时，在全波段和近红外波段下只有 LS-SVM 模型可以有效检测掺假物质的含量。

16.10　食用油品质检测

α-亚麻酸和亚油酸是人体最基础的两类必需脂肪酸，对人体有重要的生理活性。缺乏这两类酸会导致脂质代谢紊乱、健忘、疲劳、视力减退和免疫力下降，甚至可能导致心血管疾病和癌症。这两类酸还对婴幼儿的智力发育起着至关重要的作用。可是，人体自身不能合成这两类脂肪酸，只能通过膳食摄取，因此检测这两类脂肪酸在食用油中的含量是非常必要的。Wu 等（2009b）采用近红外光谱对食用植物油中的 α-亚麻酸和亚油酸含量进行了研究，将 8 类食用油按照 1∶1 或 1∶1∶1 的比例混合调配，共制成 155 个样本，随机挑取 78 个样本作为建模集，其余的 77 个样本为预测集。采集食用油样本在 1280~2500nm 的近红外光谱，并采用气相色谱测定样本中 α-亚麻酸和亚油酸的含量。图 16.23 为按照 1∶1 比例混合的芝麻油和豆油的气相色谱图，由图可见，α-亚麻酸和亚油酸都有明显的峰。

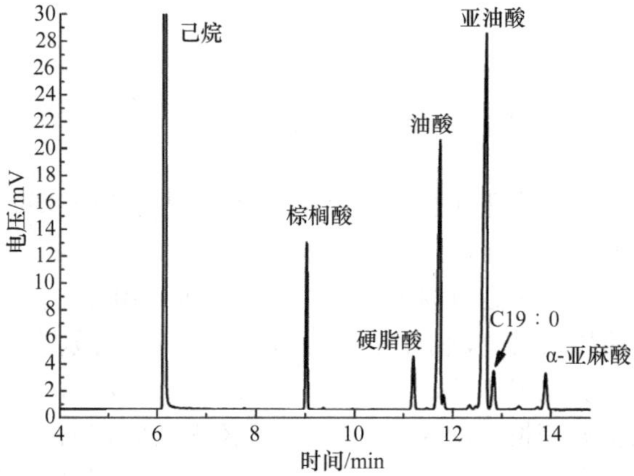

图 16.23 按照 1∶1 比例混合的芝麻油和豆油的气相色谱图

将小波变换（WT）和无信息变量消除（UVE）算法相结合分别提取 27 个和 19 个 α-亚麻酸和亚油酸的特征波长，最后基于特征波长建立偏最小二乘回归（PLSR）模型，并与仅用 WT 提取的特征波长所建的 PLSR 模型和全波段光谱 PLSR 模型作比较，见表 16.13。结果表明，基于 WT-UVE 提取的特征波长所建的 PLSR 模型最优，α-亚麻酸的预测决定系数（R^2）为 0.9345，预测均方根误差（RMSEP）为 0.0123%；亚油酸的预测 R^2 为 0.9054，RMSEP 为 0.0437%。

表 16.13 α-亚麻酸和亚油酸的全波段和特征波长 PLSR 模型的预测结果

项目	变量选择方法	变量数目	主成分个数	决定系数	RMSEP
α-亚麻酸	无	1314	8	0.8748	0.0337
	WT	42	12	0.9124	0.0134
	WT-UVE	27	15	0.9345	0.0123
亚油酸	无	1314	9	0.8336	0.0576
	WT	42	12	0.8737	0.0506
	WT-UVE	19	15	0.9054	0.0437

随着人们生活水平的提高，具有天然保健功效的橄榄油变得越来越受欢迎。橄榄油的质量和价格在很大程度上取决于其地理起源、气候和土壤条件的影响，因此需要一个方便、快速的技术识别橄榄油的产地。Lin 等（2012）针对来自 3 个不同产地的 120 个橄

榄油样本应用可见–近红外（325~1075nm）透射光谱技术鉴别其产地。所有样本随机分成 90 个建模集和 30 个预测集样本，利用直接正交信号校正（DOSC）对光谱数据进行预处理，再使用遗传算法（GA）提取了 37 个特征光谱波长用于建立偏最小二乘（PLS）鉴别模型。结果表明，DOSC-GA-PLS 模型对橄榄油产地的预测准确率达 97%，说明可见–近红外光谱可以快速有效地预测橄榄油产地。

16.11　茶叶品质检测

16.11.1　茶叶品种鉴别

He 等（2006b）使用近红外光谱（325~1075nm）找到了区分茶叶品种的新方法。首先建立了反射光谱与茶叶品种间的关系，然后用主成分分析压缩大量的光谱数据得到少量的主成分，计算出的得分前 6 的主成分作为 BP 人工神经网络的输入，使用 5 个品种的 125 个随机样本来构造 BPANN 模型。最终用模型预测 25 个未知样本，校准样本的残差为 1.267×10^{-4}，辨别率达到了 100%，该模型具有很高的可靠性和实用性。

He 等（2007）进一步运用小波变换对不同品种的茶叶光谱数据进行压缩，使压缩后的特征能在主成分空间中查看，这些特征使不同类型样本光谱的结构得到相关性的探索。

吴迪等（2009）采用多光谱成像技术对茶叶的种类进行鉴别。首先使用多光谱相机的红色、近红外和绿色 3 个通道获取茶叶的图像，再通过这 3 个通道的熵得到 3 个纹理特征，将这 3 个纹理特征作为输入量，通过主成分分析和最小二乘向量法对茶叶的品种进行鉴别。通过 3 个纹理特征进行主成分分析得到的结果，可见其集群能力不是很好，识别率仅为 97.5%。所以吴迪等重新改进了实验，采用一个通道的信号减去另一个通道的方法来得到 6 个纹理特征，重新进行识别，识别率高达 100%。由此可见多光谱成像技术对于茶叶种类的鉴别十分有效。

李晓丽等（2008）利用多光谱图像对不同品种的绿茶进行纹理识别。通过 3CCD 成像仪，同时获得绿茶样本的红光、绿光和近红外 3 个通道的图像，采用灰度共生矩阵和纹理滤波相结合来提取图像纹理特征，分析了不同品种绿茶的各个通道图像的纹理特征。非监督聚类分析表明，基于组合方法提取的纹理特征优于仅依靠灰度共生矩阵得到的纹理特征。优化和筛选后得到 10 个特征参数作为支持向量机模型的输入，建立模式识别模型。结果表明，对于 126 个建模样本的识别正确率达 94.4%，对于未知 64 个预测样本的识别正确率达 93.8%（表 16.14），说明提出的组合纹理特征提取和模式识别方法能够较好地识别不同品种的绿茶。

同时，Li（2008a）在方法上又进行了其他尝试。每个图像进行小波分解后，将第二层金字塔的转换形成 7 小波子带图像。然后统计纹理特征，从灰度共生矩阵中计算出 7 小波子带图像中对比度、均匀性、能量、相关性和熵等特征。再对统计特征选择用于优化纹理特征的数目。从 105 个原有的特征中，通过统计学意义上 SAS 统计分析中的逐步判别分析选出其中 11 个特征。基于这 11 个特征得到区别函数模型（表 16.15），通过这个方法在训练组及预测组中的分类表现都达到了 100%。

表 16.14 基于支持向量机分类器的绿茶品种的识别率

项目	品种	N	羊岩勾青	庐山云雾	安吉白片	西湖龙井	正确率/%
建模	羊岩勾青	28	27	1	0	0	96.4
	庐山云雾	32	2	30	0	0	93.8
	安吉白片	33	0	0	30	3	90.9
	西湖龙井	33	0	0	1	32	97.0
	合计	126	29	31	31	35	94.4
预测	羊岩勾青	15	15	0	0	0	100
	庐山云雾	17	0	17	0	0	100
	安吉白片	16	0	0	12	4	75
	西湖龙井	16	0	0	0	16	100
	合计	64	15	17	12	20	93.8

表 16.15 采用 11 个特征的判别结果

项目	函数模型	JS	BL	LJ	YY	LG	总计	正确率/%
建模集	JS	34	0	0	0	0	34	100
	BL	0	34	0	0	0	34	100
	LJ	0	0	34	0	0	34	100
	YY	0	0	0	34	0	34	100
	LG	0	0	0	0	34	34	100
预测集	JS	16	0	0	0	0	16	100
	BL	0	16	0	0	0	16	100
	LJ	0	0	16	0	0	16	100
	YY	0	0	0	16	0	16	100
	LG	0	0	0	0	16	16	100

注：JS 是径山茶；BL 是碧螺春茶；LJ 是龙井茶；LG 是龙谷丽人茶

陈孝敬等（2008）提出了一种利用多光谱图像颜色特征进行茶叶分类的新方法，对两种颜色几乎一样、用肉眼几乎不能分辨的茶叶进行了分类。首先用光谱成像仪和普通数码相机获取图像，再对图像颜色特征（即像素偏方差和平均值）进行统计分析。最后运用人工神经网络技术对像素偏方差和平均值这两个参数进行建模，建立了基于人工神经网络的茶叶品种识别模型，实现了对茶叶品种的有效分类，识别率高达 100%（表 16.16）。

表 16.16 利用模型对 20 个未知样本进行预测的结果

样本	标准值	预测值	样本	标准值	预测值
1	1	1.03103	11	2	2.0616
2	1	1.01782	12	2	2.0352
3	1	1.05962	13	2	2.1188
4	1	1.01892	14	2	2.0374
5	1	1.02886	15	2	2.0572
6	1	1.03133	16	2	2.0616
7	1	1.01781	17	2	2.0352
8	1	1.05962	18	2	2.1188
9	1	1.01891	19	2	2.0374
10	1	1.02882	20	2	2.0572

李晓丽和何勇（2009）提出了一种采用多光谱成像的机器视觉技术对 4 个等级的西湖龙井茶进行区分的方法。首先采用 3CCD 多光谱摄像机同时获取茶叶在 540nm、670nm 和 800nm 波谱处的波长图像，然后对预处理后的图像进行图像特征提取，选取了 18 个形状特征和 15 个纹理特征。基于这 2 组特征分别对 4 个等级的茶叶进行主成分聚类分析，得到的两幅主成分空间的聚类图都不能对 4 个等级茶叶进行有效区分（表 16.17，表 16.18）。为了得到高效的区分模型，采用多类逐步判别分析法对形状特征、纹理特征和组合特征（形状+纹理）这 3 组特征分别进行特征优化，并建立了对应各组特征的等级区分模型，经过比较发现基于组合特征的区分模型的效果仍为最佳，对于预测集样本的区分正确率为 85%，聚类分析的结果优于原先的分析结果（表 16.19）。

表 16.17　基于形状特征模型的不同等级茶叶样本预测结果

类别	分类结果					正确率/%
	类 1	类 2	类 3	类 4	小计	
类 1	16	4	0	0	20	80
类 2	2	14	3	1	20	70
类 3	3	4	12	1	20	60
类 4	5	1	2	12	20	60

表 16.18　基于纹理特征模型的不同等级茶叶样本预测结果

类别	分类结果					正确率/%
	类 1	类 2	类 3	类 4	小计	
类 1	20	0	0	0	20	100
类 2	0	15	0	5	20	75
类 3	0	0	20	0	20	100
类 4	0	12	0	8	20	40

表 16.19　基于组合特征的模型对于预测集样本的判别结果

类别	分类结果					正确率/%
	类 1	类 2	类 3	类 4	小计	
类 1	20	0	0	0	20	100
类 2	0	17	1	2	20	85
类 3	0	0	19	1	20	95
类 4	0	6	2	12	20	60

吴迪等（2009）提出了一种基于离散余弦变换和支持向量机的多光谱纹理图像进行茶叶分类的新方法。首先通过光谱成像仪获得近红外、红色和绿色 3 个波段的图像，然后对原图像的近红外波段图像提取均方值，再应用离散余弦变换算法，构造出 8 个带通和高通滤波器对近红外通道的图像进行滤波并提取均方差值，最后应用支持向量机方法，分别对原图像的 NIR 提取的均方差值和用 8 个滤波器滤过的图像提取的均方差值进行建模。结果表明，经过 8 个滤波器处理的图像识别率为 100%，而没有经过滤波处理的纹理图像识别率只有 73.33%，结果见表 16.20，说明离散余弦变换算法设计的滤波器是一种非常有效的纹理识别技术。

表 16.20 最小二乘支持向量机（LS-SVM）的预测结果

项目	类别	样本数	支持向量机分类机						正确率/%
			1	2	3	4	5	6	
原始 NIR 图像信息	1	20	16	1	3	0	0	0	80
	2	20	9	11	0	0	0	0	55.5
	3	20	13	0	7	0	0	0	35.5
	4	20	1	1	0	18	0	0	90
	5	20	0	0	0	0	18	2	90
	6	20	0	0	0	0	2	18	90
	总计	120	38	13	10	18	20	20	73.33
前处理后的 NIR 图像信息	1	20	20	0	0	0	0	0	100
	2	20	0	20	0	0	0	0	100
	3	20	0	0	20	0	0	0	100
	4	20	0	0	0	20	0	0	100
	5	20	0	0	0	0	20	0	100
	6	20	0	0	0	0	0	20	100
	总计	120	20	20	20	20	20	20	100

Li 等（2011）利用小波变换和多类最小二乘支持向量机（LS-SVM）基于多光谱成像对中国名茶分类。采用灰度共生矩阵和小波变换方式提取特征，并且引入多类 LS-SVM 模型运用于多光谱图像的分类。同时，用接收器操作特性（ROC）曲线分析来评价多光谱成像分类器的性能。为了发掘小波纹理特征（WTFS）的结构，对所有小波纹理特征进行了主成分分析（PCA），并通过主成分分析的载荷分析，检测出最重要的特征。实验中，那些小波纹理特征潜在区域被证实在抽提多光谱图像中具有高达 96.82%的高辨别准确度。之后，在主成分分析方法下，其中的 18 个小波纹理特征被作为最重要的辨别特征。

16.11.2 茶叶内部品质检测

Li 等（2010）为了探究茶饮料的内部属性（pH 和可溶性固形物）和漫反射光谱之间的联系，采用 3 种多元校正方法包括最小二乘支持向量机（LS-SVM）、偏最小二乘（PLS）、径向基函数（RBF）神经网络来建立内部属性检测模型。测量了包括绿茶和红茶在内的 10 种茶饮料的可见近红外反射光谱（325~1075nm）。考虑到核函数、最小二乘支持向量机回归模型都是建立在线性和 RBF 核函数的基础上，采用了网格研究和十倍交互验证来优化 LS-SVM 参数。通过调整训练集和验证集中样本的数量来评估 LS-SVM 模型的概括能力，以及通过分析线性 LS-SVM 模型的回归系数来探究与内部属性紧密相关的敏感波段。建立的效果好的 LS-SVM 模型，对于 pH，r=0.998，预测集的标准误差（SEP）=0.111；对于可溶性固形物 r=0.997，SEP=0.256。从中也可以发现，LS-SVM 模型要优于 PLS 和 RBF 神经网络模型，精确度更高，误差更小。关于 pH 获得了 6 个独立的敏感波段，基于这 6 个波段建立相应的 pH 检测模型 r=0.994，SEP=0.173。同样基于 7 个独立的敏感波段建立了关于可溶性固形物检测模型 r=0.977，SEP=0.173。以上这些结果表明，可见-

近红外光谱能够被用来无损检测茶饮料中的 pH 和可溶性固形物，并且 LS-SVM 对于多元校正回归和敏感波段的筛选是十分有效的一种算法。

Li 等（2012）通过综合小波变换和多变量分析，研究了茶叶中水分含量对漫反射光谱的影响。用野外便携式光谱仪采集了 738 个具有代表性的样本（包括新鲜茶叶、成品茶茶叶）在 325~1075nm 的光谱。然后采用小波变换（WT）和多元分析来定量检测干物质含量与光谱数据之间的联系。三种特征提取方法（包括小波变换、主成分分析和非线性主成分分析）被用来探究光谱数据的内部结构。这三种方法的比较表明，经过小波变换产生的变量能有效揭示光谱数据的结构信息。随后又用偏最小二乘回归（PLSR）、多元线性回归（MLR）和最小二乘支持向量机（LS-SVM）的回归分析来校正光谱数据与干物质含量之间的联系，结果表明，干物质含量与光谱数据间有着显著相关性（r=0.991，RMSEP=0.034）。

Li 等（2013）为了探究近红外和中红外光谱能否用于新鲜茶叶、半成品茶茶叶和成品茶茶叶干物质含量的快速检测，收集了加工过程中 7 个不同阶段的茶叶，并且结合相关的数据挖掘算法进行了实验。在漫反射模型中为了排除完整茶叶的不规则外形所引起的干扰，采用了 Kubelka-Munk 转换和光谱前处理。提出了由小波包变换和统计学分析组成的基于小波分析的信息挖掘算法，从全光谱中提取并优化光谱特征。另外一个信息挖掘算法——非线性主成分分析也被用来做对比试验。回归模型分别建立在全光谱、小波特征光谱及核主成分上。统计学分析揭示了小波参数（基函数和规模）对于检测模型的 R^2 和 RMSE 是十分重要的，并且小波参数的优化对于小波包变换（WPT）的应用是至关重要的。建模结果表明，基于特征小波频谱建立的回归模型（R^2 为 0.9556，RMSE 为 0.0501），其效果要优于其他模型。上述结果说明近红外和中红外光谱对于生产工艺不同阶段茶叶中干物质含量的检测是可行的，小波包变换-统计学分析作为一种有效的信息挖掘方法能够提高光谱检测的能力。

16.12　烟草品质检测

烟叶是卷烟生产的基础，烟叶内在品质的好坏及是否染病等直接影响卷烟产品的质量。Yusuf 和 He（2011）研究了大田植物病害快速识别方法，开发了烟叶病害早期诊断识别的实时感知系统。采用 380~1030nm 的高光谱图像数据，实现了烟叶病害在人眼未识别前的早期检测。试验共采用了 8 盆烟叶，其中 4 盆接种了黑梗病，用于健康和染病烟叶的建模。对平均反射光谱进行一阶导数处理，然后采用回归系数法得出 630nm、680nm、750nm、790nm、840nm 和 880nm 是区别病害最为有效的波长。另外，还采用烟叶高光谱反射光谱数据进行了烟叶水分含量的分析，结果表明，健康叶片显示了很低程度的水分胁迫，而染病叶片呈现了较强程度的水分胁迫。

目前，我国的烟叶分级需要专业人员眼观手摸，并依靠经验和分级标准进行分级，具有一定的主观性和模糊性，且费时费力。此外，基于图像特征的烟叶分级在对烟叶图像提取众多特征时计算量比较大，无法满足实时的要求。彭丹青等（2009）提出了基于光谱分析结合径向基神经网络的烟叶等级分类方法。采用小波变换对原始光谱数据进行压缩处理；然后采用 RBF 神经网络进行烟叶分级。小波变换不仅去除了部分噪声，并能减少神经网络的输入维数，有效地提高网络的泛化能力。实验对两种不同等级共 50 片烟叶进行分析，其中 23 片作为训练样本，剩余的 27 片作为测试样本。实验结果表明：模型对训练样本的正确识别率为 100%，对测试样本的正确识别率为 96.3%，能够较好地对不同等级的烟叶做出分级识别。

烟草是我国国民经济中一个重要的支柱产业，面对市场上众多的烟草品牌，消费者难以用肉眼鉴别出不同的品牌。Shao 等（2007c）收集 3 个不同品牌（大红鹰、中华和双喜）的 75 个样本和 25 个假中华样本，随机分为建模集的 80 个和预测集的 20 个样本。采集烟草样本的可见-近红外（325~1075nm）光谱数据，用主成分分析（PCA）进行聚类，前 2 个主成分的聚类散点图，取得了较好的分类效果。然后，对光谱数据用小波变换（WT）进行压缩，并建立 BP 神经网络（BPNN），对预测集样本的识别正确率达 100%。

钙、镁元素是烟叶品质分析中的重要指标。我国烟叶钙元素平均含量达 3.45%，镁元素是叶绿素结构中的金属元素，占叶绿素组成的 2%以上，尤其重要的是，镁元素是磷酸化酶的激活剂，因此对糖类的合成和分解是特别突出的。王冬等（2008）尝试采用傅里叶变换近红外光谱技术对 220 个烟叶样品进行光谱采集，建立了基于偏最小二乘法的钙元素和镁元素的校正模型，并通过剔除异常值优化模型。图 16.24 为钙元素的异常值分布图，图中所示 061265 号样品是化学值异常值，061370 号样品是光谱异常值。模型经过优化后的结果：对钙元素的预测决定系数（R^2）、预测标准偏差（SEP）和剩余预测偏差（RPD）分别为 98.39%、0.15 和 5.7；对镁元素的 R^2、SEP 和 RPD 分别为 89.39%、0.06 和 2.2。实验通过 F 检验和 t 检验说明近红外模型的预测值和化学值之间没有明显差异。结果表明，近红外光谱法可用于烟叶中钙、镁元素的同时快速定量测定。

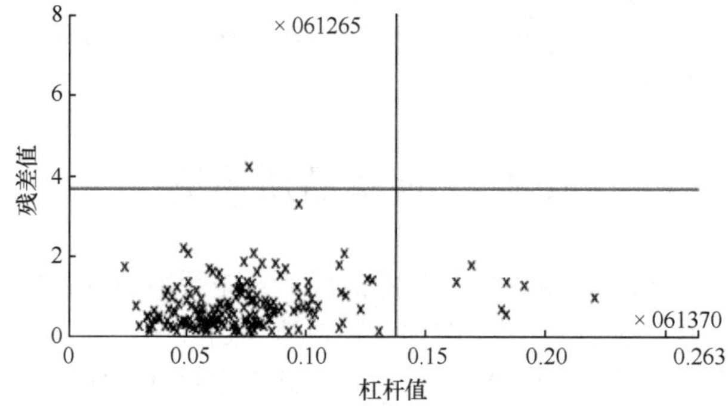

图 16.24　钙元素的异常值分布图

16.13　其他农副产品检测

葵花籽味道可口，且富含不饱和脂肪酸、维生素和微量元素，成为一种十分受消费者欢迎的休闲零食和食用油源。葵花籽中的化学成分直接影响其产品及榨油的质量，Han 等（2011）应用近红外反射光谱研究了 105 个葵花籽样本的粗油脂、粗蛋白质和水分含量，采用不同分解层数的小波变换对光谱数据进行消噪，并基于消噪后的数据建立各成分预测的偏最小二乘（PLSR）回归模型。结果发现，当分解层数为 5 时，模型预测效果最佳，粗油脂、粗蛋白质和水分的预测相关系数（r）分别为 0.801、0.963 和 0.953，说明近红外光谱技术结合小波消噪可以快速、无损地实现葵花籽化学成分含量的检测。

月桂酸单甘油酯是一种用途广泛的食品添加剂，是保持油水体系稳定的性能优异的乳化剂，同时又是一种国际公认的安全、高效、广谱的抑菌剂，其抑菌效果不会因 pH 的改变而改变。在月桂酸单甘油酯的制备过程中，经分子蒸馏得到的制备品中会有月桂酸、甘油等杂质，因此其制品中月桂酸单甘油酯的含量和纯度是重要的品质指标。用化学滴定或气相色谱等传统方法检测制备品中的月桂酸单甘油酯含量的过程烦琐耗时。Chen 等（2009）以 180 个月桂酸单甘油酯制品为研究对象，因为生产过程的差异，不同制品中月桂酸单甘油酯的含量不同。采集 7500~400cm^{-1} 样本的红外透射光谱，用气相色谱仪测定样品中月桂酸单甘油酯的含量，作为参考值。图 16.25 为月桂酸单甘油酯制品的红外透射光谱曲线。由图可见，4000~400cm^{-1} 中红外的曲线有一些较明显的吸收峰，其中 3600~3200cm^{-1} 的波谷是由于不饱和 C—H 和 O—H 的伸展振动，2850cm^{-1} 和 2900cm^{-1} 的吸收是烷烃的 CH 伸展振动，1730cm^{-1} 附近的吸收峰是由于 C═O 双键的伸展振动。原始光谱曲线存在明显的噪声和信号重叠，先采用多元散射校正（SNV）消除散射光和由光程长度变化引起的噪声，然后对预处理后的数据用小波变化（WT）进行压缩，得到 461 个小波近似系数，再用无信息变量消除（UVE）继续挑选特征变量，结合模拟退火（SA）算法寻找最优的变量选择阈值，挑出 163 个小波系数，并建立偏最小二乘回归（PLSR）模型，预测集的相关系数（r）达 0.991，可以准确地预测月桂酸单甘油酯的含量。最后，用保留的 163 个小波系数重构出光谱数据（图 16.26），其中竖线所在的波长是 WT-UVE 所选的特征波长。

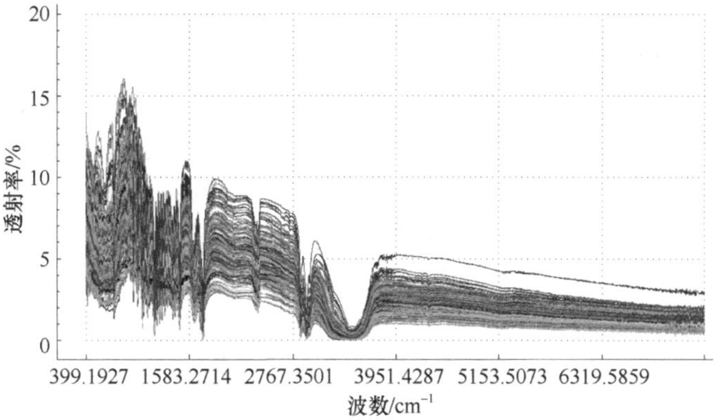

图 16.25 原始红外透射光谱曲线

在渔业中，鱼饲料对于鱼类的生长和繁殖起着重要的作用。鱼饲料由蛋白质、脂质、碳水化合物、水分，以及一定量的维生素、矿物质组成。不同鱼饲料品牌其饲料的原料和成分差异较大，部分无良制造商为了追求高利润，用营养含量不规范的饲料以次充好，侵害消费者利益，因此识别鱼饲料的正规品牌对于鉴别劣质产品、保护消费者和合法生产商的利益是非常重要的。基于外观、规格、颜色、触觉、嗅觉和溶解度的传统物理观测方法主观且不准确，而化学分析通常比较复杂、耗时，有必要寻找一种快速、简单的方法实现鱼饲料不同品牌的鉴别。Zhu 等（2011a）针对 4 种鱼饲料品牌的 240 个样本采用可见–近红外光谱进行鉴别研究，采集颗粒饲料在 325~1075nm 的光谱，再将饲料粉碎、

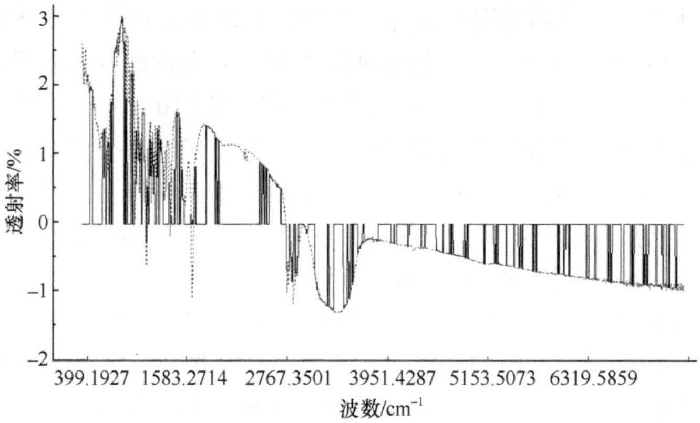

图 16.26　WT-UVE 所选的小波系数重构出的光谱曲线

过筛并采集粉末样本的光谱数据。分别用标准正态变换（SNV）、多元散射校正（MSC）、Savitzky-Golay 平滑对数据进行预处理，再建立偏最小二乘判别分析（PLS-DA）模型。在阈值为±0.1 时，SNV、MSC、平滑预处理后所建的颗粒模型的平均鉴别正确率分别为 86.25%、86.25%和 85%，SNV 和 MSC 更适于消除由颗粒大小和分布不均造成的散射影响；SNV、MSC、平滑预处理后所建的粉末模型的平均鉴别正确率分别为 93.75%、95%和 97.5%，均优于颗粒模型；对于粉末饲料而言，样本更加均匀，光谱误差主要来源于噪声，平滑预处理更适合。

Zhu 等（2011b）还应用中红外光谱检测了鱼饲料中的粗脂肪含量。收集来自 15 个不同品牌的 225 个鱼饲料样本，随机挑选 150 个样本组成建模集，其余的 75 个构成预测集。采集 2500~25 000nm 的中红外光谱，用索氏提取法测定饲料中的粗脂肪含量，作为化学参考值。先对光谱数据进行多元散射校正预处理，再将主成分分析的前 6 个主成分分别作为 BP 神经网络（BPNN）和最小二乘支持向量机（LS-SVM）的输入。LS-SVM 模型的预测相关系数为 0.9757，预测均方根误差（RMSEP）为 0.2579%，稍优于 BPNN 模型。结果表明，中红外光谱和化学计量学方法相结合可以实现鱼饲料成分快速、准确的检测。

16.14　小　　结

无损检测技术是现代食品检测技术、现代电子信息技术、人工智能与模式识别等技术交叉渗透的新领域，它具有检测速度快、操作方便和易实现在线检测的优点。本章着重介绍了基于近红外光谱技术、成像光谱技术、机器视觉等技术，结合多种化学计量学方法、数字图像处理技术、智能分析技术等对农产品品质与食品品质的无损检测，涉及水果、奶制品、谷物、肉制品、功能性食品、茶叶、烟草等的检测分级技术及应用趋势，对于推进现代农产品和食品检测的发展具有较为深远的现实意义。

参考文献

曹芳，吴迪，郑金土，等. 2011.基于可见-近红外光谱和多光谱成像技术的梨损伤检测研究. 光谱学与光谱分析, 31(4): 920-923.
曹芳. 2012. 基于多波段光谱技术的鱼油关键品质信息快速检测方法研究. 杭州: 浙江大学: 硕士研究生学位论文.
陈孝敬, 吴迪, 何勇, 等. 2008. 基于多光谱图像颜色特征的茶叶分类研究. 光谱学与光谱分析, 28(11): 2527-2530.
陈孝敬, 吴迪, 何勇, 等. 2009. 基于小波包和偏最小二乘支持向量机的多光谱纹理图像的大米分类研究. 光谱学与光谱分析, 29(1): 222-225.
高俊峰, 章海亮, 孔汶汶, 等. 2013. 应用高光谱成像技术对打蜡苹果无损鉴别研究. 光谱学与光谱分析, 33(7): 1922-1926.
黄凌霞, 黄敏, 金佩华, 等. 2006. 基于光谱技术和模式快速鉴别家蚕品种的初探. 蚕业科学, 32(3): 436-438.
黄敏, 何勇, 黄凌霞, 等. 2006. 基于可见-近红外光谱技术的家蚕蚕种鉴别方法的研究. 红外与毫米波学报, 25(5): 342-344.
李晓丽, 何勇. 2009. 基于多光谱图像及组合特征分析的茶叶等级区分. 农业机械学报, 40: 113-118.
李晓丽, 何勇, 裘正军, 等. 2008. 基于多光谱图像的不同品种绿茶的纹理识别. 浙江大学学报(工学版), 42(12): 2133-2138.
彭丹青, 申金媛, 刘剑君, 等. 2009. 基于径向基网络的烟叶光谱分级. 农机化研究, 10: 15-17.
邵咏妮, 何勇, 鲍一丹. 2008. 基于独立成分分析和 BP 神经网络的可见/近红外光谱蜂蜜品牌的鉴别. 光谱学与光谱分析, 28(3): 602-605.
石慧. 2013. 基于高光谱成像技术的对虾品质信息快速检测方法研究. 杭州: 浙江大学: 硕士研究生学位论文.
童晓星, 鲍一丹, 何勇. 2008. 应用近红外光谱技术快速检别酱油品牌的研究. 光谱学与光谱分析, 28(3): 598-600.
王冬, 丁云生, 袁杏芬, 等. 2008. FT-NIR 光谱法测定烟叶中钙、镁元素. 现代仪器, 5: 19-21.
王莉, 刘飞, 何勇. 2008. 应用可见-近红外光谱技术进行白醋品牌和 pH 值的快速检测. 光谱学与光谱分析, 28(4): 813-816.
王艳艳, 何勇, 邵咏妮, 等. 2007. 基于可见-近红外光谱的咖啡品牌鉴别研究. 光谱学与光谱分析, 27(4): 702-706.
魏俞涌, 陈永明, 林萍, 等. 2012. 近红外光谱技术与偏最小二乘法及模糊聚类法相结合的糖品种分类方法. 红外, 33(3): 39-43.
吴迪. 2011. 微藻综合品质信息快速无损获取技术和方法研究. 杭州: 浙江大学: 博士研究生学位论文.
吴迪, 陈孝敬, 何勇. 2009. 基于离散余弦变换和支持向量机的多光谱纹理图像的茶叶分类研究. 光谱学与光谱分析, 29(5): 382-385.
吴迪, 汪志平, 何勇, 等. 2009. iPLS-SPA 变量选择方法在螺旋藻粉无损检测中的应用. 农业工程学报, 25(13): 330-334.
吴迪, 吴洪喜, 蔡景波, 等. 2009. 基于无信息变量消除法和连续投影算法的可见-近红外光谱技术白虾种分类方法研究. 红外与毫米波学报, 28(6): 423-427.
吴桂芳. 2009. 基于红外光谱和场发射扫描电镜技术的羊绒原料品质分析的研究. 杭州: 浙江大学: 博士研究生学位论文.
吴桂芳, 何勇. 2009. 基于主成分分析和支持向量机的山羊绒原料品种鉴别分析. 光谱学与光谱分析, 29(6): 1541-1544.
吴桂芳, 何勇. 2010. 应用可见/近红外光谱进行纺织纤维鉴别的研究. 光谱学与光谱分析, 30(2): 331-335.
徐宁, 魏萱, 任冰, 等. 2012. 发酵冬虫夏草菌粉水分腺苷的近红外光谱定量分析及波段选择. 光谱学与光谱分析, 32(7): 1762-1765.
杨海清, 何勇, 陈永明, 等. 2008. 应用可见-近红外光谱技术鉴别香菇品源的三维空间建模研究. 光谱学与光谱分析, 28(6): 1232-1236.
杨燕, 聂鹏程, 杨海清, 等. 2010. 基于可见-近红外光谱技术的蜜源快速识别方法. 农业工程学报, 26(3): 238-242.
姚璐. 2012. 金华火腿品质检测技术与分级方法研究. 杭州: 浙江大学: 硕士研究生学位论文.
叶旭君, Sakai K, 何勇. 2010. 基于机载高光谱成像的柑橘产量预测模型研究. 光谱学与光谱分析, 30(5): 1295-1300.
叶旭君, Seiichi O, Yoshio M, 等. 2012. 基于紫外-可见-近红外光谱技术的蔬菜细胞 ATP 含量无损检测研究.

光谱学与光谱分析, 32(4): 978-981.
余克强, 赵艳茹, 李晓丽, 等. 2014. 基于高光谱成像技术的鲜枣裂纹的识别研究. 光谱学与光谱分析, 34(2): 532-537.
余心杰, 殷姣姣, 于欣, 等. 2013. 基于自编码网络流形学习的毛竹笋不溶性膳食纤维含量红外光谱建模. 光谱学与光谱分析, 33(6): 1512-1516.
袁石林, 何勇, 马天云, 等. 2009. 牛奶中三聚氰胺的可见/近红外光谱快速判别分析方法的研究. 光谱学与光谱分析, 29(11): 2939-2942.
张建锋, 何勇, 龚向阳, 等. 2013. 基于核磁共振成像技术的香梨褐变检测. 农业机械学报, 12: 170-174.
张瑜, 谈黎虹, 曹芳, 等. 2013. 可见-近红外光谱分析技术对鱼油掺假定量快速无损检测方法研究. 光谱学与光谱分析, 33(6): 1532-1536.
章海亮, 高俊峰, 何勇. 2013. 基于高光谱成像技术的柑橘缺陷无损检测. 农业机械学报, 44: 177-181.
朱逢乐, 章海亮, 邵咏妮, 等. 2014. 基于高光谱成像技术的多宝鱼肉冷藏时间的可视化研究. 光谱学与光谱分析, 34(7): 1938-1942.
邹强, 方慧, 张维, 等. 2011. 近红外光谱技术在奶酪品质评价中的应用. 光谱学与光谱分析, 31(10): 2725-2729.
Cao F, Wu D, He Y. 2010. Soluble solids content and pH prediction and varieties discrimination of grapes based on visible-near infrared spectroscopy. Computers and Electronics in Agriculture, 71: S15-S18.
Cen H Y, Bao Y D, He Y, et al. 2007. Visible and near infrared spectroscopy for rapid detection of citric and tartaric acids in orange juice. Journal of Food Engineering, 82(2): 253-260.
Cen H Y, Bao Y D, He Y. 2006b. Pattern recognition of visible and near-infrared spectroscopy from bayberry juice by use of partial least squares and a backpropagation neural network. Applied Optics, 45: 7679-7683.
Cen H Y, He Y, Huang M. 2006a. Combination and comparison of multivariate analysis for the identification of orange varieties using visible and near infrared reflectance spectroscopy. European Food Research and Technology, 225(5-6): 699-705.
Chen X, Wu D, He Y, et al. 2009. Detecting the quality of glycerol monolaurate: a method for using fourier transform infrared spectroscopy with wavelet transform and modified uninformative variable elimination. Analytica Chimica Acta, 638(1): 16-22.
Chen X, Wu D, He Y, et al. 2011. Nondestructive differentiation of panax species using visible and shortwave near-infrared spectroscopy. Food and Bioprocess Technology, 4(5): 753-761.
Gong A, Qiu Z, He Y, et al. 2012. A non-destructive method for quantification the irradiation doses of irradiated sucrose using Vis/NIR spectroscopy. Spectro Chimica Acta Part A, 99: 7-11.
Han R Z, Cheng S X, He Y. 2011. Application of wavelet transform in the prediction of chemical composition of sunflower seeds by near infrared reflectance spectroscopy. Key Engineering Materials, 460: 599-604.
He Y, Deng X F, Li X L. 2006b. Discrimination of varieties of tea using the near infrared spectroscopy. Proc of SPIE, 6047(21): 1605-7422.
He Y, Feng S J, Deng X F, et al. 2006a. Study on lossless discrimination of varieties of yogurt using the Visible/NIR-spectroscopy. Food Research International, 39(6): 645-650.
He Y, Li X L, Deng X F. 2007. Discrimination of varieties of tea using near infrared spectroscopy by principal component analysis and BP model. Journal of Food Engineering, 79(4): 1238-1242.
Li X L, He Y. 2006a. Non-destructive measurement of acidity of Chinese bayberry using Vis/NIRS techniques. European Food Research and Technology, 223(6): 731-736.
Li X L, He Y. 2006b. Application of FA-ANN to discriminate tea varieties based on spectroscopy. Computational Intelligence and Security, 2006 International Conference on IEEE, 2: 984-987.
Li X L, He Y. 2010. Evaluation of least squares support vector machine regression and other multivariate calibrations in determination of internal attributes of tea beverages. Food and Bioprocess Technology, 3: 651-661.
Li X L, He Y, Fang H. 2007. Non-destructive discrimination of Chinese bayberry varieties using Vis/NIR spectroscopy. Journal of Food Engineering, 81(2): 357-363.
Li X L, He Y, Wu C Q. 2008b. Least square support vector machine analysis for the classification of paddy seeds by harvest year. Transactions of the ASABE, (51): 1793-1799.
Li X L, He Y, Qiu Z J. 2008a. Textural feature extraction and optimization in wavelet sub-bands for discrimination of green tea brands. Kunming: Proceedings of the Seventh International Conference on Machine Learning and Cybernetics.
Li X L, Luo L B, He Y, et al. 2013. Determination of dry matter content of tea by near and middle infrared

spectroscopy coupled with wavelet-based data mining algorithms. Computers and Electronics in Agriculture, 98: 46-53.

Li X L, Nie P C, Qiu Z J, et al. 2011. Using wavelet transform and multi-class least square support vector machine in multi-spectral imaging classification of Chinese famous tea. Expert Systems with Applications, 38(9): 11149-11159.

Li X L, Xie C Q, He Y, et al. 2012. Characterizing the moisture content of tea with diffuse reflectance spectroscopy using wavelet transform and multivariate analysis. Sensors, 12: 9847-9861.

Lin P, Chen Y, He Y. 2012. Identification of geographical origin of olive oil using visible and near-infrared spectroscopy technique combined with chemometrics. Food and Bioprocess Technology, 5(1): 235-242.

Lin P, Chen Y M, Bao Y D, et al. 2010b. Image detection of rice fissures using biorthogonal b-spline wavelets in multi-resolution spaces. Food and Bioprocess Technology, 5(5): 2017-2024.

Lin P, Chen Y M, He Y. 2010a. Identification of broken rice kernels using image analysis techniques combined with velocity representation method. Food and Bioprocess Technology, 5(2): 796-802.

Liu F, He Y. 2009. Application of successive projections algorithm for variable selection to determine organic acids of plum vinegar. Food Chemistry, 115(4): 1430-1436.

Liu F, He Y. 2011. Discrimination of producing areas of *Auricularia auricula* using visible/near infrared spectroscopy. Food and Bioprocess Technology, 4(3): 387-394.

Liu F, He Y, Sun G. 2009a. Determination of protein content of *Auricularia auricula* using near infrared spectroscopy combined with linear and nonlinear calibrations. Journal of Agricultural and Food Chemistry, 57(11): 4520-4527.

Liu F, He Y, Wang L, et al. 2009b. Detection of organic acids and pH of fruit vinegars using near-infrared spectroscopy and multivariate calibration. Food and Bioprocess Technology, 4(8): 1331-1340.

Liu F, He Y, Wang L, et al. 2007. Feasibility of the use of visible and near infrared spectroscopy to assess soluble solids content and pH of rice wines. Journal of Food Engineering, 83(3): 430-435.

Liu F, He Y, Wang L. 2008a. Determination of effective wavelengths for discrimination of fruit vinegars using near infrared spectroscopy and multivariate analysis. Analytica Chimica Acta, 615(1): 10-7.

Liu F, He Y, Wang L. 2008b. Comparison of calibrations for the determination of soluble solids content and pH of rice vinegars using visible and short-wave near infrared spectroscopy. Analytica Chimica Acta, 610(2): 196-204.

Liu F, Wang L, He Y. 2008c. Measurement of sugar content of white vinegars using VIS/near-infrared spectroscopy and back propagation neural networks. Kunming: International Conference on Machine Learning and Cybernetics, 3: 1311-1316.

Liu F, Ye X J, He Y, et al. 2009d. Application of visible/near infrared spectroscopy and chemometric calibrations for variety discrimination of instant milk teas. Journal of Food Engineering, 93(2): 127-133.

Liu F, Yusuf B L, Zhong J, et al. 2011. Variety identification of rice vinegars using visible and near infrared spectroscopy and multivariate calibrations. International Journal of Food Properties, 14(6): 1264-1276.

Nie P C, Wu D, Yang Y, et al. 2012. Fast determination of boiling time of yardlong bean using visible and near infrared spectroscopy and chemometrics. Journal of Food Engineering, 109(1): 155-161.

Nie P C, Zhang W, Yang Y, et al. 2011. Fast and non-destructiveness discrimination of varieties of fragrant mushroom using near infrared spectroscopy. Key Engineering Materials, 460: 159-164.

Shao Y N, Bao Y D, He Y. 2009a. Visible/near-infrared spectra for linear and nonlinear calibrations: a case to predict soluble solids contents and pH value in peach. Food and Bioprocess Technology, 4(8): 1376-1383.

Shao Y N, Cen Y L, He Y, et al. 2011. Infrared spectroscopy and chemometrics for the starch and protein prediction in irradiated rice. Food Chemistry, 126(4): 1856-1861.

Shao Y N, He Y. 2008. Nondestructive measurement of acidity of strawberry using Vis/NIR spectroscopy. International Journal of Food Properties, 11(1): 102-111.

Shao Y N, He Y, Feng S J. 2007b. Measurement of yogurt internal quality through using Vis/NIR spectroscopy. Food Research International, 40(7): 835-841.

Shao Y N, He Y, Gómez A H, et al. 2007c. Visible/near infrared spectrometric technique for nondestructive assessment of tomato 'Heatwave' (*Lycopersicum esculentum*) quality characteristics. Journal of Food Engineering, 81(4): 672-678.

Shao Y N, He Y, Wang Y Y. 2007a. A new approach to discriminate varieties of tobacco using Vis/near infrared spectra. European Food Research and Technology, 224(5): 591-596.

Shao Y N, Zhao C, He Y, et al. 2009b. Application of infrared spectroscopy technique and chemometrics for measurement of components in rice after radiation. Transactions of the ASABE, 52: 187-192.

Wei X, Liu F, Qiu Z J, et al. 2014a. Ripeness classification of astringent persimmon using hyperspectral imaging technique. Food and Bioprocess Technology, 7(5): 1371-1380.

Wei X, Xu N, Wu D, et al. 2014b. Determination of branched-amino acid content in fermented cordyceps sinensis mycelium by using FT-NIR spectroscopy technique. Food and Bioprocess Technology, 7(1): 184-190.

Wu D, Chen J Y, Lu B Y, et al. 2012a. Application of near infrared spectroscopy for the rapid determination of antioxidant activity of bamboo leaf extract. Food Chemistry, 135(4): 2147-2156.

Wu D, Chen X J, Shi P Y, et al. 2009b. Determination of α-linolenic acid and linoleic acid in edible oils using near-infrared spectroscopy improved by wavelet transform and uninformative variable elimination. Analytica Chimica Acta, 634(2): 166-171.

Wu D, He H J, Sun D W. 2012b. Non-destructive texture analysis of farmed salmon using hyperspectral imaging technique. Valencia: Proceedings of the 3rd CIGR International Conference of Agricultural Engineering.

Wu D, He Y, Feng S J, et al. 2008a. Study on infrared spectroscopy technique for fast measurement of protein content in milk powder based on LS-SVM. Journal of Food Engineering, 84(1): 124-131.

Wu D, He Y, Feng S J. 2009a. Exploring near and midinfrared spectroscopy to predict trace iron and zinc contents in powdered milk. Journal of Agricultural and Food Chemistry, 57: 1697-1704.

Wu D, He Y, Feng S J. 2008b. Short-wave near-infrared spectroscopy analysis of major compounds in milk powder and wavelength assignment. Analytica Chimica Acta, 610(2): 232-242.

Wu D, He Y, Nie P, et al. 2010. Hybrid variable selection in visible and near-infrared spectral analysis for non-invasive quality determination of grape juice. Analytica Chimica Acta, 659(1): 229-237.

Wu D, Shi H, He Y, et al. 2013b. Potential of hyperspectral imaging and multivariate analysis for rapid and non-invasive detection of gelatin adulteration in prawn. Journal of Food Engineering, 119(3): 680-686.

Wu D, Shi H, Wang S J, et al. 2012c. Rapid prediction of moisture content of dehydrated prawns using online hyperspectral imaging system. Analytica Chimica Acta, 726: 57-66.

Wu D, Sun D W, He Y. 2012d. Application of long-wave near infrared hyperspectral imaging for measurement of color distribution in salmon fillet. Innovative Food Science & Emerging Technologies, 16: 361-372.

Wu D, Sun D W, He Y. 2014. Novel non-invasive distribution measurement of texture profile analysis (TPA) in salmon fillet by using visible and near infrared hyperspectral imaging. Food Chemistry, 145: 417-426.

Wu D, Wang S J, Wang N F, et al. 2013a. Application of time series hyperspectral imaging (TS-HSI) for determining water distribution within beef and spectral kinetic analysis during dehydration. Food and Bioprocess Technology, 6(11): 2943-2958.

Wu D, Yang H Q, Chen X J, et al. 2008c. Application of image texture for the sorting of tea categories using multi-spectral imaging technique and support vector machine. Journal of Food Engineering, 88, (4): 474-483.

Yang H Q, Wu D, He Y. 2007. Variety identification of brown sugar using short-wave near infrared spectroscopy and multivariate calibration. International Symposium on Multispectral Image Processing and Pattern Recognition, Wuhan, China 6788: 67882T-1-67882T-6.

Yu K, Zhao Y, Li X, et al. 2014. Identification of crack features in fresh jujube using Vis/NIR hyperspectral imaging combined with image processing. Computer and Electronics in Agriculture, 103: 1-10.

Yusuf B L, He Y. 2011. Application of hyperspectral imaging sensor to differentiate between the moisture and reflectance of healthy and infected tobacco leaves. African Journal of Agricultural Research, 6: 6267-6280.

Zhang C, Xu N, Luo L B, et al. 2014. Detection of aspartic acid in fermented cordyceps powder using near infrared spectroscopy based on variable selection algorithms and multivariate calibration methods. Food and Bioprocess Technology, 7(2): 598-604.

Zhu F L, Cheng S X, Wu D, et al. 2011a. Rapid discrimination of fish feeds brands based on visible and short-wave near-infrared spectroscopy. Food and Bioprocess Technology, 4(4): 597-602.

Zhu F L, He Y. 2011b. Study on mid-infrared transmittance spectroscopy for fast measurement of crude fat content in fish feeds based on BPNN and LS-SVM. International Conference on Components, Packaging and Manufacturing Technology, Sanya, China, 460: 816-820.

Zhu F L, Zhang D R, He Y, et al. 2013. Application of visible and near infrared hyperspectral imaging to differentiate between fresh and frozen-thawed fish fillets. Food and Bioprocess Technology, 6(10): 2931-2937.

Zhu F L, Zhang H L, Shao Y N, et al. 2014. Mapping of fat and moisture distribution in Atlantic Salmon using near-infrared hyperspectral imaging. Food and Bioprocess Technology, 7(4): 1208-1214.